T0297384

Meer – Wind – Strom

Michael Durstewitz
Bernhard Lange
(Hrsg.)

Meer – Wind – Strom

Forschung am ersten deutschen
Offshore-Windpark *alpha ventus*

Springer

Herausgeber
Michael Durstewitz
Fraunhofer-Institut für Windenergie
und Energiesystemtechnik IWES
Kassel, Deutschland

Bernhard Lange
Fraunhofer-Institut für Windenergie
und Energiesystemtechnik IWES
Bremerhaven, Deutschland

Diese Veröffentlichung ist ein Gemeinschaftswerk der Forschungsinitiative
RAVE (Research at alpha ventus).

Gefördert durch:

aufgrund eines Beschlusses
des Deutschen Bundestages

ISBN 978-3-658-09782-0 ISBN 978-3-658-09783-7 (eBook)
DOI 10.1007/978-3-658-09783-7

Die Deutsche Nationalbibliothek verzeichnet diese Publikation in der Deutschen Nationalbibliografie; detaillierte bibliografische Daten sind im Internet über http://dnb.d-nb.de abrufbar.

Planung und Lektorat: Kerstin Hoffmann
Textbearbeitung: Björn Johnsen, Windmedia
Fotonachweis Umschlag: DOTI / Matthias Ibeler

Gedruckt auf säurefreiem und chlorfrei gebleichtem Papier

Springer Fachmedien Wiesbaden GmbH ist Teil der Fachverlagsgruppe Springer Science+Business Media
(www.springer.com)

Grußwort des Bundesministers für Wirtschaft und Energie

Die Nutzung der Windenergie an Land wie auch auf See ist ein zentraler Baustein der Energiewende. Bereits heute liefert die Windenergie an Land den größten Beitrag zur Stromerzeugung aus erneuerbaren Energien. Der verstärkte Ausbau von Offshore-Windkraftanlagen bietet noch viel Potenzial. Er erfordert jedoch viele innovative Lösungen bei Bau und Betrieb.

Die Forschung am ersten deutschen Offshore-Windpark alpha ventus hat ganz entscheidend zur Knowhow-Entwicklung in diesem noch recht jungen Sektor der Energieerzeugung in Deutschland beigetragen. Besonders erfreulich ist, dass es gelang, die vielen verschiedenen Forschungsprojekte erfolgreich zu koordinieren und die unterschiedlichen Interessen von Forschern, Betreibern und Anlagenherstellern, aber auch die Belange eines ökologisch verträglichen Ausbaus miteinander zu vereinbaren. Das Wagnis des Pionierparks alpha ventus hat in Verbindung mit der Forschungsinitiative Research at alpha ventus – RAVE die Grundlage für die deutschen Offshore-Projekte im Windbereich gelegt. Wie herausragend die erreichten Forschungsergebnisse sind, wird nicht zuletzt durch das große internationale Interesse deutlich.

Natürlich ist damit die Forschung für den weiteren Ausbau der Windenergienutzung in Deutschland längst nicht abgeschlossen. Nur wenn wir die Kosten für Strom aus Windenergie weiter senken und den Beitrag zur Versorgungs- und Netzsicherheit weiter steigern, werden wir die Ausbaupotenziale in Deutschland nutzen können. So kann die Windindustrie in Deutschland dauerhaft wettbewerbsfähig bleiben.

Das vorrangige Ziel der Forschungsförderung des BMWi ist daher die Senkung der Kosten sowohl bei den Investitionen als auch beim Betrieb von Windenergieanlagen. Der technologische Stand ist dabei beachtlich – mit den leistungsstarken Windenergieanlagen „Made in Germany“ setzt die deutsche Industrie Maßstäbe für das internationale Niveau.

Entscheidend für den weiteren Ausbau der Windenergienutzung wird aber die zuverlässige Integration des erzeugten Stroms in die öffentlichen Versorgungsnetze sein. Sie bildet einen der Förderschwerpunkte des BMWi in der Energieforschung. Forschungsbedarf besteht etwa zur Optimierung der Netzanbindung von Offshore-Windparks, zum Last- und Erzeugungsmanagement, zu windenergiespezifischen Aspekten der Speicherung sowie der Verbesserung von Windprognosen.

Deutsche Unternehmen, Universitäten und Forschungseinrichtungen gehören im Bereich der Windenergie weltweit zur Spitze. Innovationen sichern diese internationale Spitzenstellung. Die Forschung unterstützt deutsche Hersteller und Serviceanbieter, indem sie Lösungen für die spezifischen Anforderungen ausländischer Märkte entwickelt. Das BMWi fördert diese Aktivitäten mit dem Ziel, auch in Zukunft eine möglichst hohe Wertschöpfung der Windenergie in Deutschland zu sichern und die deutsche Industrie so international wettbewerbsfähig aufzustellen.

Ich freue mich, dass die Quintessenz der zahlreichen von der Bundesregierung im Rahmen des Energieforschungsprogramms geförderten RAVE-Forschungsprojekte nun in Buchform vorliegt. Allen Lesern wünsche ich eine interessante und inspirierende Lektüre.

Ihr
Sigmar Gabriel
Bundesminister für Wirtschaft und Energie

Grußwort des Vorstandsvorsitzenden der Stiftung Offshore-Windenergie

Der Bau des Testfeldes alpha ventus hat die Entwicklung der Offshore-Windkraft in Deutschland maßgeblich beeinflusst. Innerhalb von fünf Jahren nach seiner Inbetriebnahme im April 2010 waren Ende 2015 in der deutschen Nord- und Ostsee Windparks mit einer Leistung von 3.294 Megawatt an das Netz angeschlossen. Und bis 2020 wird sich nach den bereits getroffenen Investitionsentscheidungen und Unternehmensplanungen die Leistung mehr als verdoppeln – optimistische Prognosen rechnen mit der vollen Ausschöpfung der politisch gesetzten Obergrenze von 7,7 GW. Dieser Durchbruch der neuen Technologie, die sich mit der Überwindung vieler Anfangsschwierigkeiten nicht leicht getan hat, ist ohne die umfangreichen Forschungsprojekte und deren Ergebnisse im Rahmen der RAVE Forschungsinitiative nicht denkbar.

Über 50 Universitäten, Forschungseinrichtungen und Unternehmen haben sich in zahlreichen Einzelprojekten mit der Lösung von Problemen befasst, um die Technik von Offshore-Windanlagen zu verbessern, sie wirtschaftlicher und sicherer zu machen und die Verträglichkeit mit der Meeresumwelt zu optimieren. Davon hat die gesamte Offshore-Windkraftbranche in Deutschland profitiert.

Die Stiftung dankt daher allen Wissenschaftlern, die sich in diesem nationalen Offshore-Wind-Forschungsvorhaben engagiert und damit einer neuen Technologie zum Durchbruch geholfen haben.

Stellvertretend für diese Forschungsgemeinschaft richtet sich der Dank der Stiftung vor allen an den Projektträger Jülich (PtJ) und das Fraunhofer-Institut für Windenergie und Energiesystemtechnik (IWES), welche die einzelnen wissenschaftlichen Arbeiten betreut, koordiniert und die Ergebnisse zusammengeführt haben.

Das Forschungsnetzwerk RAVE hat sich große Verdienste um die Offshore-Windkraftentwicklung in Deutschland erworben.

Jörg Kuhbier
Vorstandsvorsitzender, Stiftung OFFSHORE-WINDENERGIE

Tatort Testfeld, Tatort Offshore

Vorwort der Herausgeber

Toben, tanzen, schwärmen. RAVE. Das englische Wort steht zugleich für die Abkürzung von Research At Alpha Ventus. So doppeldeutig, so zutreffend. Denn die Errichtung und die Erforschung von Deutschlands erstem Offshore-Windpark alpha ventus, erwies sich zugleich als ein Ritt über die Nordsee. Für alle Beteiligten.

Gerade einmal acht Jahre ist der Startschuss von RAVE her und schon jetzt fällt es schwer, sich in die damalige Lage zurückzuversetzen: Erfahrungen so weit draußen mit der Errichtung von Windenergieanlagen, über 40 Kilometer bis zum nächsten Land entfernt, gab es nicht. Ebenso wenig mit dem Bau von Windkraftfundamenten in 30 Meter tiefen Gewässern. Auch war die vorgesehene 5-Megawatt-Anlagengeneration neu und noch nicht auf See ausgetestet … Heute stehen wir an einem ganz anderen Punkt: Die Frage „Geht das überhaupt?“ stellt heute niemand mehr. 5-Megawatt-Anlagen sind schon Schnee von gestern. Heute drehen sich rund 800 Offshore-Windenergieanlagen in deutschen Gewässern, über 3.200 in Europa. Alpha ventus und RAVE haben dazu beigetragen.

Denn beides ist eine Erfolgsgeschichte: alpha ventus kann sich mit seinen jährlich rund 4.500 Vollaststunden Windstrom sehen lassen. Gerade im europäischen Vergleich der Windparks auf See – und das obwohl alpha ventus ein Testfeld ist. Die Erfahrungen und das Betriebsergebnis von alpha ventus haben bedeutend dazu beigetragen, das Vertrauen in die Technologie zu schaffen, das die Voraussetzung für einen weiteren Ausbau ist. Passend hierzu: 2015 gab es einen Rekord in Deutschland mit 2.282 Megawatt Neuaufstellungen auf See. Kumuliert sind Offshore-Windparks mit rund 3.300 Megawatt am Netz. Die politische Zielsetzung, das Nahziel von 6.500 Megawatt Offshore-Leistung bis 2020 scheint realisierbar. Rund 80 % der bis dato geplanten Projekte besitzen nach heutigem Stand bereits eine Finanzierung.

Auch RAVE ist eine Erfolgsgeschichte: Noch nie gab es in der Windenergie eine so große koordinierte Forschungsinitiative, in der Industrie und Forschungsinstitutionen an einem Strang ziehen. Mit Erfolg: Innerhalb von wenigen Jahren haben nicht nur die beteiligten Hersteller ihre Windenergieanlagen weiterentwickelt, sondern mit den Forschungsergebnissen wurden auch neue Richtlinien entwickelt, die in der ganzen Branche angewandt werden. Und nicht zuletzt wurde grundlegendes Wissen geschaffen: Vom Verhalten der Schweinswale bis zur Belastung durch brechende Wellen reicht die Bandbreite neuen Wissens. Die deutsche Forschung zu Offshore-Windenergie hat sich dadurch innerhalb von wenigen Jahren in die internationale Spitzengruppe manövriert – die vielen Veröffentlichungen und Konferenzbeiträge belegen das.

RAVE war und ist ein Gemeinschaftswerk. Trotz oder wegen aller Hindernisse, die es galt, zu überwinden. „Der Offshore-Virus hat uns gepackt“. Uns, die beteiligten Forscher an alpha ventus, Deutschlands erstem Nordsee-Windpark. Wir sind stolz darauf, dass dieses Testfeld verwirklicht wurde – und dass wir Wissenschaftler dazu forschen können. Zu diesem „Können“ gehört auch die finanzielle Unterstützung, das diese Forschungstätigkeit überhaupt erst ermöglicht. Dank dafür daher an das PTJ als begleitenden Projektträger und das Bundesministerium für Wirtschaft und Energie. Über ein halbes hundert Universitäten, Forschungsinstituten und Unternehmen waren und sind an der RAVE-Forschung beteiligt. Ihre Ergebnisse helfen, die Windenergienutzung auf See weiter zu entwickeln.

In den vergangenen zehn Jahren wurde unglaublich viel erreicht. Eine neue Branche ist entstanden. Das Wissen hat sich enorm vergrößert. Aber bekanntlich dauern Wunder länger. Dass sollte man im Hinterkopf behalten, wenn heute nur noch darüber diskutiert wird, wie schnell man wie viel Offshore-Windenergie ausbauen kann und wie schnell und stark die Kosten reduziert werden können. Trotz der gewaltigen Fortschritte ist die Offshore-Windenergie immer noch eine sehr junge Branche, die noch lange Zeit brauchen wird – und bekommen muss – um das Wissen zu vervollständigen, die Technologie zu optimieren und Betriebserfahrungen zu sammeln. Offshore-Windparks sind für eine Betriebsdauer von mindestens 20 Jahren gebaut und selbst der erste deutsche Offshore Windpark alpha ventus hat noch nicht einmal die Hälfte davon hinter sich.

Forschung kann und möchte seinen Beitrag leisten: Das Langzeitverhalten von Materialien und Bauteilen in den harschen Offshore-Bedingungen muss untersucht und verstanden werden. Vertieftes Wissen ermöglicht Innovationen, die die Kosten für den offshore erzeugten Strom reduzieren können. Neue Ansätze in Planung, Produktion, Bau und Betrieb von Offshore-Windparks wollen erdacht, entwickelt und getestet werden. Windparks in 10 Jahren werden anders aussehen und weniger kosten als heute.

Zum Schluss die Frage: An wen richtet sich dieses Buch eigentlich? An alle, die sich für Offshore-Windenergie interessieren. Und an alle, die verstehen möchten, was die Forschungsfragen sind, die gelöst werden mussten und müssen, um sie Realität werden zu lassen. Also eigentlich an jeden, der mehr über die Arbeit und (Zwischen-)Ergebnisse an Deutschlands erstem Offshore-Testfeld erfahren möchte. Und der dafür zum Verständnis nicht vorher ein Ingenieur- oder Physikstudium absolviert haben muss. Dieses Buch ist der Versuch, die bisherigen wissenschaftlichen Erkenntnisse aus RAVE in allgemein verständlicherer Weise auszudrücken. Wer mehr Details erfahren möchte, dem seien die jeweiligen Abschlussberichte der Forschungsprojekte zur Lektüre empfohlen, sowie die Internetpräsentationen oder Fachgespräche mit den Projektbeteiligten.

Offshore in Deutschland geht jetzt erst richtig los. Die Forschung dazu geht weiter, die Erfolgsgeschichte hoffentlich auch. Wir Forscher wollen unseren Beitrag dazu leisten und freuen uns darauf.

Michael Durstewitz

Dr. Bernhard Lange

Danksagung

Wir möchten uns herzlich bedanken bei

- allen Fachautoren für ihre Mühe und Mitwirkung, für ihre Geduld beim Erklären und ihren Einsatz beim Korrigieren, für ihren Mut und ihre Bereitschaft, in diesem Buch neue Wege zu gehen,
- dem Springer-Lektorat, namentlich Frau Kerstin Hoffmann, für ihr Verständnis und ihre Bereitschaft, immer wieder neue Produktionszeiten zu ermöglichen,
- dem gesamten Team vom Fraunhofer IWES, insbesondere Uta Werner und Evgenia Gostrer für Grafik und schnelle Bildbearbeitung, Susann Spriestersbach für Koordination und Hilfe, Lena Schuldt für ihre außerordentlich große, engagierte und vielseitige Hilfe während des gesamten Produktionsprozesses,
- dem Bundesministerium für Wirtschaft und Energie sowie dem Projektträger Jülich, die die Umsetzung dieses Werks erst ermöglicht haben
- sowie den vielen anderen Helferinnen und Helfern, die uns bei der Produktion unterstützt und mit zur Veröffentlichung von „Meer – Wind – Strom“ beigetragen haben.

Michael Durstewitz, Bernhard Lange, Björn Johnsen
Kassel, Bremerhaven, Hannover im Februar 2016

Inhaltsverzeichnis

III Anlagentechnik und Monitoring

IV Netzintegration

Autorenverzeichnis

Dr.-Ing. Matthias Baeßler
Bundesanstalt für Materialforschung und -prüfung
Unter den Eichen 87
12205 Berlin
matthias.baessler@bam.de

Anika Beiersdorf
ehemals Bundesamt für Seeschifffahrt
und Hydrographie – BSH
Hamburg Port Authority (HPA)
Neuer Wandrahm 4
20457 Hamburg
anika.beiersdorf@hpa.hamburg.de

Volker Berkhout
Fraunhofer IWES
Königstor 59
34119 Kassel
volker.berkhout@iwes.fraunhofer.de

Dr. Michael Benesch
Rützenhagen 1
23795 Negernbötel
mben@gmx.de

Axel Binder
Bundesamt für Seeschifffahrt und Hydrographie (BSH)
Bernhard-Nocht-Straße 78
20359 Hamburg
axel.binder@bsh.de

Kristin Blasche
ehemals Bundesamt für Seeschifffahrt
und Hydrographie – BSH
Hamburg
kristin.blasche@gmail.com

Dr. Maria Boethling
Bundesamt für Seeschifffahrt und Hydrographie (BSH)
Bernhard-Nocht-Straße 78
20359 Hamburg
maria.boethling@bsh.de

Dr. Lüder von Bremen
ForWind – Universität Oldenburg
Ammerländer Heerstraße 136
26129 Oldenburg
lueder.von.bremen@forwind.de

Dr. Beatriz Cañadillas
UL International GmbH
Ebertstraße 96
26382 Wilhelmshaven
b.canadillas@dewi.de

Christine Carius
ehemals Charité - Universitätsmedizin Berlin
carius@bwluni-kiel.de

Dr.-Ing. Pablo Cuéllar
Bundesanstalt für Materialforschung und -prüfung
Unter den Eichen 87
12205 Berlin

Christian Dahlke
ehemals Bundesamt für Seeschifffahrt
und Hydrographie – BSH
cd.dahlke@googlemail.com

Prof. Dr. Stefan Emeis
Institut für Meteorologie und Klimaforschung
Karlsruher Institut für Technologie
Kreuzeckbahnstraße 19
82467 Garmisch-Partenkirchen
stefan.emeis@kit.edu

Stefan Faulstich
Fraunhofer IWES
Königstor 59
34119 Kassel
stefan.faulstich@iwes.fraunhofer.de

Dr. Richard Foreman
UL International GmbH
Ebertstraße 96
26382 Wilhelmshaven
r.foreman@dewi.de

Dr.-Ing. Moritz Fricke
Leibniz Universität Hannover – ForWind
Appelstraße 9A
30167 Hannover
m.fricke@isd.uni-hannover.de

Steven Georgi
Bundesanstalt für Materialforschung und -prüfung
Unter den Eichen 87
12205 Berlin

Dr.-Ing. Tanja Grießmann
Leibniz Universität Hannover – ForWind
Appelstraße 9A
30167 Hannover
t.griessmann@isd.uni-hannover.de

Dr.-Ing. Gerrit Haake
ehemals Adwen GmbH
gerrit.haake@gmx.de

Dr.-Ing. Moritz Häckell
Leibniz Universität Hannover – ForWind
Appelstraße 9A
30167 Hannover
m.haeckell@isd.uni-hannover.de

Berthold Hahn
Fraunhofer IWES
Königstor 59
34119 Kassel
berthold.hahn@iwes.fraunhofer.de

Wilhelm Heckmann
Offshore Wind Consultants (Aqualis) GmbH
Poststraße 33
20354 Hamburg
wilhelm.heckmann@owcltd.co.uk

Kai Herklotz
Bundesamt für Seeschifffahrt und Hydrographie
Bernhard-Nocht-Straße 78
20359 Hamburg
kai.herklotz@bsh.de

Prof. Heiko Hinrichs
Hochschule Bremerhaven
fk-wind: Institut für Windenergie
An der Karlstadt 8
27568 Bremerhaven
hhinrichs@hs-bremerhaven.de

Dr. Annette Hofmann
Adwen GmbH
Am Lunedeich 156
27572 Bremerhaven
annette.hofmann@de.adwenoffshore.com

Thole Horstmann
Hochschule Bremerhaven
fk-wind: Institut für Windenergie
An der Karlstadt 8
27568 Bremerhaven
thole.horstmann@hs-bremerhaven.de

Prof. Dr. Gundula Hübner
Martin-Luther-Universität Halle-Wittenberg
Institut für Psychologie
06099 Halle (Saale)
gundula.huebner@psych.uni-halle.de

Christoph Jacob
ehemals Charité – Universitätsmedizin Berlin

Björn Johnsen
Windmedia
Querstraße 31a
30519 Hannover
johnsen@windmedia.de

Krassimire Karabeliov
Bundesanstalt für Materialforschung und -prüfung
Unter den Eichen 87
12205 Berlin

Dr.-Ing. Jan Kruse
Senvion GmbH
Überseering 10
22297 Hamburg
jan.kruse@senvion.com

Uta Kühne
Hochschule Bremerhaven
fk-wind: Institut für Windenergie
An der Karlstadt 8
27568 Bremerhaven
uta.kuehne@fk-wind.de

Marco Lewandowski
BIBA - Bremer Institut für Produktion
und Logistik GmbH
Hochschulring 20
28359 Bremen
lew@biba.uni-bremen.de

Hans-Peter Link
DNV GL
Sommerdeich 14b
25709 Kaiser-Wilhelm-Koog
hans-peter.link@dnvgl.com

Monika Mazur
Fraunhofer IWES
Am Seedeich 45
27572 Bremerhaven
monika.mazur@iwes.fraunhofer.de

Dr. Thomas Neumann
UL International GmbH
Ebertstraße 96
26382 Wilhelmshaven
t.neumann@dewi.de

Dr. Nico Nolte
Bundesamt für Seeschifffahrt
und Hydrographie (BSH)
Bernhard-Nocht-Straße 78
20359 Hamburg
nico.nolte@bsh.de

Stephan Oelker
BIBA - Bremer Institut für Produktion
und Logistik GmbH
Hochschulring 20
28359 Bremen
oel@biba.uni-bremen.de

Dr. Johannes Pohl
Martin-Luther-Universität Halle-Wittenberg
Institut für Psychologie
06099 Halle (Saale)
johannes.pohl@psych.uni-halle.de

Dr. Hermann van Radecke
Fachhochschule Flensburg
Kanzleistraße 91-93
24943 Flensburg
hermann.vanradecke@fh-flensburg.de

Dirk Reinhold
Senvion GmbH
Am Friedrichsbrunnen 2
24782 Büdelsdorf
dirk.reinhold@senvion.com

Prof. Dr.-Ing. habil. Raimund Rolfes
Leibniz Universität Hannover – ForWind
Appelstraße 9A
30167 Hannover
r.rolfes@isd.uni-hannover.de

Jörg Rustemeier
Leibniz Universität Hannover – ForWind
Appelstraße 9A
30167 Hannover
j.rustemeier@isd.uni-hannover.de

Dr.-Ing. Werner Rücker
Bundesanstalt für Materialforschung und -prüfung
Unter den Eichen 87
12205 Berlin
werner.ruecker@bam.de

Ingo Schlalos
SWMS Systemtechnik Ingenieurgesellschaft mbH
Donnerschweer Straße 4a
26123 Oldenburg
schlalos@swms.de

Dr. med. Martin Schultz
ehemals Charité – Universitätsmedizin Berlin
Herz- und Diabeteszentrum NRW
Institut für angewandte Telemedizin
Georgstraße 11
32545 Bad Oeynhausen
mschultz@hdz-nrw.de

Prof. Dipl.-Ing. Henry Seifert
Hochschule Bremerhaven
fk-wind: Institut für Windenergie
An der Karlstadt 8
27568 Bremerhaven
hseifert@hs-bremerhaven.de

Sebastian Stock
Fraunhofer IWES
Königstor 59
34119 Kassel
sebastian.stock@iwes.fraunhofer.de

Prof. Dr.-Ing. habil. Klaus-Dieter Thoben
BIBA-Bremer Institut für Produktion und Logistik
GmbH
Hochschulring 20
28359 Bremen
tho@biba.uni-bremen.de

Dr. rer. nat. Arne Wessel
Fraunhofer IWES
Königstor 59
34119 Kassel
arne.wessel@iwes.fraunhofer.de

Bau, Betrieb, Messtechnik, Koordination

Metamorphosen eines Meeres-Windparks

Planung, Bau und Betrieb von Deutschlands erstem Offshore-Windpark und Testfeld alpha ventus

Björn Johnsen

M. Durstewitz, B. Lange (Hrsg.), *Meer – Wind – Strom*,
DOI 10.1007/978-3-658-09783-7_1,

Projektinfo: Planung, Bau und Betrieb eines 60 MW-Offshore-Windparks 45 Kilometer vor der Insel Borkum zu Test- und Forschungszwecken
Projektleitung:
DOTI – Deutsche Offshore-Testfeld- und Infrastruktur-GmbH & Co. KG
Wilfried Hube

1.1 Aller Anfang ist Meer

Keine Erfahrungen mit Windenergieanlagen im Meer, wenig Gewinnaussichten, unsicheres Terrain. Und dann, bitte schön, noch raus auf die hohe See. Weltweit zum ersten Mal bei großer Küstenentfernung und Wassertiefen von 30 Metern. Mit eine Laufzeit von 20 Jahren. Normalerweise würde ein Unternehmen bei solchen Investmentaussichten sagen: „Vielen Dank für das Gespräch". Bei der Planung, Bau und Betrieb von Deutschlands erstem Offshore-Testfeld verliefen die Gespräche zum Glück deutlich anders – und am Ende entstand tatsächlich der Windpark alpha ventus. Unter Federführung der „Deutsche Offshore-Testfeld- und Infrastruktur GmbH & Co. KG" – kurz Doti – die als Gemeinschaftsgesellschaft der Energieversorger EWE, E.ON und Vattenfall Deutschlands erstes Offshore-Projekt in der Nordsee realisiert hat und seitdem betreibt (■ Abb. 1.1). Und dessen jährliche Vollaststunden von 4500 und mehr bislang in Europa ihresgleichen suchen. Doch der Reihe nach.

Story am Rande (I): Pendeljuristik zwischen Hamburg, Hauptstadt und Ostfriesland

Den Anfang macht Ostfriesland. Der Inhaber eines Windparkprojektierungsbüros, Ingo de Buhr, sucht im Herbst 1999 das Bundesamt für Seeschifffahrt und Hydrographie in Hamburg auf und stellt dem BSH seine Pläne für eine Windparkerrichtung „Borkum West" vor. Es ist damals das erste Meeres-Windparkprojekt in Deutschland. Einen Rechtsrahmen für Windparks auf See gibt es noch nicht, ordentliche Windmessungen auch nicht. EU-weit geregelt ist die Nutzung der ausschließlichen Wirtschaftszonen jenseits der 12-Seemeilen-Grenze zudem erst seit ein paar Jahren. Den Rechtsrahmen für Offshore-Windparks schafft dann der BSH-Jurist Christian Dahlke recht schnell: Beispielsweise durch das schon 2002 eingeführte „Standarduntersuchungskonzept" für begleitende Umweltverträglichkeitsstudien. Aus der Inselgemeinde Borkum gibt es Widerstand gegen den Windpark, dafür aber Rückenwind und große Pläne aus Berlin: 2002 formuliert die Bundesregierung ihr Ziel, Offshore-Windenergie mit mindestens 500 MW bis Ende 2006 zu errichten, und „mindestens weitere zwei- bis dreitausend Megawatt bis zum Jahr 2010". Von den deutschen Herstellern überlegen sich mindestens drei, ins Windkraftgeschäft auf See einzusteigen. Zu Beginn des neuen Jahrtausends wird fleißig geplant, doch die Kosten für die Errichtung laufen den Projektierern schnell davon: Banken wollen nicht ins Risiko und finanzieren, Versicherer nicht versichern, die Hersteller haben noch keine Offshore-Erfahrung und der Wille bei den Netzbetreibern für einen Netzanschluss ist, diplomatisch gesagt, noch ausbaufähig. Vielen Akteuren wird klar: Für klassische Projektierungsbüros ist das milliardenteure Offshore-Geschäft zu groß. Bei einer üblichen Windparkgröße von 40, 50 Anlagen auf See wird schnell die Milliardengrenze übertroffen. Ohne ein Engagement der großen Energieversorger wird Offshore nicht zu schaffen sein – und es bedarf eines „Eisbrechers", um zu beweisen: Windenergienutzung auf See funktioniert.
So erlebt der geplante Windpark „Borkum West" eine Metamorphose: Es folgt die Übertragung seiner Projektierungsrechte an die eigens hierfür gegründete Stiftung der deutschen Wirtschaft zur Nutzung und Erforschung der Windenergie auf See (Stiftung Offshore Windenergie). Für sie stellt im Herbst 2005 das Bundesumweltministerium, noch kurz vor der Bundestagswahl ihr Gründungskapital von 5 Millionen € bereit. Das Testfeld alpha ventus mit zwölf Anlagen von den zwei Herstellern Adwen (damals Areva) und Senvion (vormals REpower) wird geplant.

Abb. 1.1 Der Windpark alpha ventus aus der Vogelperspektive während der Bauarbeiten. © DOTI/alpha ventus (Fotograf: Mathias Ibeler)

Und auch das „Netzkonsortium" Doti zwischen den Energieversorgern EWE, E.ON und Vattenfall erlebt eine Metamorphose. Ursprünglich wurde es 2006 nur für die Kabelverbindung von alpha ventus zum Festland gegründet. Doch am Ende eines mehrschichtigen, langen Gestaltungsprozesses und einem „Energiegipfel" bei der Bundesregierung in Berlin gehen die drei Energieversorger gemeinsam ins Risiko: Aus den Kabelplanern wird ein „Suprastruktur-Großunternehmen": Die Deutsche Offshore-Testfeld- und Infrastruktur GmbH & Co. KG pachtet das Grundstück auf See von der Stiftung Offshore-Windenergie und wird Bauherr und Betreiber des ersten deutschen Offshore-Windparks.
Björn Johnsen

1.2 Voraussetzungen und Vorerfahrungen

45 Kilometer bis zum nächsten Land – so weit draußen war noch keiner. Vor alpha ventus gab es keine Erfahrungen mit Offshore-Windparks in Wassertiefen von rund 30 Meter und 45 Kilometer Küstenentfernung. Die bisherigen Projekte in Dänemark und Schweden, meist in der flacheren Ostsee, befinden sich in wesentlich geringeren Wassertiefen, maximal 15 Meter, und in weniger als 20 Kilometer Entfernung zur Küste. Alpha ventus zu bauen, bedeutet also ein viel größeres Risiko und unzählige Unwägbarkeiten.

Denn der Offshore-Windpark begann auch in technischer Hinsicht als echtes Pionierprojekt. Die Anlagen-Hersteller hatten bis Anfang 2006 noch keine Windturbinen auf See errichtet, überhaupt war untern den Wind- und Wellenbedingungen, wie sie auf der offenen Nordsee herrschen, weltweit noch kein Offshore-Windpark errichtet worden. Ähnliches galt für die gewünschte neue Anlagengröße: Möglichst über 4,5 MW Nennleistung pro Maschine sollten es schon sein. Nur wurden bis dato auf See nur 2,3-MW-Maschinen, vereinzelt auch mal 3,6 MW eingesetzt – aber noch nie Anlagen mit 5 Megawatt Nennleistung. Unterm Strich arbeiten bei der Errichtung von alpha ventus in Deutschland zum ersten Mal die Offshore-Industrie, Windenergieanlagenhersteller und Energieversorger gemeinsam an einem Projekt.

1.3 Gründungskonzepte: Neues auf dem Meeresboden

Vor alpha ventus wurden in Europas wenigen Offshore-Windparks fast nur Monopiles eingesetzt – sogenannte „Einpfähle". Für die Standortbedingungen der großen 5-Megawatt-Maschinen in tiefem

Abb. 1.2 Juli 2009: Transport der ersten Offshore-Windenergieanlage in das Baufeld alpha ventus. © DOTI/alpha ventus (Fotograf: Mathias Ibeler)

Wasser waren diese aber nicht verwendbar. So hat man sich entschlossen, zwei neuartige Konstruktionen auszutesten: Tripods als dreibeinige Rohrkonstruktionen am Meeresboden, die dann in einem großen Hauptrohr münden, und Jackets als vierbeinige, aufgelöste Gitterkonstruktionen. Beide Gründungskonzepte weisen mehr Tragfähigkeit auf als Monopiles. Die Installation der Tripods erfolgte ab April 2009 mit einem Schwimmkran und einer Jack-up-Plattform, von der aus die Rammarbeiten und das Vergrouten, das Zementieren der Verbindungen, durchgeführt wurden. Bald wurde deutlich, dass die Fundamentmontage mit einem Schwimmkran extremen Wetterbegrenzungen unterliegt. Sie ist nur bei einer geringen Zahl von Fundamenten sinnvoll und führte zu erheblichen Zeitrisiken und deutlichen Verzögerungen. Bei der Errichtung der Jacket-Gründungen gab es keine vergleichbaren Verzögerungen, da von Beginn an das weltweit größte Installationsschiff gechartert wurde.

Story am Rande (II): „Erster Wind"

„Lessons learned und projects planned" – die deutsche Sprache ist voll von Anglizismen und nähert sich dem d-englisch. Für die Namensgebung des ersten deutschen Offshore-Windparks gilt dies nicht. Hier standen die Sprachen des klassischen Altertums Pate: Das griechische „Alpha" bezeichnet nicht nur den mathematischen Winkel, sondern steht auch für „Erster". Und „Ventus" aus dem Lateinischen für „Wind", also wörtlich „Erster Wind". Und zum letzten deutschen Windparkprojekt auf See, möglicherweise „Alpha Omega Offshore", wird's noch ein paar Jahrzehnte dauern. Wenn überhaupt.
Björn Johnsen

1.4 Verzögerte Fertigstellung

Bei ihrer Gründung 2005 ging die Stiftung Offshore Windenergie noch davon aus, dass das Testfeld Borkum West zwei Jahre später ans Netz gehen könnte. Doch weit gefehlt. Erst musste eine Einigung mit inzwischen sieben weiteren Offshore-Windparkprojektierern über eine gemeinsame Kabeltrasse über die Insel Norderney erfolgen. Dann hatte auch die Windpark-Errichtungsphase ihr Eigenleben: Umschlagendes Wetter, mangelnde Schwimmkranverfügbarkeiten optimierbare Logistik, ein langwieriger Einstellungsbetrieb der Windenergieanlagen. So wurde zwar, nachdem im Juli 2009 die erste Anlage fertig errichtet war (Abb. 1.2), bereits im August 2009 der erste Strom ins Netz gespeist. Der Einstellungsbetrieb aller 12 Anlagen dauert noch

Abb. 1.3 Der Schwimmkran Thialf installiert ein Jacket-Fundament im Baufeld alpha ventus. © DOTI/alpha ventus (Fotograf: Mathias Ibeler)

bis zur offiziellen Inbetriebnahme im April 2010 an, weitere Arbeiten wie z. B. an der Innerparkverkabelung, liefen noch bis in das folgende Jahr. Oder, wie es recht überspitzt der Gesamt-Aufbauleiter für alpha ventus, Wilfried Hube, einmal launig ausdrückte: „Wir wissen zwar noch nicht, wie es richtig gemacht wird. Aber wir haben gelernt, was man alles falsch machen kann."

1.5 Montage, Logistik und Verkabelung

Auch hier galt: Erfahrung sammeln! Man musste mit dem klar kommen, was zur Verfügung stand – und es stand leider nicht alles zur Verfügung. Gab es Planungsfehler, haben die eingesetzten Geräte das geleistet, was sie sollten? War das Wetter „unplanbar"? Probleme bereitet insbesondere die in der Nordsee lange nachlaufende Dünung: Die Wellenhöhe nimmt ab und wirkt eigentlich gar nicht mehr so stark, aber die Länge der Wellen nimmt zu. Diese Dünung ebbt erst nach und nach ab und setzt sich dabei in Gebiete fort, in denen gar kein Wind weht und das Meer vermeintlich ganz ruhig ist.

Die Verbindung der kurzen Kabelabschnitte von ca. 800 Metern im Meeresboden zwischen den Windenergieanlagen erwies sich ebenfalls als schwierig. Für längere Kabelabschnitte, beispielsweise die Kabelverlegung zwischen Festland und Inseln, gibt es erprobte Verfahren und Geräte. Es zeigte sich bei alpha ventus, dass das Verlegen und Einspülen der Innerparkkabel zu den anspruchsvollsten und wetterempfindlichsten Arbeiten bei der Errichtung eines Offshore-Windparks gehört. Die Herausforderung besteht darin, ein Kabel ohne Schlaufen oder Knicke zwischen zwei eng beieinander liegenden Fundamenten zu verlegen und in die Kabelschutzsysteme der Anlage einzuziehen.

Für die Arbeiten wurden lange „Zeit- und Wetterfenster" benötigt. Die damals am deutschen Markt befindlichen „Errichter-Schiffe" besaßen in der Regel keine ausreichende Größe, internationale Schiffe mit entsprechender Auslegung und Zertifizierung (Abb. 1.3) konnten nur bei passenden Transits von einem Einsatz zum nächsten durch die deutsche Bucht zwischen-gechartert werden. Hier kam es zu langen Verzögerungen, die man in der weiteren Terminplanung für alpha ventus nur schwer auffangen konnte. Immerhin: Die gewonnenen Erfahrungen und der steigende Bedarf führten zur Entwicklung neuer Schiffe.

1.6 Betrieb, Wartung & Parkleittechnik

Für die Durchführung von Wartungs- und Betriebsarbeiten galten und gelten strenge Sicherheitsvorkehrungen. Während der Errichtung und Verkabe-

Abb. 1.4 Helikopter im Landeanflug auf das Helideck des Umspannwerks im Offshore-Windpark alpha ventus. © DOTI/alpha ventus (Fotograf: Mathias Ibeler)

lung von alpha ventus gab es keine Vorfälle – und das bei über 5000 Überstiegen von Schiffen auf die Anlagen und Gewerke. Für die Offshore-Windpark-Betriebsführung hat Doti eine Betriebsleitstelle in Norden eingerichtet – der nächstgelegenen Hafenstadt (mit Norddeich) auf dem Festland, gegenüber von Norderney. Das Betriebsbüro erfasst sämtliche Windparkdaten und wertet sie aus. Herausforderungen bestehen dabei nach wie vor in der Kontingentierung der Transportmittel zu alpha ventus: Ein unnötiges Vorhalten von Kapazitäten verursacht unnötige Kosten. Zudem lassen Wellengang und Dünung nicht immer ein Übertreten vom Schiff auf die Windenergieanlagen zu, so dass unnötige Leerfahrten entstehen. Hier gibt es noch erhebliches Optimierungspotenzial für das Ziel, eine hohe technische Verfügbarkeit zu erhalten – und meteorologische Wettervorhersagen, die auch eintreffen. Speziell für den Offshore-Service-Bereich wurde die Wind Force 1 entwickelt, die für alpha ventus eingesetzt wird: Ein Katamaran mit Platz für bis zu 25 Personen, einem großen Ladedeck für Lasten bis zu 10 Tonnen und mit einem bordeigenen 1,5-Tonnen-Kran. Die planmäßige Wartung des Windparks erfolgt von Frühjahr bis Spätsommer eines Jahres. Bei akutem Service-Bedarf und hohem Seegang bleibt als letzte Möglichkeit noch der Einsatz per Helikopter (Abb. 1.4).

Inklusive der Anfangsmonate vor der offiziellen Inbetriebnahme im April 2010 hat alpha ventus bis zum 30. Juni 2015 insgesamt 1,35 Terrawattstunden Windstrom erzeugt! In den bislang vier vollen Betriebsjahren 2011, 2012, 2013 und 2014 hat alpha ventus 16.582 Vollaststunden erreicht und 994,9 Gigawattstunden (GWh) Windstrom produziert. Der Ertrag beläuft sich auf durchschnittlich 248,73 GWh pro Jahr und übertrifft damit die Prognosen um jährlich etwa 7 %. Im Jahr 2014 ging der Ertrag etwas auf 235,6 GWh zurück, lag aber immer noch 1,5 % über der Prognose von rund 230 GWh (mit 3.900 Vollaststunden) pro Jahr. Der Rückgang lag vor allem am Tausch einzelner Komponenten im Verlauf des Jahres. 2015 lag die Produktion mit 242,1 GWh wieder 3,1 % über der Prognose, bei einer technischen Verfügbarkeit von 93,1 %. Im Februar 2016 wird alpha ventus voraussichtlich die Marke von insgesamt 1,5 Terrawattstunden Windstrom erreichen.

Aufgrund der positiven Erfahrungen mit alpha ventus haben die Doti-Gesellschafter inzwischen weitere Offshore-Windparks in der Deutschen Bucht/Nordsee errichtet, diesmal jeweils als Einzelbetreiber: Riffgat (EWE), Amrumbank (E.ON) und DanTysk (Vattenfall).

1.7 Das liebe Geld und der Nutzen

Unterm Strich lagen die Investitionskosten mit rund 250 Millionen Euro deutlich über den ursprünglich

Abb. 1.5 Panorama des Windparks alpha ventus. © DOTI/alpha ventus (Fotograf: Mathias Ibeler)

geplanten 180 Millionen Euro. Diese Mehrkosten für den ersten deutschen Windpark auf See liegen im Wesentlichen beim Mehraufwand für Logistik und Montage, gestiegenen Stahlpreisen und auch höheren Preisen für die Windenergieanlagen selbst. Und trotzdem gibt es einen ungeheuren Nutzen – vor allem für die nachfolgenden und zukünftigen Offshore-Projekte. Die gemachten Erfahrungen aus der Errichtung von Anlagen, Gründungsstrukturen und Kabelverlegungen dienen auch anderen Projekten. Für einen einfacheren und effizienteren Arbeitsablauf. Für die Entwicklung neuer Errichtungsschiffe. Für die Wissenserweiterungen bei den Genehmigungs- und Fachbehörden, für die vergleichbares gilt. Im Genehmigungs- und Errichtungsverfahren des Offshore-Windparks wurden neue Standards gesetzt und ermöglicht. Vor allem aber ist alpha ventus ein Gemeinschaftswerk: Hersteller, Zulieferer, Politik (bei wechselnden Regierungen), Verwaltung, Logistiker, Forscher und Entwickler und vor allem die Doti als Investor und Betreiber sowie der Stiftung Offshore-Windenergie als Begleiter und Vermittler wirken zusammen (Abb. 1.5).

1.8 Quellen

- Fraunhofer-Institut für Windenergie und Energiesystemtechnik IWES: RAVE Research at alpha ventus. Die Forschungsinitiative zum ersten Offshore Windpark Projekt in Deutschland. Redaktion Michael Durstewitz, Uwe Krengel, Bernhard Lange. Kassel 2010
- Kuhbier, Jörg: Erfahrungen bei der Errichtung vom Offshore-Testfeld alpha ventus. In: Bundesamt für Seeschifffahrt und Hydrographie (BSH): Ökologische Begleitforschung bei alpha ventus – erste Ergebnisse. Beiträge der Veranstaltung vom 10. Mai 2010, Katholische Akademie Hamburg, Hamburg und Rostock 2011, S. 19–21
- Sachbericht (zugleich Schlussbericht nach Nummer 8.2 NKBF 98), Planung, Bau und Betrieb eines 60 MW Offshore Windparks 45 Kilometer vor der Insel Borkum zu Test und Forschungszwecken (Projekt alpha ventus), Förderkennzeichen 0327631, Bearbeiter: DOTI – Deutsche Offshore-Testfeld- und Infrastruktur GmbH & Co. KG, Oldenburg, o. D., 11 S., unveröffentlicht
- Stiftung Offshore-Windenergie: alpha ventus Unternehmen Offshore. Bielefeld 2010
- ▶ www.alpha-ventus.de Abruf 09.02.2016

Wer, was, wann, warum und vor allem – wohin?

Die Koordination der Offshore-Testfeldforschung

Björn Johnsen

M. Durstewitz, B. Lange (Hrsg.), *Meer – Wind – Strom*,
DOI 10.1007/978-3-658-09783-7_2, © Springer Fachmedien Wiesbaden 2016

2

Projektinfo Koordination der RAVE-Forschungsinitiative – Research at alpha ventus
Projektleitung:
Fraunhofer-Institut für Windenergie und Energiesystemtechnik IWES
Dr. Bernhard Lange
Michael Durstewitz

Biologen, Geologen, Ornithologen. Und: Materialprüfer, Psychologen, Ökonomen, Maschinenbauer. Nicht zu vergessen: Elektrotechniker, Ingenieure, Statiker, Logistiker. Und viele andere Berufsgruppen mehr. Was auf den ersten Blick manchem Betrachter möglicherweise wie ein „Forschungs-Supermarkt" mit einem riesigen Angebot anmutet, spiegelt vor allem die Vielfalt der Beteiligten an der Forschungsinitiative RAVE wieder. Das Testfeld alpha ventus gibt den Startschuss für die Entwicklung der Offshore-Windenergie in Deutschland – und zugleich den Startschuss für eine Vielzahl von Forschungsvorhaben. Während der Projektträger Jülich (PtJ) mit der administrativen Abwicklung des Projektes betraut ist, liegt die Verantwortung für die Koordination der Forschungsaktivitäten beim Fraunhofer Iwes.

Die Forschungskoordination bedeutet durchaus mehr, als „nur ein paar Bootsfahrten" zum Windpark für die Forschungseinrichtungen zu organisieren. Die Planung und Koordination des Messbetriebes gehört auch dazu: Alpha ventus wurde und wird mit umfangreicher Messtechnik ausgestattet, um alle beteiligten Forschungsprojekte mit detaillierten Daten versorgen zu können. Ob bei der Überprüfung und Modellierung der Anlagen und Komponenten, der Netzintegration, der Weiterentwicklung der Lidar-Windmessverfahren, der Belastung der Gründungskonstruktionen, der Messung der Windpark-Errichtungs- und Betriebsgeräusche oder der ökologischen Begleitforschung. Hier gilt es zu vermeiden, dass manche Messungen doppelt durchgeführt werden oder andere möglicherweise ganz unter den Tisch fallen. Also: Durchführungskoordination und gemeinsames Datenmanagement war und ist also angesagt. Die wichtigste Aufgabe des Koordinationsprojektes ist es zunächst, für alle Forschungsabschnitte und -einrichtungen überhaupt erst einmal die Struktur eines gemeinsamen Programms zu schaffen und für alle bereitzustellen. Auch die Vorbereitung, Organisation und Durchführung von Workshops und Fachkonferenzen gehört zu den Aufgaben (◘ Abb. 2.1).

Am 8. Mai 2008 fällt der offizielle Startschuss für das Unternehmen: An diesem Tag kommen über 200 Experten aus Forschung, Wissenschaft, Politiker und Windenergiewirtschaft in Berlin zusammen – das Bundesumweltministerium (BMU) hat zur Auftaktveranstaltung RAVE – Research at Alpha Ventus – eingeladen. Die Zusammenkunft verschafft den Beteiligten einen breiten Überblick über die geplanten Forschungsunternehmungen und mehr. „Das Forschungsvorhaben alpha ventus wird mit seinen Ergebnissen langfristig dazu beitragen, die Kosten der Offshore-Windenergie zu senken", sagt dort Professor Dr. Jürgen Schmid, damaliger Präsident der europäischen Windenergieakadamie EAWE und Vorstand des Institutes für Solare Energieversorgungstechnik (Iset) in Kassel.

Zur RAVE-Auftaktveranstaltung sorgen Windenergieanlagen an Land mit 22.000 Megawatt im Frühjahr 2008 für einen Windstromanteil von etwas über 6 Prozent. Die Regierungsplanungen visieren zeitgleich ein weiteres, neues Ziel an: Die gewaltigen Windenergiepotenziale in Nord- und Ostsee zu nutzen, in die zukünftigen Energieversorgungsstrukturen miteinzubeziehen und 15 % Offshore-Windstromanteil im Jahr 2030 zu erreichen. Alpha ventus wird der vielbeachtete „Tür-Öffner" für die Windenergienutzung auf See: Das Bundesumweltministerium stellt für die begleitende Forschung im Testfeld rund 50 Millionen Euro über einen Zeitraum von fünf Jahren bereit. Davon werden 2007, unmittelbar vor der zentralen Veranstaltung, bereits 14 Projekte mit einem Gesamtfördervolumen von mehr als 16 Millionen Euro bewilligt. Rund 20 weitere Projekte werden folgen (◘ Abb. 2.2).

Um Synergien der Forschungsvorhaben nutzen zu können und damit die Qualität der Ergebnisse zu erhöhen, wird vom Fraunhofer Iwes ein Konzept für die Zusammenarbeit der verschiedenen Projekte im Testfeld entwickelt und bei den regelmäßigen Zusammenkünften der beteiligten Einrichtungen

■ **Abb. 2.1** Forschungsergebnisse von alpha ventus, präsentiert auf der International Offshore Wind R&D Conference 2015 in Bremerhaven. © Fraunhofer IWES

abgestimmt. Zentrale Arbeitspakete des Koordinationsprojektes sind die organisatorische und die wissenschaftliche Vernetzung der einzelnen Vorhaben: Niemand soll „völlig losgelöst und allein vor sich hinforschen". Dazu gehören regelmäßige Zusammenkünfte, auf denen über Teilergebnisse und auch Schwierigkeiten bei Projektumsetzungen berichtet werden kann. Mediation, Interessens- und Konfliktvermittlung sind naturgemäß ebenso gefragt, denn es können nicht alle gleichzeitig und jederzeit hinaus aufs Meer. Im Koordinationsprojekt werden die mittlerweile über 30 Projekte repräsentiert, ebenso die damit verbundenen über 50 Forschungseinrichtungen, Institute und Institutionen. Die nationale und internationale Vernetzung gehört ebenso dazu, denn Offshore ist keine „innerdeutsche Angelegenheit".

Damit verbunden ist die inhaltliche Planung und Durchführung von Fach-Workshops und großen wissenschaftlichen Konferenzen, wie etwa den RAVE-Konferenzen 2012 und 2015 (Offshore Wind R&D Conference). Und das Koordinationsprojekt übernimmt die Öffentlichkeitsarbeit: Beantwortet nicht nur Anfragen zum Testfeld, sondern informiert Interessierte, Wirtschaft, Politik, Projektträger und Wissenschaft über die Forschung am Offshore-Testfeld und aktuelle Trends und Tendenzen bei der Windenergienutzung auf See. Eine Aufgabe, die bis heute anhält.

2.1 Quellen

- Homepage ► www.rave-offshore.de, RAVE – Forschung im Offshore-Testfeld alpha ventus. Abruf 20.08.2015
- Homepage ► www.alpha-ventus.de, der erste deutsche Offshore-Windpark, Abruf 09.02.2016
- RAVE – Forschen am Offshore-Testfeld (2012), BINE Themeninfo I/2012, Herausgeber FIZ Karlsruhe, ISSN 1610-8302

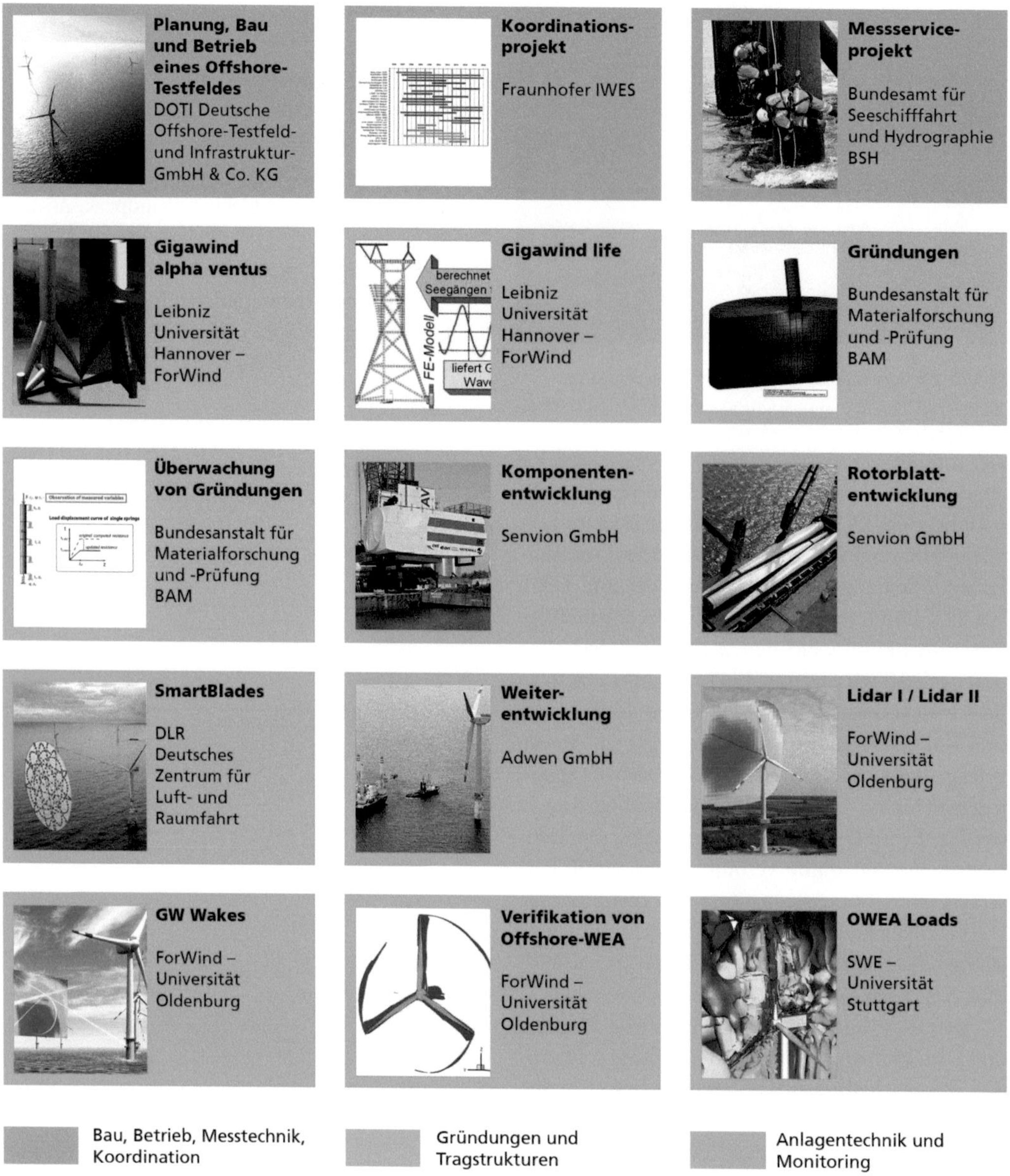

Planung, Bau und Betrieb eines Offshore-Testfeldes
DOTI Deutsche Offshore-Testfeld- und Infrastruktur-GmbH & Co. KG

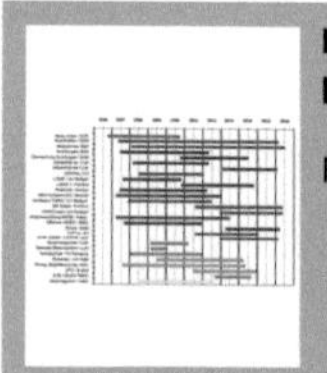

Koordinationsprojekt
Fraunhofer IWES

Messserviceprojekt
Bundesamt für Seeschifffahrt und Hydrographie BSH

Gigawind alpha ventus
Leibniz Universität Hannover – ForWind

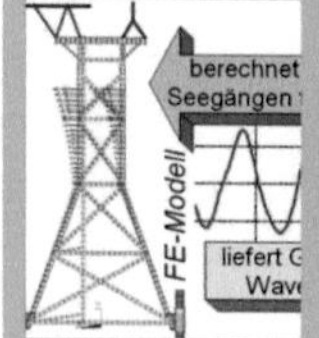

Gigawind life
Leibniz Universität Hannover – ForWind

Gründungen
Bundesanstalt für Materialforschung und -Prüfung BAM

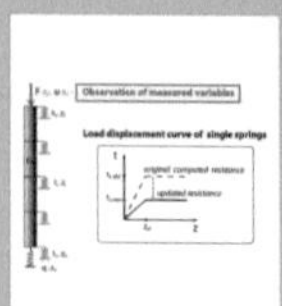

Überwachung von Gründungen
Bundesanstalt für Materialforschung und -Prüfung BAM

Komponentenentwicklung
Senvion GmbH

Rotorblattentwicklung
Senvion GmbH

SmartBlades
DLR Deutsches Zentrum für Luft- und Raumfahrt

Weiterentwicklung
Adwen GmbH

Lidar I / Lidar II
ForWind – Universität Oldenburg

GW Wakes
ForWind – Universität Oldenburg

Verifikation von Offshore-WEA
ForWind – Universität Oldenburg

OWEA Loads
SWE – Universität Stuttgart

 Bau, Betrieb, Messtechnik, Koordination

 Gründungen und Tragstrukturen

 Anlagentechnik und Monitoring

Abb. 2.2 Übersicht der RAVE-Projekte – die aufgeführten 27 Forschungsprojekte entsprechen der Kapitelreihenfolge in diesem Buch. © Fraunhofer IWES

Veritas

Karlsruher Institut für Technologie KIT

Tuffo Turbulente Feuchteflüsse

Karlsruher Institut für Technologie KIT

preInO

Bremer Institut für Produktion und Logistik BIBA

Offshore-WMEP

Fraunhofer IWES

Netzintegration

Fraunhofer IWES

Ökologische Begleitforschung

Bundesamt für Seeschifffahrt und Hydrographie BSH

Hydroschall

Leibniz Universität Hannover – ForWind

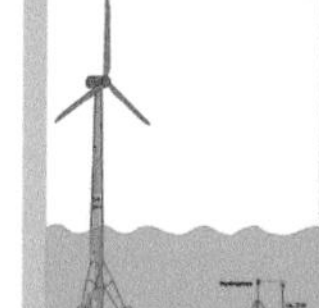

Betriebsschall

Fachhochschule Flensburg

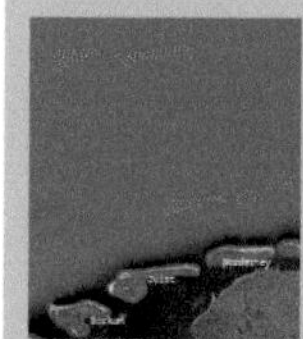

Akzeptanz

Martin-Luther-Universität Halle-Wittenberg

Einsatz Sonartrans-ponder

Leibniz Universität Hannover – ForWind

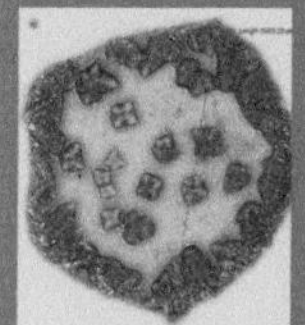

Umgebungs-einflüsse

Hochschule Bremerhaven – fk-wind

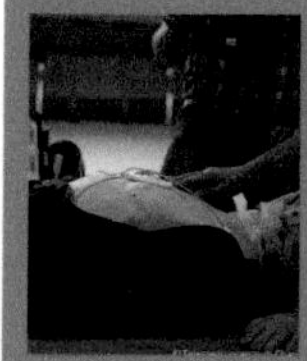

SOS

Charité Berlin

Gefördert durch:

Bundesministerium für Wirtschaft und Energie

aufgrund eines Beschlusses des Deutschen Bundestages

 Netzintegration

 Umwelt und Ökologie

 Sicherheit

Abb. 2.2 *(Fortsetzung)*

Tausend Sensoren von der Blattspitze bis in den Meeresboden

Zwischen Messtechnik, Logistik, Kolktiefen und dem Ozean: Das zentrale Mess-Serviceprojekt

Kai Herklotz, Thomas Neumann, Wilhelm Heckmann, Hans-Peter Link, Text bearbeitet von Björn Johnsen

M. Durstewitz, B. Lange (Hrsg.), *Meer – Wind – Strom*,
DOI 10.1007/978-3-658-09783-7_3, © Springer Fachmedien Wiesbaden 2016

3

Projektinfo: Zentrale Durchführung der Messungen im Rahmen der RAVE-Forschungsprojekte und ozeanographische und geologische Untersuchungen (Messservice)
Projektleitung:
BSH – Bundesamt für Seeschifffahrt und Hydrographie
Kai Herklotz
Projektpartner:
DNV GL
UL International GmbH (DEWI)

3.1 Messservice: Einer für alle

Selbst Messungen durchführen und für andere die Messtechnik bereitstellen: Das Zentrale Mess-Serviceprojekt von alpha ventus umfasst mehr als „nur" dies. Lange vor Baubeginn des ersten Offshore-Windparks auf See galt es, die unterschiedlichen Messbedürfnisse der angeschlossenen Forschungsbelange zu koordinieren, umzusetzen und – nach Errichtung – die Messdaten zur Auswertung zur Verfügung zu stellen. Ein Projekt, das heute noch andauert und „nebenbei" ozeanographische und geologischen Grundforschung betreibt – im wahrsten Sinne, denn auf dem Meeresboden rund um die Anlagen ist jede Menge Bewegung. Und diese Basisdaten sind für nahezu alle Untersuchungen relevant. Regelmäßig finden Wartungsfahrten ins Testfeld statt, um die gesamte Messtechnik im laufenden Anlagenbetrieb zu erhalten – ein Arbeitseinsatz, der bis heute andauert. Das Mess-Serviceprojekt stellt somit die notwendige Serviceeinrichtung für alle am gesamten RAVE-Forschungsvorhaben beteiligten Institute, Behörden und Firmen dar – und stellt sie diesen zur Verfügung.

3.2 Koordinieren, Organisieren, Instrumentalisieren

Zentraler Bestandteil der Testfeldforschung sind die Messungen an den Windenergieanlagen selbst. Während die Forscher hier eine möglichst lückenlose Zustandserfassung der Offshore-Anlagen anstreben, haben die Anlagen-Betreiber aus Kostengründen eher Interesse an einem möglichst ungestörten Betrieb ohne Produktionsunterbrechung. Zwei gegensätzliche Interessen, die es gilt, in Einklang zu bringen.

Deshalb hat man sich entschlossen, die Hauptmessungen für die Forschung auf eine Anlage pro Hersteller zu konzentrieren. Die beiden ausgewählten Windenergieanlagen – AV4 und AV7 – stehen am westlichen Rand von alpha ventus, in unmittelbarer Nähe zur Fino 1-Forschungsplattform. Durch die dort überwiegend vorherrschende Westwindrichtung kann also weitgehend ein ungestörtes Windfeld analysiert werden, das nicht durch „vorgelagerte" Windenergieanlagen abgeschattet wird. Zudem kann man die auf den beiden Anlagen gemessenen Daten mit Messungen von der Fino 1-Plattform in Beziehung bringen. Gleichzeitig wurden sicherheitshalber für den Fall, dass auf den Hauptanlagen wichtige Forschungsinstrumente ausfallen, zwei benachbarte Anlagen – AV5 und AV8 – ebenfalls mit Sensorik ausgestattet, allerdings mit deutlich weniger.

Deutlich vor dem Bau von alpha ventus standen die Vorgaben für Anzahl, Art und Positionierung der zu installierenden Messsensoren zur Verfügung, die das RAVE-Koordinationsgremium erarbeitet hatte. An der ausgewählten Anlage AV7 wurden über 500 verschiedene Sensoren installiert, an der AV4 über 400 Sensoren. Dazu kommen weitere Messsensoren am Umspannwerk, auf und im Meer, am Meeresboden und am nächsten Umspannwerk auf dem Festland, Hagermarsch an der niedersächsischen Nordseeküste. Die Sensorverteilung reicht vom Meeresboden bis zur Flügelspitze. Insgesamt wurden über tausend Sensoren installiert.

Die installierten Sensoren sind in einem zentralen Messstellenverzeichnis dokumentiert. Die Daten werden geprüft, plausibilisiert und nach Freigabe zentral im RAVE-Forschungsarchiv bereitgestellt. Die Daten stehen exklusiv für die RAVE-Forschungsprojekte zur Verfügung.

Story am Rande (I): Wenig Platz für Forschung
Messtechnik (■ Abb. 3.1) braucht Platz, noch mehr Messtechnik benötigt Schaltschränke (■ Abb. 3.2). Als ein Problem dabei erwies

■ **Abb. 3.1** Messverstärker mit Kabelzuführungen der Tripodmessungen an der AV7. © UL International (DEWI)

sich, dass die Anbindung der Messtechnik – in diesem Fall der Fundament-Sensoren – zu Recht weitgehend von der normalen Leistungselektronik der Offshore-Windenergieanlage getrennt werden sollte. Doch wohin mit dem zusätzlichen Schaltschrank? Der Turm einer Windenergieanlage ist nun mal kein bequemes Lagerhaus oder Großraumbüro. Schließlich wurde im Turm auf Plattform 9 der Anlage doch noch ein Ort gefunden, der zwar klimatisch ungünstig war (mit dem höchsten Feuchtegehalt der Luft und der Möglichkeit der Kondensatbildung am Boden), der aber als einziger genügend Platz für die zusätzlich installierte Forschungsmesstechnik bot. Diese funktioniert seitdem dort einwandfrei.
Björn Johnsen

3.3 Tripod auch an Land schwer erreichbar

Die ersten Forschungssensoren wurden fernab von alpha ventus installiert, in einer Werft bei Verdal in Norwegen, 50 Kilometer nordöstlich von Trondheim. Dort wurden die Tripod-Fundamente der Adwen AD 5-116 geschweißt, und somit auch für die ausgewählte „Forschungsanlage". Bereits in Norwegen sollte dort die Messtechnik angebracht werden. Doch ein Grundproblem war die Erreichbarkeit der vorgesehenen Messpunkte am Fundament, das aufgerichtet etwa 45 Meter hoch ist. Nur am Westbein des Tripods konnte man planmäßig die Sensoren vor dem Zusammenbau am Boden anbringen. Der Fertigungsprozess der Tripoden verursachte immer wieder längere Pausen bei der Installation der Messsensoren und der Verkabelung. Insgesamt wurden diese Arbeiten im Juni/August 2008 während eines essenziellen 6-wöchigen Einsatzes in Norwegen durchgeführt. Auch für die beteiligte norwegische Werft war die Integration der Messtechnik und damit die Organisation ursprünglich nicht eingeplanter Arbeitsabläufe in den eng getakteten Produktionsprozess der Tripods Neuland.

Die Turmsegmente wurden dagegen vergleichsweise nah, auf dem Herstellerwerksgelände in Bremen, mit Dehnungsmessstreifen, Beschleunigungssensoren und weiteren Sensoren versehen (■ Abb. 3.3). Die Leistungselektronik wurde im dritten Turmsegment untergebracht. Ferner hat man das Tripod-Fundament im Wasser auf drei unterschiedlichen Höhen mit speziellen Manschetten um die Hauptsäule herum versehen: Deren Wasser-

■ **Abb. 3.2** Schaltschrank für Forschungsmesstechnik in einer Offshore-Windenergieanlage. © UL International (DEWI)

drucksensoren lieferten seit Inbetriebnahme etwa zwei Jahre lang hochaufgelöste (50 Hz) und präzise Daten des hydrostatischen Wasserdrucks um die Tripodstruktur der AV7.

Story am Rande (II): Vertauscht
Hektisch ging's zu bei der Installation der Anlagen im Oktober und November 2009, die Herbststürme nahten. Dabei wurden bei einer Offshore-Anlage bei der Errichtung auf See zwei vorbereitete Turmsegmente vertauscht. Und das Ganze leider auch noch an einer Anlage, die für Messversuche vorgesehen war. Die Folge: Die bereits vorinstallierten Messeinrichtungen kamen durch die Vertauschung der Turmsegmente nicht zum Einsatz. Zahlreiche Messtechnik-Installationen mussten neu und zusätzlich auf See erfolgen. Die sich daraus ergebenden Mehrkosten hat der Windenergieanlagenhersteller übernommen.
Björn Johnsen

3.4 Hindernislauf vor und auf See

An der Senvion 5M, im Windpark die Anlage AV4, wurden 120 Messstellen an der Windenergieanlage, weitere 157 an der Gründungsstruktur und 37 Messstellen an der Nachbaranlage AV5 des gleichen Typs festgelegt. Auch hier gab es in diesem Pionierprojekt reichlich „Lernstunden". Die Bestückung der Turmsegmente mit strukturdynamischen Sensoren konnte entgegen der Planung aufgrund vertraglicher Rahmenbedingungen zwischen Zulieferer und WEA-Hersteller nicht schon im Werk des Zulieferers realisiert werden. Daher musste man diese Arbeiten erst nachträglich auf hoher See im Offshore-Testfeld nachholen, was mit deutlich erhöhtem Zeitaufwand gegenüber einer Installation onshore und dadurch auch deutlich verspäteter Inbetriebnahme der Messtechnik verbunden war. Im Inneren der Maschinenhäuser wurden die Sensoren planmäßig installiert. In den Rotorblättern konnten die Sensoren problemlos im Bereich der Blattwurzel (■ Abb. 3.4), nicht aber in größeren Entfernungen zur Blattwurzel angebracht werden: Dies war mit dem Blitzschutzkonzept des Blattherstellers nicht vereinbar und wurde nicht genehmigt.

Wo Bewegung ist, ist Verschleiß. Messtechnik kann auch kaputtgehen, erst recht in den Meereswellen. Die Instandsetzung defekter Sensorik erfolgt in enger Abstimmung mit dem Projektpartner, dem Betreiber des Testfeldes und dem jeweiligen Hersteller der Windenergieanlagen. Neben einer „längeren Kommunikationskette" und dem Umstand, dass Forschungsaktivitäten gegenüber Betriebsabläufen naturgemäß nicht immer mit Priorität behandelt werden können, wirken sich dabei insbesondere die verlängerten Reaktionszeiten für notwendige Instal-

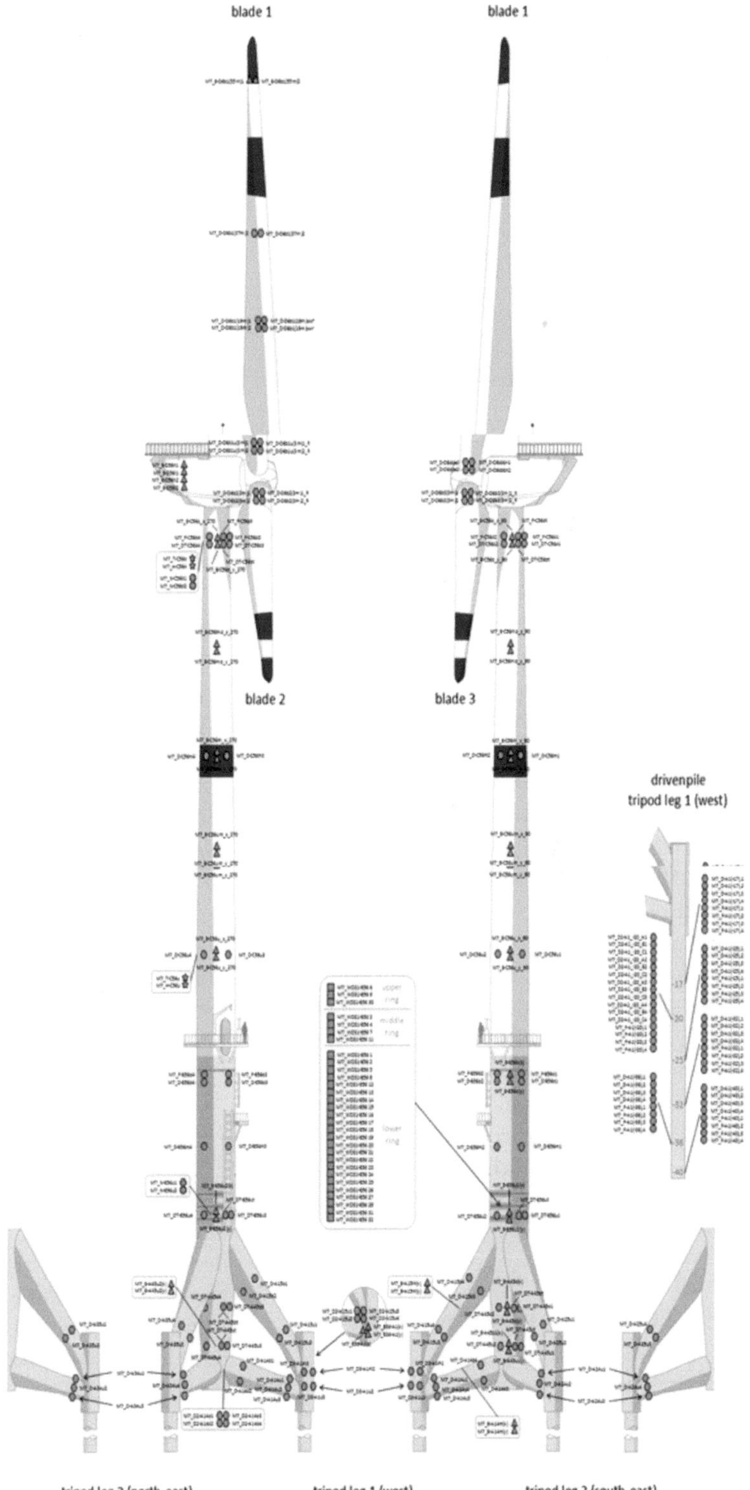

Abb. 3.3 Übersichtsplan der Messstellenpositionen an der AV7. © UL International (DEWI); Grafik: DOTI, bearbeitet von UL International (DEWI)

Abb. 3.4 Messtechnik, montiert in die Blattwurzel eines Rotorblatts. © UL International (DEWI)

lations- und Instandsetzungsarbeiten auf See aus: Stehen Boote zur Verfügung und sind diese einsatzfähig? Gibt es Transportkapazitäten für Forschungspersonal und Material? Wie stark sind Seegang und Gezeitenströmung, droht womöglich gar Eisgang? Viele Fragen, die oft erst endgültig vor der Abfahrt der Serviceschiffe an der Kaikante geklärt werden können.

Mit zum Projekt zählen die Netzmessungen auf der Übertragungsebene. Hier war jeweils die Installation von drei Stromsensoren (Stromwandler) und drei Spannungssensoren (Spannungswandler) je Messpunkt notwendig – mit Messpunkten im Umspannwerk auf See (AV0) und im nächsten Umspannwerk Hagermarsch an Land (Abb. 3.5). Die Messleitungen im Umspannwerk wurden im August 2008 onshore vorverlegt. Die Stromwandler konnten erst auf See an den geforderten Stellen in der 110-Kilovolt Spannungsebene installiert werden, weil die Leitungen an Land noch nicht vorhanden waren. Installationstechnisch gab es bei diesem Messauftrag keine kritischen Systeme oder Messstellen, weil es sich aus messtechnischer Sicht um vier identische Standard-Netzmessungen handelt.

3.5 Ebbe, Flut und malträtierte Messbojen

Das starke Wirken von Ebbe und Flut prägt die Meereszirkulation in der Deutschen Bucht. Die ausgeprägten Gezeitenströme von Ebbe und Flut sorgen in der Nordsee für einen größeren Austausch und bessere Durchmischung des Wassers über alle Tiefenstufen hinweg als in der Ostsee – und somit auch für eine Angleichung der Temperaturen, egal wie tief es ist. Bei alpha ventus werden Seegang, Temperatur und Strömung über mehrere Jahre hinweg gemessen. All dies ist notwendig, um beispielsweise Wartungsfahrten und Logistik für die Versorgung des Windparks kosten- und ressourcenoptimiert zu planen oder die Gefahr eines „Eisgangs" in der Nordsee beurteilen zu können. Neben Seegangsbojen und Wellenradar kamen weitere Sensoren in Meerestiefen zwischen 5 und 28 Metern zum Einsatz, unter anderem um die Temperatur des Nordseewassers zu erfassen. Das bei alpha ventus gemessene „vertikale Temperaturprofil" lag beispielsweise im März 2011 bei rund 4 Grad Celsius über alle Tiefenstufen zwischen 5 und 25 Metern. Auch zwischen den Anlagen gab es im Gewässer kaum Temperaturunterschiede.

Von Winter 2010/2011 stiegen die Werte bis zum Sommerbeginn Ende Juni 2011 von 4 auf 18 Grad Wassertemperatur an. Allerdings war dieser Winter sehr kalt und hat sich bis in den März 2011 hineingezogen. Über eine Vereisungsgefahr in der Nordsee, schlechterer Erreichbarkeit des Windparks durch Boote oder gar Beschädigung der Tragstrukturen der Offshore-Anlagen ist damit noch nichts ausgesagt. Aufgrund der vergleichsweise wenigen vorhandenen „Zeitreihen" lassen sich noch keine endgültigen Aussagen zu den möglichen Temperaturschwankungen und -veränderungen im Testfeld und der Deutschen Bucht machen. Dazu müssen diese Messungen kontinuierlich über einen längeren Zeitraum fortgesetzt und ausgewertet werden.

3.6 Mit dem Schiff im Winter nur zu 30 % erreichbar

Für die Seegangs- und Wellenerfassungen hat sich der Einsatz von Seegangsbojen als unabdingbar erwiesen, zumal diese inzwischen mit integrierten Akustikdopplern (ADCP) ausgerüstet auch die Strömungen messen können. Radarpegel von der Forschungsplattform Fino 1 aus können als Ergänzung die Wellenhöhe exakter erfassen und werden nicht so leicht beschädigt wie die Seegangsbojen auf der Meeresoberfläche, aber sie liefern keine Information über die Seegangsrichtung.

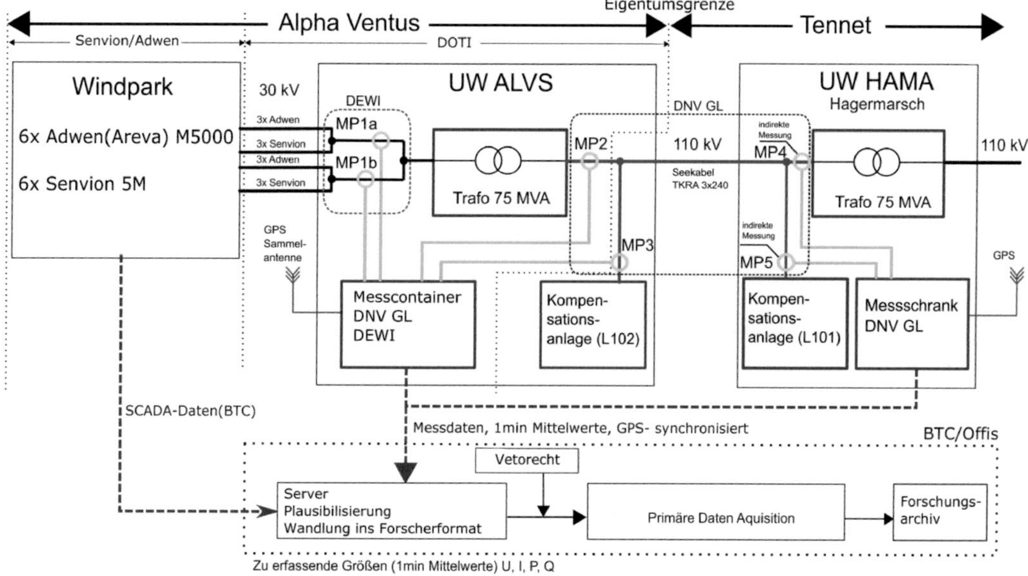

Abb. 3.5 Übersichtsplan der elektrischen Messungen onshore und offshore. © DNV GL

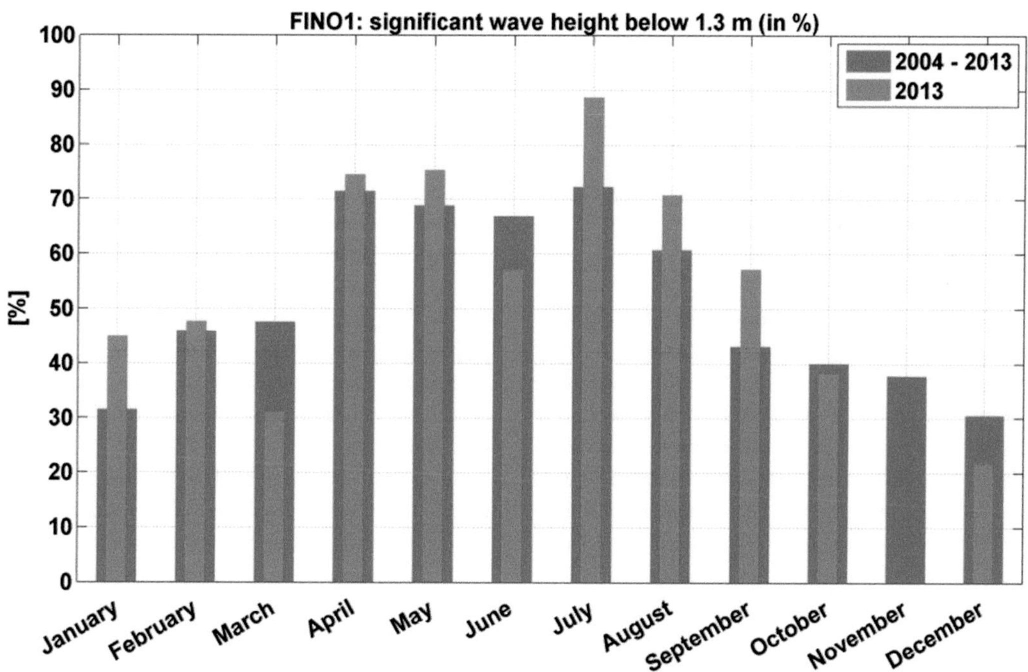

Abb. 3.6 Signifikante Wellenhöhe $H_S < 1{,}3$ m in Prozent pro Monat, Messzeitraum von 2004 bis 2013. © BSH

■ **Abb. 3.7** Eine 12 Meter hohe Welle trifft auf die Forschungsplattform Fino 1. Extreme Seegangsereignisse beeinflussen die Logistik und das Betriebsmanagement von Offshore-Windparks. © DNV GL

Ein Beispiel für die Bedeutung der Wellenmessungen: Für alpha ventus gilt als festgelegter „Grenzwert" für den sicheren Umstieg eines Menschen vom Schiff auf die Offshore-Anlage eine „signifikante Wellenhöhe (H_S)" von weniger als 1,3 Meter. Betrachtet man den gesamten Jahresverlauf, korrespondieren Wellenhöhe und Windgeschwindigkeit häufig. In den Herbst- und Wintermonaten mit typisch hohen Windgeschwindigkeiten liegt die Häufigkeit von signifikanten Wellenhöhen unterhalb von 1,3 Metern bei nur 30 bis 40 %; in den Frühlings- und Sommermonaten werden dagegen bis zu 70 % erreicht (■ Abb. 3.6).

Zur besseren logistischen Einsatzplanung werden deshalb die Seegangsdaten in Echtzeit der Einsatzzentrale des Offshore-Windpark-Betreibers zur Verfügung gestellt. Extreme Wettersituationen, die zu Belastungen und Beschädigungen von Offshore-Bauwerken führen können, werden natürlich auch erfasst und ausgewertet. Die gemessenen Daten und Ergebnisse fließen direkt in die Planung und den Betrieb zukünftiger Windparkprojekte ein. Und in der Tat: Die Sensorik im Windpark wird nicht nur durch Extremereignisse, sondern natürlich auch im Dauerbetrieb stark durch Korrosion und Seegang beansprucht, ihre Wartung wird zudem erschwert durch die rauen Wetterbedingungen auf See (■ Abb. 3.7). Im Fortsetzungsprojekt wurden daher weitere Seegangsmessinstrumente installiert und die ozeanographischen Messungen fortgesetzt.

3.7 „Festgemauert in der Erden" auch bei Kolktiefen

Auf dem Meeresboden ist was los. Nicht nur in der Tierwelt. Rund um die Anlagenstrukturen spielen sich gewaltige Bewegungsprozesse im Meeresboden ab.

Dabei geht es insbesondere um die Kolkentwicklung im Bereich der Rammpfähle, die die Anlagenbeine (wie beim Tripod/Dreibein) oder als Fachwerk-Gründung (Jacketgründung) im Meeresboden quasi „festnageln". Die sogenannten Kolke entstehen, wenn Objekte, zum Beispiel die Tragstrukturen von Offshore-Anlagen, in eine strömende Umgebung eingebracht werden. Der bisherige Strömungsverlauf ändert sich, was eine erhöhte Erosion des Meeresbodens zur Folge hat.

Um diese entstehenden Kolke und Strömungen zu messen, wurden jeweils 5 Echolote an den Versteifungselementen der Tripod-Gründung bzw. an der Jacket-Struktur angebracht, sowie zusätzlich weitere Echolote am Zentralrohr des Tripods. Mit diesen fest installierten Echoloten an den Gründungsstrukturen (■ Abb. 3.8) wird seit 2009 kontinuierlich die Entwicklung der Kolktiefe an einem Jacket und einem Tripod gemessen. Seitdem kann man eine kontinuierliche Zunahme der Kolktiefen beobachten. Ganz rapide verläuft der Anstieg der Kolktiefen in den ersten 3 bis 6 Monaten nach Errichtung der Offshore-Anlagen, danach verlangsamt sich der Prozess – der aber nach fünfjähriger Messkampagne immer noch anhält. Zudem kann es nach starken Stürmen ebenfalls in kurzer Zeit zu einer starken Zunahme der Kolktiefen kommen.

Beim Tripod wurden an den Rammpfählen außen nach 5 Jahren Messdauer Kolktiefen zwischen 3 und 4 m festgestellt. Im Zentralbereich dieser Tragstruktur zeigen die Messergebnisse der Echolote, dass sich hier eine Kolktiefe von ca. 7 Meter stabilisiert hat. Die Ursachen für diese unerwartet großen Kolktiefen an den Tripods scheinen auf konstruktive Effekte zurückzuführen zu sein: Die massiven bodennahen Strukturelemente der Gründungen führen zu einer Verringerung der durchströmten Fläche und damit zu einer Erhöhung der bodennahen Strömungsgeschwindigkeiten, die zu einer Erosion unter der Gründung führen. Ver-

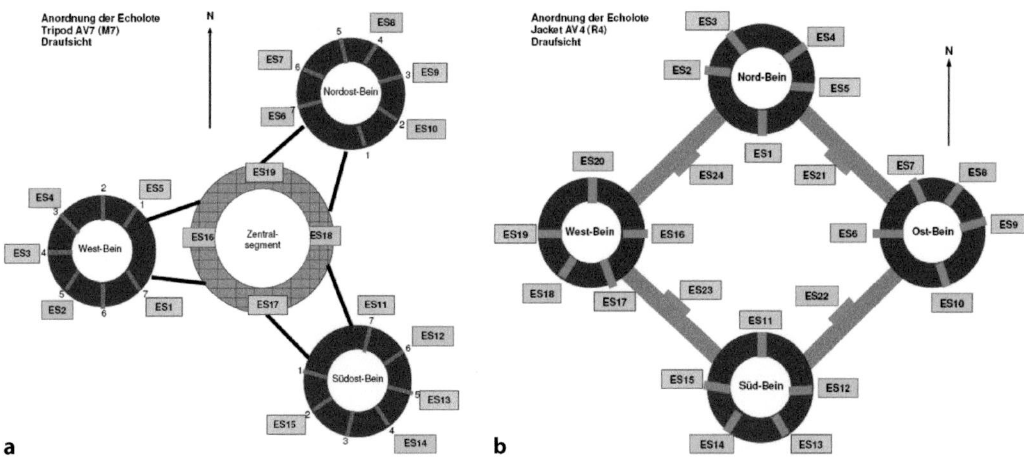

■ **Abb. 3.8** Schematische Darstellung der Anordnung der Echolote am Tripod AV7 (**a**) und am Jacket AV4 (**b**). Die Bezeichnungen „ES“ stehen für die Echolote (echo sounder). © BSH

stärkt wird die Erosionswirkung durch das offene Zentralelement, das schwankende Wasserpegel im Zentralrohr zulässt. Diese Schwankungen führen zu einer Pumpbewegung, wobei durch das Ausströmen des Wassers unterhalb des Zentralrohrs Bodensediment in Bewegung gebracht und abtransportiert wird.

» **Tendenz zum globalen Kolk**
Wir beobachten die Kolke, die tiefen Ausbuchtungen des Meeresbodens um die Fundamente, seit Jahren. Dabei entsteht die größte Kolkdynamik am Anfang. Die weitere Entwicklung ebbt dann langsam ab. Trotzdem gibt es am Meeresboden eine Tendenz zum globalen Kolk: Ausbuchtungen um das gesamte Fundament herum.
Kai Herklotz, Bundesamt für Seeschifffahrt und Hydrographie BSH

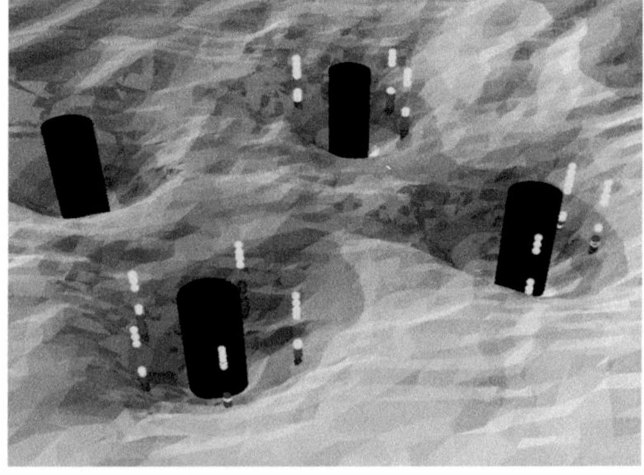

■ **Abb. 3.9** Aus Messungen mit Fächerecholoten erstellte Bathymetrie um ein Jacket-Fundament. Die kreisförmigen Markierungen entsprechen jeweils einer Messung. © BSH

Beim Jacket-Fundament liegen die Kolktiefen nach vierjähriger (also etwas kürzerer) Messkampagne mit 2 bis 2,5 m nicht ganz so tief. Um nicht nur eine punktuelle Tiefenentwicklung durch die installierten Sensoren zu messen, werden ergänzend dazu beide Anlagentypen in regelmäßigen Abständen mit räumlich hochauflösenden, großflächigen Fächerecholot-Messungen vom Schiff aus untersucht – die die punktuellen Messerergebnisse bestätigen (■ Abb. 3.9). Das Resultat: Bei beiden Gründungsarten hat sich in unterschiedlicher Art und Ausprägung ein „globaler“ Kolk entwickelt: Dieser umfasst den zentralen Kolk unterhalb des zentralen Turms

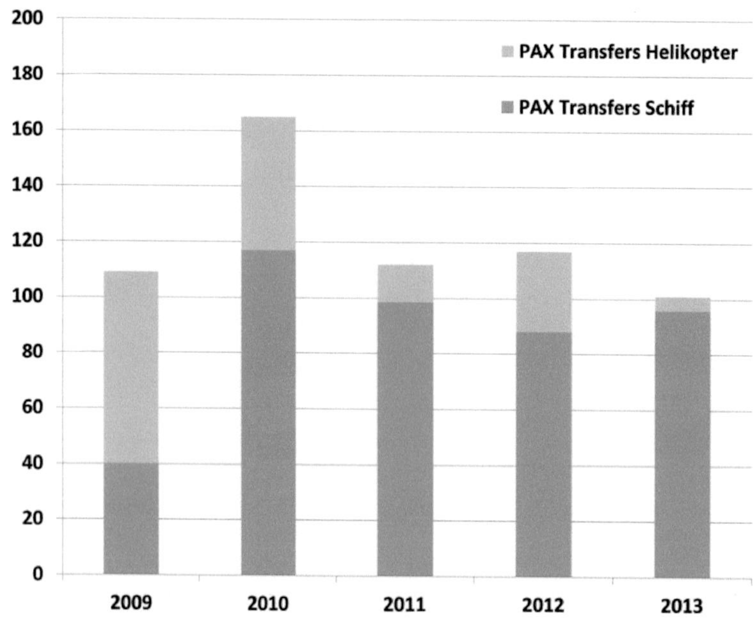

Abb. 3.10 Passagierzahlen (PAX) mit Helikopter und Schiff für den Transport von Forschungspersonal für Arbeitseinsätze in alpha ventus. © BSH

und die „lokalen Kolke" an den Rammpfählen. Diese Tendenz zum „globalen Kolk" ist bei beiden Fundamenttypen vorhanden.

Als Konsequenz dieser Erkenntnisse wurde das Tripod-Design modifiziert, was zukünftig zu einer Vermeidung einer zentralen Kolkentwicklung bei Tripod-Gründungen führen soll. Zurzeit wird untersucht, welche hydrodynamischen Prozesse für die unterschiedlichen Kolktiefen verantwortlich sind. Die Beeinflussung durch lokale Strömungen, welche für Erosionserscheinungen wie Unterwasserrutschungen verantwortlich sein können, liegt nahe, müssen aber im weiteren Monitoring im Detail untersucht werden. Deshalb ist geplant, die Untersuchungen zu erweitern, um dominierende Kolkprozesse noch besser verstehen zu können.

Zur Bestimmung der Sedimentfestigkeit des Meeresbodens wurden im Übrigen Messungen mit einem sogenannten dynamischen „Penetrometer" durchgeführt, mit dem der Eindringwiderstand des Bodens gemessen wird. Nach Errichten der Anlagen sind, unabhängig von den Kolktiefen, bislang keine substantiellen Veränderungen in der Zusammensetzung des Meeresboden-Sediments zu beobachten. Auch saisonale, jahreszeitbedingte Veränderungen sind diesbezüglich kaum festzustellen.

3.8 Logistik: (K)ein Schiff wird kommen

Die Logistik und den Transport für die Durchführung der Messungen auf See zu organisieren und bereitzustellen, gehört ebenfalls zu den Aufgaben des Messserviceprojekts. Dieses umfasst den Transport von Personal und Material für die Installation und Wartung der Messsysteme. Dabei werden die Offshore-Einsätze mit unterschiedlichen logistischen Mitteln durchgeführt: Per Schiffstransfer mit speziellen Servicebooten und Umstieg auf die Anlage, per Helikopter, wobei die Personen per Seilwinde aus luftiger Höhe vom Hubschrauber auf das Maschinenhaus der Anlage abgeseilt werden, und mit direkten Schiffseinsätzen, bei denen das Personal auf dem Schiff verbleibt und von hier aus die Arbeiten ausführt, z. B. Austausch von ozeanographischen Geräten. Wegen der geringeren Transportkapazität und den höheren Einsatzkosten von Hubschraubern werden Schiffe für Wartungseinsätze bevorzugt. Im Gegensatz zu Schiffen können Hubschrauber aber fast bei jedem Wetter eingesetzt werden (Abb. 3.10).

> **Story am Rande (III): WG auf See**
> Ursprünglich sollte man im Messserviceprojekt selbst die notwendigen Schiffe für den Einsatz chartern. Doch davon wich man schnell ab. So wurden bei der Installation auf See in Kooperation mit dem Anlagenhersteller Adwen und Windparkbetreiber Doti deren Logistikmittel mitgenutzt. Einfach, um kleine, sich ergebende Zeitfenster schneller nutzen zu können. So haben die Forscher beispielsweise zeitweise das Wohnschiff von Adwen mitbenutzt. Eine kleine Wohngemeinschaft auf See. Unterm Strich wurden weniger Schiffstage benötigt als geplant (120 Tage bei 33 Fahrten).
> Björn Johnsen

Forschungsarbeiten, die im Umfeld der Anlagen durchgeführt werden (z. B. Taucharbeiten oder Ausbringung von Messgeräten), werden durch den Einsatz von eigenen Schiffen des Bundesamtes für Seeschifffahrt und Hydrographie (BSH) abgedeckt. Für die umfangreichen Arbeiten im Unterwasserbereich finden zusätzlich Taucheinsätze über mehrere Tage/Wochen statt, für die nach Möglichkeit ebenfalls Hotelschiffe eingesetzt werden, um zeitintensive Personentransporte zum Festland zu vermeiden. Die Gesamtzahl der Personentransfers liegt bei rund 100 Personen-Transfers pro Jahr. Nur im Jahr 2010 lag diese mit über 150 Transfers erheblich höher. In diesem Jahr fand die zeitintensive Installation und Inbetriebnahme der Forschungsmesstechnik statt (▪ Abb. 3.10).

3.9 Immer weiter gehen

Mit der einmaligen Installation der Messtechnik an den Windenergieanlagen ist es nicht getan. Diese muss weiter gewartet und gegebenenfalls repariert oder ausgetauscht werden, wie beispielsweise mehrere Echolote an den Fundamenten für die Kolkmessungen. Vor allem aber müssen die Messdaten ausgewertet werden. Die Dynamik der Kolke um die Fundamente ist noch längst nicht abschließend beurteilt, gleiches gilt für Seegang, Meeresströmung und ozeanographische Langzeitmessungen.

3.10 Quellen

- Abschlussbericht Projekt RAVE-Serviceprojekt. Durchführung der technisch-wissenschaftlichen Messungen im Offshore-Testfeld, FKZ 0325026, 112 S., unveröffentlicht, ohne Datum.
  Koordinator: Bundesamt für Seeschifffahrt und Hydrographie (BSH), Kooperationspartner: Deutsches Windenergie-Institut GmbH (DEWI), GL Garrad Hassan Deutschland GmbH (heute DNV GL), GL Garrad Hassan Deutschland GmbH (ehemals Windtest), wissenschaftlicher Kooperationspartner: Universität Bremen, DFG Forschungszentrum Ozeanränder (RCOM)
- RAVE-Messserviceprojekt: Zentrale Durchführung der Messungen im Rahmen der RAVE-Forschungsprojekte und ozeanographische und geologische Untersuchungen. Bundesamt für Seeschifffahrt und Hydrographie (BSH), Hamburg. Word-Dokument, 6 Seiten. O. D. (2.10.14)

Gründungs- und Tragstrukturen

Ein fester Halt in rauer See

Gigawind alpha ventus – Ganzheitliches Dimensionierungskonzept für die Tragstrukturen von Offshore-Windenergieanlagen

Raimund Rolfes, Moritz Häckell, Tanja Grießmann,
Text verfasst von Björn Johnsen

M. Durstewitz, B. Lange (Hrsg.), *Meer – Wind – Strom*,
DOI 10.1007/978-3-658-09783-7_4, © Springer Fachmedien Wiesbaden 2016

Projektinfo: Ganzheitliches Dimensionierungskonzept für OWEA-Tragstrukturen hinsichtlich Lasten, Langlebigkeit, Gründung und Gesamtstrukturmodellen (GIGAWIND alpha ventus)

Projektleitung:

Leibniz Universität Hannover, Institut für Statik und Dynamik

Prof. Dr.-Ing. habil. Raimund Rolfes

Projektpartner:

Adwen GmbH

Fraunhofer IWES

Leibniz Universität Hannover

- Franzius-Institut für Wasserbau, Ästuar- und Küsteningenieurwesen
- Institut für Baustoffe
- Institut für Grundbau, Bodenmechanik und Energiewasserbau
- Institut für Stahlbau

Senvion GmbH

4.1 Einleitung

Offshore-Windenergieanlagen stehen auf großen Tragstrukturen im Meer. Die Bedingungen im offenen Meer stellen diese Tragstrukturen auf eine harte Probe: Salz in Luft und Wasser, UV-Strahlung und vor allem die immensen Lasten von Wind und Wellen wirken auf sie ein – und müssen bei Konstruktion, Installation, Betrieb und Wartung der Anlagen berücksichtigt werden. Das Ziel eines der großen Forschungsvorhaben rund um alpha ventus: Auf Basis der Messergebnisse das Design dieser Stahlkonstruktionen so zu optimieren, dass man Kosten bei Entwicklung, Material, Herstellung und Instandhaltung einsparen und eine längere Lebensdauer der Tragstrukturen erreichen kann. In acht verschiedenen Arbeitspaketen bzw. Teilprojekten wurden diese vielfältigen Thematiken aus verschiedenen wissenschaftlichen Disziplinen analysiert und die Ergebnisse zu einem ganzheitlichen Konzept zusammengeführt.

4.2 Das Dreibein als „Wellenbrecher"

Bei den Tragstrukturen der Offshore-Windenergieanlagen (OWEA) müssen nicht nur die Einwirkungen des Windes, sondern auch die der Wellen berücksichtigt werden. Diese Lasten finden Eingang in computergestützte Modellierungen. Je genauer diese Modelle sind, desto wirtschaftlicher lassen sich langlebige OWEA bzw. Tragstrukturen konstruieren.

Im Teilprojekt „Lastmodelle" wurde untersucht, wie sich Lasten durch brechende Wellen auf eine dreibeinige Gründung, ein sogenanntes Tripod, auswirken. In einem Modellversuch mit einem etwa fünf Meter hohem „Miniatur"-Tripod im Maßstab 1:12 wurden im Großen Wellenkanal des Franzius-Instituts in Hannover in 2,5 m tiefem Wasser mehrere Test „gefahren". Hierfür wurde der Tripod mit 30 Drucksensoren bestückt, die an mehreren Stellen des Modells – sowohl unter als auch über dem Ruhewasserspiegel (RWS) – angebracht waren (▣ Abb. 4.1). Im Wellenkanal können die Wellencharakteristiken, z. B. Wellenhöhe und Wellenlänge sowie ob und an welcher Position sich die Wellen brechen, exakt definiert und eingestellt werden.

In den Versuchsreihen haben Hildebrandt & Schlurmann (2012) die räumliche und zeitliche Druckbelastung an der Struktur erfasst und ein dreidimensionales numerisches Strömungsmodell erstellt. Dieses liefert neben der Belastungsanalyse zusätzlich Erkenntnisse über die Bewegung der Wellen und über die Umströmung der Tripodstruktur.

Darüber hinaus erfolgten Messungen zu nicht brechenden Wellen an einem Tripod direkt im Testfeld alpha ventus. Hierfür wurden am Zentralrohr der Tragstruktur drei Messmanschetten mit ebenfalls 30 Drucksensoren angebracht, um die Druckverteilung rund um den Zylinder und Wasserstandänderungen während einer Wellenperiode zu erfassen. Mit den Messdaten konnte man im Labor und im Testfeld Methoden für die theoretische Berechnung der Wellenlasten untersuchen. Dabei zeigten die entworfenen und die real gemessenen Lasten gute Übereinstimmungen. Da die Belastungen von realen, unregelmäßigen Wellen im Unterschied zu „Laborwellen" erwartungsgemäß stark streuen, besteht hier weiterer Forschungsbedarf.

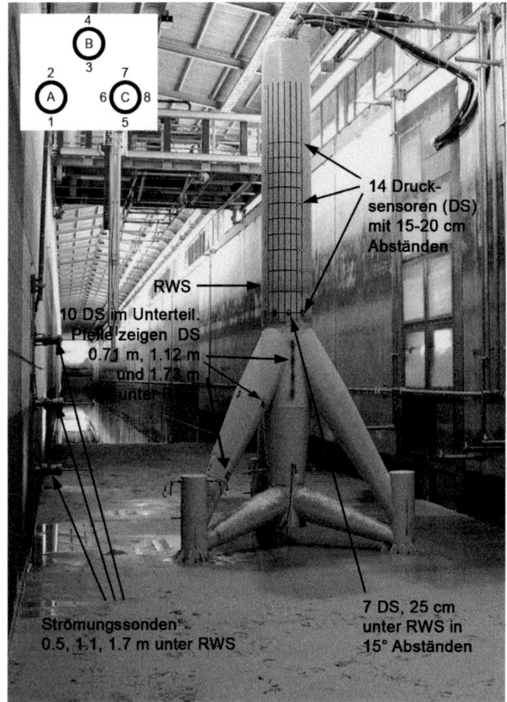

Abb. 4.1 Der fünf Meter hohe Modell-Tripod (Maßstab 1:12) im Wellenkanal. © LUH

4.3 Stahlstruktur mit Idealfigur

Außer den dreibeinigen Tripods sind auf alpha ventus in tiefem Wasser Jacket-Konstruktionen als Gründung verwendet worden. Jackets sind gittermastartige Gründungsstrukturen, deren Streben durch Schweißknoten verbunden sind. Ihre Struktur und Knoten wurden auf Ermüdungsfestigkeit, d.h. auf Risse untersucht, die infolge der stetig wiederkehrenden, zyklischen Belastungen auftreten. Eine Ursache für die Materialermüdung, im Fachjargon als Fatigue bezeichnet, kann durch Imperfektionen – ungewollte herstellungsbedingte Abweichungen der Bauteile von ihrer idealen Form – stark beeinflusst werden. Diese geometrischen Imperfektionen beeinflussen das Tragverhalten und damit die Betriebsfestigkeit von Bauteilen. Auf der Suche nach geeigneten Messsystemen, die solche Imperfektionen bereits während der Produktion der Jackets feststellen sollten, fiel die Wahl auf Laserscanner und Tachymeter. Laserscanner können Objektoberflächen berührungslos über eine Vielzahl an Punkten schnell erfassen. Das Ergebnis ist eine 3D-Punktwolke, aus der Form und Gestalt der Oberfläche errechnet werden. Automatisch zielverfolgende Tachymeter messen die Richtungen nach dem Zielvorgang selbsttätig, wobei die Distanzen elektronisch ermittelt werden. Zur Erprobung der beiden Technologien bildeten sich zwei Messgruppen, die einerseits die Oberfläche der imperfekten Struktur und andererseits die Passgenauigkeit der Anschlüsse untersuchten.

Die Scannermessungen unternahm die erste Gruppe an einem Jacket, das in einer schottischen Werft für alpha ventus gefertigt wurde. Der verwendete Scanner erfasst bis zu 500.000 Punkte pro Sekunde und hat einen Messbereich bis zu 80 m. Für die vollständige Vermessung wurden Messungen von verschiedenen Standpunkten aus durchgeführt und zu einem Gesamtmodell zusammengeführt. Anschließend erfolgte ein Soll-Ist-Vergleich der Struktur. Errechnet wurde die ideale Referenzgeometrie, aus der sich die Abweichungen der gefertigten Struktur zur Plangeometrie bestimmen lassen. So war es möglich, mithilfe von Laserscannern Abweichungen mit vertretbarem Aufwand zu ermitteln und Fertigungsprozesse im Hinblick auf die Lebensdauer zu optimieren.

Die zweite Gruppe nahm die Messungen mit einem Tachymeter an einem Jacket-Rahmen vor – ebenfalls aus schottischer Fertigung. Darüber hinaus wurden die Geometrien unbearbeiteter Rohre vermessen. Das Tachymeter erfasst dabei Messpunkte durch manuelles Anvisieren mithilfe eines Zielfernrohrs. Wie beim Laserscanner erfolgt die Umrechnung der gemessenen Winkel und Distanzen in ein kartesisches Koordinatensystem durch das Messgerät. Es zeigte sich, dass der Tachymeter ebenfalls gut für die Vermessung während der Fertigung geeignet ist.

4.4 Hohlraum und Mörtel

Darüber hinaus wurde die derzeit einzige Methode entwickelt, mit der es möglich ist, die Bewegungen der „Grouted Joints“ zu messen – der Verbindung zwischen Tragstruktur und dem Übergangsstück, das die Pfähle mit der Struktur verbindet. Hierbei handelt es sich um eine Rohr-in-Rohr-Verbindung,

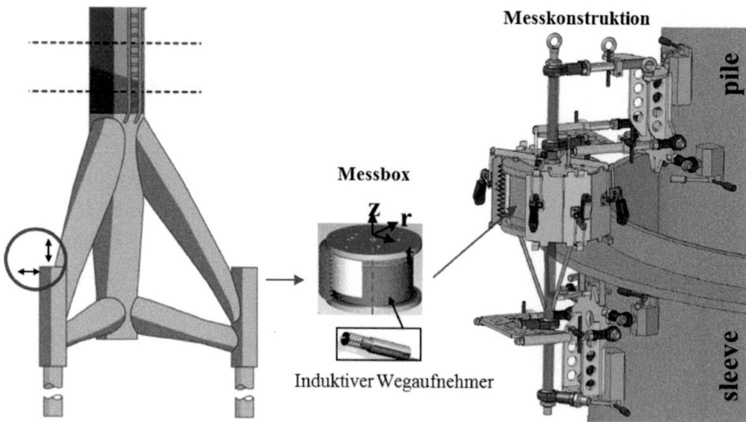

■ **Abb. 4.2** Messkonzept: Erfassung von relativer Verschiebungen von „Grouted Joints" zwischen Pfahl (pile) und Pfahlhülse (sleeve) an einem Tripod. © LUH

bei der der Hohlraum zwischen den Rohren auf dem Meer mit einem „Grout" bzw. Mörtel verfüllt wird. Diese Verbindung ist problematisch, da Tragstrukturen sehr hoch beansprucht sind und in der Praxis schon Schadenfälle aufgetreten sind. Es wurde der Prototyp eines messtechnischen Konzepts zur Erfassung der relativen Verschiebung (■ Abb. 4.2) entwickelt, der an einem Tripod im Testfeld angebracht wurde und mithilfe von Wegaufnehmern horizontale und vertikale Verschiebungen messen sollte.

Der Prototyp konnte zwar lediglich die relativen Verschiebungen in der horizontalen Messebene aufnehmen und fiel nach mehreren Monaten aus. Dennoch konnte die grundlegende Funktionalität demonstriert werden. Es ist denkbar, diese Messmethode bereits während des Installationsprozesses auf offener See einzusetzen, um die kritische Zeitspanne zwischen Einfüllen und Erhärten des Mörtels zu überwachen und Verschiebungen der Verbindungsrohre zu registrieren. Denkbar ist auch der Einsatz im Rahmen der Langzeit-Überwachung der Offshore-Anlage.

Story am Rande: Fino fertig – die weiche Welle biegt den Stahl

Da staunte man nicht schlecht. Lange vor alpha ventus und dem Start des RAVE-Projektes wurde die Windmessstation und Forschungsplattform Fino 1 in unmittelbarer Nähe des späteren Testfelds alpha ventus errichtet. Kurz nach ihrer Fertigstellung zogen am 1. November 2006 und am 9. November 2007 zwei schwere Stürme, Britta und Tilo, über die Nordsee. Die See türmte ihre Wellen bis zu 16,5 Meter hoch „über Normalnull" auf – erreichte die umlaufende Stahl-Arbeitsplattform auf Fino 1 und überspülte diese um 1,5 Meter. Als der Sturm vorbei war, waren die Geländer der Arbeitsplattform verbogen – mit solcher Wucht traf das „weiche Wasser" der Wellenspitze auf den Stahl. Zum Hauptdeck mit dem umfangreichen Messequipment fehlten jedoch noch 3,5 Meter.

Björn Johnsen

4.5 Rost am Rohr

Wind, Wellen und UV-Strahlung beanspruchen Stahlstrukturen stark. Die durch Salzwasser verursachte Korrosion greift Konstruktionselemente wie Rohre und Verbindungsknoten an, was die Standzeit der Tragstrukturen verringern kann. Im Teilprojekt „Korrosionsschutzsysteme" hat man deshalb verschiedene Beschichtungen getestet und zusätzlich Sensorsysteme zur Erfassung von Korrosion auf ihre Einsatztauglichkeit im Offshore-Bereich untersucht. Diese Sensoren werden an den Stahlstrukturen der Fundamente angebracht und sollen helfen, den Zustand des Korrosionsschutzes zerstörungsfrei zu prüfen und Schädigungen rechtzeitig zu erkennen.

Als Korrosionsschutzsysteme verwendet man vor allem organische Beschichtungen und Lacke,

Abb. 4.3 Probebleche nach zwei Jahren Auslagerungszeit: Spritzwasserzone (a), Wechseltauchzone (b). © LUH

die prinzipiell einen guten Schutz gewährleisten. Verarbeitungsmängel und Schäden der Beschichtung verursachen jedoch bei Strukturen auf offener See hohe Kosten, da Offshore-Wartungseinsätze zeitaufwändig und teuer sind. Schädigungen können auftreten, wenn während der Fertigung Fehler bei Untergrundvorbehandlung, Verarbeitung, Applikation sowie Trocknung und Härtung passieren. Circa 80 % aller kritischen Bereiche entstehen durch Mängel in der Verarbeitung. Aber auch während des Transports und der Lagerung der Tragstrukturen sowie durch Montagearbeiten kann die Beschichtung verletzt werden.

Im Forschungsvorhaben wurden verschiedene organische Schutzsysteme (Lacke) getestet und ein mineralisches Schutzkonzept auf Basis von Hochleistungsmörtel entwickelt. Bisher fehlt ein Konzept, das einen dauerhaften Schutz vor allem in der sogenannten Splash-Zone der Anlage bietet – der Bereich, in dem der Wasserstand aufgrund von Ebbe und Flut, Hoch- und Niedrigwasser regelmäßig wechselt und in dem sich die Wellen brechen. Da diese Zone stark beansprucht ist, kommt es hier sehr schnell zu Schädigungen in der Beschichtung.

4.6 Tauchbad fürs „Problemblech"

Um die Eignung der jeweiligen Schutzsysteme zu testen, wurden sogenannte Testcoupons bzw. Probebleche mit ausgewählten Lacken sowie Mörtelzusammensetzungen beschichtet und den realen Umweltbedingungen im Testfeld ausgesetzt. Die Bleche wurden dafür sowohl an einem Jacket als auch an einem Tripod in der Dauertauchzone, der Splash Zone und der Spritzwasserzone installiert (Abb. 4.3). Abschließend erfolgte die Untersuchung der Materialdegradation im Labor.

Es stellte sich heraus, dass das Aufbringen multipler Schutzschichten die derzeit beste Korrosionsschutzmethode darstellt. So zeigten die im Testfeld ausgelagerte Proben keine Degradationserscheinungen, was zum einen auf die kurze Auslagerungszeit von zwei Jahren zurückzuführen ist, zum anderen aber auch die Laborergebnisse stützt, die eine gute Dauerbeständigkeit der Beschichtungen zeigten.

Im Projekt wurde ein Mörtelsystem entwickelt, das aus einer 1 cm dicken Beschichtung besteht und im erhärteten Zustand eine derartige Dichtheit aufweist, dass es die Stahlstruktur vor den Belastungen auf See dauerhaft schützen kann. Diese Beschichtung ist Grundlage für die Entwicklung eines alternativen Korrosionsschutzsystems, das an Offshore-Windenergieanlagen in Höhe der Splash-Zone eingesetzt werden könnte. Zum Auftragen der mineralischen Korrosionsschutzschicht wird rund um den zu schützenden Stahlturm ein Hohlraum als Schalung erstellt und anschließend mit Hochleistungsmörtel verfüllt. Zusätzlich wurden verschieden beschichtete Probebleche mit unterschiedlichen Sensorsystemen und der dazugehörigen Elektronik bestückt und in drei Zonen (Spritzwasser-, Wechseltauch- und Dauertauchzone) an einem Tripod sowie an einem Jacket montiert. Es zeigte sich, dass elektrochemische Methoden als Korrosionssensorik geeignet sind und Schäden wie Risse, Unterrostung, Haftungsverlust und Blasenbildung aufzeigen können. Allerdings fielen während der Messkampagne viele Sensoren im Testfeld unter Wasser oder in der Wasserwechselzone aus. Für den Einsatz von Sen-

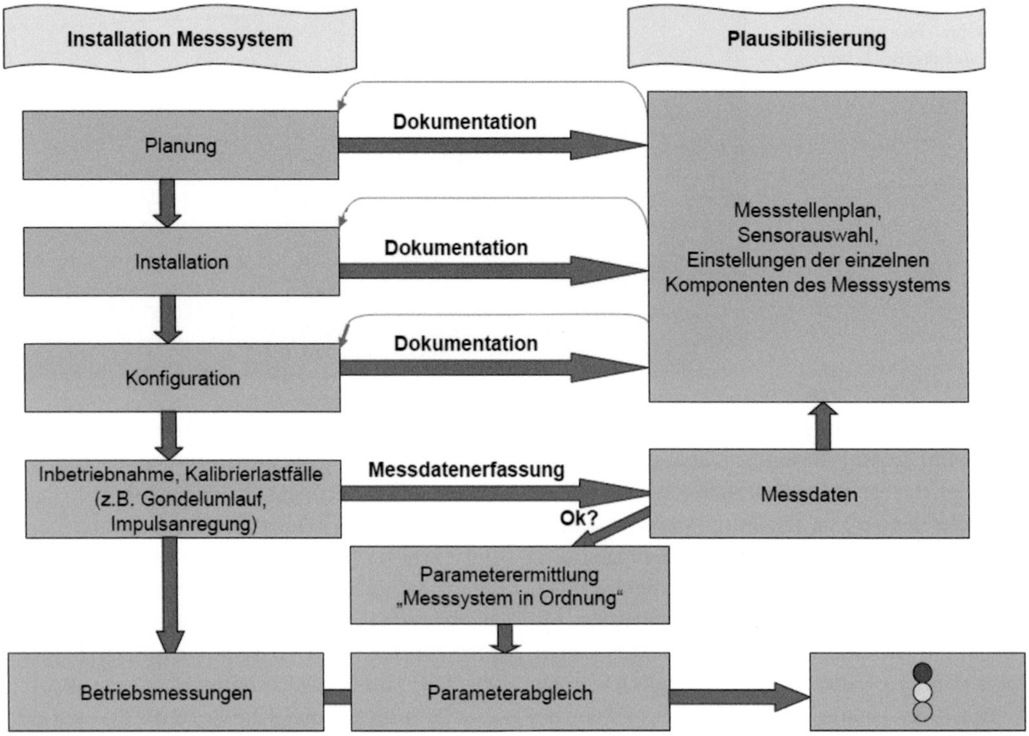

Abb. 4.4 Installation und Plausibilisierung eines Messsystems. © LUH

soren im Rahmen einer dauerhaften Zustandsüberwachung der Struktur müssen deshalb geeignete Schutzmechanismen entwickelt werden.

4.7 Überwachung ist alles

Offshore-Windenergieanlagen (OWEA) sind schwer zugänglich – die hohe dynamische Belastung der Anlage erfordert jedoch eine zustandsabhängige Instandhaltung. Im Teilprojekt „Globale und Lokale Überwachung“ standen Methoden im Mittelpunkt, mit denen Fehler zuverlässig erkannt werden können. Darüber hinaus wurde an einem Monitoringkonzept gearbeitet, das eine Überwachung der OWEA aus der Ferne ermöglicht. Auf diese Weise können Wartungseinsätze besser geplant und die Kosten reduziert werden.

Grundbedingung für eine wirkungsvolle Kontrolle und Überwachung sind natürlich große Mengen an Messdaten – erfasst von rund 1.200 Sensoren im Testfeld. Bei den Sensoren handelt es sich unter anderem um Dehnungsmessstreifen oder faseroptische Systeme, die an den Tragstrukturen angebracht wurden und die Spannungsverteilung aus den Dehnungen ermitteln. Um diese Datenmenge zu „bändigen“, müssen zunächst Methoden zur Datenplausibilisierung entwickelt werden (Abb. 4.4). Hierbei wird geprüft, ob ein Wert oder Ergebnis nachvollziehbar ist, oder nicht. Basis dieser Methode sind umfangreiche Informationen der Windenergieanlage, des Messsystems und definierter Lastfälle wie z. B. Gondelumläufe, Bremsmanöver der Anlage oder Messungen bei konstanten Windgeschwindigkeiten und Windrichtungen. Anhand dieser Lastfälle, bei denen das Anlagenverhalten gut vorhersagbar ist, können die Messsignale mit den Erwartungswerten verglichen und für die Ausweitungen kalibriert werden.

Da jedoch im Laufe der Zeit viele Defekte an den Sensoren aufgetreten sind und nicht alle Messebenen mit Sensoren bestückt werden konnten, entwickelten die Forscher ein Bewertungsmodell, um Fehlinterpretationen zu vermeiden sowie ein

Prognosemodell für die Bauteilschädigung. Es wurde untersucht, ob sich die an einer Sensorstelle gemessenen Teilschädigungen aus einem Zeitraum auf einen anderen Zeitraum oder eine gleichartige Stelle einer benachbarten Anlage übertragen lassen. Hieraus sollten Ansätze und Verfahren zur Restlebensdauerabschätzung entwickelt werden. Mithilfe von Algorithmen kann dann eine Zukunftsprognose für Zeiträume mit ähnlichen Bedingungen erstellt werden. Diese Modelle können als Tools für die zustandsorientierte Instandhaltung von Offshore-Windenergieanlagen und deren Tragstrukturen zum Einsatz kommen.

Ein hierfür erforderliches Monitoring-Konzept beruht auf vier Schritten: Schadensdetektion, Schadenslokalisation, Bestimmung des Ausmaßes des Schadens sowie Prognose der Restlebensdauer. Es wurde ein Konzept erarbeitet, das die unterschiedlichen Zustände der Anlage berücksichtigt. Hierfür wurde eine Datenbank mit „rohen" Messdaten sowie mit Informationen über Umgebungs- und Betriebsbedingungen, den sog. EOC's (Environmental and operating conditions), „gefüttert" (◘ Abb. 4.5).

Insgesamt umfasst die Datenbank 48.000 Datensätze mit einem Volumen von rund 1.000 Gigabyte. Die Daten zu den EOCs können klassifiziert und anschließend analysiert werden und dienen dann zur Ermittlung von Erwartungswerten für künftige Messreihen. Im Laufe des Projekts konnte man den Grundstein für eine umfassende Strukturüberwachung legen, indem eine schnelle, automatisierte Analyse von Zeitreihen entwickelt wurde.

4.8 Kolk, das (un)bekannte Wesen

Das Meer, der Meeresboden und die Offshore-Windenergieanlagen sind ständig in Bewegung. Im Laufe der Zeit können durch Wellen- und Tideströmungen auf dem Meeresgrund Vertiefungen, auch als Kolk bzw. Kolke bezeichnet, rund um die Tragstruktur entstehen. Kolke können im Extremfall die Standsicherheit von Windenergieanlagen gefährden, wenn der Halt gebende Meeresboden im Laufe der Zeit weggespült wird. Wissenschaftler des Franzius-Instituts in Hannover haben deshalb Kolkphänomene im Teilprojekt „Kolkschutz und lokales Kolkmonitoring" anhand eines Modell-Tripods untersucht. Grundlage der Analyse waren Messdaten aus physikalischen Modellversuchen in Wellenkanälen (◘ Abb. 4.6), numerische Simulationen sowie reale Messdaten zur Kolkentwicklung im Testfeld alpha ventus. Es zeigte sich, dass die Ausbildung von Kolken stark abhängig ist von Seegang und Gezeitenströmungen, der Ausrichtung der Struktur sowie von den Strukturparametern, also der Geometrie der Offshore-Bauwerke. Dabei treten die Kolke nicht nur unmittelbar an den Pfählen auf, die die Tragstruktur mit dem Meeresboden verbinden, sondern auch im näheren Umfeld bzw. unterhalb der Struktur.

4.9 Betonketten als Kolkschutz

Im Laufe des Projekts wurde ein innovatives Kolkschutzsystem entwickelt, das nicht abgetragen und nicht zerstört werden kann. Bei bisher verwendeten Schutzmethoden wie Steinaufschüttungen oder geotextilen Sandcontainern hat man festgestellt, dass sich einzelne Schutzelemente durch Strömungen und Stürme herauslösen lassen, sodass der Schutz nach und nach unbrauchbar wird. Das neue Kolkschutzsystem besteht aus mit Beton gefüllten Elementen, die miteinander zu einer langen Kette verbunden sind. Zu diesem Zweck wurden die Elemente in einen Schlauch aus Textil geschoben. Nach jedem Kettenglied wurde der Schlauch abgebunden, sodass eine flexible und gleichmäßige Kette entstand, die in verschiedenen Varianten verlegt wurde (◘ Abb. 4.7).

Die Elemente können durch Strömungen zwar angehoben, jedoch nicht wegtransportiert werden. Im Modellversuch zeigte sich, dass die Ketten die Kolktiefen an den Gründungspfählen und unter dem Zentralrohr des Tripods verringern. Allerdings stellte sich auch heraus, dass die Strömungsverhältnisse bei einem Dreibein sehr komplex sind und die Anwendung des Schutzes ohne weitere Forschungsarbeit nicht möglich ist. Bei Jacket- und Monopile-Gründungen dagegen ist eine Verwendung des neuen Systems denkbar.

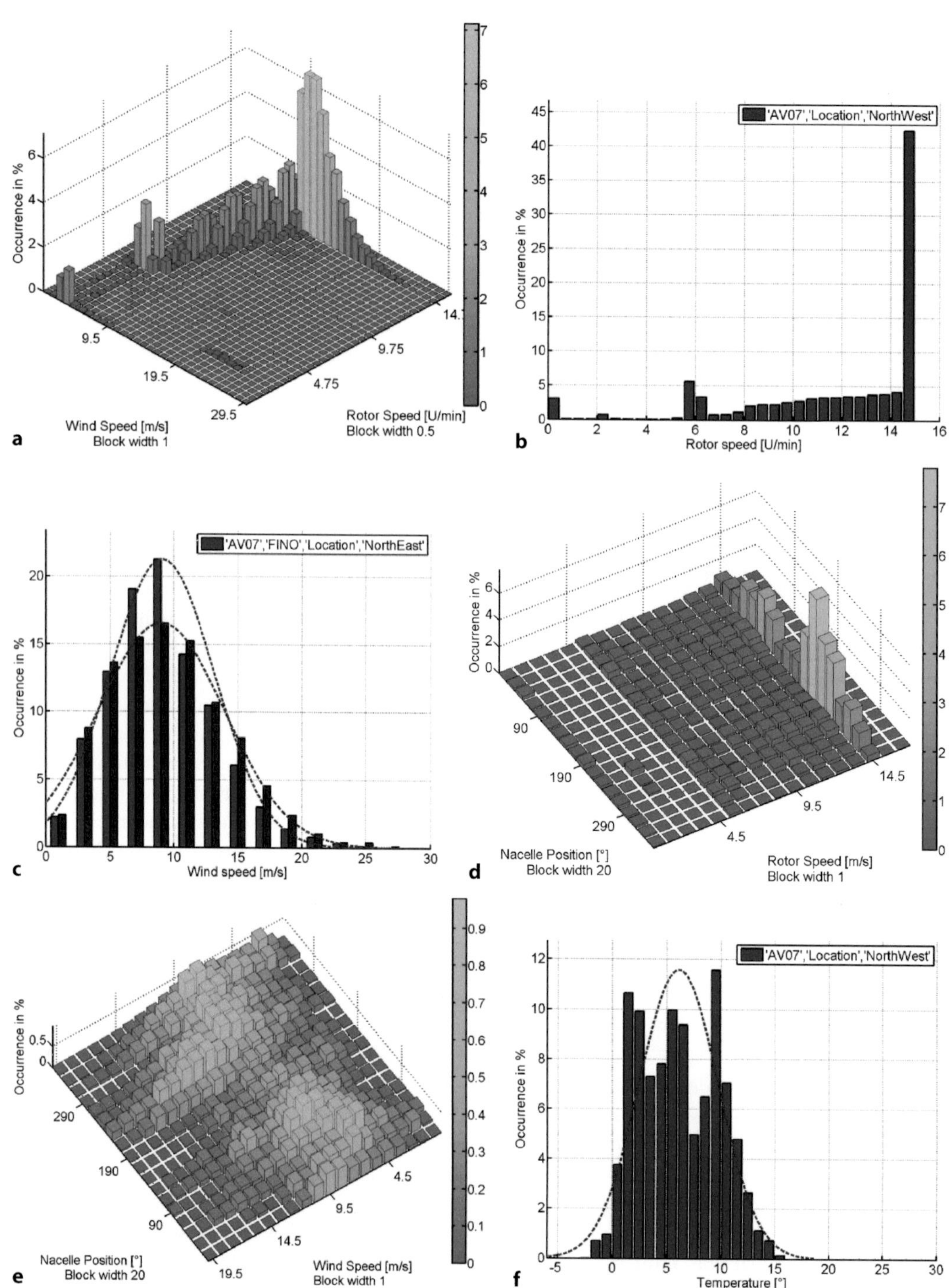

Abb. 4.5 Auftrittshäufigkeit und Abhängigkeiten der maßgebenden Betriebs- und Umgebungsbedingungen an AV7. **a** Windgeschwindigkeit vs. Rotordrehzahl, **b** Häufigkeitsverteilung Rotordrehzahl, **c** Windgeschwindigkeitsverteilung (Messung Fino 1 *rot*, AV7 *blau*), **d** Gondelposition vs. Rotordrehzahl, **e** Gondelposition vs. Windgeschwindigkeit, **f** Temperaturverteilung, **g** Temperatur vs. Rotordrehzahl, **h** Temperatur vs. Windgeschwindigkeit, **i** Gondelposition vs. Temperatur. © LUH

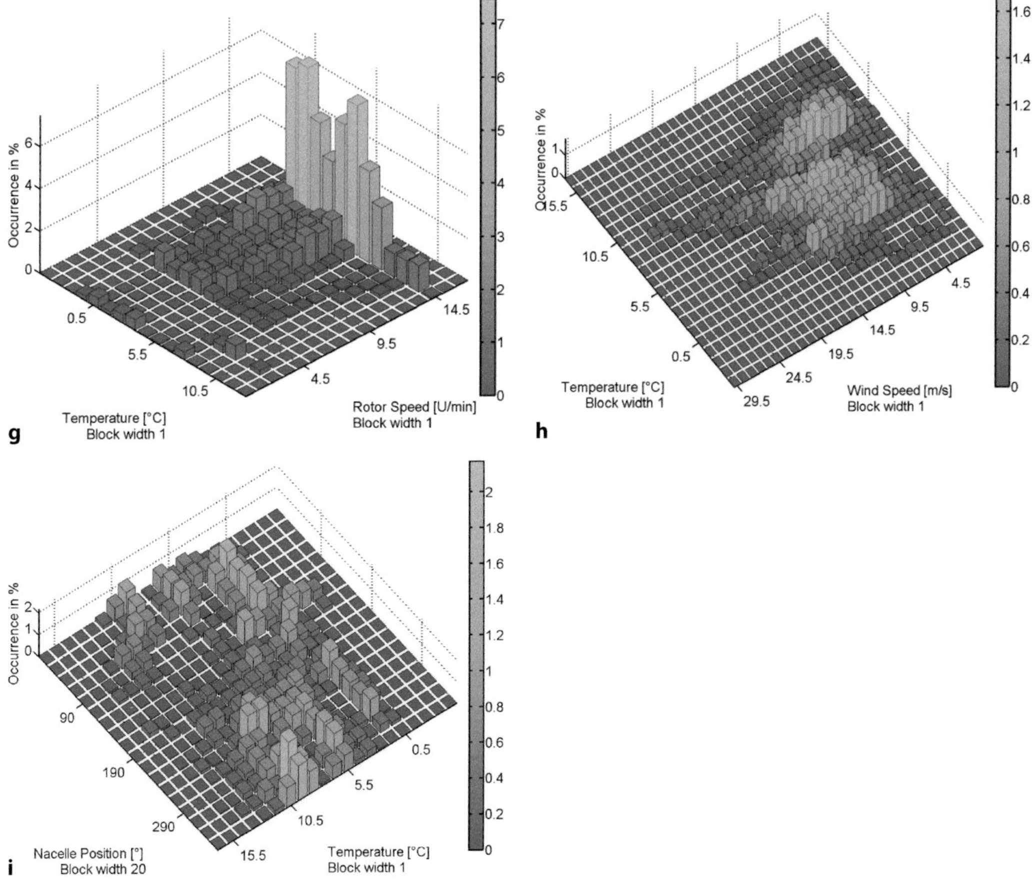

Abb. 4.5 *(Fortsetzung)*

4.10 Wie viel (er)trägt ein Pfahl?

Tragstrukturen wie Jackets und Tripods werden mit Stahlpfählen im Meeresboden verankert. Die Pfähle verbinden hierbei die Füße der Strukturen mit dem sandigen Untergrund und sind damit ebenso wie die Struktur für die Standsicherheit einer Offshore-Windenergieanlage verantwortlich. Deshalb stand auch die Modellierung des Tragverhaltens dieser Rammpfähle im Fokus, um künftig Einflussgrößen und Ungenauigkeiten in bestehenden Berechnungsansätzen identifizieren zu können. Dabei wurden das statische und das zyklische Tragverhalten mit numerischer Modellierung analysiert. Teile der Forschung waren zudem Untersuchungen im zyklischen Triaxialgerät sowie in Modellversuchsständen. Das Triaxialgerät ist eine Prüfmaschine, mit der an zylindrischen Bodenproben die Scherparameter (Kohäsion und Reibungswinkel) ermittelt werden. In das Gerät wird eine Probe aus einem Bohrkern eingesetzt und dann seitlich und von oben mit Druck belastet, bis sie bricht. Typisch für den Bruch ist es, dass die Probe von oben auf einer oder mehreren schrägen Flächen abschert, d. h. abgleitet. Aus den Spannungsverhältnissen beim Bruch berechnet man dann die Scherparameter.

Im Testfeld wurden offene Stahlrohre mit 1,8 bis 3 Meter Durchmesser als Rammpfähle eingesetzt, um die Tripods und Jackets zu befestigen. Diese Pfähle müssen Extremlasten aufnehmen und deshalb eine ausreichende Tragfähigkeit aufweisen. Darüber hinaus beeinflussen die sogenannte Pfahlkopfverformung und die Steifigkeit des Pfahls

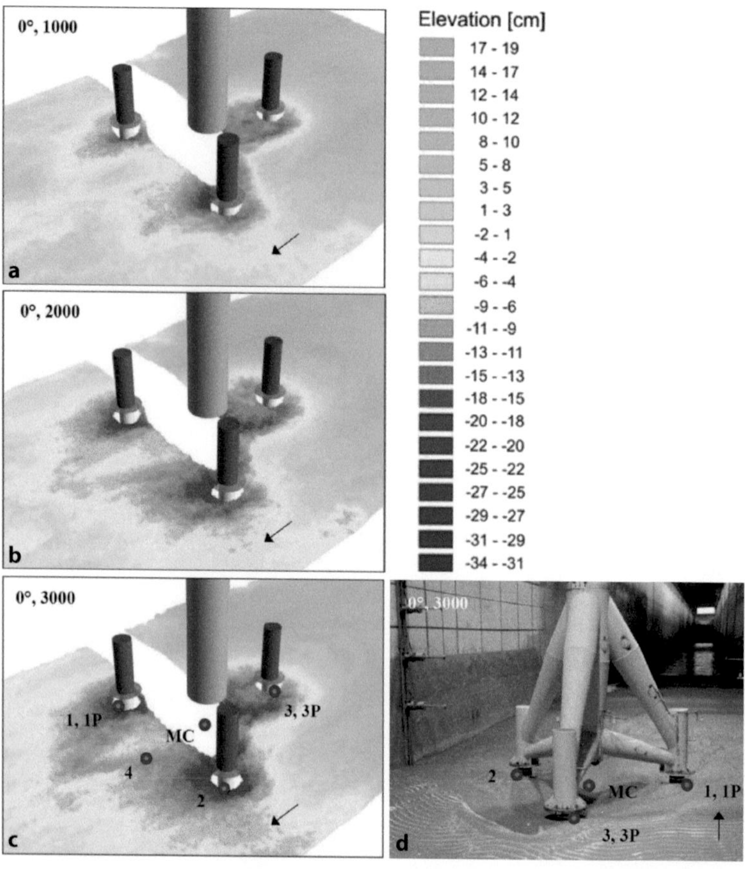

Abb. 4.6 Kolkentwicklung für eine 1:12-Versuchsserie im Wellenkanal. Messungen mit Fächerecholot nach 1000 (**a**), 2000 (**b**) und 3000 (**c**) Wellenzügen; Messaufbau (**d**). © LUH

Abb. 4.7 Verlegevarianten von Beton-Kolkschutzketten vor der Belastung. © LUH

das Verhalten der Gesamtstruktur. Zusätzlich muss geklärt werden, wie sich die axialen (entlang einer Achse) und die lateralen (seitlichen) Belastungen auf den Pfahl und die Struktur auswirken.

Dafür wurde ein Programm entwickelt, mit dem ein systematischer Vergleich vorhandener Berechnungsansätze für beliebige Pfahlgeometrien und Baugrundbedingungen möglich ist. Hierfür wurde ein numerisches Simulationsmodell optimiert, sodass mögliche Tragfähigkeitsverluste durch zyklische Belastungen geklärt werden können. Mithilfe der Triaxialprüfung wurde das Bodenverhalten untersucht und geklärt. Durch Modellversuche mit Monopiles und unter Verwendung weiterer Messergebnisse wurde ein Berechnungsmodell validiert und bis zur Praxisreife weiterentwickelt. Es kam bereits in verschiedenen Windparkprojekten zum Einsatz. Insgesamt ermöglichte das Projekt ein besseres Verständnis sowie eine bessere Modellierung des Tragverhaltens von Offshore-Rammpfählen.

» **Quadratur des Stahls**

Gründung und Tragstruktur machen einen Großteil der Investitionskosten für eine Offshore-Windenergieanlage aus. Hier wollen wir die Kosten senken und die Lebensdauer verlängern. Zwei sich scheinbar widersprechende Ziele – und eine spannende Aufgabe für die Forschung.

Raimund Rolfes, Leiter des Institutes für Statik und Dynamik, Leibniz Universität Hannover, ForWind

4.11 Nah an der Realität

Das Design von Offshore-Windenergieanlagen entsteht am Computer mithilfe von Simulationen – auf Basis numerischer Modelle. Windenergieanlagen weisen mit ihren hohen und schlanken Türmen und großen Kopfmassen ein ausgeprägtes dynamisches Verhalten auf. Bei der Abbildung dynamischer Größen im Modell passieren durch Implementierung von Massen, Steifigkeiten und Dämpfungen allerdings oft große Abweichungen. Deshalb haben sich die Forscher im Teilprojekt „Validierte Gesamtstrukturmodelle" der Aufgabe gewidmet, das strukturdynamische Verhalten möglichst naturgetreu nachzubilden. Die Kenngrößen, d. h. Eigenfrequenzen und -formen, wurden hierfür automatisiert ermittelt. Anschließend fanden die extrahierten Kenngrößen Eingang in die automatisierte Modellvalidierung.

Untersucht wurden verschiedene Validierungsalgorithmen. Durch die Definition von Variablen kann der Nutzer gezielt Eigenschaften, wie z. B. die mitschwingende Wassermasse, mit einer leicht handhabbaren Benutzeroberfläche automatisiert anpassen und überprüfen.

Dies bedeutet im Vergleich zum manuellen Variieren freier Parameter eine enorme Zeitersparnis. Die gewonnenen Erkenntnisse können für die Erstellung zukünftiger Modelle verwendet werden, um bereits in einem frühen Stadium größere Realitätsnähe zu erreichen. Das angepasste Modell bietet die Basis für eine Vielzahl essentieller Anwendungen wie Lastenrechnungen und Simulationen zur Strukturoptimierung.

Basis der Modellvalidierung waren Messdaten von einer Adwen AD 5-116 (im Testfeld die Anlage AV7) mit Tripod-Gründungstruktur. Strukturmodelle der Anlage (◻ Abb. 4.8) wurden in Ansys implementiert – eine Finite-Elemente (FE)-Software, mit der lineare und nicht-lineare Probleme gelöst werden können.

Die entwickelte Umgebung der Modellvalidierung bietet mit ihrer Schnittstelle die Einbindung zusätzlicher FE-Programme und die Implementierung weiterer Validierungsalgorithmen. Neben numerischen Modellen wurde auch ein komplexeres, parametrisiertes Modell der Anlage AV7 im Testfeld abgebildet, das die Struktur aus Schalenelementen

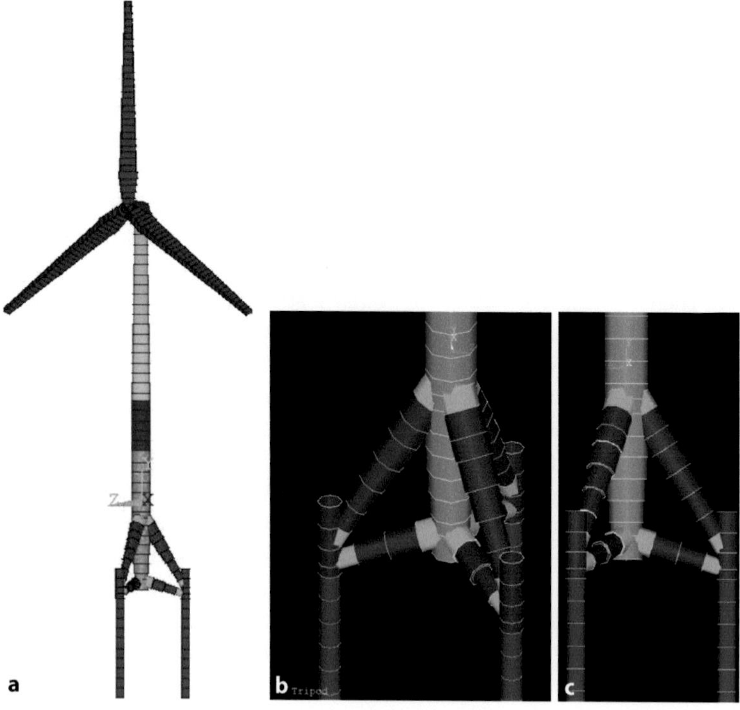

Abb. 4.8 Verbessertes Strukturmodell der AV7 mit bekannten Wandstärken. In der Detailansicht (*Mitte, rechts*) sind die Knoten als variable Parameter *grün* gekennzeichnet. © LUH

abbildet. Das Modell hat den Vorteil, gegenüber vereinfachten Stabmodellen näher an der realen Struktur zu sein und sowohl Flansche und Verbindungsstellen der Rohre und deren komplexes Verhalten besser abzubilden.

4.12 Ein Software-Puzzle setzt sich zusammen

Für die Auslegung und Optimierung von Windenergieanlagen kommen kommerzielle Software-Tools zum Einsatz sowie Eigenentwicklungen verschiedener Forschungsinstitute. Wissenschaftler haben im Teilprojekt „Ganzheitliche Dimensionierung" ein Simulations- und Bemessungspaket entwickelt, das eine modulare Einbindung der unterschiedlichen Softwarewerkzeuge für die Simulation von Offshore-Windenergieanlagen realisiert und den Prozess der wirtschaftlichen Auslegung deutlich beschleunigt. Unter dem Titel DeSiO (Design und Simulationsframework für OWEA) ermöglicht es eine aero-servo-hydro-elastische Gesamtsimulation (Abb. 4.9) – zum einen mit der Finite-Elemente-Methode – zum anderen mit der Mehrkörpersimulation (MKS).

Die Anwendung dieser beiden Simulationsansätze funktioniert dabei von der gleichen Datenbasis aus, ohne dass der Anwender das Modell neu erstellen muss.

DeSiO bündelt die Gegenstände der Gigawind-Teilprojekte und legt damit den Grundstein zur Einbettung aktueller Forschungsergebnisse in die Gesamtsimulation. Über Schnittstellen kann man zudem weitere, neue Tools einbinden. Insbesondere bei der Wellenlast und Kolksimulation sowie Boden-Bauwerk-Interaktion sollen die Forschungsergebnisse für die Gesamtsimulation besser nutzbar gemacht werden. Geplant ist zudem die Einbettung eines frei verfügbaren Gleichungslöser (FE-Solver) mit Schalen- bzw. Volumenelementen, der eine optimierte Auslegung von Tragstrukturen ermöglicht.

Im Mittelpunkt von DeSiO stehen die drei Module GUI/Visualisierung, Steuerung und Datenbank/Validierung. Hinzu kommen die einzelnen Schnittstellenmodule, die die Brücken zu den einzelnen Programmen und Tools schlagen. Sensoren aus dem Testfeld und der Messmast Fino 1

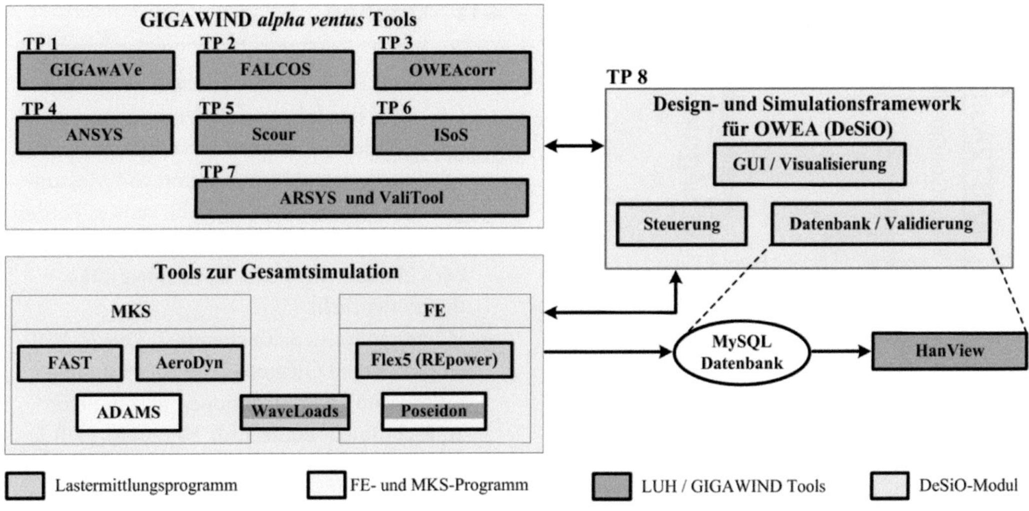

Abb. 4.9 Überblick über die in DeSiO integrierten Module und Softwaretools. © LUH

lieferten die Daten – z. B. zu Wasserstand, Luftdruck, Strömungsrichtung, Wellenrichtung oder Windrichtung. Aufgrund der absehbar großen Datenmenge und des hohen Zeitaufwands für das Herunterladen wurde das Modul Datenbank und Validierung entwickelt. Es ermöglicht die Zentralisierung der Messdaten, damit diese für die Bearbeitung zuverlässig bereitstehen. Das Modul GUI/Visualisierung enthält alle für die Darstellung von Modell und Simulationsergebnissen erforderlichen Funktionen und liefert dem Benutzer die für die Steuerung benötigte Oberfläche. Das Modul Steuerung ermöglicht die Kommunikation zwischen den Schnittstellenmodulen, der GUI/Visualisierung und des Datenbankmoduls. So kann der Benutzer leichter Simulationen durchführen, da eine Steuerung der angebundenen Softwaretools von DeSiO übernommen wird.

Zu den Software-Tools gehören u. a. WaveLoads zur Simulation von Wellenlasten und GIGAwAVE zur Übertragung der Lasten aus brechenden Wellen in DeSiO. Falcos errechnet die Ermüdungsfestigkeit dynamisch beanspruchter Offshore-Knotenverbindungen. Mit einer bereits programmierten Schnittstelle können die Knotenverbindungen einer aufgelösten OWEA-Tragstruktur automatisiert modelliert werden.

Zusätzlich soll OWEAcorr eingebunden werden, ein Tool, das die Problematik der Abrostung und des Massenzuwachses durch marinen Bewuchs im numerischen Gesamtstrukturmodell abbildet und errechnet. Ebenfalls eingebunden ist ISoS, das die horizontale und vertikale Initialsteifigkeit der Pfahlbettung von OWEA-Gründungen ermittelt. Mit ValiTool können Modelle anhand von Eigenfrequenzen und Eigenformen validiert werden, und zum Abrufen, Einlesen und Visualisieren gespeicherter Rohmessdaten und Simulationsergebnisse wird HanView verwendet.

Als Anwendungsbeispiel diente zum einen die FE-Analyse der Strukturdynamik einer 5-Megawatt-Anlage vom Typ Senvion 5M (im Testfeld die Anlage AV4), bei der eine Modalanalyse (numerische Charakterisierung des dynamischen Verhaltens schwingungsfähiger Systeme) für die Gesamtstruktur durchgeführt wurde. Ebenso wurde eine Pfahlgründung modelliert.

Weiterhin wurden exemplarische Mehrkörpermodelle erstellt und prototypische Analysen durchgeführt. Als Beispiel diente hier eine Adwen AD 5-116 mit Tripod (im Testfeld die Anlage AV7), für deren Modalanalyse die Programme Fast, Aerodyn, Adams und WaveLoads verwendet wurden (Abb. 4.10).

Die Gesamtsimulation ermöglicht die Berücksichtigung der Wechselwirkungen zwischen Wind, Wellen, Anlage, Tragstruktur, Gründung und Boden. Zudem können aktuelle Forschungsergebnisse

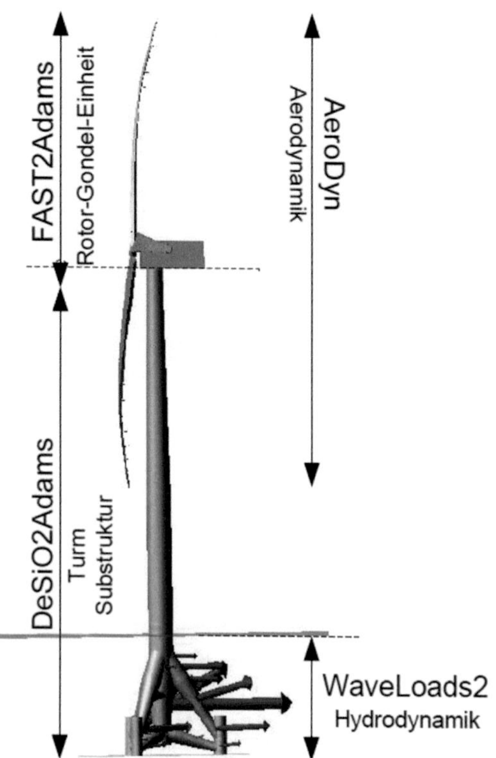

Abb. 4.10 Schematische Darstellung des Rechenbeispiels der Anlage AV7 unter Anwendung von Fast, Aerodyn, Adams und Waveloads in DeSiO. © LUH

über standardisierte Schnittstellen integriert, für die Gesamtsimulation getestet und anschließend für die industrielle Anwendung bereitgestellt werden. Die getesteten Softwaretools können sowohl in DeSiO als auch in anderen FE-oder MKS-Programmen für die industrielle Gesamtsimulation eingesetzt werden.

Das Ziel von Gigawind alpha ventus ist es, durch ein ganzheitliches Dimensionierungskonzept die Tragstrukturen der Offshore-Windenergieanlagen zu verbessern – trotz aller Last/en von Wind, Wellen, Sonne, Rost und Kolkung. Am Ende dieser Entwicklung könnten feste Tragstrukturen stehen, die zugleich ein wirtschaftliches Produkt für die Serienfertigung von Offshore-Windenergieanlagen sind.

4.13 Quellen

- Raimund Rolfes, Peter Schaumann (Hrsg.): GIGAWIND alpha ventus. Verbundprojekt Ganzheitliches Dimensionierungskonzept für OWEA-Tragstrukturen anhand von Messungen im Offshore-Testfeld alpha ventus. Förderkennzeichen 0325032, 0325032A, Abschlussbericht 2008–2012. 267 S., Oktober 2012, unveröffentlicht
- Hildebrandt, A., Schlurmann, T. (2012): Wellenbrechen an Offshore Tripod-Gründungen – Versuche und Simulationen im Vergleich zu Richtlinien, Bautechnik 89 (2012), Heft 5, pp. 301–308

Leben geht weiter

Die Lebensdauerforschung setzt an den gesamten Tragstrukturen an

Raimund Rolfes, Tanja Grießmann, Text verfasst von Björn Johnsen

M. Durstewitz, B. Lange (Hrsg.), *Meer – Wind – Strom,*
DOI 10.1007/978-3-658-09783-7_5, © Springer Fachmedien Wiesbaden 2016

Projektinfo: Lebensdauerforschung an den OWEA-Tragstrukturen im Testfeld alpha ventus (GIGAWIND life)
Projektleitung:
Leibniz-Universität-Hannover, Institut für Statik und Dynamik
Prof. Dr.-Ing. habil. Raimund Rolfes
Projektpartner:
- Adwen GmbH
- Fraunhofer IFAM
- Fraunhofer IWES
- Fraunhofer LBF
- Leibniz Universität Hannover
  - Franzius-Institut für Wasserbau, Ästuar- und Küsteningenieurwesen
  - Institut für Baustoffe
  - Institut für Geotechnik Hannover
  - Institut für Massivbau
  - Institut für Stahlbau
- Senvion GmbH

5.1 Der Weg ist das Ziel

Gigawind geht weiter. Das Anschlussprojekt Gigawind *life* widmet sich Aspekten, die sich erst aus dem mehrjährigen Betrieb der Offshore-Anlagen ergeben: Den Degradationsmechanismen ihrer Tragstrukturen wie materielle Schädigungen, mangelhafte Rostschutzsysteme, Kolk oder Degradation des Pfahltragverhaltens – aber auch die Ermittlung einwirkender Lasten aus Wellen und marinem Bewuchs auf die Tragstrukturen. So bedeutet Gigawind *life* eine immense, jahrelange Datenerhebung aus dem laufenden Betrieb von alpha ventus – und ihre Auswertung bis ins Jahr 2016. Die weltweit einmaligen Langzeitmessungen an den Windenergieanlagen auf See werden dabei mit Einzeluntersuchungen und zu erstellenden Modellentwicklungen zusammengeführt.

Dabei lautet das Motto nicht unbedingt „Lebensdauer über alles". Lösungen, wie die Lebensdauer der Tragstrukturen von aktuell 20 Jahren zu verlängern, sind die eine Möglichkeit – ihre optimierte, kostengünstigere Auslegung eine andere. Im Mittelpunkt des laufenden Forschungsprojektes stehen die messdatenbasierte Zustandsbewertung und -prognose für die Tragstrukturen – also für alles, was sich unterhalb der Gondel befindet. Zudem sollen prüfbare Methoden und Strukturmodelle für ein integriertes und wirtschaftliches Design von Tragstrukturen für Offshore-Windenergieanlagen entwickelt werden. Dem Dreibein-Fundament, dem Tripod, widmet sich ein spezielles Teilvorhaben: Hier steht eine automatisierte Lebensdauerbestimmung der Tripod-Tragstrukturen im Vordergrund – unter Berücksichtigung ihrer realen Beanspruchung.

5.2 Effizientes Datenmanagement

Bei der Überwachung der Tragstrukturen werden bisherige Monitoringaufgaben gegenwärtig meist als „Insellösung" für eine Anlage oder einen Windpark geplant. Dies ist mit einem erheblichen Aufwand verbunden, häufig einhergehend mit unzureichender Reproduzierbarkeit der Daten und fehlender Datensicherheit. Daher will ein Teilprojekt von Gigawind *life* ein universell verwendbares System entwickeln, das diese Schwachstellen entfernt und einfach anwendbar ist.

Angesichts der absehbar großen Datenflut aus der alpha ventus-Sensorik ist die Entwicklung eines Datenmanagements ein wichtiges Teilprojekt (■ Abb. 5.1). Es unterstützt die anderen Teilprojekte, indem es Werkzeuge zur Verfügung stellt, um Daten aus unterschiedlichen Systemen einheitlich zugänglich zu machen: Also die Zusammenführung von Monitoring-, Simulations- und Laborversuchsdaten in einer einheitlichen Nutzerdatenbank. Die verschiedenen Forschungsteilprojekte können die vorgesehene Auswertung dann zusätzlich mit diesen Werkzeugen umsetzen. Für die Auswertung dieser großen Datenmengen werden Wege untersucht, wie die Daten in Blöcken auf einem Rechner-Cluster abgelegt und parallel in den verschiedenen Teilprojekten verarbeitet werden können.

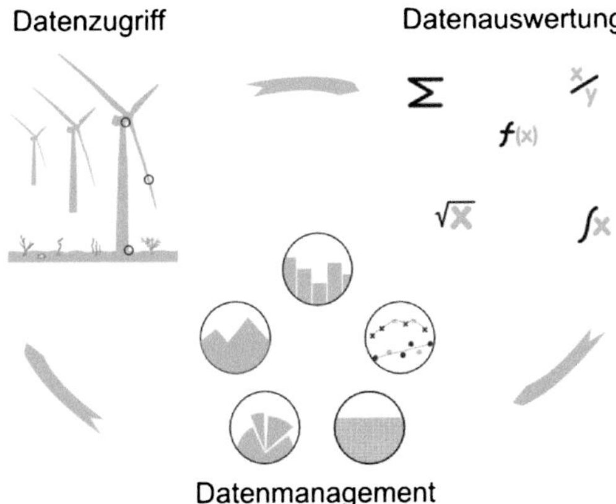

Abb. 5.1 Im Teilprojekt 1 werden Systeme erarbeitet, die den Zugriff, die Auswertung und das Management von Daten, gemäß den speziellen Anforderungen bei alpha ventus ermöglichen. © LUH

Story am Rande (I): Die Offshore-Zukunft beginnt – im Testzentrum!
Ein Schnäppchen war's nicht grad, aber es setzt Maßstäbe: Rund 26 Millionen Euro kostete das Testzentrum für Tragstrukturen in Hannover-Marienwerder, das im September 2014 eröffnet wurde. Den Großteil der zukunftweisenden Investition bezahlten Bund, EU und Land Niedersachsen, aber auch die Leibniz Universität und das örtliche Institut für Statik und Dynamik der Leibniz Universität Hannover beteiligten sich daran. 20 Meter hoch und 20 Meter breit ist die Versuchshalle. In verschiedenen Bereichen können beispielsweise die Zugkräfte auf die Pfeiler einer Offshore-Windenergieanlage an einer Betonwand getestet werden, neue Fundamentverankerungskonzepte und Kolkbildung kann man in einer zehn Meter tiefen Sandgrube untersuchen, eine Resonanzprüfmaschine beobachtet die Zug-Druck-Belastungen auf Schraub- oder Schweißverbindungen. Und eine Klimakammer mit verschiedenen Temperaturen, Luftfeuchtigkeiten und (Meeres-) Salzsprühnebel gibt's auch. Das Testzentrum für Tragstrukturen ist – neben dem neuen Turbulenzwindkanal in Oldenburg – das Herzstück des Forschungsverbundes ForWind.
Björn Johnsen

5.3 Von der Forschung in die Praxis „überführt"

Anhand der Langzeitmessungen sollen Methoden entwickelt werden, die die Zustandsparameter, Schädigungen und Belastungen identifizieren und deren zeitlichen Verlauf analysieren. Dazu braucht man Modellversuche, um z. B. zu prüfen, ob Methoden der permanenten Strukturüberwachung (SHM-Methoden, Structural Health Monitoring) anhand konkreter Schadensszenarien dafür geeignet sind. Die Erkenntnisse aus verbesserten Modellansätzen und Methoden zur Schadensfrüherkennung sollen keineswegs „im Labor" bleiben, sondern verstärkt in die praktische Anwendung überführt werden: Sie leisten so einen wesentlichen Beitrag zur Optimierung von vorhandenen Inspektionskonzepten und zur Ermittlung der Restlebensdauer der Tragstrukturen.

Wichtig sind dabei auch eventuelle Verschiebungen an den sogenannten „Grouted Joints". Diese stellen am Meeresboden die wichtigste Verbindung zwischen dem Rammpfahl am Fundament und den Tragstrukturen dar. Diese Verbindungen werden in der Regel mit Hochleistungsbeton bzw. Hochleistungsmörtel ausgefüllt. Dieser Spezialbeton kann schon heute sehr hohe Druckfestigkeiten erreichen. Doch die Grouted Joints sind durch die hohen Lastwechselzahlen einer Offshore-Windenergieanlage von Materialermüdung und Verformung bedroht. Deshalb wurden auch hier Dehnungsmessstreifen an einer Anlage angebracht, um eventuelle Verformungen und Verschiebungen an den Grouted Joints zu messen.

Ein Beispiel für die „Überführung" der Tragstrukturen-Forschung in die Praxis: Aus den bisherigen Beschleunigungsmessungen an einem Turm an einer Windenergieanlage wurden Eigenschwingungsformen des Turmes automatisiert berechnet. Die Veränderungen des dynamischen Verhaltens werden nun weiter beobachtet und zur Beurteilung des Zustands der Anlage verwendet (Abb. 5.2). Die Prognose der akkumulierten Pfahlverformungen und die Quantifizierung der Systemsteifigkeiten unter Betriebslasten gehören auch dazu.

Eine weitere wichtige Rolle nimmt der marine Bewuchs in verschiedenen Wassertiefen bis zum Meeresboden ein – weit mehr als „nur ein paar Algen- und Muschelanhäufungen" (Abb. 5.3).

▣ **Abb. 5.2** Überwachung des Zustands der Anlage mit modalen Größen aus den Dauermessungen. © Senvion GmbH 2015

Der Bewuchs kann die Einwirkung der Wellen auf die Windenergieanlage beeinflussen und zu einer Massenzunahme führen. Das bedeutet wiederum mehr Lasten auf die Anlage. Es gibt somit einen unmittelbaren Einfluss der marinen Umwelt – See/Wellengang, Kolk, mariner Bewuchs – auf die Ermüdungslasten der Tragstrukturen.

5.4 Trotz Rost & Co: Geht da noch was nach dem Ende der Betriebszeit?

In den Degradationsmodellen wird die Basis erarbeitet, um Aussagen zur Lebensdauer der Tragstrukturen und für eine Abschätzung vorhandener Restnutzungsdauern zu treffen. Denn möglicherweise „geht da noch was", wenn der konstruktiv ausgelegte Betriebszeitraum von 20 Jahren erreicht ist. Dazu müsste man allerdings die vorhandenen Degradationsmodelle weiter- oder gar komplett neu entwickeln: unter Einbeziehung von räumlichen Spannungszuständen und Steifigkeitsreduzierungen. Danach könnte man diese Modelle in automatisierte Berechnungsprogramme übertragen und anhand der Messdaten von alpha ventus sowie weiterer Modellversuche im Testzentrum auf ihre Gültigkeit überprüfen. Die daraus gewonnenen Erkenntnisse ermöglichen dann eine ganzheitliche Betrachtung der unterschiedlichen Grenzzustände der Tragstrukturen: Auf ihre Tragfähigkeit, Ermüdung und Gebrauchstauglichkeit.

» **Wir wollen die Zuverlässigkeit hochtreiben**
Der Forschung kommt bei den zunehmenden Anlagengrößen eine besondere Bedeutung zu. Prozesse, die im Meer 20 Jahre dauern, reduzieren wir signifikant mit den Untersuchungen und Testreihen in unseren Versuchshallen und Laboratorien: Wir lassen unsere Untersuchungsgegenstände in wenigen Wochen oder Monaten auf Jahre altern. Unser Ziel: Wir wollen das Niveau der Zuverlässigkeit der Windkraftanlagen hochtreiben.
Raimund Rolfes, Leiter des Institutes für Statik und Dynamik, Leibniz Universität Hannover, ForWind

So wird beispielsweise derzeit ein Modell erstellt, das die Folgen von Materialverlust infolge von Korrosion bei Beschichtungsdefekten beschreibt. Die wechselnden Wasserpegel an den Tragstrukturen – mal Ebbe, mal Flut, mal besonders hohe Wellen – bedeuten für den Korrosionsschutz an dieser Stelle eine erhebliche mechanische Belastung; er wird kontinuierlich abgetragen. In verschiedenen

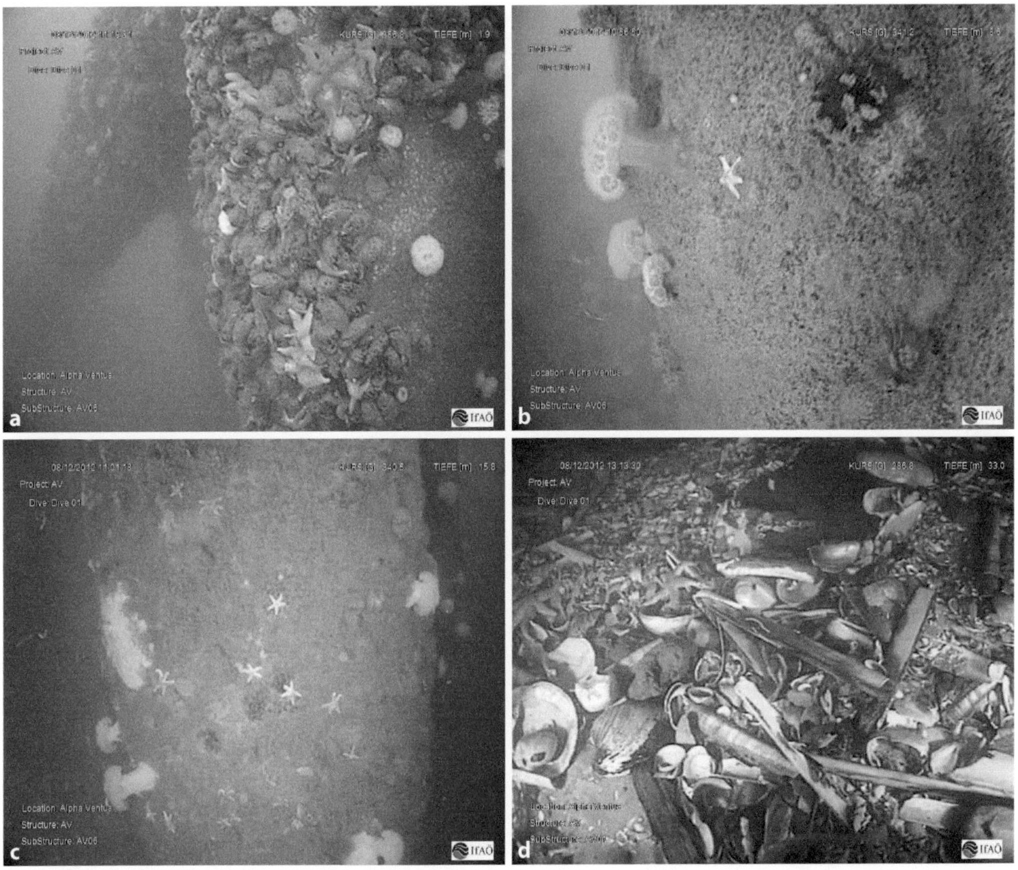

■ **Abb. 5.3** Mariner Bewuchs in verschiedenen Tiefenstufen am Fundament der Anlage AV6 und am Meeresboden. **a** –1,9 m, **b** –8,6 m, **c** –15,8 m, **d** –33,0 m (Meeresboden). © IfAÖ

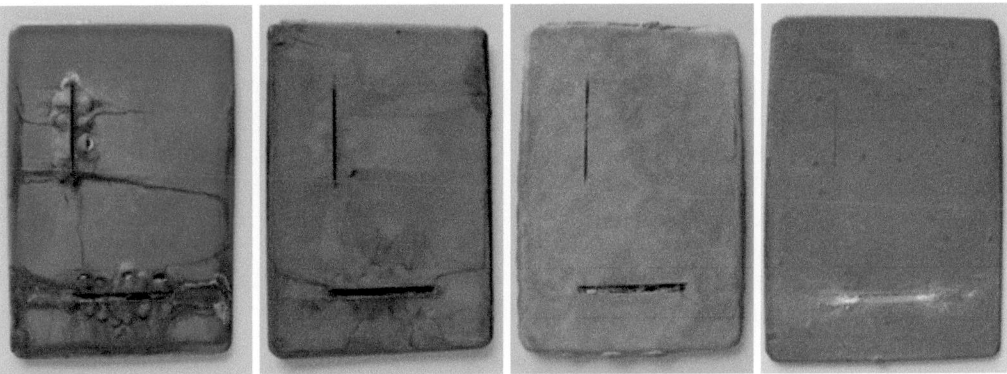

■ **Abb. 5.4** Korrosion an unterschiedlich beschichteten Stahlprüfkörpern mit beschädigtem Korrosionsschutz. © Fraunhofer IFAM

Langzeitversuchen werden nun Modelle zur Lebensdauerabschätzung von mineralischen und herkömmlichen Korrosionsschutzsystemen entwickelt – beruhend auf den Ergebnissen aus Korrosionsprüfungen und „Feldversuchen", z. B. in alpha ventus in der Nordsee (■ Abb. 5.4).

Abb. 5.5 3D-Wellenbecken des Franzius-Institutes. © LUH

5.5 Modellversuche sind gut, Berechnungsmodelle sind besser?

Oder ist's umgekehrt? Mit den Messdaten von alpha ventus lassen sich Randbedingungen für die Laborversuche entwickeln und mit deren Ergebnissen wiederum die Berechnungsmodelle gezielt für die Nordseebedingungen optimieren. So untersucht man im Labor vorgeschädigte Probekörper von alpha ventus – was, kombiniert mit den Messdaten, eine genauere Abbildung zum Beispiel der realen Belastungen des Korrosionsschutzmörtels in einem Modell erwarten lässt. Virtuelle Versuche können u. a. als Basis für den zielgerichteten Entwurf und für die Planung von Großversuchen dienen.

Eine wesentliche Aufgabe bei den Offshore-Forschungen nimmt das 3D-Wellenbecken des Franzius-Institutes in Hannover-Marienwerder ein, das durch umfangreiche bauliche Maßnahmen erweitert wurde (Abb. 5.5). Hier lassen sich Wellen- und Strömungsflüsse nachstellen und analysieren. In Kürze sollen Versuche mit realitätsnahen Belastungen aus einem multidirektionalen Seegang mit überlagerter Strömung starten, um so eine realitätsnahe Belastung der Offshore-Anlagen nachzubilden.

Story am Rande (II): Forscher bauen Mini-Meer

Es ist einzigartig in der deutschen Forschungslandschaft: Das 3D-Wellenbecken des Franzius-Institutes in Hannover-Marienwerder (Abb. 5.5). Bei einer Länge von 40 Metern und 24 Metern Breite kann es regelrechten Seegang mit Wellen bis 40 cm Höhe erzeugen. Die 3D-Wellenmaschine mit 72 Einzelwellenblättern ermöglicht Untersuchungen wie Deckwerksstabilität an Wellenbrecherköpfen und Untersuchungen mit schrägem Wellenangriff. Ferner gibt es innerhalb des Beckens einen Tiefenteil zur Simulation und Analyse von Veränderungen des Meeresbodens, insbesondere Sedimenttransport wie bei der Kolkbildung. 2014 eingeweiht, wurde das 3D-Wellenbecken bereits ein Jahr später um zahlreiche Funktionen erweitert.
Björn Johnsen

5.6 Der gordische Rohrknoten

Bei einer integrierten Gesamtsimulation von Offshore-Windenergieanlagen (OWEA) kann durch die innovative Einbindung bemessungsrelevanter Degradationsprozesse erstmals die reale Entwicklung des dynamischen Tragstrukturverhaltens über die gesamte „Lebensdauer" der Anlage im Detail abgebildet werden. Die angefangenen Arbeiten zeigen, wie es noch besser gehen könnte – insbesondere bei

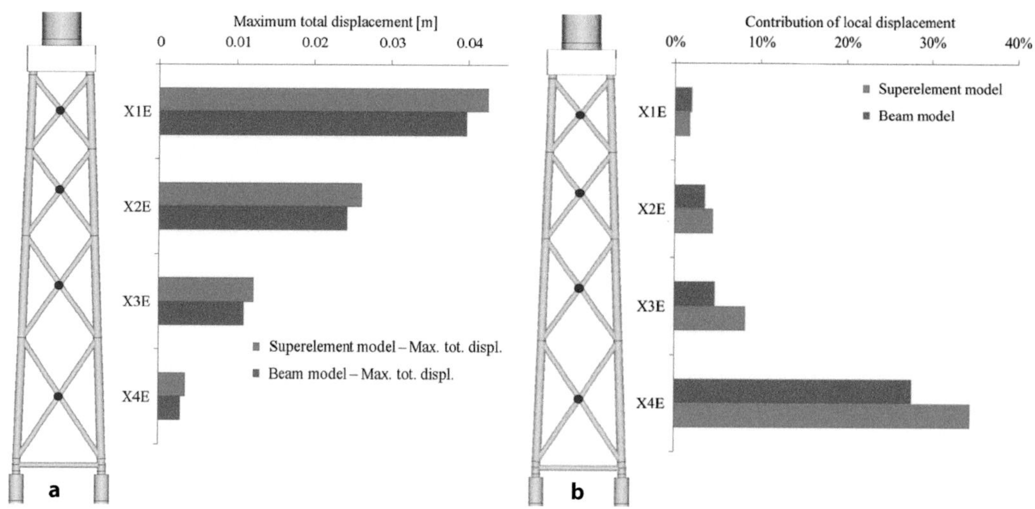

Abb. 5.6 Vergleich von Balken- und Superelement-Modell: Maximale Gesamtverschiebungen aus der Ebene an den X-Knoten (**a**). Veränderung des Anteils der lokalen Verschiebungsfigur an der Gesamtverschiebung am X-Knoten über die Höhe der Struktur (**b**). © Fraunhofer IWES

der Bemessung gegen Ermüdung, die wesentlich ist für die Auslegung der Tragstruktur. Anschließend könnten dann, beispielsweise bei der Identifikation möglicher Systemreserven, diese OWEA über die Auslegungslebensdauer hinaus betrieben werden. Die entwickelten numerischen Werkzeuge zur vollgekoppelten Simulation von OWEA einschließlich einer neu entwickelten FE-Substrukturierungstechnik werden anhand von alpha ventus-Messdaten validiert.

Bei den Simulationen stellen insbesondere die Rohrknotenverbindungen von Tragstrukturen eine große Herausforderung dar. Mit Balkenelementmodellen lassen sich ihre Eigenschaften nur stark vereinfacht darstellen. Genauer wäre die Verwendung eines Superelement-Ansatz mit der Finite-Element-Methode (FEM), die das Bauteilverhalten für Abschnitte beschreibt und die Verbindungsbedingungen dieser Abschnitte berücksichtigt (Abb. 5.6). Die verbesserte numerische Darstellung einer Rohrknoten-Geometrie mit Hilfe finiter Schalen- oder Volumenelemente kann in Form eines Superelement-Ansatzes in die Balkenelementbeschreibung einer Jacket-Tragstruktur integriert werden. Dadurch kann man insbesondere die Nachgiebigkeit dieser Rohrknotenverbindungen in den Tragstrukturen exakter darstellen.

5.7 Wo soll das alles enden – die automatische Lebensdauerbestimmung

Man kennt es vom Autobau: Kennt man die realen Belastungsdaten, kann man ziemlich genau sagen, dass beispielsweise bei 200.000 Kilometern das Ende für einen bestimmten Motor oder ein Getriebe angesagt ist. Allerdings wird diese Methode beim Fahrzeugbau nur für vergleichsweise wenige Lastzyklen angewendet. Offshore treten mehr als 100 Millionen Zyklen auf. Doch die Methode zur automatisierten Bestimmung der Lebensdauer auf Basis der realen Beanspruchungsgrößen ließe sich bei umfassender Kenntnis und konsequenter Weiterentwicklung ebenfalls für die Tragstrukturen von Offshore-Anlagen anwenden – und könnte somit auch zu geringeren Kosten oder längeren Laufzeiten führen. Vorausgesetzt, man kennt möglichst genau die auftretenden Belastungen und Materialreaktionen darauf. Hier ist für ein Teilprojekt die genaue, automatische Bestimmung der Restlebensdauer einer Tripod-Gründung des Herstellers Adwen geplant. Im Gegensatz zu klassischen Verfahren, die in der Regel die Veränderungen im Bauteilverhalten frühzeitig diagnostizieren, ließen sich so Aussagen zur Lebensdauer bestimmen – schon lange bevor die Veränderung eines Bauteilverhaltens eintritt.

5.8 Quellen

- ▶ www.gigawind.de/gigawind_life.html Lebensdauer-Forschung an den OWEA-Tragstrukturen im Testfeld alpha ventus – GIGAWIND *life*, Abruf vom 12.12.2015
- IfAÖ (2013): Fachgutachten „Benthos" zum Offshore-Windpark „alpha ventus", Bericht über das 3. Betriebsjahr. Auftraggeber: Stiftung Offshore-Windenergie, Stiftung der deutschen Wirtschaft zur Nutzung und Erforschung der Windenergie auf See

5

Schieflagen bitte vermeiden

Anwendungsorientiertes Bemessungs- und Überwachungsmodell für Gründungsstrukturen unter zyklischer Belastung

Werner Rücker, Pablo Cuéllar, Steven Georgi, Krassimire Karabeliov, Matthias Baeßler, Text bearbeitet von Björn Johnsen

M. Durstewitz, B. Lange (Hrsg.), *Meer – Wind – Strom*,
DOI 10.1007/978-3-658-09783-7_6, © Springer Fachmedien Wiesbaden 2016

Projektinfo: Entwicklung eines anwendungsorientierten Bemessungs- und Überwachungsmodells für Offshore Gründungskonstruktionen unter zyklischer Belastung
Projektleitung:
BAM – Bundesanstalt für Materialforschung und -prüfung
Prof. Dr. Werner Rücker
Dr. Matthias Baeßler
Projektpartner:
- Adwen GmbH
- TUB – Technische Universität Berlin

6

Vieles ist möglich, auch auf dem Meeresboden. Wind und Wellen rütteln gemeinsam an der Gründung, den Fundamenten der Offshore-Windenergieanlagen. Hinzu kommen die „ganz normale" Strömung sowie die in der Nordsee besonders ausgeprägten Gezeiten von Ebbe und Flut. Zudem kann am Meeresboden Porenwasserüberdruck entstehen, der den Boden lockern und im schlimmsten Fall bei Monopiles die Stabilität der gesamten Anlage ändern kann. Selbst wenn ein solcher in den Meeresboden gerammter Pfahl bis zu 8 Meter Durchmesser hat. Über die Hälfte der geplanten Offshore-Anlagen in Nord- und Ostsee werden mit Ein-Pfahl-Gründungen geplant, über 40 % sollen als Mehrpfahl-Gründungen, zum Beispiel als Tripod, ausgeführt werden. Von daher verdienen Pfahlgründungen und ihre Belastungen besondere Aufmerksamkeit. Denn eines gilt es im Anlagenbetrieb unbedingt zu vermeiden: Eine drohende Schiefstellung der Anlage!

6.1 Am Pfahl hängt alles

Der Charme des Mono-Pfahls liegt in seiner Einfachheit: Er kann ohne aufwändige Vorbereitungsarbeiten relativ einfach in den Meeresboden gerammt werden – vorausgesetzt, es liegen keine Rammhindernisse im Weg und die Wassertiefe ist nicht allzu groß. Auf alpha ventus hat man wegen der größeren Wassertiefe von etwa 30 m aufwändigere Tripod- und Jacket-Gründungen verwendet: Beim Tripod wird der zentrale Turmschaft durch eine dreibeinige Abstrebung an der Seite sowie horizontal liegenden Aussteifungen gestützt, quasi eine kleine Pfahlpyramide über dem Meeresboden. Hier werden ebenfalls Rammpfähle benutzt und durch Hülsen geführt in den Meeresboden gehämmert. Die Jacket-Gründung ist eine fachwerkartige Struktur mit Rundhohlprofilen. Auch sie wird im Baugrund mit Pfählen verankert, die Belastungen ihrer Pfahlelemente sind mit dem Tripod vergleichbar. Tripodähnlich ist der (Bard) Tripile, nur, dass dessen Stahlrohr-Dreibeine oberhalb der Meereslinie mit einem eckigen Stützkreuz verbunden sind. Bisher relativ selten werden Schwerkraftgründungen (nur bei niedrigeren Wassertiefen) oder schwimmende Konstruktionen für Offshore-Windenergieanlagen eingesetzt.

Beim „Gründungen"-Forschungsvorhaben für alpha ventus ging es darum, wissenschaftliche Grundlagen für ein sicheres Fundament zu ermitteln, Labor- und Modellversuche dazu durchzuführen, eine Pilot-Windenergieanlage auf alpha ventus mit umfangreicher Sensorik und Messstreifen an Gründung und Tragstruktur auszurüsten und dabei ein Monitoring für die zukünftige Bauwerksüberwachung zu entwickeln. Die Tragfähigkeit einer Gründung hängt von den Pfahleigenschaften (Durchmesser, Länge, Einbindetiefe und „Bodensteifigkeit"), der Meeresbodenart (Sandkornverteilung, Durchlässigkeit und Dichte) und natürlich den von außen wirkenden Belastungen ab: Sind diese einmalig oder zyklisch-wiederkehrend, kommen sie aus wechselnden Belastungsrichtungen oder „nur" entlang einer Achse und welche Stärke und Anzahl haben die „Lastspiele"?

6.2 Porenwasserdruck: Auch ein Tropfen wiegt schwer

Zu den entstehenden Lasten im Meeresboden zählt der Porenwasserdruck. Er ist die Spannung in den wassergefüllten Poren des Meeresbodens, also im „wassergesättigten" Meeresgrund. Das Wasser trägt sich selbst, der Porenwasserdruck nimmt dabei stetig mit der Tiefe zu. Durch Volumenreduktion bei Scherung des Korngerüsts entstehen Porenwasserüberdrücke. Dieser Überdruck kann sich durch Strömungsprozesse im Boden wieder abbauen, wie bei einer Drainage (Abb. 6.1). Bei behinderten

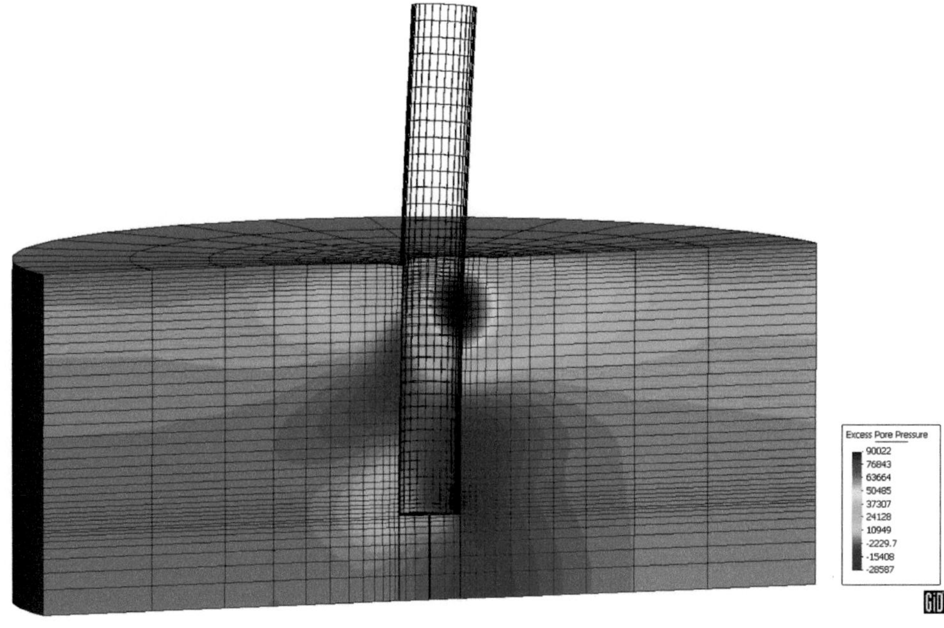

Abb. 6.1 Die Entwicklung von Porenwasserdruckänderungen am Pfahlmantel eines lateral belasteten Monopiles im Berechnungsmodell. © BAM

Drainagebedingungen führt dagegen eine Verformung des Bodens zum weiteren Anstieg des Porenwasserdrucks.

Dies hat entscheidenden Einfluss auf das Tragverhalten des Bodens. Wiederkehrende, sehr große zyklische Belastungen und ansteigender Porenwasserdruck verändern die vormals vergleichsweise elastischen Einspannungsbedingungen des Pfahles im Boden – und damit der gesamten Offshore-Konstruktion (Abb. 6.2).

6.3 Messen und Dehnen

Beim Forschungsprojekt „Gründungen" auf alpha ventus haben die Forscher an einer Adwen-Anlage (AV7) Messungen speziell an einem der drei Rammpfähle durchgeführt (Abb. 6.3, 6.4) und zusätzlich an der gesamten Windenergieanlage in verschiedenen Höhen Messungen von Dehnungs- und Beschleunigungssensoren ausgewertet – bis hin zum Meeresboden.

Die Ergebnisse zeigen deutlich, dass Windgeschwindigkeit und Dehnung am Pfahl miteinander einher gehen: Je größer die Windgeschwindigkeit ist, die über dem Wasserspiegel auf die Anlage einwirkt, umso mehr wird der Pfahl im Meeresboden belastet und gedehnt – auch unterhalb des Wasserspiegels. Weil verschiedene Lasten aufeinander einwirken.

Durch Modellversuche an Pfählen im kleineren Maßstab an Land erfolgte eine möglichst genaue Verfolgung des Langzeitverhaltens der Pfähle entlang einer Achse, unter wiederkehrender, zyklischer Belastung. Nach und nach ist man dabei auf größere Modelle übergegangen und hat verschiedene Versuchsreihen mit sogenanntem „Berliner Sand" durchgeführt. Dieser Sand wurde im Versuchskasten vollständig geflutet um „Nordsee-Realität" zu modellieren.

Story am Rande: Weitab der Nordsee – Berliner Sand

Ursprünglich war das Berliner Urstromtal nichts als ein großer Sumpf. Bis die Eiszeit von den Gletschern und abfließenden Wassermassen aus Skandinavien den Sand heranschaffte: Der

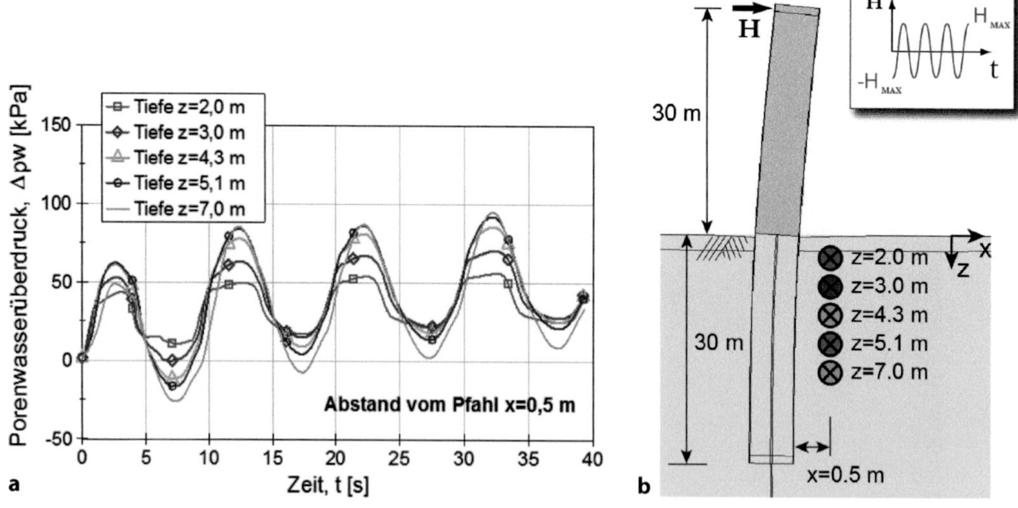

Abb. 6.2 Entwicklung der berechneten Porenwasserüberdrücke (**a**) in der passiven Seite der Gründung (**b**) an verschiedenen ausgewählten Tiefen unter Geländeoberkante des Meeresbodens. © BAM

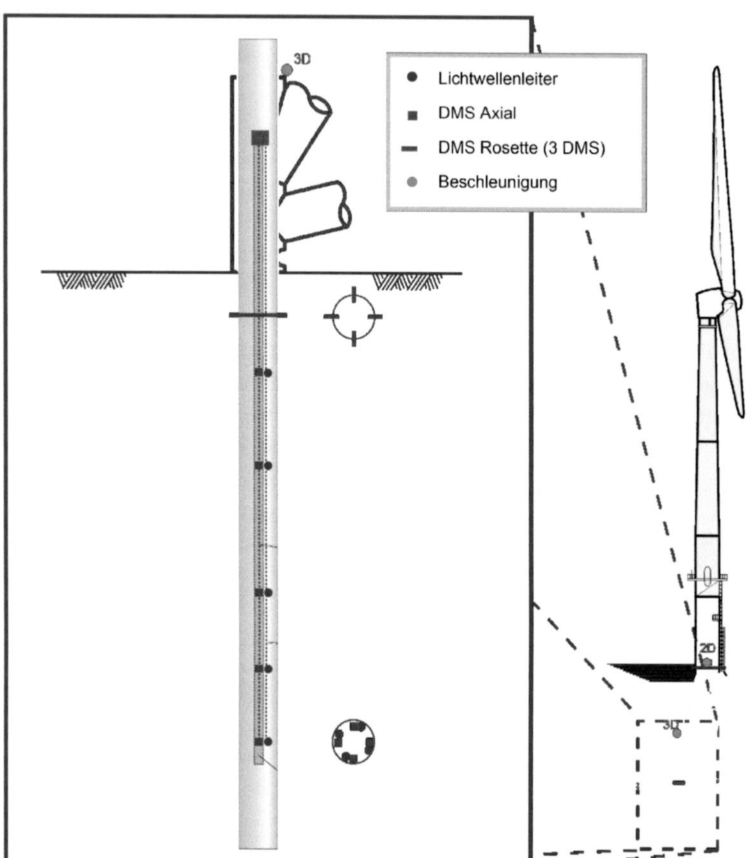

Abb. 6.3 Messungen am Rammpfahl im Bezug zur Gesamtanlage. © BAM

■ **Abb. 6.4** Kontrolle der Instrumentierungen an einem Tripod-Pfahl. © BAM

Moränenschutt und Geschiebemergel wurde auf seiner langen Wanderung von Nordeuropa nach Berlin unter höchstem Druck zerrieben und ausgewaschen. Dieser „Berliner Sand" gilt mit einem Korndurchmesser von knapp einem Millimeter als grobsandiger „Mittelsand" – und ist dem Sand des Nordsee-Meeresbodens ziemlich ähnlich. Deshalb haben die Forscher bei ihren Fundamentversuchen darauf zurückgegriffen. Die Sandgrube Kraatz bei Berlin lieferte somit den Simulationsstoff für die Nordsee.
Björn Johnsen

Zwei angefertigte Stahlbehälter mit 3 Meter Durchmesser und 2 Meter Höhe bildeten das Kernstück der Versuchsreihen – an ihrem Boden der ständig unter Wasser stehende „Berliner Sand" (■ Abb. 6.5). In diese wurden dann mit einer Hydraulikpumpe der Modellpfahl hineingedrückt, den man mit mehreren Dehnungsmessstreifen (DMS) versehen hat (■ Abb. 6.6).

Im Modellversuch wurde dabei eine schnelle Verdichtung des Bodens rund um den Pfahl und daraus folgend eine Versteifung des seitlichen Pfahlverhaltens festgestellt. Hieraus resultiert ein Abfall der Biegemomente auf halber Höhe der Pfahleinbettung im Boden (■ Abb. 6.7).

6.4 Zwischen Bodenabsenkung und Porenwasserdruck

Die Modelle zeigen auch Effekte, die am realen Maßstab vermutlich nachrangig sind. Bei allen durchgeführten Modellversuchen unter wiederkehrender seitlicher-lateraler Belastung stellte sich eine deutliche Bodenabsenkung in der unmittelbaren Umgebung des Pfahles ein. Die Ursache liegt in der Kornumlagerung bzw. in der Verdichtung des Sandes. Zudem entwarf man computergestützte numerische Modelle, um das grundlegende Verhalten der Pfahlgründung gezielt zu untersuchen: Zum Beispiel die Spannungspfade der Bodenelemente rund um den Pfahl, den Verlauf der Porenwasserdrücke entlang der Einbindetiefe des Pfahls sowie den Zeitpunkt des Eintritts und Umfangs der sogenannten „Bodenverflüssigung". Solche Aspekte sind in Modellversuchen nur schwer (wenn überhaupt) zu erfassen – der Computer kann's leichter errechnen. Bei größeren Pfahldurchmessern verbessern sich demnach die Lastabtragung und Spannungsverteilung im Boden. Dies hat kleinere Pfahlkopfverschiebungen und nur geringere Bodenverformungen zur Folge. Was wiederum dazu führt, dass der überschüssige Porenwasserdruck nicht ganz so hohe Niveaus erreicht wie bei kleineren Pfahldurchmessern.

Fazit hier: Modellversuche haben einen wesentlichen Beitrag zur ersten Einschätzung des seitlichen Tragverhaltens der Pfähle geliefert. Anschließend wurden auch hier Berechnungsmodelle zur Abschätzung der seitlichen Pfahlverschiebungen bei wiederkehrenden, zyklischen Belastungen bei wassergesättigten Böden entwickelt.

6.5 Extreme Stürme lockern auf

Extrem starke „Ein-Jahres-Stürme" (mit einer Windgeschwindigkeit von 32,5 m/s und maximal 12,2 m Wellenhöhe) in der Deutschen Bucht wirken sich ebenfalls auf das Fundament aus. Durch den Sturm entsteht ein signifikanter Verdichtungseffekt am Meeresboden. Dies kann eine vorübergehende Entfestigung der Gründung nach sich ziehen, zumindest bis die Porenwasserüberdrücke vollständig abgeklungen sind (■ Abb. 6.8).

■ **Abb. 6.5** Versuchskästen mit eingebautem, lateral belasteten Pfahl. © BAM

■ **Abb. 6.6** Versuchskästen mit eingebautem, lateral belasteten Pfahl. © BAM

Bei Stürmen von moderater bis zu extremer Stärke kann es zu einer gewissen Entfestigung der Offshore-Pfahlgründungen kommen. Eine vollständige Verflüssigung des Bodens und damit Gefährdung der gesamten Gründung ist jedoch nicht zu erwarten, der Porenwasserdruck baut sich nicht beliebig hoch auf. Dazu ist der Sand in der Nordsee zu dicht gelagert und gepresst. Es kommt somit nicht zu einem vollständigen Verlust der Tragfähigkeit aufgrund einer Bodenverflüssigung, sondern vielmehr könnten eher „Gebrauchstauglichkeitsprobleme" entstehen, die durch die Endfestigung des Bodens während der Stürme eintreten können. Das könnte für eine gewisse Zeit nach einem Sturm Einschränkungen für die operativen Frequenzbereiche der Anlage zur Folge haben – die Windenergieanlage braucht dann quasi eine Konsolidierungszeit, bis sie wieder voll belastet werden kann. Also im kurzen Fazit: Am kritischsten ist die Zeit nach dem Sturm. Ein gutes Fundament ist in der Regel nicht am Anfang des Sturms gefährdet, denn da ist der Meeresboden noch verdichtet. Am gefährlichsten könnte möglicherweise die Zeit unmittelbar danach sein, wenn der starke Porenwasserdruck den Boden auflockert. Bis sich die Bodenfestigkeit dann wieder verstärkt bzw. normalisiert, kann es einige Zeit dauern.

6.6 Die Last mit der Last danach

Und natürlich sind viele Fragen offen: Wie verhält sich der Stahl- und Spannbeton im Fundament unter den besonderen Offshore-Belastungen? Wie könnte man diese Gründungsstrukturen vereinfachen und verbessern? Wie könnte ein reales Last-Einwirkungsszenario für die Gründung aussehen, das die verschiedensten Kräfte und Belastungen berücksichtigt wie ständig wechselnde Lastrichtungen, dazu Kombinationen aus seitlichen und senkrechten Belastungen (der Turm „schwingt" mit!) und das Ganze noch in den unterschiedlichsten Zeitabläufen, vom kurzfristigen „Peak" bis zur chronischen

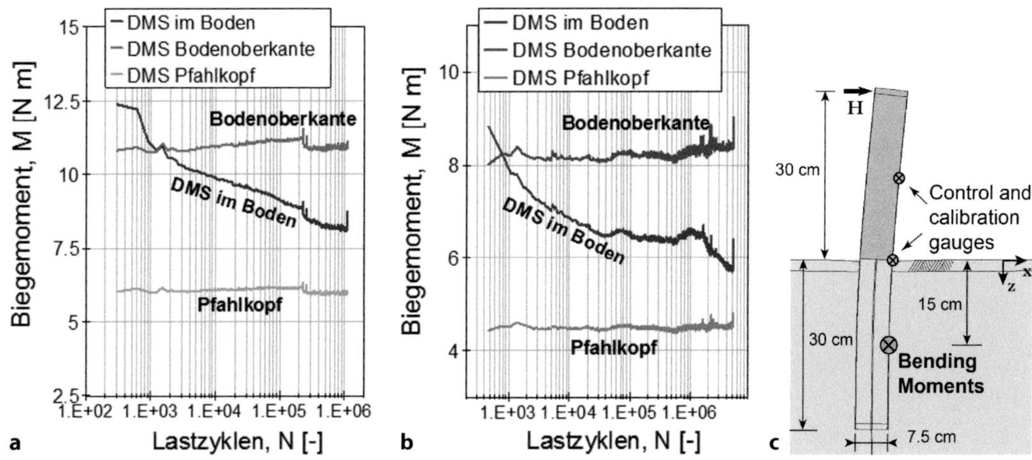

Abb. 6.7 Biegemomente, gemessen mit Dehnungsmessstreifen auf drei verschiedenen Ebenen: **a** Messdaten bei Wechsellasten von −10 bis 40 N, **b** Messdaten bei Schwelllasten von 0 bis 30 N, **c** Testaufbau. © BAM

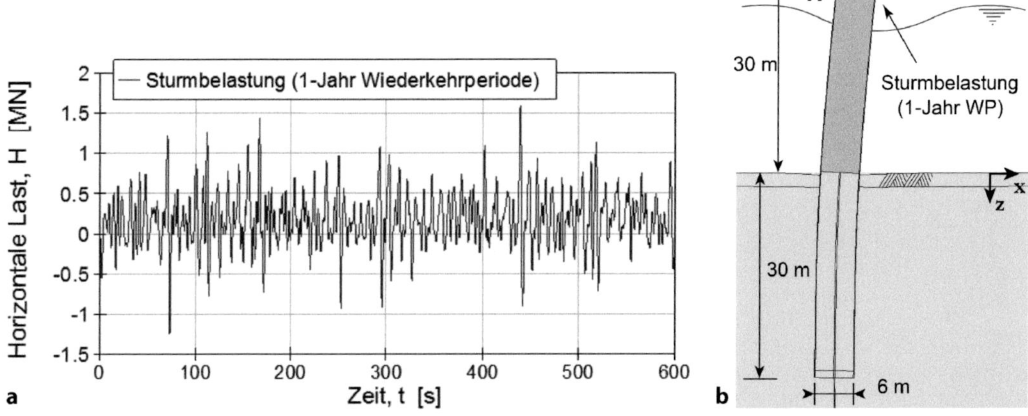

Abb. 6.8 Zeitsignal der von einem extremen Sturmereignis (**a**) mit 1-jähriger Wiederkehrperiode verursachten horizontalen Lasten (**b**). © BAM

Langzeiteinwirkung? Letztlich kann dies nur eine Ermittlung ganzer Lastspektren mit ihren zeitlichen Abfolgen beantworten.

6.7 Quellen

- Abschlussbericht zum Forschungsverbundprojekt: Anwendungsorientiertes Bemessungs- und Überwachungsmodell für Gründungsstrukturen von Offshore-Windenergieanlagen unter zyklischer Belastung, Förderkennzeichen 0327618A. 415 S., Berlin, Oktober 2012
- Synopse zum Vorhaben „Anwendungsorientiertes Bemessungs- und Überwachungsmodell für Gründungskonstruktionen von Offshore-Windenergieanlagen unter zyklischer Belastung". M. Baeßler, BAM Bundesanstalt für Materialforschung und -prüfung, Berlin, Fachbereich 7.2 Ingenieurbau, 6 S., September 2014

„Neuland“ auf dem Meeresboden

Überwachungsverfahren und Bewertungsmodell für die Gründung von Offshore-Windenergieanlagen

Matthias Baeßler, Pablo Cuéllar, Steven Georgi, Krassimire Karabeliov, Werner Rücker, Text bearbeitet von Björn Johnsen

M. Durstewitz, B. Lange (Hrsg.), *Meer – Wind – Strom*,
DOI 10.1007/978-3-658-09783-7_7,

Projektinfo: Überwachungsverfahren und Bewertungsmodell für die Gründungen von Offshore Windkraftanlagen
Projektleitung:
BAM – Bundesanstalt für Materialforschung und -prüfung
Dr. Matthias Baeßler
Projektpartner:
- BSH – Bundesamt für Seeschifffahrt und Hydrographie
- BARD Building GmbH

7.1 Das richtige Maß finden

Offshore-Windenergie betritt Neuland, gerade bei der Gründung. Denn Windenergie auf See kann die Erfahrungen der gängigen Offshore-Konstruktionen der Öl- und Gasindustrie nur bedingt nutzen. Mehr als dort, versucht man bei der Offshore-Windenergie, die Gründungsabmessungen – insbesondere die Pfahllängen – soweit wie möglich zu reduzieren. Denn dies kann bei der hohen Anzahl der Windenergieanlagen erhebliche wirtschaftliche Vorteile bringen. Andererseits wird die Standsicherheit der Gründungen durch den viel höheren Anteil an zyklischen Lasten gegenüber den gängigen Offshore-Strukturen in schwer einschätzbarer Weise zusätzlich gefährdet. Da Offshore-Windenergieanlagen in Serienfertigung produziert werden, wirkt sich hier jeder systematische Fehler bei der Gründung dann gleich als Serienfehler auf eine Vielzahl von Anlagen aus. Überwachung ist also angesagt – und das richtige Maß bei der Pfahlgründung, der am meisten verwendete Fundamenttyp bei Windenergieanlagen.

Für die Fundamente von Windenergieanlagen an Land macht man Bodenerkundungen vor Ort und kann meist auf Erfahrungen an vergleichbaren Standorten zurückgreifen. Bei Offshore-Gründungen in der deutschen Nordsee gibt es solche vergleichbaren Erfahrungen bislang nicht. Die Folge: Es besteht eine gewisse Unsicherheit beim erforderlichen Pfahldurchmesser und seiner Länge. Die Gründungen können unterdimensioniert oder überdimensioniert ausgelegt sein. Ist die Gründung unterdimensioniert, gefährdet man die Standsicherheit des Bauwerks und – durch die Serienproduktion – das gesamte Windkraftwerk. Ist die Gründung überdimensioniert, treibt man unnötig die Kosten hoch. Die Gründung von Offshore-Windparks ist also eine große bautechnische Herausforderung. Erschwerend kommt für die Windenergieanlagen auf See hinzu: Die hohe Lastspielzahl, das ungünstige Verhältnis aus einwirkenden horizontalen Kräften und dem vergleichsweise geringen Eigengewicht der Windenergieanlage (= großes aufzunehmendes Moment), der hohe Kostendruck, die Konsequenzen bei „Serienfehlern", die bis alpha ventus kaum vorhandene Offshore-Wind-Erfahrung an deutschen Projektstandorten sowie der hohe Aufwand für Inspektion und Wartung.

7.2 Beobachten und überwachen

Grundsätzlich ist der Einsatz von Bauwerksüberwachungssystemen ein elementarer Teil von Projektanforderungen. Sie können die bautechnischen Erfahrungslücken schließen und die Standsicherheit von Gründungen im Betrieb gewährleisten. Im geotechnischen Bereich können der „Mangel an Erfahrung" und insbesondere festgestellte Mängel beim Nachweis der Standsicherheit dazu führen, dass verpflichtend messtechnische Überwachungen angeordnet werden. Wobei dann gegebenenfalls nicht nur eine Überwachung, sondern auch das Vorhalten aktiver Gegenmaßnahmen gefordert wird. Die sogenannte Beobachtungsmethode ersetzt dann den Standsicherheitsnachweis bzw. stellt diesen Standsicherheitsnachweis dar. Zur Beobachtungsmethode gehören das Messen, die Darstellung von aussagekräftigen Messgrößen und Eingreifschwellen sowie die Darstellung des betreffenden Tragwerksmodell und seiner Degradation sowie die Darstellung von möglichen Gegenmaßnahmen.

Das RAVE-Forschungsprojekt „Überwachungsverfahren und Bewertungsmodell für die Gründungen von Offshore Windkraftanlagen" war ein gemeinsames Vorhaben mit dem Windenergieanlagenhersteller Bard, dessen 5-MW-Maschinen in unmittelbarer Nähe zu alpha ventus, im Offshore-Windpark Bard Offshore 1 (80 × 5 MW) errichtet wurden. Zum Einsatz kam dabei ein neuer Gründungstyp – das Tripile.

Abb. 7.1 Offshore Windenergieanlage mit Tripile-Gründung. © Ocean Breeze Energy GmbH & Co. KG

Story am Rande (I): Schlankheit hat ihren Preis

Wie das Tripod ist das Tripile ein dreibeiniges Fundament. Hier werden drei etwa 40, 50 Meter lange Stahlpfähle tief in den Meeresboden gerammt und ragen aber – anders als beim Tripod – noch mehrere Meter über die Wasseroberfläche hinaus. Erst dort werden sie über ein aufgesetztes Stützkreuz miteinander verbunden (Abb. 7.1). Grundgedanke des Tripiles, das sich der inzwischen in Konkurs gegangene Hersteller Bard patentieren ließ: Die Zugkräfte an der Gründung im Meer belasten besonders die Vergroutungsstelle, die Kontaktstelle zwischen Pfahl und Tragstruktur. Wenn da was kaputt geht, ist es nur aufwändig mit Tauchereinsatz zu beheben, wenn überhaupt.

Daher der Bard-Grundgedanke: „Wir machen alles über Wasser." Das Stützkreuz und die Vergroutungsstellen für die Pfähle liegen oberhalb der Wasserlinie. Dort kann man dann fast alle Reparaturarbeiten per Schiff erledigen, ohne Tauchereinsätze. Zudem kann man die Stahlpfähle schlanker ausgelegen, die Rammarbeiten gehen schneller von statten und der schlanke Stahlpfahl kann eine Kostensenkung bewirken. Schlank sind die patentierten Tripiles im Vergleich zu den Tripods in der Tat. Ob aber wirklich Kosten erspart werden, hängt vor allem vom aktuellen Stahlpreis ab. Denn diese Schlankheit hat ihren Preis: Innen müssen die Wände erheblich verstärkt werden, und statt eines dicken Rohres ranken nun drei schlanke in die Höhe. Allein diese Stahlelemente inklusive Stützkreuz wiegen beim Tripile rund 500 Tonnen. Hinzu kommt der Stahl für die Windenergieanlage samt Turm. Insgesamt wurden im Windpark Bard Offshore 1 mit seinen 80 Anlagen plus Umspannwerk nach Herstellerangaben rund 120.000 Tonnen Stahl verbaut.

Björn Johnsen

7.3 Aller Anfang: Der PC und ein Systemidentifikationsverfahren

Im Forschungsprojekt wurde der Unterschied zwischen indirekten Verfahren zur Bauwerksüberwachung analysiert, bei denen ein reines Lastmonitoring als Bewertungsgrundlage für die Tragfähigkeit der Gründung gelegt wird, und andererseits direkten Verfahren. Bei letzteren wird das Tragverhalten selbst unmittelbar über die Analyse der tatsächlichen Lastverschiebungsverläufe der Pfähle ermittelt.

Daraus abgeleitet wurde ein neuartiges Systemidentifikationsverfahren eingeführt, mit dem

■ **Abb. 7.2** Testfeld Horstwalde. **a** Einrammen eines Pfahls, **b** Überblick des Testfelds mit 10 Pfählen (Länge 20 m, Durchmesser 0,7 m). © BAM

Last-Verschiebungs-Kurven für den Pfahl aus den Betriebsdaten der Offshore-Anlage ermittelt werden können. Die Basis bildet ein einfaches Finite-Elemente-Modell für den Pfahl mit einem frei wählbaren Ansatz für die tangentiale-axiale Bettung im Meeresboden, den sogenannten „t-z-Kurven" bzw. „t-z-Federn" – der Ableitung von nicht-linearen axialen Federkennlinien. Denn auf die Gründung bzw. auf den Stahlpfahl wirken die senkrechten Gegenkräfte, die vom Meeresboden aus von unten nach oben wirken, nahezu wie „Federn". Oder, wie Isaac Newton es ausdrückt: Jede einwirkende Kraft erzeugt eine Gegenkraft.

Auch in diesem Projekt stand zunächst die Entwicklung eines Computermodells im Vordergrund: Dort wurden identifizierbare Lasten, Kräfte und Daten eingegeben und weiterentwickelt, um möglichst genau das „System Offshore-Gründung/Pfahltragwerk" zu identifizieren. Dort wirken die Kräfte keineswegs linear: Wenn beispielsweise ein Pfahl aus dem Baugrund herausgezogen wird, entsteht eine nicht-lineare Verschiebungskurve. Das Computermodell samt Verfahren wurde theoretisch erprobt und die Leistungsgrenzen für die Pfahlgründungen bestimmt. Anschließend kam es zum „Referenzversuch" bei der Bundesanstalt für Materialwirtschaft (BAM) auf ihrem Testfeld in Horstwalde bei Berlin (■ Abb. 7.2).

7.4 Feldversuch auf dem Boden des Berliner Urstromtals

Die Lasteinrichtung in Horstwalde (■ Abb. 7.3) erlaubt, die Offshore-Pfähle immerhin nahezu im 50 %-Maßstab – in rund 20 Metern Länge – in den Boden einzurammen. Die dortigen Berliner Sande mit dichtgelagertem Sand und vergleichbarer Körnung entsprechen in etwa dem Nordseeboden. Der hohe Grundwasserspiegel – hier liegt das ehemalige Berliner Urstromtal – sorgt wie im Meer für eine vollständige Wassersättigung. Die Belastungsversuche auf dem berlin-brandenburgischen Sandboden haben die Chancen der entwickelten Methodik und des Modells bestätigt: Die Tragfähigkeit ließ sich auch aus unvollständigen Kraft/Verformungs-Aufzeichnungen ermitteln. Die große Herausforderung für eine Offshore-Gründung besteht aus zwei wichtigen Fragen: Welche Qualität und wie genau ist das Tragwerksmodell für die Pfähle? Wie genau kann gemessen und das Bauwerk überwacht werden?

7.5 Die jungen Pfähle: Noch nicht sehr belastbar

Eine wichtige Erkenntnis der Feldversuche mit den Rammpfählen betrifft die Zunahme der Tragfähigkeit mit der Standzeit. Während der Rammung

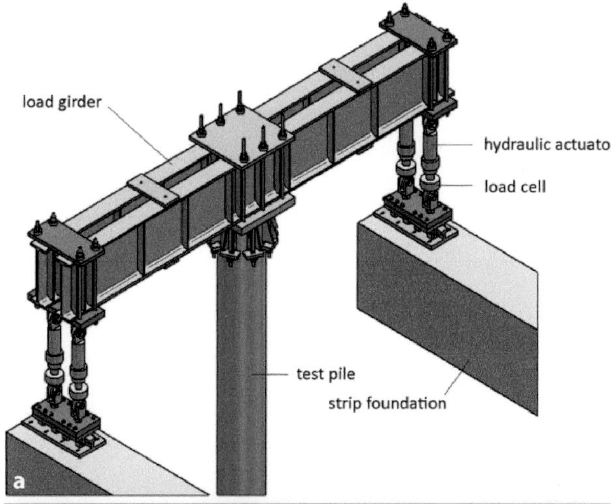

Abb. 7.3 Testfeld Horstwalde: Mobile, hydraulische Belastungseinrichtung zum Aufbringen von statischen und zyklischen Lasten (3,6 MN Zug, 1,8 MN Druck): **a** Skizze, **b** Ansicht, **c** hydraulischer Aktuator. © BAM

wird das Bodenmaterial am Pfahlmantel gestört. Die Tragfähigkeit des Pfahls ist deshalb nach der Installation eher gering. Mit der Zeit verspannt sich aber der Boden am Pfahlmantel wieder. Die Tragfähigkeit kann stark ansteigen. Die Tragfähigkeit am Pfahlmantel wird durch die Dilatanz bestimmt. Dilatanz beschreibt die Volumenvergrößerung eines dicht gelagerten Sandes bei Scherung (Abb. 7.4).

Fakt ist auch: Wenn ein Pfahl wiederholt belastet wird, ändert sich seine Tragfähigkeit. Die Schwierigkeit ist, dies über die Lebensdauer genau abzuschätzen. Denn die Tragfähigkeit nimmt über 20 Jahre Lebensdauer der Windenergie auf See nicht linear ab, dazu sind die Lasten von Wind und Wellen, auch deren Jahresverläufe, zu unterschiedlich. Auch die Einwirkung und Bewertung von Extremereignissen wie starken Stürmen sind wichtig.

Aber unterm Strich bleibt festzuhalten: Große gerammte Offshore-Stahlpfähle, erst recht als sogenannte „junge" Pfähle zu Beginn des Anlagenbetriebs, weisen deutliche Tragfähigkeitszuwächse auf.

7.6 Kein Signal im Normalbetrieb

Wie bei vielen Systemidentifikationsverfahren ergibt das im Vorhaben entwickelte Verfahren ähnlich wie beispielsweise dynamische Pfahlprobebelastungen nur dann gute Ergebnisse, wenn es sich ausreichend nah an der Traglast befindet. Da im Offshore-Betrieb nicht andauernde Extremlasten zu erwarten sind, sondern eher darunterliegende zyklische Belastungen, ist diese Voraussetzung für eine Modellidentifikation nur selten gegeben. Im „Normalbetrieb" ist das Messsignal einfach zu klein. Erst

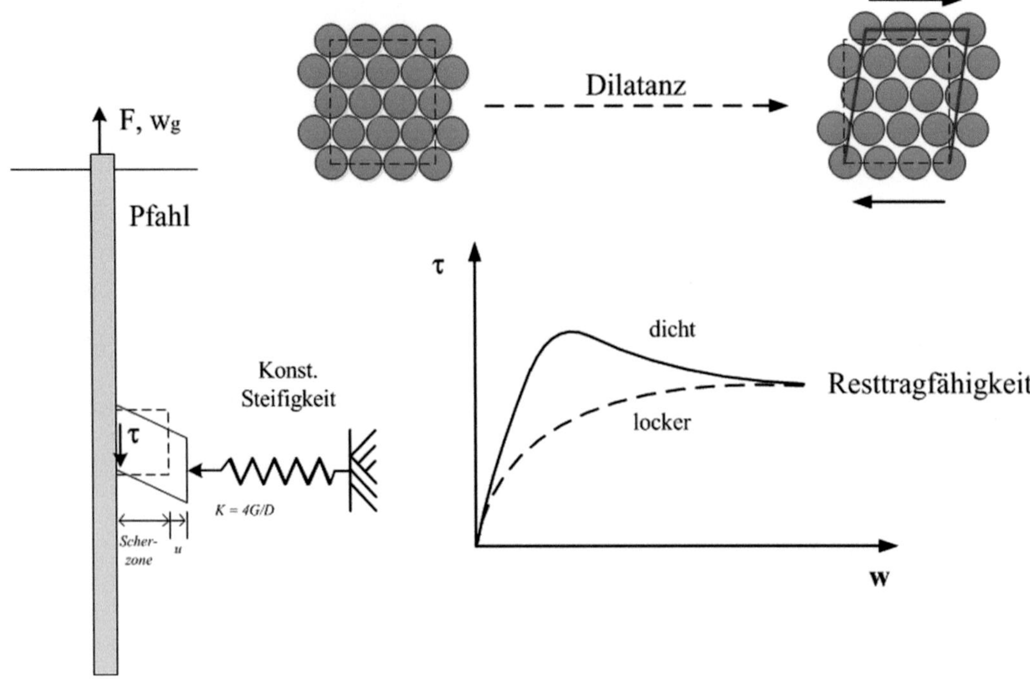

Abb. 7.4 Rammpfahl-Dilatanz-Modell: Scherbelastung eines dichten Kornhaufwerks resultiert in einer Volumenvergrößerung, die zu einem ausgeprägten Tragfähigkeitsmaximum führt. © BAM

bei einem großen Sturm zeigt es Signale an, wenn beispielsweise 50 % der möglichen Traglast einer Offshore-Gründung erreicht sind.

Dies stellt jedoch keine Schwäche des entwickelten Verfahrens dar: Denn diese Methode kann und soll auch nur für sehr große „Belastungsamplituden“ mit plastischen Veränderungen am Pfahl Ergebnisse anzeigen. Erprobt wird somit derzeit vorrangig die Qualität der Messinstallation.

Story am Rande (II): Nicht für den Tsunami, für die Nordsee messen wir

Dies ist wohl ganz sicher ein Fall von Pfahl-Degradation: Wenn in Island ein Vulkan ausbricht, einen Tsunami hervorruft, der durch die niedersächsische Nordsee rauscht und dort „unter anderem“ einen Windpark-Pfahl zum Umknicken bringt. Dieser Tsunami ist aber nicht unbedingt wahrscheinlich. Viel eher entstehen nach schwächeren Extremereignissen Pfahl-Degradationen: Nach einem „Jahres-Starkwindsturm“, also einem einmal jährlich vorkommenden Extremereignis. Dann ist mit Sicherheit eine Ermüdung des Materials festzustellen. Aber ebenso festzustellen ist auch, dass sich der Pfahl nach ein paar Tagen Ruhepause – ohne Sturm, ohne Windenergieanlagen-Betrieb – wieder erholen kann. Es gibt also Heilung.

Björn Johnsen

7.7 Erprobung im Meer noch nicht abgeschlossen

Neben Modellentwicklung und Feldversuch an Land gehört auch die Erprobung des neuen Bauwerksüberwachungsverfahrens an einer Windenergieanlage auf See zum Forschungsprojekt. In diesem Fall an einer Anlage des Projektpartners im Windparks Bard Offshore 1 in unmittelbarer Nähe von alpha ventus. Dort wurde auf der einen Seite das Bauwerksüberwachungssystem des Windenergieanlagenherstellers eingesetzt. Dieser hat diese Messtechnik zu Jahresbeginn 2014 montiert, gegen Laufzeitende des Forschungsprojektes. Die Messtechnik wurde in das Datensystem des Herstellers implementiert.

Als Herzstück des messtechnischen Konzepts stellte sich die Auswahl der passenden Beschleunigungsaufnehmer heraus. Die Schwierigkeit besteht darin, für die verhältnismäßig kleinen und niederfrequenten vertikalen Beschleunigungsschwingungen im Pfahl ein rauscharmes Messsignal zu bekommen. Erst damit können mit ausreichender Genauigkeit die Verschiebungsamplituden des Pfahls abgeleitet werden. Die genau messenden Beschleunigungsaufnehmer müssen dafür auch in die drei Raumrichtungen (Höhe, Breite, Tiefe) weisen. Nach verschiedenen, mehrmonatigen Versuchen und Tests im Labor der Bundesanstalt für Materialprüfung hat sich ein spezielles seismisches Aufnehmermodell als geeignet herausgestellt. Die Vielzahl von Testversuchen im Labor war notwendig. Denn die Herstellerangaben waren häufig nicht ausreichend und ein Einsatz für Offshore-Anwendungen, wie sich herausstellte, nicht möglich. Eine falsche Vorauswahl an Land hätte hier nur schwer zu behebende Auswirkungen offshore gehabt. Das System muss einfach und robust sein, trotzdem sehr genau kleinste Schwingungen messen – und viele Jahre auf See halten.

Ferner wurden bereits zuvor durch den Projektpartner Bard Dehnungsmessstreifen (DMS) außen rund um den Pfahl in einer sogenannten Rosette herum angebracht.

Da die Messtechnik erst 2014 installiert wurde, sind die Erprobung und gegebenenfalls das daraus folgende Überwachungsprogramm im Betrieb an der Bard-Testanlage noch nicht abgeschlossen. Die Messungen sollen fortgesetzt werden.

» Überwachungsverfahren für die Offshore-Bauwerke sind wichtig. Das Hauptproblem stellt sich dar, wenn zukünftig der Schaden oder sei es „nur" eine außerplanmäßige Degradation an der Gründung anzeigt wird. Welche Maßnahmen kann, welche muss der Windpark-Betreiber dann ergreifen? Hier besteht noch wesentlicher Forschungs- und vor allem Entwicklungsbedarf.
Matthias Baeßler, Fachbereich 7.2. Ingenieurbau, Bundesanstalt für Materialprüfung

7.8 Ausblick: Bitte noch Gegenmaßnahmen entwickeln

Grundsätzlich bleibt eine zutreffende Prognose über die Tragfähigkeit von typischen Offshore-Pfählen, als auch die Zustandserfassung ihrer Tragfähigkeit in einem Überwachungskonzept eine schwierige Aufgabe. Sofern nicht völlig unwirtschaftlich dimensioniert wird, treten deshalb zwangsläufig Fälle auf, bei denen die ausreichende Tragfähigkeit weder bei Installation nachgewiesen werden kann, noch eine sichere Bestimmung der Tragfähigkeit im Betrieb erfolgen kann.

Je unsicherer sich diese Ausgangslage aber darstellt, desto wichtiger wird die Anwendbarkeit von Gegenmaßnahmen, um gegebenenfalls auf eine fortschreitend versagende Gründung reagieren zu können. In diesem Sinne wurden wesentliche Möglichkeiten von Gegenmaßnahmen im Projekt analysiert. Es ist jedoch dringend zu empfehlen, praxisgerechte Möglichkeiten für Gegenmaßnahmen auch zur Anwendungsreife zu bringen.

Die Ergebnisse des Forschungsvorhabens und die praktischen Erfahrungen des Projektpartners bei der Erprobung mit der Planung und Umsetzung des Mess- und Bewertungskonzepts, sowie die Erkenntnisse zu verfahrenstechnischen Möglichkeiten und Grenzen stellen einen großen Mehr- und Nutzwert dar. So entsteht derzeit insbesondere gerade die neue VDI-Richtlinie 4551 „Strukturüberwachung und Beurteilung von Windenergieanlagen und Plattformen", die hier Erfahrungen aus dem Projekt berücksichtigt und Planern entsprechende Handlungsmöglichkeiten offshore an die Hand gibt.

7.9 Quellen

- Kurzzusammenfassung des Forschungsvorhabens „Überwachungsverfahren und Bewertungsmodell für die Gründungen von Offshore Windkraftanlagen" (FKZ 0325249), Bundesanstalt für Materialprüfung, Matthias Baeßler, 4 S., Juni 2015, unveröffentlicht
- ► www.bard-offshore.de, Homepage, Datenblatt BARD 5.0 Abruf 25.6.2015
- Herausforderungen bei der Gründung von Offshore-Windenergieanlagen: Zur Tragfähigkeit zyklisch axial belasteter Pfähle. Sonderkolloquium, Berlin 2.12.2014, Matthias Baeßler, Fachbereich 7.2. Ingenieurbau, 30 S., unveröffentlicht

7

Anlagentechnik und Monitoring

Langlebig trotz rauer Winde

Zur Weiterentwicklung der Komponenten in Offshore-Windenergieanlagen

Jan Kruse, Text bearbeitet von Björn Johnsen

M. Durstewitz, B. Lange (Hrsg.), *Meer – Wind – Strom*,
DOI 10.1007/978-3-658-09783-7_8, © Springer Fachmedien Wiesbaden 2016

Projektinfo: Weiterentwicklung von Offshore-WEA-Komponenten in Bezug auf Kosten, Langlebigkeit und Servicefreundlichkeit
Projektleitung:
Senvion GmbH
Dr. Martin Knops
Dr. Jan Kruse

Wie lange halten die verbauten Komponenten in den Offshore-Windenergieanlagen bei härtester Belastung auf See? Wie lassen sich die Überwachungskontrollen verbessern und, wenn möglich, die Wartungsintervalle verlängern? Und wenn gewartet, repariert oder nur getestet werden muss: Wie lassen sich diese Vorgänge möglichst vereinfachen für mehr Servicefreundlichkeit? Wichtige Fragen für den Betrieb der Anlagen auf See und Bestandteil gleich mehrerer Forschungsprojekte auf alpha ventus, in denen Daten über Strukturdynamik, Meteorologie sowie Hydrologie oder Ökologie gemessen und ausgewertet werden. Diese Daten fließen in die Weiterentwicklung der Anlagen ein. Im Mittelpunkt eines der Vorhaben: Die Entwicklung der Anlagenkomponenten der Windenergieanlage Senvion 5M hin zu längerer Lebensdauer, Kostenreduzierung und Servicefreundlichkeit auf See.

Der Prototyp dieser 5-Megawatt-Maschine mit 126 Metern Rotordurchmesser wurde 2004 an Land errichtet. Es folgten 2006 zwei Offshore-Anlagen für ein Demonstrationsprojekt vor der schottischen Küste (Beatrice Wind Farm) auf See. Ein Teil der Forschungsaufgaben für alpha ventus wurde aus logistischen Gründen nicht im Offshore-Windpark selbst, sondern onshore am Prototypen in Ellhöft/Schleswig-Holstein durchgeführt.

2009 errichtete Senvion einen neuen Anlagentyp mit 6,15 MW Nennleistung als Prototypen. Unlängst wurden davon 48 Maschinen als Senvion 6.2M126 im Windpark Nordsee Ost rund 30 Kilometer nördlich von Helgoland bei Wassertiefen von rund 25 Metern errichtet. Die 6.XM-Serie profitiert bereits von den Forschungsergebnissen an der 5-MW-Anlage aus dem alpha ventus-Projekt.

Die Senvion-Anlage besitzt – im Unterschied zu 5-Megawattanlagen der Konkurrenz auf alpha ventus – einen aufgelösten Triebstrang (▫ Abb. 8.1): Die Nabe ist über eine zweifach gelagerte Rotorwelle mit dem Getriebe verbunden. Die „5M“, wie die Anlage von den Ingenieuren und Technikern genannt wird, hat ein dreistufiges Planeten-Stirnradgetriebe mit einem System für die Ölfilterung und Ölkühlung. Durch diese Bauweise weist der Generator ein geringeres Gewicht auf. Durch die doppelte Lagerung der Rotorwelle werden alle Lasten über die Lager direkt in den Maschinenträger eingeleitet, so dass das Getriebe nur mit Drehmomenten belastet ist. Im Fall eines Getriebewechsels muss man nicht mehr den gesamten Rotor samt Welle abnehmen – diese können auf dem Maschinenträger verbleiben.

8.1 Das Getriebe – hoch beansprucht

Das Getriebe ist eine der am stärksten belasteten Komponenten in einer Multi-Megawatt-Anlage. Der Austausch eines kompletten Getriebes ist zudem sehr kostenintensiv. Hierfür müsste offshore extra eine Hubinsel mit großem Kran bereitgestellt werden. Naheliegende Auslegungs- und Designziele der Hersteller sind deshalb, die Getriebe-Lebensdauer gezielt zu verlängern, Schäden frühzeitig zu erkennen und Reparaturen einfach und kostengünstig durchzuführen. Großgetriebe einer Offshore-Windenergieanlage sollten möglichst durch Massenreduzierung geringere Stückkosten erreichen. Ferner verspricht man sich durch die prinzipiell mögliche getrennte Demontage von Getriebekomponenten eine Minimierung der Reparatur- und Servicekosten. Ebenso werden Kosteneinsparungen durch eine mögliche Verringerung aufwändiger Wartungen auf See und eine vorausschauende Instandsetzungsplanung erwartet.

8.1.1 Kleiner Kran an Bord statt großer Hubinsel auf See

Bis zum Betriebsstart von alpha ventus gab es so etwas noch nicht: Ein Getriebe in einer Offshore-

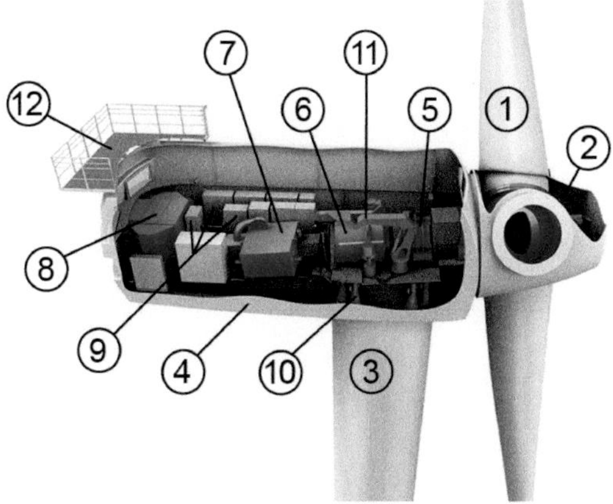

Abb. 8.1 Schematische Darstellung der zentralen Komponenten einer Senvion 6M. *1* Rotorblatt, *2* Rotornabe, *3* Turm, *4* Maschinenhaus, *5* Rotorlagerung, *6* Getriebe, *7* Generator, *8* Transformator, *9* Anlagensteuerung, *10* Azimutsystem, *11* Bordkran, *12* Helideck. © Senvion GmbH 2015, bearbeitet von Fraunhofer IWES

Windenergieanlage, das auch auf See in Teilstücken demontierbar ist. In herkömmlicher Bauweise muss bei einem Getriebeschaden das gesamte Getriebe abgebaut und zur Reparatur abtransportiert werden. Für das neue „teilzerlegbare" Getriebe musste Senvion ein neues Konzept entwickeln und testen. Wichtiger Bestandteil dabei: Ein kleiner Bordkran. Er gehört fest zur Gondel und verfügt über eine Tragkraft von 3,5 Tonnen. Er erspart den Einsatz eines externen Großkrans, der sonst für den Getriebe-Austausch gechartert und „herangeschifft" werden müsste.

Story am Rande: Der 2. und 3. Prototyp standen bereits im Wasser

Nach der Errichtung des Prototypen der 5-Megawatt-Maschine in Brunsbüttel im November 2004 sollten weitere Anlagen dieses Typs an Land errichtet werden, um weitere Betriebserfahrungen zu sammeln. Doch das plötzliche Angebot aus Schottland stellte für Senvion eine Gelegenheit dar, die Anlagen frühzeitig unter realistischen Bedingungen auf See zu testen: Zwei Windenergieanlagen sollten auf See, im britischen Offshore-Ölfeld Beatrice, installiert werden. Senvion nahm dieses Projekt als Chance wahr: Im Jahr 2006 wurden der 2. und 3. Prototyp der 5-Megawatt-Maschine bereits auf See errichtet. Beide Maschinen haben 2016 ihr zehnjähriges Betriebsjubiläum.

Björn Johnsen

8.1.2 Genügend Kapazität für lange Lebensdauer

Wie so viele technische Geräte sind auch Welle, Getriebe, Bremse und Generator bei Standardbauformen im Antriebstrang einer klassischen Windenergieanlage konservativ und mit Sicherheitszuschlägen gegenüber der minimal notwendigen Auslegung dimensioniert. Ohne Zuschläge steigt das Risiko, dass unvorhergesehen starke Belastungen zu Komponentenausfällen vor Ablauf der geplanten Betriebsdauer (in der Regel 20 Jahre) führen. Folglich wird dieser Kapazitätspuffer berechnet, um sicherzugehen, dass die Windenergieanlagen ohne Risiko und gegebenenfalls auch länger betrieben werden können, wenngleich dies primär mit höheren Investitionskosten einhergeht. Genaue Kenntnisse über das Zusammenspiel der Komponenten im Triebstrang und die dabei auftretenden Lasten helfen den Entwicklern, unnötig konservative Auslegungen zu vermeiden und einen Kompromiss aus Sicherheitszuschlag und Kosten zu finden.

Zu den angestrebten genaueren Erkenntnissen gehört auch die Wechselwirkung zwischen Netzinstabilitäten, auch im Millisekundenbereich, und dem gesamten Triebstrang, also die Wirkungskette von Rotor, Blattverstelleinrichtung (Abb. 8.2), Welle, Getriebe und Generator. Eine zuverlässige Untersuchung im Modell erfordert eine exakte mathematische Kalkulation des gesamten Triebstranges mit allen Federn, Steifigkeiten und Trägheiten der Einzelkomponenten. Weiterhin müssen der Verlauf des Generatormomentes und der Einfluss der Turmschwingungen auf den Triebstrang in die Berechnungen einfließen. Diese modellhafte Beschreibung bildet die sogenannte Mehrkörpersimulation (MKS).

Diese Mehrkörpersimulation für Windenergieanlagen wurde zur Zeit der Planung von alpha

Abb. 8.2 Montage der Blattverstelleinrichtungen in der Nabe einer Senvion Offshore-Windenergieanlage. © Senvion GmbH 2015

ventus zwar weit in der Branche diskutiert, war aber als „Standardwerkzeug" in der Entwicklungsphase noch nicht etabliert. Die Ingenieure um alpha ventus haben zur konstruktiven neuen Auslegung des Hauptgetriebes der 5M das Belastungsverhalten des gesamten Antriebstranges simulieren können: Mit Rotor, Welle, Hauptlager, Kupplung, Bremse und Generator. Mittlerweile gehören MKS-Nachweise der Triebstrangdynamik zu den üblichen Schritten von der Auslegung bis zur Zertifizierung von Windenergieanlagen.

Im Zuge der Getriebeuntersuchungen haben die Senvion-Entwickler auch drei verschiedene Getriebekonstruktionen in Bezug auf ihre Demontierbarkeit untersucht. Zum allgemeinen Nachweis der Durchführbarkeit wurde eine Variante im Praxisversuch an Land ausgetestet. Dabei wurden ein Planetenträgerlager in eingebautem Zustand demontiert und die entsprechenden Lagerinstandsetzungsarbeiten an einer Offshore-Windenergieanlage ohne externen Kran „vorgetestet" – mit Erfolg.

Die zukünftige Gesamtanlagensimulation mit spezieller Überwachung des Triebstranges soll eine ganzheitliche Betrachtung ermöglichen, um eine optimierte Parametrisierung der Gesamtanlagen und eine Analyse von Abweichungen des Betriebsverhaltens der Windenergieanlage auf See zu erreichen. So könnte man zukünftig reparaturbedürftige Bauteile frühzeitig identifizieren, die Ausfallzeiten reduzieren oder gar größere Reparaturen z. B. Komponentenwechsel auf die windschwachen Sommermonate verlegen und insgesamt die Haltbarkeit („Lebensdauer") der Antriebskomponenten verlängern.

8.1.3 Online-Öltests gegen Salz im Getriebe

Salz am Metall führt zu Rost. Problematisch wäre bei Windenergieanlagen auf See aber auch ein negativer Einfluss der salzhaltigen Luft auf die Lebensdauer des Getriebeöls in einer Anlage. Bei „suboptimalen" Schmierbedingungen können auch an Land Getriebeschäden auftreten, die auf den Wassergehalt im Öl zurückzuführen sind. Das gilt erst recht, wenn es sich um Salzwasser handelt – nicht absolut auszuschließen bei küstennahen Windenergieanlagen. Salzwasser könnte zu verstärkter Korrosion (Rost), erhöhtem Verschleiß und Schlammbildung in den

Lagern sowie der Herauslösung von Stoffpartikeln aus Öl und Getriebe führen. Mit mehr Wassergehalt im Öl nimmt dessen Schmierfähigkeit ab, dies kann zu niedrigeren Schmierfilmdicken führen. Bislang gaben die Wälzlagerhersteller nur einen pauschalen Grenzwert für den Wassergehalt in Ölen an, die jedoch nur einen Mittelwert darstellen und im Labor ermittelt wurden. Aber das würde den besonderen Bedingungen von salzhaltigem Wasser nicht gerecht werden.

Trotz Klimatisierung der Gondel der 5M wollte man einen Einfluss von salzhaltiger Luft auf die Lebensdauer des Getriebeöls nicht von vornherein ausschließen. Also ging es darum, die Öllebensdauer bis zum nächsten Wartungswechsel unter salzhaltigen Umgebungseinflüssen zu verlängern. Das Projektziel war eine regelmäßige, computergestützte Online-Messung des Wasser- und des Salzgehaltes des Öls, die auch alle anderen üblichen Untersuchungen umfasst: Von der Metallpartikelzählung bis zur Infrarot-Spektroskopie.

In Verbindung mit Aggregatstests können Online-Öl-Analysen die Ölwechselfristen verlängern. Aggregatstests sind zudem wirkungsvoller als die klassischen Laborversuche. Denn diese sehen bislang so aus, dass alle 6 Monate der Windenergieanlage Ölproben entnommen werden, diese eingeschickt und im Labor ausgewertet werden. Erst danach kann man Rückschlüsse anstellen, wie weit Verschleiß, Kontaktbeanspruchung, Ermüdung oder gar Korrosion vorherrscht. Hier geht möglicherweise wertvolle Zeit für einen Ölaustausch verloren – anders als bei einem zuverlässigen Online-Wartungssystem.

Aggregatetests können die Kombination von Öl, Wasser, Salz, Temperatur und Scherung im Zahnflanken- und Wälzlagerkontakt besser als ein Laborversuch feststellen. Eine frühzeitige Diagnose stellt damit eine wichtige Möglichkeit zur Kostenvermeidung dar – sei es durch die Früherkennung von Schäden, oder im Gegenteil, durch eine Verlängerung der Ölwechselintervalle. Die Forschungsarbeiten zur Offshore-Praxistauglichkeit eines Ölpartikelzählers waren im Komponenten-Forschungsprojekt erfolgreich, und das Ergebnis kommt zukünftig als Bestandteil eines Condition Monitoring Systemes (CMS) zur Fehlerfrüherkennung und Serviceplanung zur Anwendung. Der Versuchsaufbau zur Untersuchung des Sensorsystems im Getriebeöl nimmt hochauflösende Messungen vor, erfasst Druck und Vibrationen. Unterschiedliche Betriebssituationen und besondere Einsatzbedingungen wie niedrige Außentemperaturen im Winterhalbjahr können als Einfluss auf die „Teilchenzählung“ im Öl identifiziert und berücksichtigt werden.

Dieser Ölpartikelzähler ist nun, seit den Forschungen zu alpha ventus, als Serienstandard für diesen Windenergieanlagentyp vorhanden. Ferner wurde eine Messdatenaufzeichnung eingeführt, um eine langfristige Bewertung der gemessenen Ölzustandsgrößen wie Reinheitsklassen und Ölfeuchtigkeit aufzubauen, kombiniert mit Betriebsdaten wie Anlagenleistung und Getriebedrehzahl. Zudem hat Senvion mit dem Getriebehersteller einen dynamischen Prüfstandtest für das 6-MW-Hauptgetriebe entworfen und durchgeführt: Mit einer Dauer von vier Monaten lief es parallel zum konventionellen, über eine Dauer von einem Jahr durchgeführten Feldtest in einer laufenden Windenergieanlage.

8.2 Scada, Schnittstellen & Co

8.2.1 Einheitliche Kommunikationsschnittstelle

Automatisierungs- und Schnittstellensysteme (Scada) von Windenergieanlagen und der Windpark-Peripherie basieren auf unterschiedlichsten Hardwareplattformen und Softwarekonzepten, die wiederum ein breitgefächertes Spektrum an Schnittstellen verwenden, sowohl auf Protokoll-Dokumentationsebene als auch auf der Hardwareebene. Damit war zum Zeitpunkt der Planung von alpha ventus kein einheitlicher Datenverkehr und Datenaustausch zwischen den unterschiedlichen Windenergieanlagentypen möglich. Zwei verschiedene Anlagentypen innerhalb eines Offshore-Windparks, die von einem gemeinsamen Park-Controller geregelt werden, waren bislang nicht möglich, ebenso wenig ihr Datenaustausch untereinander.

Inzwischen gibt es mehrere Hersteller, die Windenergieanlagen mit 5 MW Nennleistung oder mehr auf See errichtet haben: Neben Senvion und

Adwen z. B. auch Siemens, Vestas und Alstom und andere. Umso dringender wird die Forderung nach einer gemeinsamen Schnittstelle für ihre gemeinsame Anbindung in einem oder von mehreren Windparks untereinander. Dieses Ziel wurde im Forschungsprojekt erreicht und kam bereits in den nachfolgenden Offshore-Projekten des Herstellers Senvion in Thornton Bank (Belgien) und Ormonde (Großbritannien) zum Einsatz. Zudem haben die Ingenieure gleich noch eine weitere gemeinsame Schnittstelle nach IEC-Norm für die Überwachung, Visualisierung und Steuerung der Komponenten für die Energieverteilung mit Hilfe von Schutzgeräten entwickelt: Ihre PC-Anwendungssoftware (IEC61850-Proxy) ermöglicht eine Parkvisualisierung, Schalthandlungen und die Anzeige von Schutzgeräte-Reports.

8.2.2 Eng vernetzt: Datenfluss und Kommunikationstechnik

Im Offshore-Bereich steigen die Anforderungen an die Technik ebenso wie der Automatisierungsgrad an, um kostenintensive Wartungs- und Reparaturintervalle zu verkürzen. Aber daneben gibt es noch weitere steigende Anforderungen wie die ständige Überwachung der Funktionsfähigkeit der Telefone (für die Personensicherheit auf See), den Einbau zusätzlicher Sprach- und Bildkommunikation und eine ständig steigende Zahl von Systemen, die in die Windenergieanlagenüberwachung eingebunden sind. Dafür reichen die klassischen Übertragungswege häufig nicht aus, um das steigende Datenvolumen aufzunehmen und gleichzeitig eine hinreichende Redundanz zu erzielen. Als Konsequenz daraus musste man den Datenanschluss breitbandig, also mit höherer Übertragungskapazität ausstatten. Erst damit können die Möglichkeiten einer einheitlichen Kommunikationsschnittstelle und der heute üblichen Ethernet-Technologie ausgeschöpft werden. Die Satellitenkommunikation wurde auch für die Anlagenkomponenten mit verbesserten Kommunikationseigenschaften entwickelt und erprobt, so dass teilweise eine Wartung dieser Komponenten über eine Satellitenstrecke erfolgen kann. Gleichzeitig wurde im Forschungsprojekt für den Windenergieanlagentyp ein „Redundanzkonzept" verwirklicht, das bei Beeinträchtigungen und Schäden einzelner Kommunikationswege einen störungsfreien Weiterbetrieb sicherstellt.

8.3 Die Netzintegration der 5M

Voraussetzung für den Ausbau der Windenergie sind zuverlässige, belastbare Aussagen zu den Wechselwirkungen von Windenergieanlagen und dem elektrischen Netz. Hier gibt es inzwischen einen diametralen Anforderungswechsel, gerade an die Betreiber von Offshore-Windparks: Die frühere Forderung von Netzbetreibern „Bei Netzfehlern sind Windenergieanlagen sofort vom Netz zu trennen" gilt heute nicht mehr. Die heutigen Netzansprüche zielen genau in die Gegenrichtung: Möglichst eine Gleichstellung von Windenergieanlagen mit konventionellen Kraftwerken, zumindest was die eigene Blindleistungsfähigkeit und Haltung von Spannung und Frequenz angeht. Dies stellt besondere Anforderungen an die Betriebsführung von Windparks mit einer geplanten Nennleistung von 400 Megawatt und mehr.

8.3.1 Kraftwerkseigenschaften

Für den Nachweis von Kraftwerkseigenschaften für Windenergieanlagen mit doppelt gespeisten Asynchrongeneratoren wie der Senvion 5M gab es bei Projektbeginn 2007 noch keine geeigneten Simulationsmodelle des mechanischen und elektrischen Systems, die symmetrische und unsymmetrische Spannungseinbrüche im Netz nachbilden konnten. Die herkömmlichen, alten Simulationsmodelle waren dafür zu langsam und zu ungenau. Insbesondere die Netzbetreiber machten hier erheblichen Forschungsbedarf deutlich. Es gelang, neben spezifischen Modellen für die Senvion 5M/6M-Plattform generische Modelle und ein plattformübergreifendes Format zu entwickeln, in dem standardisierte Modellbeschreibungen für die herstellerübergreifende Verwendung enthalten sind. Das entsprechende Modell können dann in der Regel alle Nutzer der Simulationssoftware in einer Modellbibliothek auswählen. In diesen generischen Netzsimulationsmodellen ist nun auch der von Senvion verwendete doppelt gespeiste Asynchrongenerator enthalten. Eine Arbeitsgruppe des Normungsgremiums hat Ende 2011 eine solche abgestimmte Referenzimplementierung für generische Modelle erreicht. Diese Referenzimplementierung wurde in enger Anlehnung an eine Senvion-Windenergieanlage umgesetzt.

8.3.2 Systemdienstleistungen – Die Windenergieanlage am Netz

Das „Durchfahren" von kurzen Spannungseinbrüchen im Netz („Low Voltage Ride Through"/ LVRT) und der gleichzeitigen Stützung der Spannung („Blindstromstütze") wurde bereits in einer 2-MW-Senvion-Anlage getestet und in die 5/6,15-MW-Anlage eingebaut. Zudem ist es Teil der neuen Regelstrategie, bei Spannungseinbrüchen im Netz auch die mechanischen Belastungen des Triebstranges zu verringern. Die Lieferung von Blindleistung – in Abhängigkeit von den Anforderungen des Netzbetreibers als feste oder zeitlich variable Größe – ist auch in der Senvion-Parkregelung implementiert.

Ferner wurde ein Konzept zur Bereitstellung von Wirkleistung aus der Schwungmasse des Systems („inertia control") erstellt. Damit kann die Windenergieanlage für kurze Zeit sogar mehr Energie in das Netz einspeisen, als sie selbst aus dem Wind erzeugt. Das ist besonders relevant, wenn Wirkleistung zur Stabilisierung der Netzfrequenz benötigt wird.

8.3.3 Erfolgreich simulieren: Der Netzsimulator

Weil eine Windenergieanlage auch fester Bestandteil eines Stromnetzes ist, ist es nicht immer möglich, neue Funktionen in der Anlagensteuerung von vornherein und beliebig in einem umfangreichen „Feldtest" auszuprobieren. Als Ersatzlösung wurde im Forschungsprojekt ein Netzsimulator geschaffen. Dieser Netzsimulator ergänzt den vorhandenen Prüfstand und ermöglicht „Echtzeit-Labortests". Damit wurden im Prüfstand die Systemdienstleistungen „Spannungsregelung", „Wirkleistungsreduzierung bei Überfrequenz", „Wirkleistungserhöhung bei Unterfrequenz" sowie „Bereitstellung von Wirkleistung" (inertia control) des Windenergieanlagentyps 5M/6M getestet und durch ein unabhängiges Messinstitut bestätigt.

8.4 Intelligente Steuerung

8.4.1 Neulich im Turm: Da wackelt nichts

Bislang wurden Windenergieanlagen lediglich anhand von Drehzahl und Leistungskennwerten geregelt. Struktur- und Turmschwingungen, die gerade bei den verstärkten Belastungen auf See auftreten, fanden keine Berücksichtigung als wichtige Faktoren für eine Anlagenregelung. Dabei haben die Strukturschwingungen – von der Gondel über den Turm bis hin zum Fundament – direkte Auswirkungen auf die Ermüdungslasten und damit auf die notwendige Dimensionierung der Gründungsstruktur. Offshore können besonders die hohen und starken Wellen die Türme zu starken Schwingungen anregen, die besonders ermüdungswirksam sind. Das kann notwendigerweise zu veränderten Auslegungslasten der Türme führen. Vergleichbar ist das mit Wind, der auf ein Bauwerk auf See mit rund 200 Metern Flügelspitzenhöhe trifft.

Deshalb ist die Entwicklung einer aktiven, lastspezifischen Regelung ein wichtiger Forschungsbestandteil, um die Turmschwingungen sowohl beim Betrieb als auch bei einem Stillstand der Anlagen zu verringern und stark zunehmende Turmlasten zu verhindern. Im Forschungsprojekt konnten die Grundlagen für die Erprobung von modernen Regelungsverfahren geschaffen werden. Grundgedanke der aktiven Turmschwingungsdämpfung (TWC) ist, dass die Eigenschwingungen durch die kontrollierte Erzeugung aerodynamischer Gegenkräfte mit Hilfe der individuellen Blattwinkelverstellung reduziert werden.

Schwingungssensoren im Turm und die Rückführung dieses Signals in die Anlagenregelung lie-

Abb. 8.3 Offshore Windpark Thornton Bank mit Senvion-Anlagen. © Senvion GmbH 2015

ferten die Grunddaten dafür. Damit wurden Algorithmen zur aktiven Turmschwingungsdämpfung in die Steuerung der Windenergieanlage eingeführt und erstmal in einem Hardware-in-the-loop-Teststand (HitL) getestet. Zunächst erfolgte der Test aus ökonomischen Gründen an einer 2-MW-Anlage an Land, der die Simulationsergebnisse voll bestätigte. Anschließend wurde das Regelungsverfahren für die Turmschwingungsdämpfung auf die Charakteristika der 6-MW-Maschine (Abb. 8.3) übertragen und am Onshore-Prototyp in Schleswig-Holstein getestet. Auch hier funktionierte der Regelalgorithmus. Es hat sich gezeigt, dass man mit der Aktiven Turmschwingungsdämpfung die Strukturlasten deutlich reduzieren kann. Damit können die Anlagen dieser Serie in Zukunft deutlich schlanker ausgelegt werden, mit entsprechender Material- und Kosteneinsparung.

8.4.2 Das Ende der „Hand-Steuerung"

Nicht zuletzt mit der Einführung der aktiven Schwingungsdämpfung in die Senvion 5M wurde die praktische Grenze erreicht, bis zu der Regelalgorithmen manuell in Steuerungscode übersetzt werden können, so dass eine automatische Umsetzung für eine effiziente Reglerentwicklung unumgänglich ist. Dabei besteht die Herausforderung darin, diese Konvertierung zu validieren.

» **Ein Beitrag zur Kostensenkung**
Mit einer aktiven Turmschwingungsdämpfung kann man auslegungsrelevante Lasten drastisch verringern. Das kann eine schlankere Auslegung der Gründungsstrukturen und eine deutliche Senkung der Investitionskosten ermöglichen. Auch Windenergieanlagen an Land profitieren von diesen Regelverfahren: So konnten wir dadurch eine Turmvariante, die vormals nur für Schwachwindstandorte der IEC-Klasse 3 geeignet war, nun auch für Standorte mittlerer Windgeschwindigkeit der IEC-Klasse 2a verwenden.
Dr.-Ing. Jan Kruse, Senvion GmbH

Um die Möglichkeiten des Reglers auszuloten und optimierte Parametersätze zu identifizieren, müssen viele verschiedene Varianten des Regelalgorithmus in konkrete Reglercodes umgesetzt werden. Die Ingenieure haben hier die Umsetzung einer automatischen Code-Generierung implementiert und diesen neuen Code mit herkömmlich erzeugten Steuerungscodes verglichen. Fazit: Das Regelungsverfahren zur aktiven Turmschwingungsdämpfung ist erfolgreich. Es besteht die Möglichkeit, andere Windenergieanlagen mit diesen Steuerungs-Software-Updates nachzurüsten. Insgesamt sind somit viele Forschungsergebnisse – wie das zerlegbare Getriebekonzept, der Bordkran, Scada-Schnittstellen für verschiedene Windenergieanlagentypen oder aktive Turmschwingungsdämpfung – aus diesem Projekt bereits in die nächsten, nachfolgenden Offshore-Windparks mit Senvion-Anlagen (Thornton Bank, Nordsee Ost) eingeflossen. Nichtsdestotrotz: Die Kostenreduzierung von Windenergieanlagen auf See und die Entwicklung zu mehr Service- und Wartungsfreundlichkeit wird eine ständige Herausforderung bleiben.

8.5 Quellen

- REpower Systems SE (heute Senvion): Schlussbericht Forschungsvorhaben 0327647 Weiterentwicklung von Offshore-WEA-Komponenten in Bezug auf Kosten, Langlebigkeit und Servicefreundlichkeit. Förderkennzeichen 0327647, Schlussbericht vom 28.06.2013
- ► www.senvion.com, Homepage, Abruf vom 17.09.2015

Wind in den Flügeln

Von der Entwicklung eines neuen, ertragsoptimierten und kostengünstigen Rotorblattes

Jan Kruse, Text bearbeitet von Björn Johnsen

M. Durstewitz, B. Lange (Hrsg.), *Meer – Wind – Strom*,
DOI 10.1007/978-3-658-09783-7_9, © Springer Fachmedien Wiesbaden 2016

Projektinfo: Entwicklung eines innovativen, ertragsoptimierten und kostengünstigen Rotorblatts für Offshore-Windkraftanlagen
Projektleitung:
Senvion GmbH
Dr. Martin Knops
Dr. Jan Kruse
Projektpartner:
- Hottinger Baldwin Messtechnik GmbH
- Leibniz Universität Hannover, Institut für Statik und Dynamik
- RWTH Aachen, Institut für Kunststoffverarbeitung

9.1 Der Anspruch an Rotorblätter

Auf Lärm, Schallabstrahlung oder Schattenwurf kommt es bei den Rotorblättern in Offshore-Anlagen nicht an. Wichtiger für den Einsatz der Rotorblätter auf hoher See sind ihre aerodynamischen Eigenschaften, ihre Haltbarkeit bei hoher Belastung durch Starkwind, orkanähnliche Böen und salzhaltige Meeresluft – und vor und trotz allem: Kostensenkung schon bei der Produktion der Rotorblätter, trotz wesentlich höherer Beanspruchung. Mit weniger Kosten mehr erreichen – nicht mehr und nicht weniger sollen die Rotorblätter auf See leisten.

Einer der beiden Windenergieanlagen-Hersteller in alpha ventus ist Senvion. Das Unternehmen leitete das Forschungsprojekt, zusammen mit den Forschern des Institutes für Statik und Dynamik der Leibniz Universität Hannover, der Hottinger Baldwin Messtechnik GmbH und dem Institut für Kunststoffverarbeitung an der RWTH Aachen. Hauptziele im alpha ventus-Rotorblatt-Projekt waren die Verbesserung der Aerodynamik und die Reduzierung der Produktionskosten. Dies wollte man durch eine neu entwickelte „Profilfamilie" bei den Rotorblättern, die Entwicklung eines Fertigungskonzeptes in Prozesstechnik zur Effizienzsteigerung bei der Fertigung und möglicherweise durch den Einsatz von sogenannten „Doppelflügeln", in die Rotorblätter integrierte Abrisskanten wie eine Art „Spoiler", erreichen. Das neue Blatt sollte komplett aus glasfaserverstärktem Kunststoff (GFK) statt aus teils kohlenstofffaserverstärktem Kunststoff gefertigt werden. Zudem sollte ein innovatives Condition Monitoring System entwickelt werden.

Wie viele Windenergieanlagen-Hersteller verwendete auch Senvion für die 5M Blätter des dänischen Blattproduzenten LM, des größten unabhängigen Rotorblattfabrikanten der Welt. Die 6 Senvion-Anlagen auf alpha ventus sind mit LM-Blättern ausgestattet. Der Rotor besteht aus 3 Rotorblättern von je 61,5 m Länge, die über doppelreihige Vierpunktlager drehbar an die Gussnabe angeflanscht sind. Die Blätter kann man einzeln über die mitrotierenden Verstellantriebe um ihre Längsachse verstellen – die sogenannte Pitchregelung. Der Rotor wird in einem Drehzahlbereich zwischen 6,9 bis 12,1 U/min betrieben. Im Teillastbetrieb, unterhalb der Nennleistung, arbeitet die Anlage mit konstantem Blattwinkel und variabler Drehzahl. Um bei Netzausfall oder Anlagenstörungen den weiteren Betrieb der Blattverstellung und damit der Bremsfunktion sicherzustellen, verfügt jedes Rotorblatt (▪ Abb. 9.1) über eigene, unabhängige, mitrotierende elektrische Energiespeicher.

Die zum Zeitpunkt der Planung von alpha ventus verfügbaren Blätter von LM enthielten Komponenten aus kohlenstofffaserverstärktem Material. Die damals eingesetzten Blätter besaßen keine Grenzschichtzäune, so dass Verwirbelungen (Radialströme) entstanden, die auf der Saugseite der Blätter die aerodynamische Effizienz reduzierten. Der Einsatz von „Grenzschichtzäunen" an den Blättern sollte damals im Projekt geprüft werden und bedurfte dafür der Grundlagenforschung. Auch die sogenannten „Doppelflügel" waren bis dahin nur an kleineren Windenergieanlagen eingesetzt und auf ihre aerodynamischen Eigenschaften untersucht worden. Die Einsatzmöglichkeiten an Blättern mit über 60 m Länge waren noch nicht in entsprechenden Untersuchungen hinterfragt worden.

9.2 Die Arbeitspakete für das neue Blatt

9.2.1 In Hülle und Fülle

Robust, zuverlässig und kostengünstig sollte die neue Blattstruktur sein. Hierfür verwendeten die

Abb. 9.1 Rotorblätter bei der Verladung zur Installation in einem Offshore-Windpark. © Senvion GmbH 2015

Entwickler GFK und PET-Schäume und konnten damit trotz Verzichts auf Kohlefaseranteile das angestrebte Blattgewicht von maximal etwa 21 Tonnen einhalten. Die Verwendung von PET-Schaum bei der Blattproduktion ist wesentlich umweltfreundlicher, da dieser rückstandsfrei thermisch recycelbar ist. Zudem ist der PET-Schaum preiswerter als der zuvor verwendete PVC-Schaum. Zugleich wurden durch eine veränderte Rillenkonstruktion für den Harzinfusionsprozess Abfallmengen reduziert. Verbessert hat sich im Übrigen zeitgleich branchenweit die statische Analyse von Rotorblättern: Dies gilt für die FE-Modellierung des Blattes und verfeinerte Lastenberechnung, aber auch für die Festigkeitsanalyse. War zuvor jahrelang nur die reine Faserfestigkeit untersucht worden, ist nun inzwischen eine Zwischenfaserbruchanalyse Standard. Dies ist eine wesentliche Voraussetzung für den Einsatz von Faserverbundrotorblättern. Vor diesem Forschungsprojekt von alpha ventus wurden für alle Rotorblätter dieser Größenordnung, mit einer Länge von 60 Metern und mehr, Kohlenstofffasern verwendet.

Im Modell für das neue Blattdesign haben die Entwickler im Inneren des Blattes die Schubstege neu positioniert, um die Belastungen gleichmäßiger zu verteilen. Die zu prüfenden Grenzschichtzäune auf der Oberfläche von Rotorblättern trugen aus ihrer Sicht, zumal mit hohem Produktions- und Wartungsaufwand verbunden, dagegen nicht zur Verbesserung der Aerodynamik bei. Ähnliches traf im Laufe der Untersuchungen auf die sogenannten „Doppelflügel" zu. Die angestrebten aerodynamischen Vorteile konnte man ebenso durch eine abgeschnittene Hinterkante am Blattprofil gewinnen. Das neue Rotorblatt ist mit seinem Material aus GFK und PET-Schäumen an der Blattwurzel dicker geworden – und erhöht damit die aerodynamische Gesamtleistung und Sicherheit. Die neue Blattgeometrie mit einer abgeflachten Hinterkante ist inzwischen zum Kennzeichen aller längeren Rotorblätter von Senvion geworden (Abb. 9.2).

9.2.2 Prozessentwicklung und Formenbau

Die Materialauswahl spielte auch bei der Umsetzung im Produktionsprozess eine große Rolle. Bei der Erstellung des Fertigungskonzeptes für eine Serienproduktion wurde besonders auf die Verklebearbeiten, speziell im sensiblen Blattwurzelbereich, geachtet. Das neue, dickere Rotorblatt mit abgeschnittener Hinterkante bedurfte natürlich einer neuen Form für die Produktion. Es werden „wie gehabt" am Ende zwei große Blatthälften gefertigt und miteinander verklebt werden. Aber strukturell bedeutsame Bauteile im Blattinneren müssen im neuen Blatt nicht mehr innerhalb der Hauptform hergestellt werden. Sie werden separat vor-

Abb. 9.2 Computermodell: Schnitt durch das entwickelte Rotorblatt. © Senvion GmbH 2015

produziert und dann erst eingelegt. Der komplette Formensatz besteht somit aus einzelnen Formen, um die Gurte, Stege und Schalen der beiden Blatthälften zu fertigen. Dies ermöglicht eine größere Qualitätskontrolle schon im Vorfeld und reduziert zugleich die Arbeitszeit an der Hauptform. Da dies bislang der Engpass jeder Blattproduktion war, wird dadurch eine deutliche Effizienzsteigerung erreicht.

9.2.3 Stapelbare Transportgestelle und Prototypenblattsatz

Die 61,5-Meter-Blätter werden bei Senvion manuell gefertigt. Parallel dazu hat man neue Transportgestelle entwickelt. Mit diesen ist es möglich, mehrere Blätter zu stapeln, was logistisch von Vorteil ist: Es wird weniger Lagerungsfläche benötigt. Dies gilt insbesondere für den Rotorblatttransport auf See. Die Glas- und Sandwichkits für die Blätter werden nun in einer separaten Station vorkonfektioniert, so dass weniger Verschnitt entsteht und man die Einlegezeit in die Hauptform verringert. Im Laufe des späteren Produktionsprozesses hat man in Zusammenarbeit mit den Kittern die Passgenauigkeit der Zuschnitte verbessert und die Einlegegeschwindigkeit erhöht. Auch die Stegsetzvorrichtung für die Einzelkomponenten hat man ausgiebig vermessen, getestet und mit dem CAD-Modell verglichen. Neben der Herstellung des Prototypensatzes gibt es also auch noch Verfeinerungen im Produktionsprozess.

9.2.4 Blatttest und Vermessung „im Feld"

Das neue Rotorblatt wurde am Teststand getestet, um genaue Erkenntnisse über das Blattverhalten zu gewinnen. Die Tests umfassten das Blattverhalten unter statischer und schwingender Beanspruchung, die Analyse der Eigenfrequenzen, der Blattlagerung und von Haltbarkeit und Qualität. Diese wurden erfolgreich abgeschlossen, im Frühjahr 2011 startete die Vermessung an einer realen Windenergieanlage onshore (Abb. 9.3). Dabei wurde „nebenbei" erstmals nicht der komplette Rotorstern an der bestehenden Windenergieanlage in einem Stück abgebaut, sondern der Blattwechsel wurde als Einzelblatttausch vollzogen. Dafür reichen Kräne mit geringerer Traglast aus, so dass nicht nur eine verbesserte Verfügbarkeit benötigter Kräne, sondern auch geringere Kosten für diese ermöglicht werden. Diese Errichtungstechnik – Einzelanbringung der Blätter an der Nabe – kam bei Senvion offshore erstmals im 295-Megawatt-Windpark Nordsee Ost rund 30 Kilometer nördlich von Helgoland zum Einsatz.

Beim Forschungsprojekt für alpha ventus an dem Onshore-Prototypen in Schleswig-Holstein wurden nach dem Rotortausch Dehnungsmessstreifen und die erforderliche Hard- und Software für die Vermessung installiert. Das eingebaute Condition-Monitoring-System (CMS) wurde extern entwickelt und ebenfalls bei diesem „Feldversuch" getestet und validiert.

Gemessen wurden in Sachen Lasten neben den Blattwurzelbiegemomenten auch die Turmbiegung, die Turmtorsion sowie die Rotorwellenbiegung unter starker Belastung. Zusammen mit den vorhandenen Steifigkeiten der Einzelkomponenten (Generator, Bremse etc.) ergab und ergibt sich so ein umfassendes Bild der Lastsituation der gesamten Windenergieanlage.

Story am Rande: Zuviel Wind = zu wenig Netz = keine Forschung!

Die schönsten Messstreifen und Vermessungssoftware nützen nichts, wenn das Windparkmanagement zuvor die Windenergieanlage abschaltet! Am Starkwindstandort des Vermes-

Abb. 9.3 Der Prototyp des Rotorblatts wird zur Installation vorbereitet. © Senvion GmbH 2015

sungsprototypen in Schleswig-Holstein gibt es bekanntlich Netzengpässe – insbesondere bei hohen Windgeschwindigkeiten, die zu einer „zu großen" Energieerzeugung führen. So ergab sich bei der Vermessung des neuen Rotorblattes mehrfach die auf den ersten Blick paradoxe Situation, dass die Windenergieanlage abgeschaltet werden musste – nicht, weil Windenergieanlage und das neue Blatt durch die hohe Windgeschwindigkeit überlastet worden wären, sondern weil das Netz schlicht nicht in der Lage war, die 6 Megawatt elektrischer Leistung abzutransportieren. Das heißt: gerade dann, wenn der Wind kräftig in den Rotor weht und die für Forscher und Entwickler interessanten hohen Kräfte und Lasten auf die Turbine einwirken, kann die Netzleitstelle Zwangspausen verordnen. Wenn in diesen Momenten nicht kontinuierlich gemessen werden kann, gerät das gesamte Forschungsprojekt in Verzug.
Björn Johnsen

9.3 Fortschritte bei den anderen

Auch wenn es nicht zum Projekt alpha ventus gehört, sollen die Fortschritte bei den anderen während des Forschungsprojektzeitraumes 2007–2012 nicht unerwähnt bleiben: Siemens fertigt ein 52-Meter-Blatt aus einem Guss und ohne Klebstoffe. Adwen kündigte ein 66-Meter-Blatt, LM Glasfiber ein 73,5-Meter-Blatt für den Alstom-Prototypen Haliade 150 und Siemens einen 75-Meter-Flügel für eine 6-MW-Anlage an. Die genannten Prototypen sind inzwischen – nach Projektende – errichtet worden. Und auch Senvion hat seine 6,15-MW-Maschine mit einem neuen, 74,4 Meter langen Blatt auf 152 Meter Rotordurchmesser erweitert.

9.4 Ausblick: Was hat's gebracht, was wird's noch bringen?

Durch das Projekt mit erfolgreicher Blattzertifizierung wurde der Bau einer Rotorblattproduktionsstätte in Bremerhaven angeschoben. Die Blattproduktion durch die Firma PowerBlades, eine hundertprozentige Senvion-Tochter, schafft Arbeitsplätze und stärkt den Wirtschaftsstandort Deutschland. Die verbesserten aerodynamischen Eigenschaften des Blatts führen zu einer Ertragssteigerung gegenüber den bis dato verwendeten herkömmlichen Blättern. Das im alpha ventus-Projekt entwickelte neue Rotorblatt wird auch bei der 6M-Serie von Senvion verwendet. Ebenso ermöglichten die Erkenntnisse und Erfahrungen aus dem Projekt die Entwicklung neuer, größerer Rotordurchmesser mit mehr Energieertrag.

9.5 Quellen

- Schlussbericht Forschungsvorhaben 0327646: Entwicklung eines innovativen, ertragsoptimierten und kostengünstigen Rotorblattes; Förderkennzeichen 0327646, Bericht vom 06.09.2012
- ▶ www.senvion.com, Homepage, Abruf vom 17.09.2015

Das klügere Blatt gibt nach

Suche und Versuche mit intelligenten Rotorblättern – ein Ausblick

Björn Johnsen

M. Durstewitz, B. Lange (Hrsg.), *Meer – Wind – Strom*,
DOI 10.1007/978-3-658-09783-7_10, © Springer Fachmedien Wiesbaden 2016

Projektinfo: SmartBlades – Entwicklung und Konstruktion intelligenter Rotorblätter
Projektleitung:
Deutsches Zentrum für Luft- und Raumfahrt e.V. (DLR)
Dr.-Ing. Jan Teßmer
Projektpartner:
- ForWind – Carl von Ossietzky Universität Oldenburg
- ForWind – Leibniz Universität Hannover
- Fraunhofer-Institut für Windenergie und Energiesystemtechnik IWES

10.1 100 Millionen Windstöße aushalten – und ausnutzen!

Ein größerer Rotordurchmesser ermöglicht einen erheblich höheren Energieertrag. Deshalb geht sowohl offshore als auch onshore der Trend zu immer größeren Rotorblättern. Bei einer überstrichenen Fläche von zwei Fußballfeldern und mehr drehen sich die Blätter aber immer langsamer im Wind. Sie werden träger und schwerer. Die Zahl der Windstöße, die auf sie drücken und dort – durch den größeren Umfang – immer stärkere Lasten bewirken, nimmt jedoch nicht ab. Die Windstöße „knallen" unverändert auf das Rotorblatt – der Pitchantrieb zur Blattwinkelverstellung reagiert darauf jedoch nur relativ langsam. Deshalb scheint es sinnvoll zu sein, eine über den Pitchantrieb hinausgehende „Blatt-Aktuatorik" zu entwickeln.

Werden die Rotorblätter in naher Zukunft 100 Meter und mehr lang, wären sie in herkömmlicher Bauweise über 100 Tonnen schwer. Damit wäre die übliche Glasfaserbauweise nicht nur zu schwer, die Blätter wären dann auch nicht mehr ausreichend steif und stabil gegen Verformungen durch die enormen Windlasten: die Blätter drohen „zu flattern", können den Mindestabstand zum Turm nicht mehr einhalten und im Extremfall sogar gegen den Turm schlagen. Deshalb muss unter anderem auch eine andere Bauweise mit anderen Materialien erforscht werden, beispielsweise mit mehr Karbonfasern, die fünfmal fester und steifer als Glasfasern sind (◘ Abb. 10.1).

Problem: Die Rotorlasten nehmen durch die größeren Flügel immer mehr zu, ihr Eigengewicht wird immer größer. Gleichzeitig bewirkt das inhomogene Windfeld vor und hinter der Anlage starke aerodynamische Schwingungslasten. Bei einem so unterschiedlichen Windfeld existieren an der „Flügelspitze" ganz andere Lasten als an der Blattwurzel des Rotorblattes.

Eine Lösung könnte die Entwicklung „intelligenter" Rotorblätter mit neuen Regelungsansätzen zur Lastreduktion sein. Das vom Bundesministerium für Wirtschaft und Energie geförderte Forschungsprojekt „SmartBlades" entwickelt hier verschiedene innovative Modelle mit einem Blick in die Zukunft. Hierfür werden innerhalb des Projekts in einem Arbeitspaket Untersuchungen der turbulenten Einströmung im Rotornahfeld durchgeführt.

10.2 Turbulenzen von vorn

Die turbulente Anströmung des Windes bestimmt maßgeblich die Belastung der Rotorblätter und der gesamten Windenergieanlage. Während einer 20-jährigen Betriebszeit sind bis zu 100 Millionen Windstöße und entsprechende Lastwechsel zu erwarten. Die Erforschung dieses turbulenten Windfeldes im Rotornahfeld, vor der Anlage – zeitlich und räumlich – war bislang nur sehr eingeschränkt möglich: Messmethoden beschränken sich derzeit häufig auf Punktmessungen, zum Beispiel mit Anemometern oder mit gepulsten Lidar-Lasergeräten mit nur relativ langsamen Abtastraten im Bereich bis etwa 5 Hertz. Im Forschungsprojekt „SmartBlades" wurde ein so genannter „Short-range Windscanner" angeschafft, der auch als Teil des RAVE-Projektes auf dem Maschinenhaus einer Windenergieanlage montiert werden soll. Das Gerät kann bis zu 400 Messpunkte pro Sekunde im Windfeld erfassen, in einem Abstand von bis zu 200 Metern vor oder hinter der Anlage. Die räumliche Auflösung ist – abhängig vom Fokusabstand – zwar deutlich kleiner als in herkömmlichen Geräten, die zeitliche Auflösung ist aber viel schneller als bei bisher ver-

Abb. 10.1 Die Rotorblätter werden immer länger – und die Prüfstände auch. Hier das Rotorblatt Prüfzentrum des Fraunhofer Iwes in Bremerhaven, in dem bis zu 90 Meter lange Rotorblätter statisch und dynamisch auf Betriebsfestigkeit geprüft werden können. © Fraunhofer IWES

wendeten Geräten. Kurzum: Nahende Turbulenzen sind um ein Vielfaches genauer zu erfassen.

Diese gondelbasierte Messung der Einströmung soll quasi das gesamte sich nähernde turbulente Windfeld „abtasten". Daraus werden die über die gesamte Rotorfläche gemittelte (sogenannte effektive) Windgeschwindigkeit und Turbulenz sowie bis zu vier weitere Windfeldparameter erfasst und ausgewertet: Die vertikale und horizontale Windscherung sowie die vertikale und horizontale Schräganströmung.

Die Messkampagne im Arbeitspaket „Turbulente Einströmung im Rotornahfeld" soll mit diesem „Short-range Windscanner" Antworten auf folgende Fragen geben: Welche lokalen Turbulenzstrukturen sind im Rotor-Nahfeld zu erwarten? Welche Auswirkungen haben diese wiederum auf den Rotor, insbesondere auf die Rotorblätter? Und welche Rückwirkungen hat wiederum der Rotor auf die turbulente Windstruktur?

10.3 Früh agieren statt spät reagieren

Aus den Messergebnissen können die Wissenschaftler systematisch „Turbulenzcharakteristika und Windfeldeigenschaften" vor einer Windenergieanlage erstellen bzw. daraus ableiten. Die Verknüpfung der Daten der turbulenten Windströmung mit den lokalen Rotorbelastungen ermöglicht es aeroelastische Modelle abzuleiten und anschließend real zu überprüfen. Letztendlich dienen diese Referenzdaten einem großen Ziel: Dem Entwurf von einfachen, robusten, lasergesteuerten Systemen für antizipierende, also vorausschauende Regelungsverfahren. Diese neuartige Regelung soll wirken, unmittelbar bevor der Wind und damit die Last auf die Rotorblätter trifft, und nicht wie derzeit erst danach.

10.4 Alles verdrehen statt verstellen?

Warum das ganze Rotorblatt mühsam und mit viel Kraftaufwand durch die Pitchmotoren aus dem Wind drehen, die bei den „Riesenflügeln" der Zukunft enorm beansprucht werden und trotzdem nicht auf lokale Böen reagieren können? Kann man ein biegsames Blatt entwickeln, das dem Starkwind nachgibt und dabei seine Form ändert – aber ohne zu brechen oder an den Turm zu schlagen? Im Teilprojekt der passiven Technologie geht es darum, dass die Rotorblätter der Zukunft sich bei erhebli-

Abb. 10.2 Aktive Rotorblätter passen sich der Windstärke an. © DLR; Lizenz CC-BY 3.0

chen aerodynamischen Laständerungen biegen und sich sogar um ihre eigene Achse verdrehen bzw. verdrillen können. Mit dieser Verdrehung verändern sie den Anströmwinkel des Windes und wirken so drohenden massiven Laständerungen entgegen (Abb. 10.2).

Bei der Untersuchung passiver SmartBlades mit Kopplung von Biegung und Torsion (BTK) geht es um zwei verschiedene Ansätze: Zum einen um eine „strukturelle" Biegung-Torsions-Kopplung, in der entlang der Längsachse des Rotorblattes die eingebauten Laminate aufgrund der richtungsabhängigen Anordnung einen entsprechenden Effekt hervorrufen. Zum anderen um eine sogenannte geometrische BTK, in der durch eine Krümmung des Rotorblattes aus der Rotorebene heraus das Rotorblatt sich automatisch und passiv der Windströmung anpasst.

10.5 Auf Biegen und Verdrehen

Bei „passiven intelligenten Rotorblättern" mit einer strukturell hervorgerufenen Biege-Torsions-Kopplung des Rotorblattes ist im Inneren des Blattes ein spezieller Lagenaufbau des Faser-Kunststoff-Laminats notwendig. Denn der gewünschte Verdrehungseffekt des Blattes um einige Grad soll sich nicht in alle Richtungen gleichmäßig ausbreiten, sondern gezielt nur entlang der Längsachse des Rotorblattes. Dazu sind neben einer Veränderung des Lagenaufbaus entlang der Längsachse auch verbesserte Komponenten für die Herstellung notwendig. So wird bei einer automatisierten Rotorblattproduktion mit Vakuum-Infusion des Harzes in das Blatt ein spezieller Binder benötigt, damit das Harz schneller trocknet und sich die zusammengeklebten Komponenten besser verbinden. Im Forschungsprojekt wurden zahlreiche Zug- und Druckversuche mit verschiedenen Harz-Binder-Mischungen für die gewünschte Biege-Torsion durchgeführt, es konnten Materialpaarungen mit unterschiedlich geeigneten Steifigkeiten und Festigkeiten realisiert werden. Je nachdem, welches Rotorblattfertigungsverfahren der Hersteller auswählt – beispielsweise die Vakuum-Kunstharz-Infusionstechnik oder die sogenannte Prepreg-Methode mit dem Auskleiden von bereits mit Kunstharz benetzten Fasermatten im Blatt – sollen die Versuchsergebnisse die Auswahl eines hierfür optimierten Bindersystems ermöglichen.

Zum Projekt gehören auch Komponententests zur Überprüfung der gewünschten Kopplungseigenschaften von Biegung und Verdrehung, eine unbedingt notwendige Reduzierung der Rotorblattmasse sowie die Entwicklung von Ermüdungsmodellen für diese mehrachsig beanspruchten „Verdrehungs-Laminate" der neuartigen Rotorblätter. Soweit alle Theorie. Um die theoretisch ausgelegten Modelle in der Wirklichkeit zu überprüfen und zu validieren, sollen in einem Folgeprojekt bis zu 20 Meter lange Demonstrationsrotorblätter gebaut und an einer realen Windenergieanlage getestet werden. Für die „Demonstrationsblätter" fließen aber bereits die Erkenntnisse aus neu entworfenen 80 Meter langen Rotorblättern ein. Innerhalb des Projektes „SmartBlades" wird zudem ein Referenzanlagenmodell verwendet, das nach den Vorgaben der IEC-Starkwindklasse 1A ausgelegt ist – also für Offshore-Windstandorte (Tab. 10.1). Dieses getriebelose Referenzanlagenmodell mit Einzelblattverstellung besitzt eine Nennleistung von 7,5 MW. Der Rotor-

Tab. 10.1 Technische Daten zur Referenzanlage. © Fraunhofer IWES

Anlagendaten	Einheit	Wert
Nennleistung	MW	7,5
Leistungsdichte	W/m^2	355
Windklasse		IEC 1A
Einschaltwindgeschwindigkeit	m/s	3
Nennwindgeschwindigkeit	m/s	11
Abschaltwindgeschwindigkeit	m/s	25
Antriebskonzept		Direktantrieb
Regelungskonzept		Drehzahlvariabel, individuelle Blattverstellung
Min. Drehzahl	U/min	5
Nenndrehzahl	U/min	10
Nabenhöhe	m	120
Turmeigenfrequenz	Hz	0,23
Triebstrang Neigungswinkel	°	5
Konuswinkel	°	2
Nabendurchmesser	m	4
Rotorblattlänge	m	80
Max. Blattspitzengeschwindigkeit	m/s	87
Auslegungsschnelllaufzahl		8,4

durchmesser beträgt 164 Meter entsprechend den erwähnten 80 Meter langen Rotorblättern.

10.6 Je größer die Klappe, umso leichter die Beeinflussbarkeit

Zu den „aktiven intelligenten Rotorblättern" gehören elastisch oder starr verstellbare Klappen an der Hinterkante des Rotorblatts. Optisch ähneln letztere den Start- und Landeklappen am Flugzeugflügel. Die variable Hinterkantenklappe am Ende eines Flugzeugflügels verändert dort den Anstellwinkel und ermöglicht so das Abheben des Flugzeuges. Das Rotorblatt einer Windenergieanlage soll natürlich nicht „abheben". Aber die verstellbaren Hinterkantenklappen können entlang des Blattes verschieden positioniert werden, so dass sie unterschiedlich lokal auf die verschiedensten Lasten reagieren. Denn diese sind bei einem 60, 80, 100 Meter langem Rotorblatt zwischen Blattwurzel und Blattspitze bekanntlich höchst unterschiedlich. Und so können die Hinterkantenklappen ebenso höchst unterschiedlich dem entgegenwirken. Die bisherigen Untersuchungen im Projekt bestätigen die Annahme, dass mit größer werdender Klappe auch die Beeinflussbarkeit des Rotorblattes ansteigt. Weiterhin sollen im Projekt Vor- und Nachteile von starren oder flexiblen Hinterkanten aufgezeigt werden.

Neben der Beeinflussung der Lasten bei einzelnen Betriebszuständen durch Klappenausschläge ist auch die Entwicklung eines Gesamtsystems vorgesehen, das die Regelung der Windenergieanlage, der bekannten Pitchantriebe für die Einzelblattverstellung und die aktiven Hinterkanten miteinander kombiniert. Für die Untersuchung der aktiven Hinterkante ist der Bau und Test eines Blattsegmentdemonstrators in Arbeit.

Die aktiven Hinterkantenklappen sollen die verschiedenen Blattlasten reduzieren. Dafür wurde zunächst der Standard-Regler der 7,5-MW-Referenzanlage des Forschungsverbundes Windenergie erweitert, um die Blattwurzelschlagmomente zu verringern. Kräfte, die an der Blattwurzel im Übergangsbereich zwischen Rotorblatt und Rotornabe einwirken, wurden gemessen und in die Regelung einbezogen. Mit dem neu entwickelten Regler sollen vor allem Lasten verringert werden, die durch Schräganströmung, Windscherung (Änderungen der Windgeschwindigkeit oder -richtung mit der Höhe) und durch höchst unterschiedliche Turbulenzen entstehen. Dabei steht die Reduktion von Ermüdungslasten des Blattes in Abhängigkeit von Hinterklappenposition, Klappenspannweite und -verstellgeschwindigkeit im Vordergrund. Zwischenfazit der bisherigen Forschungen: Eine Klappenpositionierung nahe der Blattspitze bewirkt die höchste Lastminderung. Die Vergrößerung der Klappenposition verhält sich aber nicht proportional zur Reduktion des Blattwurzelschlagmoments. Eine Klappenlänge von 1/8 der Rotorblattlänge, also beim vorgegebenem 7,5-MW-164-Referenzanlagenmodell ein bewegliches Klappenteil von gut 10 Meter Länge, erweist sich nach ersten Einschätzungen als sehr wirksam. Das Ziel dieses Teilprojektes: Das Aufzeigen der Potenziale eines Rotorblattes mit aktiver Hinterkante und die Demonstration der Funktionsfähigkeit des Mechanismus.

10.7 Nicht nur nach hinten, sondern auch mal nach vorne arbeiten

Am neuartigsten ist die Technologie des aktiven Vorflügels (Abb. 10.3). Die Arbeiten zur Charakterisierung der entstehenden Turbulenzen und die Erfassung der Reaktionsdynamik des Vorflügels in Bezug auf die einwirkenden Kräfte wie Auftrieb, Drehmoment und Widerstand, stehen noch ziemlich am Anfang, so dass es hier „nur" zu Untersuchungen im Windkanal kommen wird.

Beim Vorflügel gibt es ebenfalls zwei verschiedene Forschungsansätze: Ein sogenannter integrierter Vorflügel und ein aufgesetzter Vorflügel, mit einem entsprechend großem Spalt zum Rotorblatt. Beiden Konzepten gemeinsam ist das Bemühen, eine verspätete Ablösung der Strömung am Profil zu bewirken.

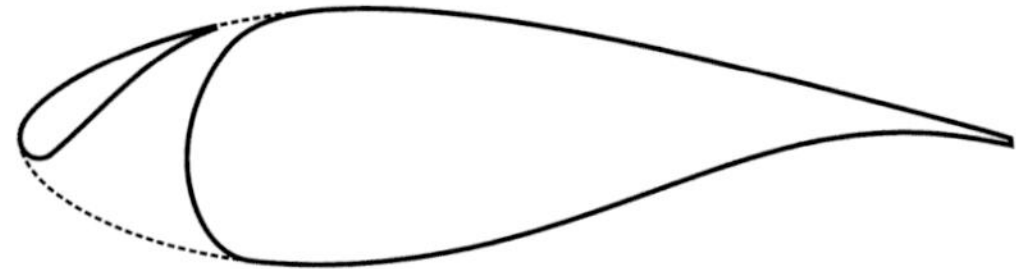

Abb. 10.3 Rotorblattprofil mit Vorflügel.

Beim Vorflügel gilt es ebenfalls verschiedene Konstruktionsdetails geometrisch zu bestimmen und zu testen: Beispielsweise die Profiltiefe beim Vorflügel, wie groß beim aufgesetzten Vorflügel der Spalt zwischen Vorflügel und Hauptprofil des Rotorblattes sein muss, oder welchen Winkel die Hinterkante des Vorflügels haben sollte.

Nach den bisherigen Zwischenergebnissen erzeugt der aufgesetzte Vorflügel höhere maximale Auftriebswerte – vermutlich wegen der längeren Profiltiefe gegenüber dem integrierten Vorflügel. Dafür ist bei dem integrierten Ansatz die Effizienz besonders im mittleren Anstellwinkelbereich und in der Leistung deutlich besser. Für den weiteren Entwurf und die anstehenden experimentellen Untersuchungen wird daher derzeit der integrierte Vorflügel favorisiert.

Den Rotorblättern und den neuen Regelungsansätzen – ob passiv oder aktiv – kommt eine Schlüsselrolle für die Windenergieanlagen der Zukunft zu. Denn diese sollen nicht nur leistungsfähiger sein und noch mehr Ertrag liefern können. Sondern diese Windenergieanlagen müssen zuverlässiger, leichter herzustellen und einfacher zu warten sein – trotz aller neuen Dimensionen.

10.8 Quellen

- Untersuchung der turbulenten Einströmung im Rotornahfeld. Task 2.1.5 im Projekt „Smart Blades – Entwicklung und Konstruktion intelligenter Rotorblätter" (Förderkennzeichen 0325601D), ForWind – Zentrum für Windenergie Forschung, Carl von Ossietzky Universität Oldenburg, Arbeitsgruppe Windenergiesysteme, Prof. Dr. Martin Kühn
- ▶ www.smartblades.info Homepage des Forschungsverbundes Windenergie: DLR Deutsches Zentrum für Luft und Raumfahrt e. V.,

ForWind Zentrum für Windenergieforschung, Fraunhofer IWES, Abruf vom 16.10.2015
- Smart Blades News: Newsletter des Forschungsprojektes smart blades, Juni 2013
- Smart Blades News: Newsletter des Forschungsprojektes smart blades, Dezember 2013
- Smart Blades News: Newsletter des Forschungsprojektes smart blades, Juni 2014
- Smart Blades News: Newsletter des Forschungsprojektes smart blades, Dezember 2014
- Smart Blades News: Newsletter des Forschungsprojektes smart blades, März 2015
- Prof. Joachim Peinke, ForWind, Vorträge „Turbulenzforschung“ 28.3.2012 Dt.-Physikal. Gesellschaft und 22.–24.2.2015 EUROMECH-Colloquium, auf ▶ forwind.de/forwind/index; JO2808
- Manso Jaume, Ana und Wild, Jochen (2014) Aerodynamic Design and Optimization of a High Lift Device for a Wind Turbine Airfoil. Jahrestagung der STAB, 4.–5. Nov. 2014, Mitteilung zum STAB Jahresbericht; S. 216 f.; München, 2014.

Die ausschließliche Offshore-Windenergieanlage

Weiterentwicklung und Test der Adwen M5000-Technologie unter erschwerten Bedingungen auf See

Gerrit Haake, Annette Hofmann, Text bearbeitet von Björn Johnsen

M. Durstewitz, B. Lange (Hrsg.), *Meer – Wind – Strom*,
DOI 10.1007/978-3-658-09783-7_11, © Springer Fachmedien Wiesbaden 2016

Projektinfo: Innovative Weiterentwicklung, Konstruktion und Test der Offshore Windenergieanlage Multibrid M5000 unter erschwerten Offshore Bedingungen im Offshore Testfeld Borkum West
Projektleitung:
Adwen GmbH
Dipl. Ing. Joachim Arndt

11.1 Projektziele

Einer der beiden Windenergieanlagentypen im Offshore-Testfeld alpha ventus ist die Adwen AD 5-116 (ehemals: Multibrid M5000) mit 5 Megawatt Leistung (■ Abb. 11.1). Auch ihr Prototyp wurde zunächst viermal an Land errichtet. Aber sie ist die erste, ausschließlich für den küstenfernen Einsatz im Meer entwickelte Windenergieanlage.

Umso wichtiger waren die Fragen zum Forschungsprojekt rund um diese Offshore Windenergieanlage: Wie lässt sich das Gewicht des Rotorblattes reduzieren, um Kosten einzusparen oder um zukünftig auf einen größeren Rotordurchmesser für noch mehr Windertrag hinzuarbeiten? Dazu wiederum wurden zum Beispiel ein größerer Lastenkran und ein entsprechend größer dimensioniertes Hubschiff notwendig.

Und wie sieht es mit den Komponenten im Inneren der Anlage aus? Sind Umrichter und Transformator richtig dimensioniert? Reichen die etablierten Kühlsysteme aus? Welche speziellen Schutzsysteme sind nötig, damit sich beim Anlagenbetrieb im Meer kein Salz im Inneren der Gondel festsetzt und die Komponenten geschützt werden?

Wie könnten elektronische Schnittstellen aussehen, um den Datenaustausch zwischen Anlagen verschiedener Hersteller in einem Windpark miteinander zu ermöglichen? Wie kann eine Abwinschplattform (Helihoist) für den Zugang von Servicetechnikern oder für Notfalleinsätze per Hubschrauber in die Anlagenkonstruktion integriert werden? Und vor allem: Was zeigt die Praxis, wie groß sind die Abnutzungserscheinungen am kompakten Triebstrang? Halten Generator, Getriebe, Lager und Wälzkörper was ihre Hersteller versprechen? Für Zwischenergebnisse wurde nach vier Jahren Betrieb für einen Praxistest tatsächlich der komplette Triebstrang an einer Adwen-Anlage abgenommen, nahezu komplett zerlegt und ausführlich begutachtet und analysiert. Die Ergebnisse bestätigten die bisherigen Annahmen zur angestrebten Lebensdauer von 20 Jahren und mehr.

Zu den Besonderheiten dieses Projekts zählt auch, dass Adwen (ehemals Multibrid GmbH) – anders als Senvion (ehemals REpower) – auch die Gründungsstrukturen seiner Anlagen in alpha ventus geliefert und installiert hat und damit die errichteten Windkraftanlagen „schlüsselfertig" an den Windparkbetreiber Doti übergeben hat.

11.2 Vorbiegung statt Verbeugung

Die Rotorblätter nahmen einen wichtigen Stellenwert im Forschungsprojekt „Weiterentwicklung M5000" ein (■ Abb. 11.2, 11.3). Hier ging es darum, ein lastreduziertes Rotorblatt zu entwickeln – was durch die Tochterfirma Adwen Blades erfolgte. Ferner hat man zwei Entwicklungsbüros hinzugezogen, die auf aeroelastische Berechnungen für Windenergieanlagen spezialisiert waren. Fazit bei der Weiterentwicklung der Rotorblätter: Eine höhere Vorbiegung im neuen Blattdesign sichert mehr aeroelastische Stabilität. Gleichzeitig ist das Material der lasttragenden Elemente des Rotorblatts gewechselt worden: Von bisher verwendeten Kohlefasern weg, hin zu Glasfaserkunststoffen (GFK) – was zu deutlichen Kosteneinsparungen führt. Mit der veränderten Geometrie des Rotorblatts, dessen stärkerer Vorbiegung in Verbindung mit dem neuem GFK-Material kann nun das Rotorblatt größer produziert werden, ohne dass sich deshalb die Lasten auf Antriebstrang und Gondel in nachteiliger Weise erhöhen. Durch die stringente Entwicklungsarbeit ist es also gelungen, trotz der deutlichen Vergrößerung des Rotors die vorhandene Gondel- und Triebstrangauslegung ohne wesentliche Veränderungen beizubehalten.

Die Vergrößerung des Rotordurchmessers führt dazu, dass sich die Anlage bereits bei niedrigeren Windgeschwindigkeiten einschaltet, früher Nennleistung erreicht und somit deutlich mehr Offshore Windstrom liefern kann. Ein Prototyp mit

Abb. 11.1 Gondel AD5-116 mit Rotorstern und dem Windpark alpha ventus im Hintergrund. Die roten Strukturen auf den Maschinenhäusern sind die Abwinschplattformen, auf denen Personal und Material per Hubschrauber transportiert werden können. © Adwen/Jan Oelker

Abb. 11.2 Maschinenhaus und Rotorstern einer Adwen AD 5-116 liegen zur Montage auf einem Installationsschiff bereit. © Adwen/Jan Oelker

135 Meter Rotordurchmesser wurde 2013 an Land in Bremerhaven-Lehe errichtet und ist als AD 5-135 zertifiziert.

11.3 Lernziel Unempfindlichkeit

Bevor der von den Anlagen erzeugte Windstrom zu den Verbrauchern an Land transportiert werden konnte und kann, muss die Generatorspannung durch den so genannten Umrichter auf 50 Hz und durch den Transformator auf 33 kV angepasst werden. Vor alpha ventus war Stand der Technik, dass Umrichter und Transformator bei manchen Offshore-Windenergieanlagentypen in oder unterhalb der Gondel in einem speziellen Container (wie bei den 3,6-MW-Anlagen in Arklow Bank/Irische See) oder unten am Turmfuß auf einer Plattform (wie bei den 1,5-MW-Anlagen in Utgrunden/küstennahe schwedische Ostsee) untergebracht sind. All diese Bauarten waren aufgrund ihrer unterschiedlichen Beanspruchung und Bauweise nicht auf die M5000-Technologie anwendbar. Eine Neukonstruktion musste her. Für die AD 5-116 in der Nordsee war zudem gewünscht, dass 90 % der Verlustwärme außerhalb des Turmes

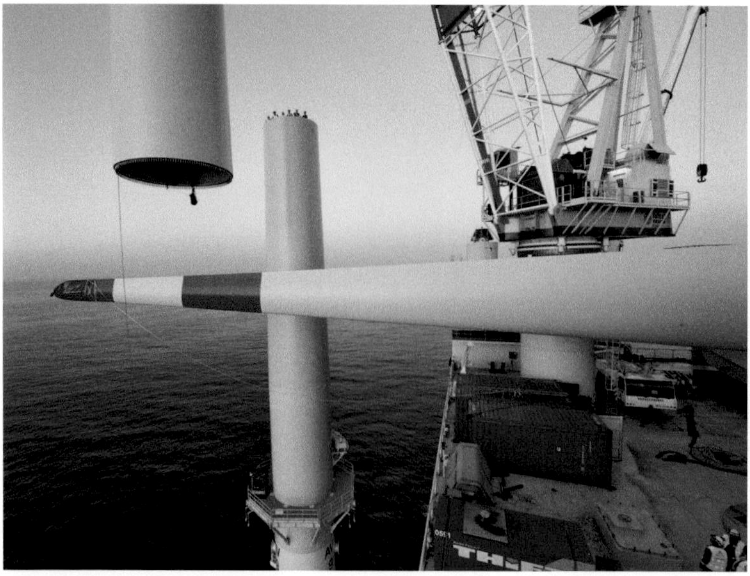

Abb. 11.3 Ein Turmsegment wird vom Installationsschiff auf die Anlage gehoben. Dort warten schon die Servicetechniker. Im Vordergrund ist ein Teil des 56,5 m langen Rotorblatts zu sehen. © Adwen/Jan Oelker

abgeführt werden sollten, um ein zu starkes Aufheizen der Komponenten im Turm zu vermeiden. Zweite Hauptanforderung war, dass keine Frischluft zu Kühlzwecken in das Turminnere gelangen darf, um schädliche Salz- und Staubablagerungen zu verhindern.

Definition

- **Umrichter:** Der Umrichter hat die Aufgabe, den frequenzvariablen Generatorstrom der Windenergieanlage an die Netzfrequenz anzupassen.
- **Transformator:** Mit dem Transformator erfolgt eine Anpassung der Spannung des Generators der Windenergieanlage, von z. B. 1000 Volt, auf die Spannungshöhe der windparkinternen Verkabelung, z. B. 33.000 Volt (33 kV). Mit einem weiteren Transformator auf dem Offshore-Umspannwerk erfolgt eine weitere Anpassung auf die Spannungshöhe des Hochspannungsnetzes (110 kV) für die etwa 75 km lange Netzanbindung von alpha ventus durch die Nordsee, über Norderney und durch das Wattenmeer zum Festland.

Diese beiden Anforderungen sowie die Maße des Turmes machten eine neue, komplexe Bauweise mit flüssigkeitsgekühlten Umrichtern und mit Transformatoren inklusive Kühlung notwendig. So etwas gab es bislang noch nicht am Markt. Für die Weiterentwicklung des Umrichters im Offshore-Einsatz haben die Ingenieure die Kühlverrohrung verändert und das Ausdehnungsgefäß vergrößert, um das Gesamtkühlsystem insgesamt unempfindlicher zu machen. Ziel: Mehr Robustheit gegenüber den harten Umgebungsbedingungen auf See: Luftdruck, Temperatur, Luftfeuchtigkeit, Salzgehalt …

Außerdem haben die Entwickler den Unterbrecher-Widerstand (Chopper) verdoppelt, um die geforderten Netzanschlussrichtlinien bei Netzausfall zu erfüllen – plus einer Zusatzreserve von 80 % und der Anpassung und Implementierung entsprechender Steuerungsprogramme in der Windenergieanlage. Für den Einsatz des Transformators auf See hat man den Öl-Luft-Rückkühler verkleinert und die Ein- und Ausbaukonstruktion entsprechend verändert.

Für Umrichter und Transformator hat man gleichermaßen eine Langzeitbeobachtung mit Fehler-Ursachen-Analyse eingerichtet. Beispiel: Bei einem Halbleiterausfall im Windpark alpha ventus während des Betriebs zeigte die Fehler-Ursachen-Analyse, dass eine fehlerhafte Montage eines Verbindungskabels vorlag. Daraufhin wurde der Montageprozess so überarbeitet, so dass dieser Fehler zukünftig ausgeschlossen werden soll. Mit

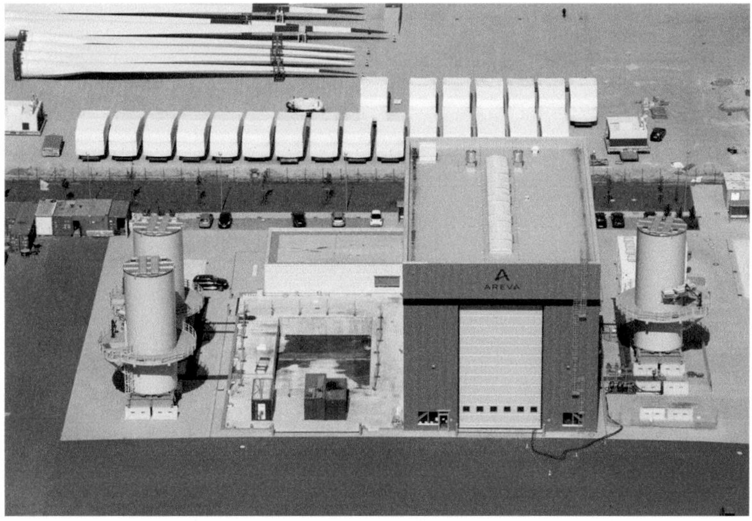

Abb. 11.4 Der Adwen-Teststand in Bremerhaven aus der Vogelperspektive. © Adwen/Jan Oelker

dieser systematischen Qualitätssicherung können Fehler bereits in einem sehr frühen Stadium erkannt und ihre Ursache schnell behoben werden. Diese Lernerfahrungen führten zu der Entwicklung eines Volllast-Prüfstands. Der Teststand nahm 2011 seinen Betrieb auf.

» **Alpha ventus war für uns ein wichtiges Etappenziel!**
Mit den Erfahrungen aus alpha ventus konnte das Unternehmen in die kommerziellen Offshore-Projekte einsteigen. Im Ergebnis befinden sich heute 120 unserer Windenergieanlagen in der Nordsee im kommerziellen Betrieb. Diese stringente Entwicklung setzen wir seit 2015 im Joint Venture Adwen fort.
Luis Álvarez, Geschäftsführer der Adwen GmbH im August 2015

11.4 Vorm Rausfahren: Testen

Für die Qualitätssicherung und -optimierung und zusätzlich für die Weiterentwicklung von Umrichter und Transformator hat Adwen einen Teststand in Bremerhaven errichtet (Abb. 11.4). Hier können alle Anlagen komplett mit 5 MW Volllast oder Teillast und insbesondere mit allen Funktionen durchgetestet werden. Denn eine spätere Fehlerbehebung auf See ist langwierig und teuer. Kernpunkte des Adwen-Teststandes sind die Auswirkungen auf das 20-kV-Netz und die Einhaltung der Netzanschlusskriterien. Der Volllastteststand befindet sich seit 2012 im vollen Serienbetrieb. Im Laufe der Projektzeit entstand ein weiterer, vergleichbarer Teststand für Windenergieanlagen an der Universität Hannover für 1–2 MW Leistung, in dessen Planung und Realisierung Adwen ihre Erfahrungen einbringen konnte.

Der Vollast-Teststand verwendet das „Back-to-Back"-Verfahren (B2B). Hier werden zwei gleiche Anlagen mechanisch und elektrisch miteinander gekoppelt (Abb. 11.5). Zusätzlich wird der Adwen-Teststand in Bremerhaven auch für verschiedene Tests und Messungen außerhalb der Serientests benutzt, beispielsweise für Verifizierung eines Generatorkühlkreislaufes, genaue Vermessung aller Ströme, Spannungen und Leistungen des B2B-Teststandes sowie für die Überprüfung eines entwickelten Condition Monitoring Systems (CMS).

Abb. 11.5 Innenansicht des Adwen-Teststands. © Adwen/Jan Oelker

Jede neue Windenergieanlage wird hier – vor ihrer Errichtung auf See im Anschluss an die Fertigung – einem 27-stündigen Dauertest unterworfen, davon 12 Stunden nonstop unter Volllast.

11.5 Noch nicht wie im Wohnzimmer: Turminnenklimatisierung

An die Kühlsysteme für die Turminnenklimatisierung gab's jede Menge Anforderungen, die bislang auf dem Markt nicht erhältlich waren. Auch wenn für einige „Einzelanforderungen" bereits Lösungen am Markt verfügbar waren.

Beispiel: Einen Luft/Wasser-Wärmetauscher musste man nicht neu erfinden – solche Systeme gab und gibt es bereits. Allerdings musste der Wärmetauscher bei seiner Aufstellung „draußen" neben dem Turm so ausgelegt werden, dass er stets die gleichen Kühleigenschaften aufweist. Egal wie stark draußen der Wind peitscht oder die Außentemperatur steigt oder fällt – beim Betrieb des Luft/Wasser-Wärme-Tauschers muss innen im Turm stets die gleiche Temperatur vorherrschen. Ebenso muss er gegen Korrosion durch Salzwasser geschützt sein und mindestens zwei Jahre wartungsfrei funktionieren. Denn man kann das Serviceteam nicht alle paar Wochen oder Monate auf See schicken, nur weil im Turminneren gerade mal wieder kein Wohnzimmerklima herrscht.

Ähnliche Anwendungen auf großen Ölplattformen halfen bei der Konstruktion des Systems nur bedingt weiter: Denn auf einer Ölbohrplattform gibt es mehr Platz als im Turm, die Komponenten sind geräumig aufgestellt und der Klimatisierungsaufwand deutlich höher. Zudem ist auf den Offshore-Öl-Plattformen eine 24-Stunden-Überwachung durch Personal vor Ort garantiert.

Fazit: Konzept bekannt, aber trotzdem ist für eine Offshore-Windenergieanlage eine Neuentwicklung dieses Kühlkonzeptes notwendig. Erst recht vor dem Hintergrund, dass je nach Standortbedingungen verschiedene Gründungskonzepte im Einsatz sind – und die Kühlkonzepte daher für Turmunterkonstruktionen aus Stahl wie aus Beton geeignet sein müssen. Man hat sich dann dafür entschieden, 3 bzw. 4 gleichartige Luft/Wasser-Wärmetauscher direkt am Turm rechts und links oberhalb der Turmeingangstür anzubringen. Ferner gibt es einen Öl/Luft-Rückkühler im Turm: Die Kühl-Luft wird durch Öffnungen in der Turmtür angesogen, durch Kanäle zum Rückkühler geleitet und durch Kanäle wiederum durch die Turmtür nach draußen gelassen.

Mit zunehmender Höhe nimmt der Salzgehalt in der Luft ab. Durch Verlegung der Luft-Ansaugstelle am Turm von 15 Meter auf 90 Meter Höhe nimmt die Salzbelastung an der Luft-Ansaugstelle um 27 % ab. Die Folge: Weniger Salzgehalt, weniger Filterbelastung und somit längere Laufzeiten der

Abb. 11.6 Innen-Kühlung (a,b) Adwen AD 5-116. © Adwen

Systeme ohne notwendige Servicearbeiten. Zudem wurde daher ein mehrstufiges Filtersystems ebenfalls an der Ansaugstelle am Turmkopf angebracht, um die Filterbelastungen zu verringern und notwendige Abscheidungsleistungen für das innovative Kühlsystem zu verstärken.

Die hohe technische Anlagenverfügbarkeit im Testfeld alpha ventus zeigt, dass Umrichter- und Transformatorenkühlung (Abb. 11.6) funktionieren und thermisch korrekt ausgelegt sind. Ebenso wird die geforderte Leistungsbereitstellung von Wirk- wie auch Blindstrom eingehalten. Trotzdem zeigte der Betrieb weiteres Optimierungspotenzial auf, wie verbesserte Installationsvorrichtungen für einen schnellen Anschluss der Leistungskabel, Verwendung eines kleineren Trafokühlers oder Bau einer noch kompakteren Mittelspannungsschaltanlage. Dieses ist bei nachfolgenden Offshore-Windenergieanlagen des Typs AD 5-116 sowie im Prototyp der AD 5-135 verwirklicht worden. Der Anlagenbetrieb in alpha ventus hat aber auch hierfür erst den Blick ermöglicht.

11.6 Nicht auf Wartung warten

Wartungskonzepte und Condition-Monitoring-Systeme zur ständigen Überwachung sind entscheidende Stellschrauben beim Betrieb der Anlagen auf See. Zu Projektbeginn von alpha ventus gab es in der Offshore-Branche wenig Erfahrungen. Die zu diesem Zeitpunkt bereits gebauten Windparks in der Ostsee und ersten Pionierprojekten in der dänischen und britischen Nordsee liegen küstennah und in weniger tiefen Gewässern und sind daher mit alpha ventus nicht zu vergleichen.

Ebenso gab es wenig verwertbare „Literatur" zu Offshore-Wartungs- und Monitoringkonzepten. Was blieb, war der mündliche Erfahrungsaustausch: Adwen führte Gespräche mit den Betreibern von Offshore-Windparks. Der mehrjährige Onshore-Betrieb der Prototypen der AD 5-116 in Bremerhaven lieferte das Grundgerüst an Daten und Erfahrung in Sachen Wartung und Monitoring. Dessen Daten und Statistiken trugen zum Aufbau eines Überwachungssystems für die Offshore-Windenergieanlagen in alpha ventus bei, das in angepasster Form wesentlich zur Vereinfachung der Inspektion der Offshore-Anlagen eingesetzt wird. Insbesondere bei den Strukturmessdaten zur Erfassung der Schwingungen an Turm und Rotorblättern ist das Potenzial noch nicht ausgeschöpft, so wird die Datenanalyse zur Bestimmung der tatsächlichen Beanspruchung der mechanischen Komponenten ständig weiter entwickelt.

Außerdem wurden verschiedene Schiffstypen bei Aufbau und Wartung ausgetestet. Unter anderem auch Übernachtungsschiffe für die Monteure, die notfalls bis zu drei Wochen auf See bleiben können.

11.7 In Verbindung bleiben ...

Die Zeiten, dass nur der Hersteller über eine spezielle elektronische Verbindungsschnittstelle „seiner" Anlage verfügte, sind vorbei. Anlagen verschiedener Hersteller müssen in Windparks miteinander kombinierbar und systemübergreifendbezüglich Scada (Supervisory control and data acquisition) kompatibel sein – so eine der Anforderungen im Forschungsprojekt von alpha ventus. Und sie wurde erfüllt. Der entwickelte Server ist komplett kompatibel zu Scada-Systemen anderer Hersteller. Mit der neuen genormten Schnittstelle ist der Einsatz der AD 5-116 in gemischten Windparks mehrerer Windenergieanlagen verschiedenen Typs möglich. Zudem wird damit der Mehraufwand bei der Entwicklung von Scada-Systemen minimiert. Die neue Schnittstelle wird auch im 2014 errichteten Nachbarwindpark „Trianel Windpark Borkum" (40x AD 5-116) verwendet.

11.8 Bei Starkwind weiterlaufen lassen ...

Bei Starkwind schalten Windenergieanlagen üblicherweise ab. Sie wechseln in den so genannten Trudelbetrieb, um die enormen Kräfte auf die Gründung im zulässigen Rahmen zu halten. Dies geschieht bei der AD 5-116 ab Windstärke 10 und ist gerade bei windstarken Offshore-Standorten mit Einbußen im Energieertrag verbunden.

Hier haben die Ingenieure eine Lösung zum leistungsreduzierten Weiterbetrieb der Offshore-Windenergieanlage bei Starkwind entwickelt. Einerseits werden die Blätter mit der neu entwickelten Steuerungsstrategie der Anlage bei Starkwind gezielt weiter aus dem Wind gedreht (gepitcht), um den Druck auf den Rotor und damit die Kräfte auf die Gründung zu reduzieren. Andererseits ist die Anlage durch ein neuartiges Sensorsystem in der Lage, Lastspitzen und einseitige Belastung des Rotors frühzeitig zu erkennen. Durch individuelle Regelung der einzelnen Blätter reagiert die Anlage automatisch und kann so kurzzeitige Extrembelastungen vermeiden. Diese Regelungsstrategie führt dazu, dass der Jahresenergieertrag, nicht aber das Lastniveau erhöht wird.

Story am Rande (II): Eine Anlage und viele Väter!

Als erster und einziger Windpark-Projektierer wagte es Ingo de Buhr (damals Prokon-Nord), auch Hersteller von Windenergieanlagen zu werden. Er übernahm die Multibrid Entwicklungsgesellschaft des damaligen bayerischen Windanlagen-Herstellers Pfleiderer und „erbte" damit die Pläne für eine Multi-Megawatt-Maschine nebst einem Patent-Lizenzvertrag mit dem Anlagenentwickler aerodyn. Nach der Errichtung des Prototypen an Land kam die reine Offshore-Maschine mit der Multibrid M5000-Technologie erstmals in alpha ventus zum Einsatz. Ende 2007 stieg der französische Energiekonzern Areva bei Multibrid ein und übernahm die Anteile 2010 vollständig. Seit 2015 gibt es das Offshore-Joint Venture Adwen Offshore zwischen dem spanischen Hersteller Gamesa und Areva, die ihre M5000 Anlagentypen AD 5-116/AD 5-135 und ihre Offshore-Projekte komplett in das neue Unternehmen einbringt.

Björn Johnsen

11.9 Helikopterabsetzplattform: Abseilen!

Um ein Missverständnis zu vermeiden: Absetzen bedeutet hier abseilen. Nichts da mit gemütlichem Ausstieg auf festem Grund! Helikopterabsetzplattformen sind nötig, für Notfalleinsätze oder vielleicht unvermeidbare schnelle Wartungsarbeiten, wenn bei hohen Windstärken und Wellen ein Schiff nicht mehr anlegen kann. Auch hier gab es in Sachen Offshore-Windenergie-DIN-Vorschriften zunächst – nichts. Bei Projektbeginn gab es zunächst lediglich Vorgaben aus internationalen Regularien, frei nach dem Motto „Heli-Decks auf Offshore-Öl/Gas-Plattformen, wir bitten um freundliche Beachtung". Nach der Errichtung des deutschen Offshore-Windenergie-Testfeldes wurden die Mindestanforderungen für eine Helikopterabsetzplattform auf Offshore-Windenergieanlagen in Deutschland gesetzlich geregelt, seit 2012 gelten die „Grundsätze des Bundes und der Länder über Windenergiebe-

■ **Abb. 11.7** Ein Techniker wird per Helikopter für einen Serviceeinsatz abgesetzt. © Adwen/Jan Oelker

triebsflächen auf Windenergieanlagen“ (Bundesanzeiger vom 27.01.2012). Die für die AD 5-116 fertiggestellte Helikopterplattform (■ Abb. 11.7) haben das Bundesamt für Seeschifffahrt und Hydrographie (BSH) und das Bundesministerium für Verkehr, Bau und Stadtentwicklung zugelassen und genehmigt, die Zertifizierung erfolgte durch den Germanischen Lloyd (DNV GL). Ein Patent wurde angemeldet, die Verwertbarkeit ist hoch: Derlei Helikopter-Decks wurden anschließend im Jahr 2014 auch auf den 40 Anlagen im Nachbarwindpark „Trianel Windpark Borkum“ und bei den 80 Anlagen im Offshore-Windpark Global Tech I errichtet.

11.10 Triebstrang im Langzeittest

Vertrauen ist gut, Kontrolle ist besser. Für alle Beteiligten. Um zu erfahren, wie stark die Hauptkomponenten im Triebstrang nun wirklich belastet sind, hat man an einer AD 5-116 den Triebstrang komplett zerlegt und begutachtet. Nach vier Jahren Betriebszeit und einer erzeugten Energiemenge von 38 Gigawattstunden. Bei der Begutachtung wurden insbesondere die Zulieferer der Komponenten hinzugezogen, denn auch sie profitieren von den gewonnenen Erkenntnissen. Zwischenergebnis nach vier Jahren: Die Kapselung der Windenergieanlage funktioniert und entspricht den Erwartungen, sämtliche Schraubverbindungen waren frei von Korrosion und ließen sich problemlos lösen. Die Rotorblätter befinden sich nach Auffassung von unabhängigen Gutachtern für die Laufleistung in einem normalen Zustand.

Die Blattlager mit Laufbahnen, Käfig, Wälzkörper, Verzahnung und Dichtungssystem waren einwandfrei, so der Hersteller bei der Prüfung. Ihre erwartete Gebrauchsdauer von 20 Jahren könne sehr gut erreicht werden. Ebenso befand sich das Hauptlager mit Laufbahnen, Bolzenkäfig und Wälzkörper in einem guten Zustand, sagt der Komponentenproduzent. Ein Hauptaugenmerk lag erwartungsgemäß auf dem Getriebe, das nach dem Ausbau unabhängige Gutachter prüften. Ihrer Ansicht nach besteht kein Anlass, das Design des Getriebes (■ Abb. 11.8) zu ändern. Das große Gleitlager C (nahe der Öltasche) zeigt keine nennenswerten Deformationen und ist weiter verwendbar. Es gab und gibt keinen Hinweis auf Überhitzung oder falsche Ölzirkulation. Das ausgebaute Getriebe befindet sich demnach in einem guten Zustand. Ebenso wenig gab es bei der Generator-Überprüfung Beanstandungen.

Gesamtfazit der Gutachter zum „gebrauchten“ Triebstrang: Das technische Konzept der Offshore-Windenergieanlage AD 5-116 wurde bestätigt, ebenso die verwendeten Werkstoffe und die Auslegung der Komponenten. Alle Erkenntnisse sind wichtig, um gegebenenfalls Optimierungen ablei-

■ **Abb. 11.8** Planetengetriebe (**a**), Detailansicht (**b**). © Adwen/Jan Oelker

■ **Abb. 11.9** Blick in die Montagehalle. © Adwen/Heike Winkler

ten zu können und insbesondere genauere Angaben über die Lebens/Betriebsdauer der Komponenten zu treffen. Denn aussagekräftige Ergebnisse einer technischen Untersuchung sind für die Finanzierbarkeit zukünftiger Offshore-Windparks nicht unwichtig. Der Triebstrang wurde nachher übrigens wieder zusammengesetzt und eingebaut (■ Abb. 11.9).

11.11 Quellen

- Innovative Weiterentwicklung, Konstruktion und Test der Offshore Windenergieanlage AREVA Wind M5000 unter erschwerten Offshore Bedingungen im Offshore Testfeld Borkum West. Abschlussbericht, 2014, Förderkennzeichen 0327670
- ▶ www.adwenoffshore.com, Abruf vom 22.11.2015

Mit Laserstrahlen in den Wind schießen

Lidar-Windmessungen im Offshore-Testfeld öffnen neue Horizonte

Björn Johnsen

M. Durstewitz, B. Lange (Hrsg.), *Meer – Wind – Strom*,
DOI 10.1007/978-3-658-09783-7_12, © Springer Fachmedien Wiesbaden 2016

Projektinfo: Entwicklung von LIDAR-Windmessung für das Offshore-Testfeld/Lidar I
Projektleitung:
SWE – Stuttgarter Lehrstuhl für Windenergie, Universität Stuttgart
Andreas Rettenmeier
Projektpartner:
- ForWind – Zentrum für Windenergieforschung, Universität Oldenburg
- Deutsches Zentrum für Luft- und Raumfahrt e.V. (DLR)
- FGW – Fördergesellschaft Windenergie

Projektinfo: Entwicklung gondelbasierter LIDAR-Technologien für die Messung des Leistungsverhaltens und die Regelung von Windenergieanlagen/Lidar II:
Projektleitung:
ForWind – Zentrum für Windenergieforschung, Universität Oldenburg
Prof. Dr. Martin Kühn
Projektpartner:
- Adwen GmbH
- Universität Stuttgart, SWE – Stuttgarter Lehrstuhl für Windenergie
- FGW – Fördergesellschaft Windenergie

Windenergieanlagen werden immer höher, Nabenhöhen von 120 bis 150 Meter und mehr sind keine Seltenheit mehr. Mit den Größen steigt der Aufwand für die Errichtung von Windmessmasten, mit denen die Windbedingungen gemessen werden, um Windenergieanlagen effizient zu betreiben. Gleichzeitig bestimmen turbulente Strömungen die Windverhältnisse in diesen Höhen. An Land stehen die Anlagen zudem häufig in komplexem Gelände: Hügel, Täler, Berge oder auch „nur" Gebäude in der weiteren Umgebung sorgen zusätzlich für komplizierte Windströmungsverhältnisse. Um da noch zuverlässig Aussagen über solche Windverhältnisse in Höhen von 50 bis zu 300 Meter Flügelspitzenhöhe treffen zu können, bedarf es neuer Messmethoden. Eines der bislang aussichtsreichsten Verfahren: Laserstrahlen in den Wind schießen!

Was zunächst nach „Krieg der Sterne" klingt, kann nicht nur die Windgeschwindigkeit direkt vor dem Rotor messen. Es kann ganze Windfelder in der Luft mit ihren Strömungen und die so entstehenden Lasten auf die Anlagen erfassen, und bei der Planung eine bessere Anlagenplatzierung innerhalb eines Windparks ermöglichen. Offshore wie Onshore. Kein Wunder, dass die Lidar-Forschung zu den umfangreichsten Projekten der RAVE-Initiative zählt. Nach Abschluss des vierjährigen Vorhabens Lidar führten die Wissenschaftler erweiterte Aufgaben im Nachfolgeprojekt Lidar II fort.

12.1 So funktioniert's

Lidar-Geräte (Light detection and ranging) schießen Laserstrahlen mit Lichtgeschwindigkeit in die Luft. Dort treffen sie auf kleinste Teilchen, zum Beispiel Staubpartikel, die fast immer in der Luft enthalten sind: die sogenannten Aerosole. Über dem Meer sind Salzkristalle die häufigsten Aerosole. Diese Teilchen bewegen sich immer mit der aktuellen Windrichtung. Trifft der Laserstrahl auf sie, reflektieren sie einen Bruchteil des Laserlichts zurück Richtung Lidar-Gerät. Dieses Signal wird vom Lidar-Gerät empfangen und ausgewertet. Wenn man gepulste Laserstrahlen verwendet, kann man – vergleichsweise wie mit einem Radar die Entfernung zu einem Objekt – den Wind in verschiedenen Entfernungen oder auch in verschiedenen Höhen über dem Boden oder der Meeresoberfläche gleichzeitig messen. So erhält man nicht nur eine Windgeschwindigkeit an einem Ort, sondern ein komplettes „Windfeld" in der umgebenden Luft. Also weit mehr als ein konventionelles Windmessgerät kann, wie man es bei Wetterstationen vorfindet, das nur an einem einzigen Punkt den Wind erfassen und messen kann.

12.2 Keine Forschung für die Katz' oder Kunst

Reichlich Themenblöcke also, mit reichlich beteiligten Instituten. Das Forschungsvorhaben „Lidar-Windmessungen für das Offshore-Testfeld" haben als Verbundpartner der Stuttgarter Lehrstuhl für Windenergie der Universität Stuttgart und das ForWind Zentrum für Windenergieforschung an

Abb. 12.1 Messprinzip Lidar-System. © Leosphere

der Universität Oldenburg geleitet. Das Deutsche Windenergie-Institut (DEWI) wurde für Leistungskurvenvermessungen hinzugezogen. Zudem hat das Deutsche Zentrum für Luft- und Raumfahrt e. V. (DLR) das Projekt mit seinem Lidar-Know-how und einem eigenen sogenannten „Long-range-Lidar" unterstützt. Wenn die Zusammenarbeit von Windbranche und Luftfahrtindustrie sonst durchaus noch ausbaufähig ist – beim Lidar-Projekt war sie unübersehbar.

Bei der Weitergabe der Forschungsergebnisse an die deutsche Industrie und bei daraus entstehenden Richtlinien hat die Fördergesellschaft Windenergie (FGW) federführend mitgewirkt. Alles in allem also keine Forschung für die Katz' oder Kunst, sondern mit direkten Auswirkungen für die Windbranche und die Weiterentwicklung der Windenergietechnik. Aber häufig weiß man das erst hinterher, und deshalb ist freies Forschen so wichtig.

Abb. 12.2 Initialtest auf dem Dach der Universität Stuttgart. © SWE Universität Stuttgart

12.3 Lidar-Technologie

12.3.1 Schneefalltest im Schwabenland

Knapp 1.000 Kilometer südlich von alpha ventus. Nicht auf hoher See, sondern in wahrlich komplexem Gelände: Auf dem Dach des Stuttgarter Lehrstuhls Windenergie (SWE), nicht unweit der schwäbischen Alb, findet im Jahr 2008 der erste Test für das Forschungsvorhaben mit einem Lidar-Gerät statt. Zum Einsatz kommt das Instrument eines französischen Herstellers, das in 50 bis 200 Metern Höhe Wind bis zu 30 m/s messen kann (Abb. 12.1), also weit über die normale Abschaltwindgeschwindigkeit von Windenergieanlagen hinaus. Gleichzeitig erfasst es synchron mehrere Messhöhen. Als Referenzgerät kommt später zum Vergleich und zur Untersuchung des Winds im Windschatten von Windenergieanlagen ein gepulstes Doppler-Wind-Lidar mit 2 µm Wellenlänge des DLR in Bremerhaven zum Einsatz.

Das Lidar aus Frankreich arbeitet am Boden, ist also nicht auf der Gondel einer Windenergieanlage angebracht. Der erste Test auf dem Dach des Instituts in Stuttgart findet unter winterlichen Bedingungen statt (Abb. 12.2). Schnee und Eis rundherum, aber das Gerät funktioniert. Das Lidar wird vom

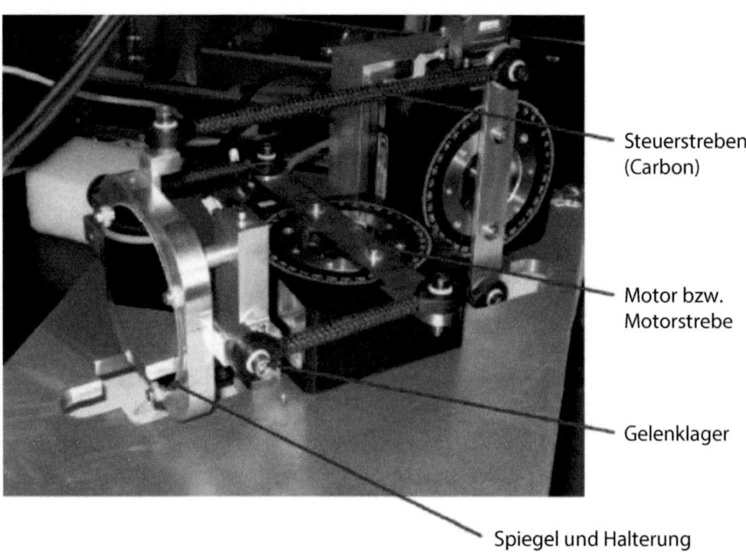

Abb. 12.3 Ansicht des SWE-Scannersystems. © SWE Universität Stuttgart

SWE modifiziert und mit einer flexibleren Scannereinheit ausgestattet.

Das Lidar gibt in die vier Hauptwindrichtungen (Nord, Süd, Ost, West) bis zu 10.000 Laserimpulse beziehungsweise Laserschüsse in bis zu 10 vordefinierten Höhen ab. Jeder Messzyklus dauert eine halbe Sekunde. Eine weitere halbe Sekunde wird benötigt, um die erhaltenen Messwerte zu berechnen, sich um weitere 90 Grad in die nächste Himmelsrichtung auszurichten und dann die nächsten Laserstrahlen abzuschießen. Dabei beschreibt der Scanverlauf das Volumen eines Kegels. Die gesamte Messdauer für sechs verschiedene Messhöhen beträgt nur – 1,5 Sekunden! Für eine genaue Messung sind zwei Dinge wichtig: Erstens eine bestimmte Mindestkonzentration von Aerosolen in der Luft, die für die Reflektion der Strahlen notwendig ist. Zum zweiten braucht man eine hohe Laserleistung, um ein eindeutiges Signal aus den zurückgestreuten Lichtstrahlen zu erhalten.

12.3.2 Scannersystem und Spezifikation Offshore

Scanner und Spiegel sind die entscheidenden Faktoren für die Weiterentwicklung des einfachen Lidar in neuen Höhen – für den Einsatz auf der Gondel einer Windenergieanlage. Für gondelbasierte Lidar Messungen wurde ein Scannersystem mit Steuerung entwickelt (Abb. 12.3). Mit Hilfe eines Spiegels kann man nun den Laserstrahl in beliebige Richtungen lenken.

Der Scanner mit Steuerung wurde in ein zweites Gehäuse integriert, das sich mit dem Lidar verbinden lässt. Damit kann man – je nach Montage – nun das Windfeld vor oder hinter der Windenergieanlage erfassen: Und zwar jeweils mit einer Reichweite von mehreren hundert Metern. Zudem wird das Windfeld nunmehr dreidimensional erfasst: Ein komplettes Strömungsbild entsteht. Mit Scanner und Spiegel ist es möglich, den Laserstrahl in gewünschte, vordefinierte Positionen zu lenken. Bei mehreren tausend Laserschüssen in einer halben Sekunde sieht es nur aus wie ein „blindes Dauerschießen" – denn die Punkte wurden vorher genau bestimmt. Der Scanner im Lidar folgt den vorgegebenen Zeiten und Punkten. Dort kann man durch Messung an fünf Punkten entlang des Laserstrahls die sogenannte „Radialgeschwindigkeit" messen. Parallel dazu haben die Forscher die notwendige Simulationssoftware hierzu entwickelt.

Das neue gondelbasierte Lidar-Scanner-System kommt dann nicht mehr auf einem Hausdach im Schwabenland zum Ersttest. Die Erprobung erfolgt 2009 schon in der Nähe von alpha ventus, aber noch an Land: Auf dem Prototypen der Adwen AD 5-116 bei Bremerhaven, wo das System auf dem Gondelfach montiert wird. Klassisch mit Gerüstschellen und Stangen. Mit diesem Experi-

■ **Abb. 12.4** Vermessener erster Prototyp in bei Bremerhaven und Windmessmast. Das Lidargerät (auf dem Foto nicht sichtbar) steht etwa 10 m vom Windmessmast entfernt. © SWE Universität Stuttgart

mental-Scanner kann man nun das Lidar für die Messung der Leistungskurve und Lastmessungen einsetzen.

12.3.3 Windmess-Boje auf dem Wellenkamm?

Auch offshore zeigt das bodenbasierte Lidar seine Leistung: Es wurde auf der Plattform Fino 1 installiert, aber eben bodenbasiert. Es zeigte dort ebenfalls eine gute Korrelation mit den Anemometermessungen vom Messmast. Auch offshore war eine gute Verfügbarkeit des Gerätes über sämtliche Höhen zu erzielen. Dies liegt an der höheren Konzentration von Aerosolen über der Nordsee, die eine bessere Reflektion der Laserstrahlen ermöglichen. „Nebenbei" sind Lidar-Geräte auch für „Offshore-Nebenerfindungen" geeignet und führen zu weiteren Entwicklungen. Beispielsweise zu sogenannten „Lidar-Windbojen". Diese schwimmen auf den Wellen und können ohne stationäre und massive Bodengründung Windpotenzialmessungen auf See ermöglichen.

12.4 Die Last mit der Leistungskurve

12.4.1 Von Omo zu Demo

Ein Blick zurück in die Zeit vor „Lidar": Bislang wurde die Leistungskurve für eine Windenergieanlage (▶ Abschn. 20.5) mit einer Punktmessung von Windgeschwindigkeit und Windrichtung vermessen, im Idealfall mit einem Abstand des Messmastes vom 2,5-fachem Rotordurchmesser zur Anlage – so sieht es eine Richtlinie der International Electrotechnical Commission (IEC) vor. Die „nach IEC vermessene Leistungskurve" ist die zentrale Kenngröße der Anlage und Grundlage der Ertragskalkulationen. An windschwachen Standorten benötigt man für eine so vermessene Leistungskurve mehrere Monate bis zu einem dreiviertel Jahr, bis für alle auftretenden Windgeschwindigkeiten ausreichend Datenmaterial vorhanden ist.

Beim Adwen AD 5-116-Prototypen in Bremerhaven hat man das Lidar zunächst direkt neben dem Messmast installieren können (■ Abb. 12.4) – und erhielt sehr gute Vergleichswerte. Das Lidar im Omo-Einsatz (Ohne Messmast Onshore) funktioniert also.

Abb. 12.5 Position des Lidar auf dem Container (*rechts*) auf der Offshore-Forschungsplattform Fino 1. © UL International (DEWI)

Für den Offshore-Test gab's dann zunächst wieder den „Dach-Test". Das bodengestützte Lidarsystem wurde auf dem Dach eines Containers auf der Forschungsplattform Fino 1 in der Nordsee errichtet, in zehn Metern Entfernung zum dortigen Messmast (Abb. 12.5). Die Daten konnte man gut mit den dortigen „konventionellen" Schalenkreuz-, Ultraschallanemometern und Windfahnen vergleichen. Beim Schalenkreuzanemometer lag die Verfügbarkeit bei allen Höhen bei knapp 100 %, beim Ultraschallanemometer bei 97,5 %. Auf allen Fino 1-Messhöhen lag die Verfügbarkeit des Lidars bei 98 %. In der neuen „windigen" Höhe von 200 Metern ohne Messmast sank die Verfügbarkeit auf 91 %. Dies liegt daran, dass das Signal-Rausch-Verhältnis mit zunehmender Höhe abnimmt – hier sind also noch weitere Entwicklungen notwendig, vor allem leistungsstarke Lasergeräte.

Story am Rande (I): Zu heiß

Die Sonne und der Norden haben ihre eigenen Gesetze. Beim Einsatz im Adwen AD 5-116-Prototypen in Bremerhaven arbeitete das neue Lidar-Scanner 10 Monate problemlos. Fast problemlos. An heißen Sommertagen erreichte die Gehäuse-Innen-Temperatur die Marke von 40 Grad. Die Folge: Die Software schaltete bei derlei „Fieber" das gesamte System automatisch ab. Um das auf hoher See zu vermeiden, erhielt das verwendete Lidar in alpha ventus einen Sonnenschutz übergestülpt.
Björn Johnsen

Nicht nur bei der Verfügbarkeit, auch bei den tatsächlichen Messwerten erzielt das Lidar auf Messmasthöhe ähnlich gute Ergebnisse wie die konventionellen Geräte. Auf Fino 1 dauerte der Offshore-Lidar-Testversuch ein Jahr. Bei den 10-Minuten-Mittelwerten ergab sich eine Übereinstimmung mit den Anemometern von über 99 %. Die Abweichungen zwischen Lidar und Anemometer sind damit geringer als die Messunsicherheiten des Messmastes.

Auf See gibt es andere Windprofile und andere Turbulenzintensitäten als an Land. Insofern kann es sinnvoll sein, zwischen einer Leistungskurve mit freier Windanströmung und Turbulenzintensitäten von 5 bis 10 % zu unterscheiden, und einer Leistungskurve innerhalb eines Windparks mit deutlich höheren Turbulenzintensitäten. Innerhalb eines Offshore-Windparks könnte das ein einfacheres Messverfahren mit Lidar ermöglichen – und entscheidend dazu beitragen, dass Planer, Betreiber und Anlagenhersteller dann ein schnelles Instrument zur Verifizierung der Windstromerträge zur Hand hätten.

Ferner wurde der Einfluss des vertikalen Windprofils und der Turbulenzintensität auf die dynamische Leistungscharakteristik untersucht. Die Lidar-Windmessung wurde dazu an fünf verschiedenen Messhöhen innerhalb des Rotordurchmessers der Adwen AD 5-116 durchgeführt. Die Erfassung der gesamten Rotorfläche kann die Genauigkeit der dynamischen Leistungscharakteristik verbessern. Das gilt nicht nur für das vertikale Windprofil – dem Verlauf von Windgeschwindigkeit und Windrichtung mit der Höhe – sondern auch für die Erfassung der Turbulenzeigenschaften über die gesamte Rotorfläche.

12.4.2 Lidar auf der Gondel

Kann man zuverlässige Leistungs- und Lastkurven auch durch gondelbasierte Lidar Messungen

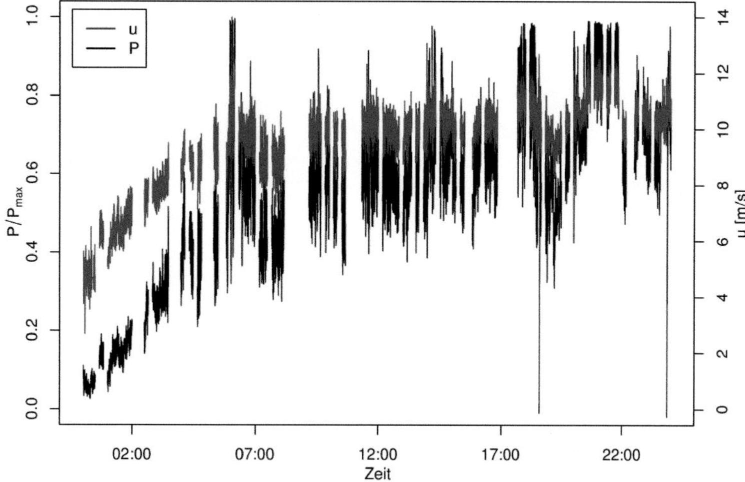

Abb. 12.6 Messdaten der Windgeschwindigkeit (*rot*) in 116 m Entfernung sowie der Anlagenleistung. © ForWind – Universität Oldenburg

erhalten? Hier steht das Lidar-Gerät nicht auf dem Boden, sondern ist auf der Gondel oder direkt am oder im Spinner angebracht, z. B. auf dem Dach des Maschinenhauses wie bei den Tests mit der Adwen AD 5-116 bei Bremerhaven. Das gondelgestützte Lidar-System mit Scanner-Vorrichtung erzielte im Praxistest auch in diesem Anwendungsbereich eine hohe Übereinstimmung mit den konventionellen Anemometern. Und mehr: Erstmalig ist es durch das Lidar auf der Gondel möglich, das gesamte Windfeld vor einer Windenergieanlage zu erfassen: Nicht nur die vertikalen Anströmungsbedingungen „oben und unten", sondern das gesamte Windfeld über der riesigen Rotorkreisfläche einschließlich der Schräganströmung (Abb. 12.6).

Dies bringt nicht nur viele neue Daten über die Bewegungen des Windes, sondern möglicherweise auch ein besseres Verständnis für die „Interaktion von Wind und Windenergieanlage". Und es erfasst mit der Schräganströmung eine Ursache für eine schwächere Leistungsausbeute bzw. stärkere, zeitweise auftretende Lasten an einer Windenergieanlage. Es zeigte sich, dass bei der gondelbasierten Lidar-Windmessung eine sehr gute Korrelation zwischen Windgeschwindigkeit und Ausgangsleistung der Windenergieanlage erzielt wird.

Gondelbasierte Lidar-Messungen können die instationäre Leistungscharakteristik ebenso wie die Leistungskurve einer Windenergieanlage jedenfalls deutlich schneller und detaillierter vermessen als eine bodenbasierte Windmessung, da das messende System sich mit der Windrichtung – und somit auch mit der Gondel der Windenergieanlage – dreht. Vorausgesetzt, das Lidar-Gerät in/auf der Gondel ist robust und leistungsstark.

12.5 Turbulente Windfelder vorne und hinten

12.5.1 Einströmung von vorn, erste Untersuchungen zur Anlagenregelung

Windböen, Inhomogenitäten des einströmenden Windfelds (vertikale und horizontale Windgradienten, wenn der Wind in Bodennähe abnimmt; partielle Böen) sind derzeit die Hauptbelastungen für Windenergieanlagen. Dies drückt sich in hohen Lastspitzen und häufigen Wechsellasten aus, mit bis zu 100 Millionen Lastwechseln während der Betriebslaufzeit einer Anlage. Derzeit können regelungstechnisch Lastreduzierungen über Veränderung der Rotordrehzahl oder kollektive Pitchverstellung erst aktiv erreicht werden, nachdem der Windimpuls – also die Lasteinwirkung – auf die Anlage trifft. Doch dann ist die Belastung bereits eingetreten bzw. schon wieder vorbei! Ein schnelles Windfeld-Prognosesystem im Kurzzeitbereich zwischen 5 bis 30 Sekunden könnte da Abhilfe schaffen. Ein System, das vorwegnehmend und vorausschauend relevante Informationen an die Anlagensteu-

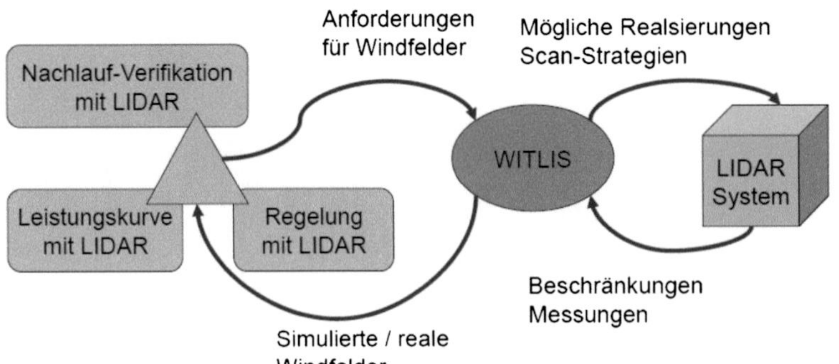

Abb. 12.7 Konzept der Scannerentwicklung mit Witlis. © SWE Universität Stuttgart

erung weiter gibt, bevor der Wind auf die Anlage trifft. Simuliert wurde derlei schon – fehlt nur noch die praktische Implementierung …

Story am Rande (II): Klappe auf!
Im Windkanal der Uni Oldenburg geht man neue Wege „auf der Suche nach Turbulenzen". Man legt dort ein schweres Gitter in den Kanal, das aus 126 einzeln beweglichen Platten und Klappen besteht. Über 16 Achsen können die Klappen in die verschiedensten Richtungen bewegt werden, auch gegeneinander. Die Forscher versuchen so, Luftverwirbelungen zu erzeugen und die Turbulenzen nachzubilden, die vor einer Windenergieanlage herrschen. In herkömmlichen Windkanälen gibt es nur einen gleichmäßigen Luftstrom in einer Richtung, der dann beispielsweise auf ein Rotorblatt trifft. Eigentlich ein unrealistisches Modell – Realität und Natur sind wilder.
Björn Johnsen

12.5.2 Zum Testen gehört das Simulieren

Als Vorstufe für ein solches System wurde der sogenannte Lidar-Simulator Witlis (Wind turbine lidar simulator) entwickelt (Abb. 12.7). Das zu entwerfende Lidar-System soll Windfelder für die Nachlauf-Verifikation, für die Leistungskurvenvermessung und für die Regelung einer Windenergieanlage liefern. Also sehr unterschiedliche Aufgaben, mit differenziertem Anforderungsprofil: So benötigt man für die Messung des Nachlaufes – die Luftverwirbelungen hinter einer Windenergieanlage – eher räumlich hoch aufgelöste Messungen, für die Regelung aber eher zeitlich hochaufgelöste Messungen. Was wiederum Flexibilität im Scan-System erfordert.

In der Anlagenregelung steckt ein sehr großes Entwicklungspotenzial, und es wurde reichlich experimentiert und erprobt. So wurde beispielsweise eine Lidar-basierte Regelung mit einem Standardregler verglichen und in 10-Minuten-Windfeldern überprüft. In einem weiteren Schritt wurde Witlis mit einem kommerziellen aeroelastischen Simulationstool gekoppelt. Virtuell ausgetestet wurden in ersten Versuchen auch Optionen auf erhebliche (bis zu 30 %) Lastreduzierungen des Turmfußbiegemoments identifiziert.

12.5.3 Wie eine Rauchfahne – die Windbelastungen hinter der Anlage

Erhebliche Auswirkungen hat das Windströmungsfeld hinter einer Anlage im Nachlauf – bevor es auf die nächsten Anlagen in zweiter oder dritter Reihe im Windpark trifft. Selbst in größeren Abständen zwischen den Anlagen wirkt es nur im statistischen Durchschnitt wie ein „gleichmäßiger" Schattenwurf eines Bauwerkes. Tatsächlich aber bewegt sich dieser Wind im Nachlauf während des Abfließens langsam zur Strömung hin und her – und ähnelt als „Wellen-Mäandern" eher der Rauchschwade aus einem hohen Schornstein oder den Wirbelschleppen eines großen Passagierflugzeugs! Und diese „Wirbelschleppe" belastet die Hautkomponenten

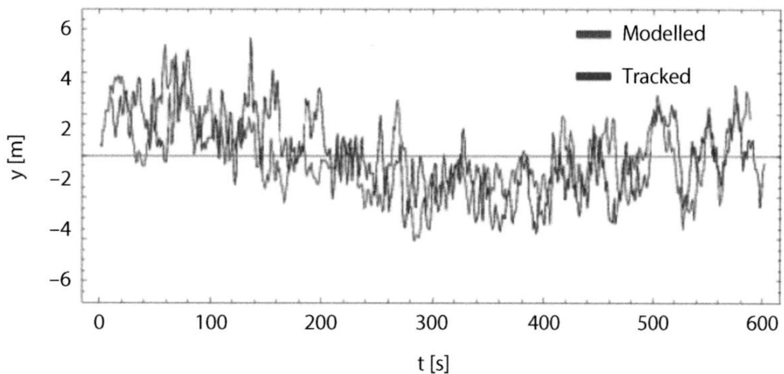

Abb. 12.8 Vergleich der modellierten (*rot*) und gemessenen (*blau*) Zeitreihen der Nachlaufposition. © John Wiley & Sons

der nachfolgenden Windenergieanlagen zusätzlich und unregelmäßig.

Eine genaue Bestimmung dieser Nachlaufströme von Multi-MW-Anlagen ist zwar erstrebenswert, kann aber nur mit aufwändigen wissenschaftlichen Strömungssimulationsverfahren (CFD) erreicht werden, die viel Computer-Rechenzeit benötigen. Deshalb ist ein verbreiteter industrieller Einsatz derzeit noch kaum praktikabel.

» **Wir wissen noch zu wenig**

In den letzten Jahren gab's gewaltige Fortschritte in allen Bereichen der Windtechnologie. Und doch wissen wir noch zu wenig. So können wir die Windanströmung auf die Rotorblätter bestenfalls näherungsweise beschreiben. Doch neues Wissen eröffnet auch neue Möglichkeiten.

Dr. Matthias Wächter, ForWind, Institut für Physik, Universität Oldenburg

Im Forschungsprojekt hat man ein Simulationsmodell für die Dynamik des Nachlaufes von Multi-MW-Anlagen entwickelt. Dieses Disc Particle Model (DPM) ermöglicht es nun, künstliche-synthetische Zeitreihen von Nachläufen für die unterschiedlichsten atmosphärischen Situationen zu erzeugen. Große Wirbel in der Atmosphäre, die die Windrichtung ändern, „bewegen" den Windnachlauf in lateraler und vertikaler Richtung – quasi wie einen Körper. Kleinere Wirbel verändern dagegen nicht die Windrichtung, bewirken jedoch eine Durchmischung des Nachlaufs. Ähnliche Modelle setzt man in der Wissenschaft bei Modellen über die Verbreitung von Verschmutzungen und giftigen Gasen in der Atmosphäre ein. Die gesamte „Rauchfahne" wird anhand einer großen Partikelzahl rekonstruiert. Die Modelle ermöglichen auch die Betrachtung des Verhaltens der Partikel und damit auch des Verhaltens von Rauchfahnen bei unterschiedlicher atmosphärischer Schichtung.

Das entwickelte Nachlauf-Simulationsmodell wurde mit den realen Lidar-Messungen verglichen. Dabei zeigte sich eine recht hohe Übereinstimmung zwischen Simulationsmodell und Lidar-Messung (Abb. 12.8). Zudem stellte sich heraus, dass das Lidargerät mit höherer zeitlicher Auflösung – im Bereich von Millisekunden – und räumlicher Auflösung misst als herkömmliche Anemometer.

Diese Simulationsmodelle der Nachlaufbelastung von Windenergieanlagen müssen noch weiterentwickelt werden. Unter besserer Berücksichtigung des Windnachlaufes hinter den ersten Anlagenreihen könnte man dann auch Empfehlungen für eine bessere Platzierung der Anlagen in zweiter oder dritter Reihe eines Windparks entwerfen.

12.6 Wohin damit? Neue Offshore-Messverfahren und FGW-Richtlinien

Die Ergebnisse mit den neuen bodenbasierten Lidar-Messungen haben dazu geführt, dass das bodengestützte Lidar-System zusammen mit einem Referenzmast für die Leistungskurvenmessung möglich ist. Dies hat Eingang in die IEC-Norm und in die entsprechende Richtlinie der Fördergesellschaft Windenergie (FGW) gefunden. Was die gondelbasierten Ergebnisse betrifft, fließen diese ebenfalls in die Richtlinienarbeit der FGW ein, gleiches betrifft die instationären Leistungskurvenvermessungen. Die gesammelten Erfahrungen aus den Lidar-Forschungen werden der gesamten Windbranche zugänglich gemacht.

12.7 Wenn die Gondeln Lidar haben

Mit dem Forschungsprojekt Lidar I ist ein Anfang gemacht worden. Doch Lidar geht weiter. Schon in naher Zukunft könnten große Multi-Megawatt-Anlagen mit einer Leistung von 10 MW und mehr ihre Flügel im Wind drehen. 10-MW-Windkonverter werden Rotordurchmesser um 250 m haben, die Rotorkreisfläche entspricht dann etwa fünf Fußballfeldern. Solche Anlagen im Kraftwerksmaßstab benötigen aber neue, angepasste Regelungs- und Monitoringstrategien. Hier wird es darauf ankommen, die enormen Windlasten effektiv und unter minimalen Regelungseinsatz zu reduzieren. Ziel: Ihre erzeugte Elektrizität bereits ertragsoptimiert ins Verbundnetz einzuspeisen und dabei kleine Abweichungen vom vorgesehenen Normalbetrieb frühzeitig zu erkennen.

12.7.1 Heutige Regelungssysteme reagieren erst beim „Windaufprall"

Trotz vieler Fortschritte in allen Teilbereichen der Windenergietechnologie steht diese Vision einem grundlegenden Hindernis gegenüber: Es gibt noch zu große Unsicherheiten, zu wenig Wissen über die bestenfalls statistisch zu beschreibende Einströmung auf die überstrichene Rotorfläche. Und die jetzigen Regelungskonzepte für Windenergieanlagen können nur auf Änderungen im einströmenden Windfeld reagieren, die bereits Drehzahl- oder Belastungsänderungen hervorgerufen haben.

Bei der Beurteilung der durchschnittlichen oder momentanen Leistungsabgabe ist unklar, welche Windverhältnisse am speziellen Standort im Windpark diese hervorgerufen haben. Ein präziser Soll-Ist-Vergleich ist dadurch unmöglich.

Das Nachfolge-Forschungsprojekt Lidar II „Entwicklung gondelbasierter Lidar-Technologien für die Messung des Leistungsverhaltens und die Regelung von Windenergieanlagen" sollte hier mehrere Technologiebausteine weiterentwickeln.

12.7.2 Robust & industrietauglich

Die Entwicklung eines „robusten, kostengünstigen und industrietauglichen" Lidarsystems für den gondelbasierten Einsatz auf den Windenergieanlagen zählt zu den wesentlichen Zielen des Projektes. Der Serienpreis des neuen Gerätes muss wettbewerbsfähig zu der bislang verwendeten Technologie Ultraschallanemometer sein. Ideal wäre die Integration des Lidars in den Spinner der Windenergieanlagen, es kann aber bei Bedarf auch auf dem Maschinenhaus aufgebaut werden. Dabei müssen moderne und zuverlässige Komponenten verwendet werden, um einen ganzjährigen wartungsarmen und automatisierten Betrieb zu gewährleisten. Im Rahmen des Projektes konnte ein Prototyp in alpha ventus erprobt werden. Jetzt, unmittelbar nach Projektabschluss 2015, beginnt die „Kommerzialisierung" des neuen Gerätes – sprich: Die Vermarktung und Vorbereitung für die Serienproduktion.

Auf Grundlage der gondelbasierten Lidar-Windmessung wurden im Projekt zudem weitere Methoden entwickelt, die den Ansprüchen der Leistungskurvenvermessung nach internationaler IEC-Richtlinie (IEC 61400-12) entsprechen und zugleich die dynamische Leistungscharakteristik im schnellen 1-Hz-Bereich ermitteln. Ergebnis: Die direkte Messung des einströmenden Windes durch ein gondelbasiertes Lidar führt zu einer Verkürzung der nötigen Messzeit für die Leistungskurvenermittlung und zu einer deutlichen Verringerung der

Unsicherheiten über das einströmende Windfeld. Lidargeräte sind freilich nicht als vollständiger Ersatz für die heute üblichen Gondelanemometer zu sehen: Denn unter einigen wenigen Wetterbedingungen – wie beispielsweise Schneefall – sind Lidar-Messungen nicht durchzuführen und dann muss man auf „konventionelle“ Sensoren zurückgreifen. Allerdings können Lidargeräte wichtige Informationen über das einströmende Windfeld wesentlich genauer und schneller messen und verarbeiten – bevor eben das Windfeld die Windenergieanlage erreicht. Weil gepulste Laser„punkte“ im Gegensatz zum dauerhaften, kontinuierlichen Laserstrahl mehrere Messentfernungen gleichzeitig und eine konstantes Messvolumen ermöglichen, hat man sich im Forschungsprojekt für die Anwendung des gepulsten Lidar-Verfahrens entschieden.

Für die Untersuchung des stationären Leistungs- und Ertragsverhaltens wurde der entwickelte Lidar-Scanner auf der Gondel einer Senvion-Windenergieanlage in alpha ventus offshore erprobt – an der Anlage AV4 am nordwestlichen Rand des Windparks. Der Standort hat den Vorteil, dass er sich in 400 Meter Abstand (entspricht dem 3,2-fachen Rotordurchmesser) zur Forschungsplattform Fino 1 befindet und deren Windmessdaten unmittelbar zum Vergleich mit herangezogen werden konnten. Wegen Undichtigkeiten des Geräts und damit verbundenen Wassereintritts kam es während der vier Messkampagnen zu einigen Ausfällen der Hardware. Der Messzeitraum wurde deshalb bis ins Frühjahr 2015 verlängert, damit die geplanten Messkampagnen erfolgreich zu Ende gebracht werden konnten.

12.7.3 Kollektive „Blatt-Vorsteuerung“ bevor der Wind aufprallt?

Ferner wurde im Lidar-Fortsetzungsprojekt ein Monitoringverfahren entwickelt, das eine kontinuierliche Überwachung des Leistungsverhaltens erlaubt. Eine genauere, frühzeitige Regelung einer Windenergieanlage mit einem gondelbasiertem Lidarsystem kann zudem den Energietrag erhöhen – durch eine genauere Windnachrichtungsführung und eine verbesserte Drehzahlregelung. Vor allem aber soll das Lidarsystem die Extrem- und Ermüdungslasten der Windenergieanlagen erheblich verringern. Auch hier wurde weiter geprobt und experimentiert, um die geeignetsten Regelungsstrategien zu entwickeln und zu überprüfen.

Favorit ist insbesondere ein Regelkonzept einer kollektiven Blattwinkelvorsteuerung, die dank Lidarmessungen die notwendigen Informationen über das einströmende Windfeld erhält und somit vorausschauend situationsangepasst aktiv eingreifen kann. Hier wurde in einem aufwändigen Verfahren eine Lidar-Vorsteuerung für eine Adwen-Windenergieanlage (Anlage AV7 im Windpark) erfolgreich entworfen und simuliert. Es zeigte sich, dass mit der kollektiven Blattwinkelvorsteuerung beispielsweise eine Lastreduktion von bis zu 20 % am Turm erreicht werden kann. Ob die Vorsteuerung nun maßgeblich für die Lastreduzierung oder für die Stellaktivität oder für die Drehzahlvariabilität eingesetzt wird, hängt maßgeblich von der Entscheidung des Windenergieanlagenherstellers in „seinem“ Anlagendesign ab. Auch eine aufwändigere Einzelblattvorsteuerung wurde in dem Projekt entworfen, die gegenüber der kollektiven Blattvorsteuerung aber nur geringe Vorteile bietet.

Am Ende steht auch hier der Technologietransfer von Forschungserkenntnissen aus alpha ventus an die gesamte deutsche Windindustrie, insbesondere auf den Fachausschusstreffen der Fördergesellschaft für Windenergie (FGW) – und deutlich darüber hinaus. So gibt es inzwischen den „Wind Task 32“ der Internationalen Energie-Agentur zu „Wind-Lidar-Systemen für die Windenergie-Entwicklung“ mit mittlerweile elf Lidar-Themen, von der Windfeldrekonstruktion bis zur gondelbasierten Leistungskurvenvermessung. Der Know-How-Transfer ist in vollem Gang.

12.8 Quellen

- Entwicklung von Lidar-Windmessung für das Offshore-Testfeld, Förderkennzeichen 0327642/0327642A, Abschlussbericht vom 27.04.2011, Universität Stuttgart, Stiftungslehrstuhl Windenergie, Andreas Rettenmeier, Universität Oldenburg ForWind, Institut für Physik (0327642A), Dr. Matthias Wächter

- Kurz-Info/Script vom 2.10.2014 zum Nachfolgeforschungsprojekt: RAVE-Lidar II: Entwicklung gondelbasierter Lidar-Technologien für die Messung des Leistungsverhaltens und die Regelung; ForWind, Universität Oldenburg, Projekt Nr. 0325216A; Universität Stuttgart, Projekt Br. 0325216B

„Geh mir aus dem Wind“

Über Windpark-Abschattungen, Nachläufe und Turbulenzen

Björn Johnsen

M. Durstewitz, B. Lange (Hrsg.), *Meer – Wind – Strom*,
DOI 10.1007/978-3-658-09783-7_13, © Springer Fachmedien Wiesbaden 2016

Projektinfo: Analyse der Abschattungsverluste und Nachlaufturbulenzcharakteristika großer Offshore-Windparks durch Vergleich von „alpha ventus" und „Riffgat" (GW Wakes)
Projektleitung:
ForWind – Zentrum für Windenergieforschung, Universität Oldenburg, Institut für Physik
Prof. Dr.-Ing. Martin Kühn
Projektpartner:
- Fraunhofer-Institut für Windenergie und Energiesystemtechnik IWES

Auch wenn's zunächst einmal eine unschöne Vorstellung ist: Jede laufende Windenergieanlage bremst den einströmenden Wind. Und verwirbelt ihn beim „Passieren" der Rotorblätter. Es entstehen Nachläufe – eine Art „Wirbelschleppe", mit Verwirbelungen und erhöhten Turbulenzen mit Abschattungseffekten zu den hinteren Anlagen. Dies führt zu geringeren Erträgen und erhöhten Wechsellasten bei den Windenergieanlagen in den hinteren Reihen, was bei diesen in einer geringeren Lebensdauer resultieren kann. Das Verhalten, insbesondere die Dynamik, dieser Nachläufe und ihre Interaktion in Windparks ist komplex und schwer abzuschätzen. In den bisherigen Planungs- und Simulationsmodellen bestehen noch Unsicherheiten und Ungenauigkeiten bei der Einschätzung von Abschattung und Nachlaufeffekten bei unterschiedlichen meteorologischen Bedingungen. Dies führt zu Risikoaufschlägen bei der Planung von Offshore-Windparks oder kann eine geringere Stromlieferung bewirken. Dies beeinträchtigt die Wirtschaftlichkeit von Projekten. Und diese Abschattungseffekte treten nicht nur innerhalb eines Windparks auf, auch ganze Windparks können voneinander abgeschattet werden. Dabei können sich die Parknachlachläufe über Längen von mehreren 10 Kilometer erstrecken.

Die Abschattungsverluste und Charakteristika der Nachlaufturbulenzen innerhalb von Offshore-Windparks sollen in einem großen Verbundforschungsprojekt analysiert werden, das aus zwei großen Teilprojekten besteht: Den Messungen im deutschen Offshore Testfeld alpha ventus, die Bestandteil der RAVE-Forschungsinitiative sind, und den Messungen in einem zweiten, ungleich größeren Offshore-Windpark zum Vergleich und Verifizierung der bisherigen Untersuchungsergebnisse. Hierfür war zunächst der Windpark Bard Offshore 1 mit 80 Anlagen mit jeweils 122 m Rotordurchmesser vorgesehen. Im Zuge der Insolvenz der Bard-Gruppe musste man einen neuen Standort für die Messungen suchen. Mit dem Offshore-Windpark „Riffgat" konnte dann ein guter Standort gefunden werden. In diesem Windpark mit 30 Anlagen mit 120 m Rotordurchmesser wurde im Sommer 2015 mit den Messungen begonnen.

13.1 Mehr messen mit Multi-Lidar

Beim Windpark alpha ventus hat man im Forschungsprojekt „GW Wakes" erstmals offshore ein Multi-Lidar-System eingesetzt. Bei diesem Fernerkundungsverfahren erfassen Laserstrahlen die Windströmungen (siehe ▶ Kap. 12 „Lidar – mit Laserstrahlen in den Wind schießen"). Im Projekt „GW Wakes" kamen für die Messungen in alpha ventus gleich drei sogenannte „Long-range Lidar-Windscanner" als Multi-Lidar mit einer Reichweite von mehreren Kilometern zum Einsatz. Für die rund achtmonatigen Messungen wurden zwei dieser Windscanner auf der westlich von alpha ventus gelegenen Forschungsplattform Fino 1 aufgestellt, der dritte kam auf der südöstlich gelegenen Umspannplattform AV0 zum Einsatz (◘ Abb. 13.1). Durch diese Aufstellung an zwei räumlich entfernten Standorten (◘ Abb. 13.2) kann man unterschiedliche Messszenarien durchführen. Diese Konfiguration ermöglicht es insbesondere, dass durch sich kreuzende, überschneidende Lidarmessungen der horizontale, zweidimensionale Windvektor in weiten Bereichen eines Offshore-Windparks berechnet werden kann: Zu diesem Zweck hat man im Forschungsprojekt den Algorithmus MuLiWEA (Multiple lidar wind field evaluation) entwickelt. Dieses Berechnungsverfahren erzeugt aus den Daten mehrerer Lidargeräte unter Berücksichtigung einer zweidimensionalen Kontinuitätsgleichung das sogenannte 2D-Windfeld, mit Windrichtung und Windstärke.

Zudem wurde eine speziell hierfür entwickelte Messboje in der Nähe von Fino 1 verankert

■ **Abb. 13.1** Long-range Lidar auf dem Umspannwerk von alpha ventus. © ForWind – Universität Oldenburg

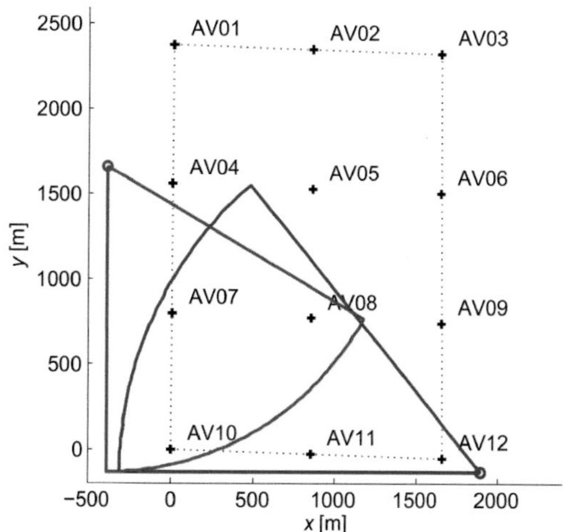

■ **Abb. 13.2** Schematische Darstellung des Messszenarios im Offshore-Testfeld alpha ventus. Ein Lidar auf Fino 1 (*rot*) und eines auf der Umspannstation (*blau*) messen den Nachlauf der Anlage AV10. Die von den Geräten erfassten Bereiche sind *rot und blau umrandet*. © ForWind – Universität Oldenburg

(■ Abb. 13.3), die zusätzlich die Wasseroberflächentemperatur, den Luftdruck und die Lufttemperatur erfasst. Diese Messungen dienen dem besseren Verständnis der Dynamik und Turbulenzen über dem Meer (siehe Kapitel ▶ Kap. 17 „Manchmal brodelt's fast wie im Spaghetti-Kochtopf"). Die Messprofile von Lufttemperatur, Luftdruck und Luftfeuchtigkeit erweisen sich dabei als wichtige Informationen zur Beschreibung der Nachläufe. Deutlich wird dies am Beispiel der Thermik: Wenn an Land die Sonne auf einen trockenen Sandhügel scheint, erwärmt sich die Luft dort schneller als über einem Moor und steigt auf. Offshore ist im Herbst das Meer noch vergleichsweise warm, während bereits kalte Winde wehen – es entsteht eine labile Schichtung der Atmosphäre über dem Wasser. Diese atmosphärischen Schichtungen beeinflussen deutlich das Verhalten der Nachläufe. Dieser Einfluss konnte messtechnisch genauer erfasst werden.

13.2 Ein Defizit ist unübersehbar – beim Wind

Im Forschungsprojekt GW Wakes wurden die Nachläufe, die sogenannten „Wakes", mit Lidar in bis zu 240 Messpunkten mit einer Reichweite bis zu 6,5 Kilometer hinter dem Windpark gemessen.

Durch die hohe zeitliche Auflösung der Messungen konnte man die Dynamik der Nachläufe detailliert erfassen und untersuchen. Die Auswertungen der Messungen zeigen deutlich den „mäandernden" Nachlauf hinter den Windenergieanlagen, hier im Beispiel bei Südost-Wind (■ Abb. 13.4).

Die Nachlaufströmung hinter den Windenergieanlagen ist stark von der Anströmungswindrichtung vor den Anlagen abhängig. Die Grafik(■ Abb. 13.5) zeigt anhand numerischer Computersimulationen, wie das Windgeschwindigkeitsdefizit hinter den Windenergieanlagen von der Anströmrichtung abhängt.

Abb. 13.3 Die im Projekt GW Wakes verwendete Messboje vor dem Aussetzen in der Nähe der Forschungsplattform Fino 1. © BSH

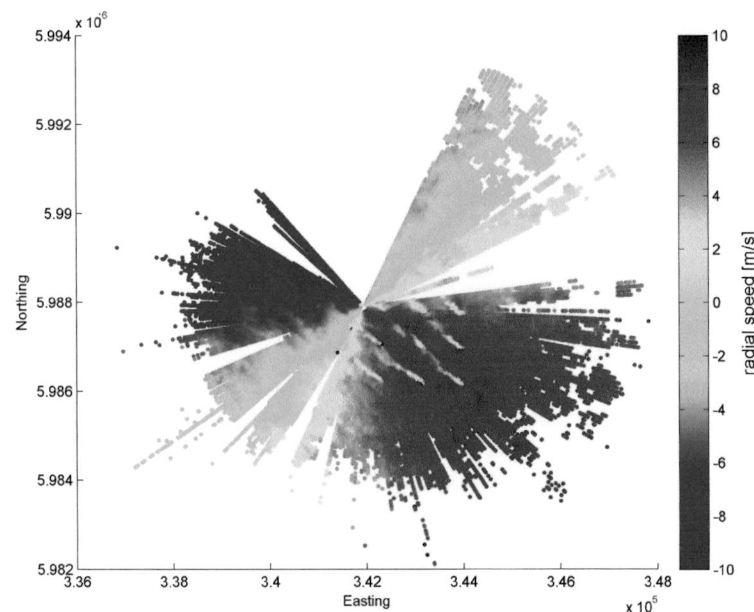

Abb. 13.4 Messung der Windströmung in alpha ventus mit einem Lidargerät von Fino 1. Die Geschwindigkeitskomponente ist in Blickrichtung des Lidars farblich differenziert dargestellt (Radialgeschwindigkeit oder „Line of Sight“-Geschwindigkeit). Die vorherrschende Windrichtung ist Südost (*rote Felder*). Deutlich sind die Nachläufe der Windenergieanlagen der südlichen drei Windparkreihen erkennbar (*unten rechts*). In den *weißen* Sektoren ist die Sicht des Lidars durch Gegenstände auf Fino 1 versperrt. © ForWind – Universität Oldenburg

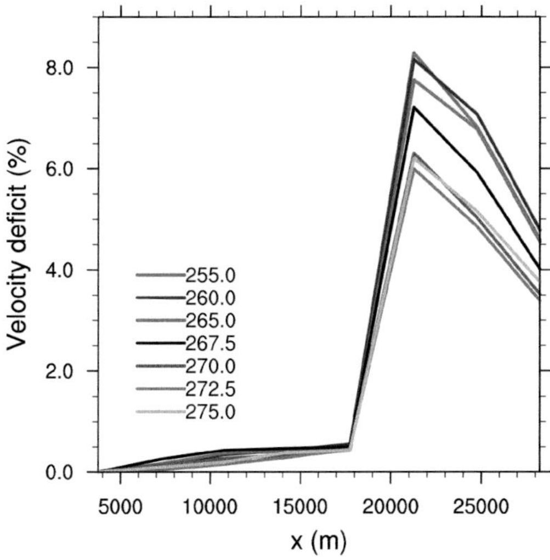

Abb. 13.5 Mittleres Geschwindigkeitsdefizit aus numerischen Berechnungen bei Mittelung über Gitterelemente der Größe $3{,}5 \times 3{,}5\,km^2$ für Anströmungen des Windparks alpha ventus aus Richtungen zwischen 255 und 275 Grad. Die Anlagen des Parks liegen im Bereich 19.500 bis 23.000 m hinter dem Einströmrand, hier ist ein starker Anstieg des Defizits erkennbar. Im Bereich hinter dem Windpark sinkt dieses wieder langsam. © ForWind – Universität Oldenburg

13.3 Satelliten, Lidargeräte und ein Quellcode

Zudem wurden Messungen durch Lidargeräte mit großer Reichweite mit denen eines Satelliten-Radars verglichen und kombiniert. Die Radartechnik deckt ein sehr großes Areal ab, macht dabei Rückstreubilder von der Meeresoberfläche und misst dabei über die Rückstreuintensität die Rauigkeit der Meeresoberfläche. Hieraus kann die Windgeschwindigkeit abgeleitet werden. Mit dieser Technik können deutlich größere Areale erfasst werden als mit Lidar. Allerdings kann der Satellit auch nur alle zwei bis drei Tage den gleichen Ort vermessen. Ein Lidar kann hingegen seine Messung in der gleichen Region kontinuierlich, mit höherer räumlicher Auflösung als der Radar-Satellit und in verschiedenen Höhen durchführen. Beides kombiniert – Lidar- und Satellitentechnik – erwies sich in einem ersten Vergleich als vielversprechendes Instrument, um die Charakteristik der Nachläufe zu erfassen und soll hierfür in zukünftigen Messkampagnen verwendet werden, um die jeweiligen Vorteile der Einzelsysteme zu nutzen.

Zudem wurde vom GW Wakes-Projektpartner Fraunhofer IWES die Windparkoptimierungssoftware „Flap-FOAM“ mit den Erkenntnissen und Annäherungsmodellen aus dem Forschungsprojekt GW Wakes erweitert. Im Rahmen des noch laufenden Projekts wird das Programm aber noch weiter entwickelt und durch reale Messungen validiert.

13.4 Ohne Großrechner zu mehr Genauigkeit

Die erste Messkampagne in alpha ventus wurde erfolgreich abgeschlossen. Dort sind bei nördlicher bzw. südlicher Windeinströmung nur höchstens vierfach überlagerte Nachläufe messbar, da der Offshore-Windpark nur aus vier Reihen mit jeweils drei Windenergieanlagen besteht. Zum Vergleich und zur Übertragung der Ergebnisse auf große Offshore-Windparks wurden im Sommer 2015 am Offshore-Windpark Riffgat Messungen vorgenommen – mit Lidar und weiteren Messsystemen auf vier Windenergieanlagen. Riffgat, rund 15 Kilometer nordwestlich von Borkum, eignet sich zur Untersuchung von mehrfach überlagerten Nachläufen, da hier im Windpark 30 Anlagen stehen. Ihre Nennleistung ist mit 3,6 MW etwas geringer als bei den in alpha ventus errichteten 5 MW-Windenergieanlagen, interessant für das Forschungsprojekt ist jedoch die Anordnung der Anlagen. In Riffgat sind die Anlagen in drei Reihen mit je zehn Maschinen aufgestellt. Wenn beispielsweise der Wind aus Südwesten kommt, entstehen so zehnfach überlagerte Nachlaufströme hinter den Windenergieanlagen, die vermessen und untersucht werden können.

Das große Ziel des noch laufenden, gesamten Forschungsprojekts: Ein besseres Verständnis der entstehenden Nachläufe hinter den Windenergieanlagen und ihren Interaktionen zu gewinnen. Die Anwendung dieses Wissens und Übertragung in die industrielle Praxis ist dann der nächste Schritt: Die Entwicklung effizienter, numerischer Computer-Modelle, die nicht nur auf einem Großrechner laufen, sondern direkt bei der Windpark-Planung eingesetzt werden können. Mit dann deutlich verringerten Unsicherheiten bei der Kalkulation von Windparkabschattungen und Nachlaufturbulenzen – und mit genaueren Windertragsabschätzungen, die am Ende dazu beitragen könnten, einen Offshore-Windpark besser zu planen und betreiben zu können.

13.5 Quellen

- Schneemann, J.; Bastine, D.; v. Dooren, M.; Schmidt, J.; Steinfeld, G.; Trabucchi, D.; Trujillo, J. J.; Vollmer, L. & Kühn, M. "GW Wakes": Measurements of wake effects in "alpha ventus" with synchronised long-range lidar windscanners; Proceedings of the German Wind Energy Conference DEWEK, 2015
- Kühn, M. et al., Zwischenberichte Nr. 03/2012, 04/2013, 05/2013, 06/2014 und 07/2014 zum Forschungsvorhaben „Analyse der Abschattungsverluste und Nachlaufturbulenzcharakteristika durch Vergleich von „alpha ventus" und „Riffgat" (GW Wakes), unveröffentlicht

13

Erster „Wahrheitstest für Offshore-Anlagen“

Entwurfsanforderungen für Offshore-Windenergieanlagen auf dem Prüfstand

Björn Johnsen

M. Durstewitz, B. Lange (Hrsg.), *Meer – Wind – Strom*,
DOI 10.1007/978-3-658-09783-7_14, © Springer Fachmedien Wiesbaden 2016

Projektinfo: Verifikation von Offshore-WEA (OWEA)
Projektleitung:
ForWind – Zentrum für Windenergieforschung, Universität Oldenburg: Institut für Physik
Prof. Dr. Dipl.-Ing. Martin Kühn
Projektpartner:
- Adwen GmbH
- Leibniz Universität Hannover, Institut für Stahlbau
- Senvion GmbH
- UL International GmbH (DEWI)
- Universität Stuttgart, Institut für Aerodynamik und Gasdynamik
- Universität Stuttgart, SWE – Stuttgarter Lehrstuhl für Windenergie

14.1 Wunsch, Wille und Leistung

Es geht um nicht mehr und nicht weniger als die „Wahrheit" der Windenergieanlagen auf See, wenn man den Kern des umfangreichen Offshore-Forschungsprojekts „OWEA – Verifikation von Offshore-Windenergieanlagen" betrachtet: Welchen Einfluss hat die atmosphärische Grenzschicht auf die Leistungskurven der Anlagen? Wie wirken sich die Windströmungsverhältnisse im vermeintlich einfachen „Gelände" auf See aus? Welche Auswirkungen hat die Nachlaufströmung hinter einer Anlage auf diejenigen in zweiter und dritter Reihe? Wie und mit welchen Simulationsmodellen lassen sich Leistungsverhalten und Belastungen einer Offshore-Anlage präziser bestimmen? Und wie könnte ein einfaches und stabiles Belastungs-Überwachungssystem für den laufenden Anlagenbetrieb aussehen?

14.2 Luft und Leistungskurve: Bei stabiler Atmosphäre die größte Abweichung

Die unmittelbare Nähe von alpha ventus zur Forschungsplattform Fino 1 bringt viele Vorteile: So können dort auf See die Leistungskurven der Offshore-Windenergieanlagen auf unterschiedliche Weise bestimmt werden. Neben der Nutzung der konventionellen Vermessung der Leistungskurven durch Daten vom Windmessmast Fino 1, kann dies auch mit der neuen Lidar-Technologie geschehen, welche die innovative Lasertechnik nutzt. Mit Lidar-Systemen (siehe ▶ Kap. 12) kann man die räumliche Struktur der Windfelder vor und hinter einer Anlage erfassen.

Die atmosphärische Grenzschicht ist durch Turbulenz und je nach Stärke der Turbulenz durch eine mehr oder weniger gute „Durchmischung" der Luft gekennzeichnet. Doch diese turbulenten Strukturen kann man in großräumigen Simulationsmodellen kaum darstellen. Denn diese erfassen eine Größenordnung zwischen zwei und mehreren tausend Kilometern, die Turbulenzelemente in der Grenzschicht sind jedoch nur zwischen wenigen Millimetern und einigen Kilometern groß.

Die Messungen zeigen, wie sehr die Leistungskurve einer Windenergieanlage nicht nur von der Windgeschwindigkeit, sondern auch von der wetterbedingten Stabilität der Atmosphäre abhängt. Im mittleren Geschwindigkeitsbereich – in dem die Leistung der Anlagen am stärksten ansteigt – ist zugleich der größte Einfluss erkennbar. Der Leistungsunterschied zwischen stabiler und instabiler Schichtung beträgt hier bei freier Anströmung einer Anlage gut 15 % der Anlagennennleistung.

Ähnliches gilt für den „Nachlauf" des Windes hinter einer Windenergieanlage. Hier zeigen einjährige Messungen: Das größte Leistungsdefizit ist bei stabiler Schichtung der Atmosphäre zu beobachten, da die Nachlaufstrukturen dann sehr langlebig sind und die Strömung nur wenig durchmischt wird (◘ Abb. 14.1).

14.3 Messung auf Nabenhöhe: Der Standard ist zu wenig

Einflüsse auf die Leistungskennlinie ergeben sich insbesondere aus der Turbulenzintensität und dem Windprofil. Um auszuschließen, dass es sich um typenspezifische Effekte handelt, hat man diese Untersuchungen an zwei unterschiedlichen Windenergieanlagentypen (Adwen AD 5-116 und Senvion 5M) in alpha ventus durchgeführt – mit vergleichbarem Ergebnis. Dabei konnten die Forscher

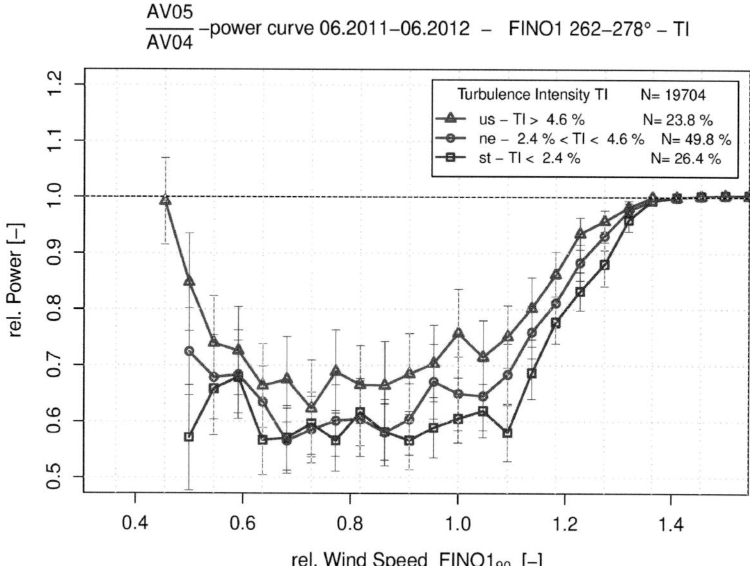

Abb. 14.1 Normierte Leistungskurve (AV5/AV4) für eine Anlage im einfachen Nachlauf, klassifiziert nach Turbulenzintensität, 06.2011–06.2012, 262°–278°. © ForWind – Universität Oldenburg

und Windparkplaner bisherige Annahmen deutlich verbessern: Bisher wurde nur die gemessene Windgeschwindigkeit in Nabenhöhe als repräsentativ für die gesamte Rotorfläche angesehen. Dies passt jedoch nur in einer groben Näherung, da auch das Windprofil, d. h. die Änderung der Windgeschwindigkeit mit der Höhe, einen deutlichen Einfluss besitzt. Bei stabiler Schichtung, d. h. bei einer besonders starken Änderung des Windes mit der Höhe, führt die Annahme der Windgeschwindigkeit in Nabenhöhe als Berechnungsgrundlage zu einer Überschätzung der Windleistung von fast 4 %. Hier wird eine Verbesserung durch die Verwendung einer so genannten „rotoräquivalenten Windgeschwindigkeit" erreicht, die anhand des Windprofils aus einer Gewichtung der Windgeschwindigkeiten auf verschiedenen Höhen berechnet wird. Legt man die rotoräquivalente Windgeschwindigkeit zugrunde, verlaufen die Leistungskurven der drei Schichtungen – labil, neutral, stabil – wieder ähnlicher und unabhängiger von Stabilitätseinflüssen (Abb. 14.2).

Durch den Einsatz der Lidar-Windmesstechnik auf der Umspannplattform war es möglich, die Anströmung von alpha ventus aus allen Windrichtungen ohne Verfälschungen durch Abschattungen zu erfassen. Der zeitweise Einsatz eines bodenbasierten Lidar-Gerätes auf der Umspannplattform ersetzte für östliche Windrichtungen die Fino 1-Windmessung, da Fino 1 in diesen Fällen von den alpha ventus-Anlagen „abgeschattet" wird.

Das Teilprojekt zu Leistungskurven führte zu einem wesentlich besseren Verständnis der atmosphärischen Einflüsse auf die Leistungsabgabe einzelner Windenergieanlagen und ganzer Windparks: je turbulenter die Schichtung, umso höher ist die spezifische Leistung bei gleicher Anströmgeschwindigkeit. Unter stabilen Schichtungsverhältnissen, verbunden mit größerer Windscherung und geringerer Umgebungsturbulenz, wurde eine deutlich geringere Leistung bei gleicher Anströmgeschwindigkeit gemessen. Dies hat durchaus Einfluss auf die Windstromproduktion von alpha ventus, zumal diese Schichtung in manchen Zeitperioden deutlich vorherrschte, wie beispielsweise von März bis Mai 2011.

Die Folgen dieser Erkenntnis gehen weit über ein „besseres Verständnis" der Windströmungen hinaus. In der alten IEC-Leistungskurven-Norm (IEC 61400-12-1 von 2005) wurde das Windprofil vor einer Windenergieanlage nicht berücksichtigt, da nur die Windgeschwindigkeit auf Nabenhöhe ausgewertet wurde. Leistet eine Anlage weniger als die Leistungskurve vorsieht, muss dies also nicht unbedingt am Anlagentypen oder an abweichendem Anlagenverhalten liegen. In einer neuen IEC-Vorschrift ist deshalb die Aufnahme einer „Windscherungskorrektur basierend auf der rotoräquivalenten Windgeschwindigkeit" geplant.

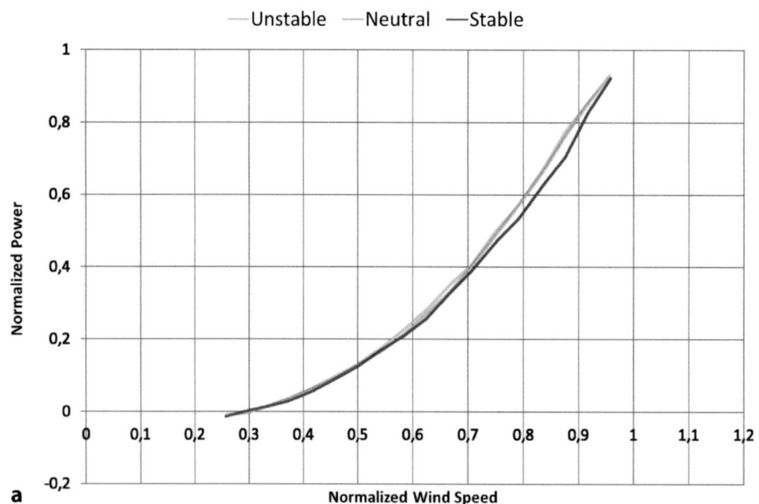

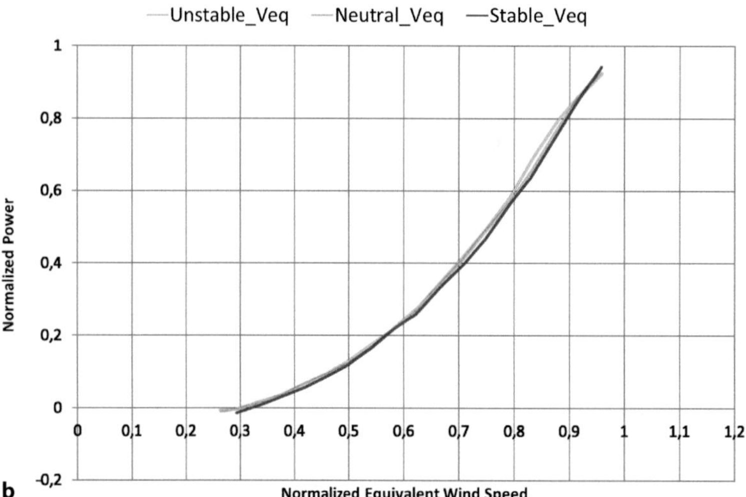

Abb. 14.2 Leistungskurven für jede Stabilitätsklasse auf Basis der Windgeschwindigkeit in Nabenhöhe (**a**) bzw. der äquivalenten Windgeschwindigkeit (**b**). © UL International GmbH (DEWI)

14.4 Was ist eigentlich hinter der Turbine los?

Trifft der Wind auf die Windenergieanlage, wird diese Strömung hinter der Anlage durch die Abbremsung der Windgeschwindigkeit bei „Entzug“ der Windleistung und durch die von den Rotorblättern verursachten Turbulenzen im nahen Nachlauf erheblich verändert. Anlagen auf den weiter hinten – also leewärts – liegenden Positionen im Windpark sind gänzlich anderen Windbedingungen als frei angeströmte Windenergieanlagen in der vordersten Reihe von Windparks ausgesetzt. Noch komplexer für eine mathematisch-physikalische Darstellung wird die Angelegenheit dadurch, dass diese veränderten Bedingungen im Nachlauf zusätzlich ganz erheblich von den Verhältnissen in der freien atmosphärischen Anströmung weit vor der ersten Anlagenreihe abhängen! So ist zu erwarten, dass bei stabiler Schichtung „vorne“ die Nachlauferholung „hinten“ deutlich langsamer stattfindet als bei labiler Schichtung mit starker Durchmischung. Durch die im Vergleich zum Land geringere Umgebungsturbulenz über dem Meer und die damit verbundene Langlebigkeit der Nachläufe muss man bei der Planung die „Wind-Nachläufe“ für Offshore-Windenergieanlagen viel stärker berücksichtigen als an Land. Hinzukommt, dass sich gerade wegen der ge-

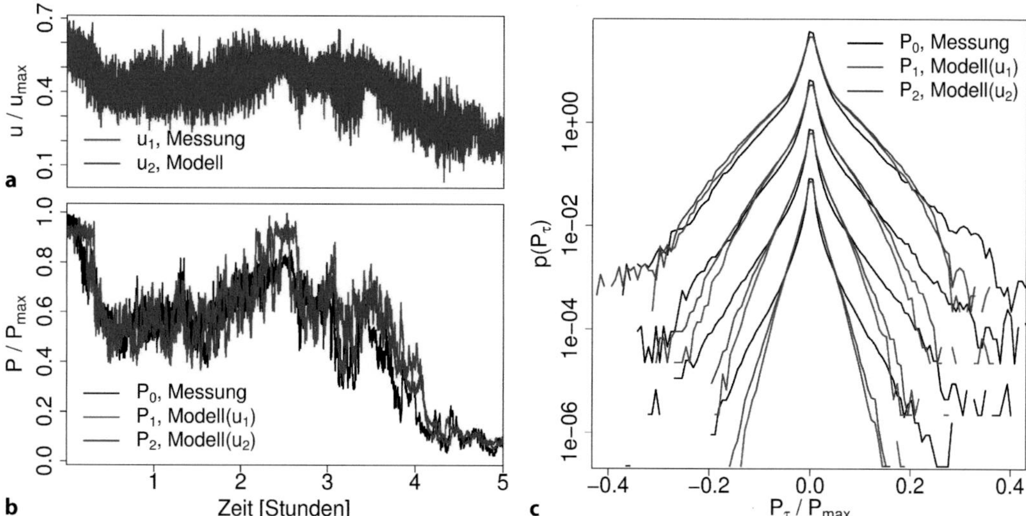

Abb. 14.3 **a** Auszug der Windgeschwindigkeit an der WEA AV4 (Gondelanemometer) mit einer Abtastrate von 1 Hz, gemessen (u1, *rot*) und modelliert (u2, *blau*), **b** Auszug der Leistungsabgabe der WEA AV4, gemessen (P0, *schwarz*), modelliert mit u1(t) (P1, *rot*) und modelliert mit u2(t) (P2, *blau*), **c** Wahrscheinlichkeitsverteilung der Geschwindigkeitsinkremente, gemessen (P0, *schwarz*) und modelliert (P1, *rot* und P2, *blau*) für die Zeitskalen $\tau = (8{,}16{,}32{,}64)$ s (von *unten* nach *oben*) für den Monat Mai 2011. © ForWind – Universität Oldenburg

ringeren Umgebungsturbulenz benachbarte Windparks wahrscheinlich wesentlich stärker gegenseitig beeinflussen werden als an Land. So zeigen Satellitenaufnahmen des dänischen Nordsee-Windparks Horns Rev, dass sich die Nachlaufturbulenzen über mehrere Dutzend Kilometer ausbreiten.

14.5 Zu wenig Chaos im Simulationsmodell

Weiterhin wurde im Forschungsprojekt ein so genanntes stochastisches Modell der fluktuierenden Energiewandlung in Windenergieanlagen entwickelt: Es ist in der Lage die schnellen dynamischen Schwankungen und anscheinend „regellosen" Sprünge der resultierenden Leistungsabgabe in Abhängigkeit der Windgeschwindigkeit und der atmosphärischen Grenzschicht wiederzugeben. Bisher wurde angenommen, dass die Leistungsschwankungen einer Gauß'schen Normalverteilung folgen. In der Realität treten jedoch große Veränderungen der Leistung innerhalb von wenigen Sekunden sehr viel häufiger auf, als dies die bisherigen mathematisch recht einfachen Annahmen erwarten lassen. Die Berechnungsergebnisse mit dem neuen stochastischen Modell der teilweise chaotischen Schwankungen kommen den realen Ergebnissen nun schon recht nah (Abb. 14.3).

Allerdings erzeugt das Modell im Vergleich zur Realität eine noch zu geringe Intermittenz – also teilweise zu wenig „chaotische" Leistungssprünge. Extremereignisse sind in diesem Modell zwar statistisch unterrepräsentiert, aber immerhin bereits vorhanden. Da Fluktuationen ebenfalls bestimmt werden, ist es mit dem Modell möglich, die Leistungsabgabe hinsichtlich Leistungsschwankungen und Stabilität für Tage im Voraus zu berechnen – vorausgesetzt, es existiert eine brauchbare Wetter- und Windgeschwindigkeitsvorhersage.

14.6 Wenn Großrechner zu rauchen beginnen – Teil I: In der Anlage, um die Anlage und um die Anlagen herum

Die Strömungsverhältnisse im Windpark alpha ventus und die Umströmung der Anlagen wurden parallel in einer Modellierungskette aus verschiedenen detaillierten Computermodellen abgebildet, um die komplexen Wechselwirkungen und die Belastungen der Anlagen genauer studieren zu können.

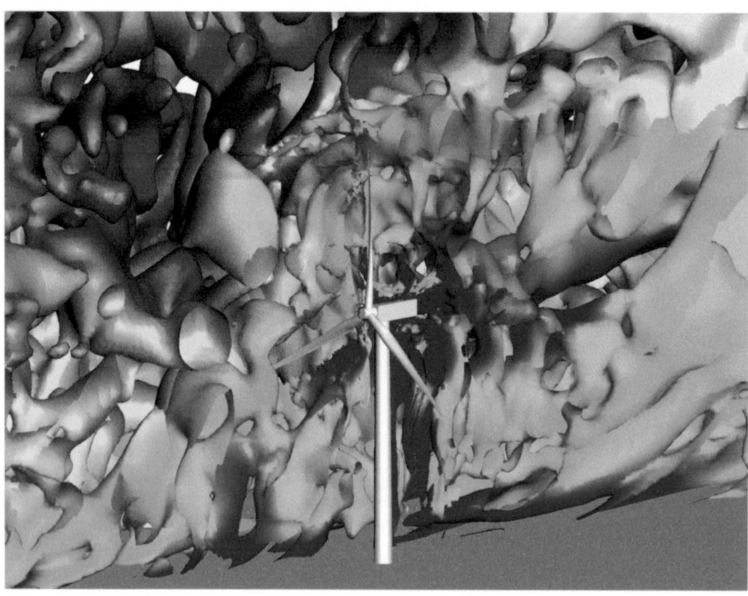

Abb. 14.4 CFD-Strömungssimulation einer Offshore-Windenergieanlage unter turbulenter, maritimer Zuströmung mittels eines hybriden RANS-LES-Verfahrens. © Konrad Meister

In einem ersten Schritt der Modellierungskette wurden dabei die mittels Messmast bestimmten atmosphärischen Verhältnisse im Bereich von alpha ventus in einem sogenannten LES-Modell (Large Eddy Simulation) rekonstruiert. Bei diesem Modell wird das zeitlich und räumlich veränderliche maritime Windfeld mit einer Auflösung von Bruchteilen einer Sekunde bzw. wenigen Metern simuliert, wobei die energiereichen größeren turbulenten Strukturen aufgelöst werden und die Wirkung der kleineren auf die größeren turbulenten Strukturen parametrisiert wird. Möglich wird diese Skalentrennung in der LES durch das von Richardson geprägte Modell der Energiekaskade. In diesem Modell wird einer turbulenten Strömung auf den großen Skalen Energie zugeführt, die großen Wirbel zerfallen nach gewissen Gesetzmäßigkeiten in kleinere Wirbel und die Energie wird schließlich auf den kleinsten Skalen in Wärme umgewandelt. Um eine möglichst gute Übereinstimmung zwischen den gemessenen und den mit dem LES-Modell simulierten Windfeldern zu erreichen, wurden Randbedingungen für das LES-Modell, wie z. B. der Wärmeeintrag in die Atmosphäre, aus detaillierten Analysen der Atmosphäre abgeleitet, wie sie auch zum Antrieb von Wettermodellen verwendet werden.

Im nächsten Schritt der Modellierungskette wurde das mit dem LES-Modell berechnete Windfeld in einem zweiten numerischen Modell, das ein kleineres Gebiet abdeckt, eingespeist. So war es möglich, die für die genaue Berechnung der Anlagenumströmung erforderliche hohe räumliche und zeitliche Auflösung zu realisieren. Durch eine Kombination von LES- mit Reynolds-Averaged-Navier-Stokes (RANS)-Verfahren können nun turbulente Strukturen der Anströmung aufgelöst werden, welche für die Aerodynamik und die Lastschwankungen am Rotor relevant sind. Neben der genauen Berechnung der über den Rotorradius veränderlichen Lastspektren ist damit auch eine detaillierte Berechnung des Anlagennachlaufs und dessen Wechselwirkung mit der maritimen Grenzschicht möglich (Abb. 14.4). Das aufwändige numerische Modell berücksichtigt dabei auch instationäre, aeroelastische Verformungen der Rotorblätter. Die Anwendung dieser Berechnungskette half den Forschern, die Ausbildung des Anlagennachlaufs unter Offshore-Bedingungen bis hin zu benachbarten Windenergieanlagen besser zu verstehen. So konnte der Einfluss der Turbulenzintensität sowie der Schräganströmung auf die Nachlaufentwicklung in einem Detailierungsgrad untersucht werden, der bis dato mit Messverfahren wie beispielsweise Lidar noch nicht aufgelöst werden kann. Es muss jedoch auch angemerkt werden, dass derartige Simulationen von einer oder zwei Windenergieanlagen äu-

◘ Tab. 14.1 Aus den Ergebnissen der LES-Simulationen abgeleitete Leistungen an AV2 und AV3 in % der Leistung an AV1 bzw. Leistung an AV5 und AV6 in % der Leistung an AV4 für verschiedene Windrichtungen. © ForWind - Universität Oldenburg

Windrichtung	AV2	AV3	AV5	AV6
255°	97,2–102,2 %	101,6–105,4 %	94,9–103,5 %	100,5–106,3 %
260°	100,5–108,9 %	98,6–111,7 %	97,4–100,1 %	99,6–104,3 %
265°	87,8–93,6 %	91,9–95,1 %	92,0–94,0 %	92,8–96,9 %
267,5°	65,7–70,7 %	70,0–72,0 %	69,8–71,5 %	68,3–71,1 %
270°	47,4–50,3 %	53,8–58,4 %	49,1–51,1 %	53,7–56,5 %
272,5°	40,7–47,4 %	41,7–48,2 %	43,7–44,7 %	46,1–47,9 %
275°	48,6–51,0 %	50,3–53,0 %	51,2–53,8 %	49,2–54,6 %
280°	88,2–91,4 %	87,7–82,1 %	91,0–95,9 %	88,5–96,5 %
285	97,5–102,6 %	99,5–102,5 %	95,1–102,0 %	94,1–99,5 %

ßerst rechenaufwändig sind und die Nutzung der derzeit schnellsten Großrechenanlagen erfordern.

14.7 Wenn Großrechner zu rauchen beginnen – Teil II: Von der Anströmung zum fernen Nachlauf und zum Nachlauf des gesamten Windparks

Leider ist es selbst auf den leistungsstärksten, heute zur Verfügung stehenden Großrechnern noch nicht möglich, die Strömung in gesamten Windparks mit Hilfe des beschriebenen LES-RANS-Ansatzes zu berechnen. Stattdessen werden hierfür in der Forschung, so auch im OWEA-Projekt, LES-Modelle verwendet, für die in den letzten Jahren verschiedene Ansätze zur Berücksichtigung von Windenergieanlagen entwickelt worden sind. Im OWEA-Projekt wurde das LES-Modell PALM um Parametrisierungen für Windenergieanlagen erweitert und anschließend zur Simulation der Strömungsverhältnisse im Windpark alpha ventus u. a. bei unterschiedlichen Windrichtungen eingesetzt.

Es zeigte sich einmal mehr, wie stark die Windrichtung die Windparkleistung beeinflusst. Bei einer Anströmung des Windparks aus 280 Grad, betrug das Leistungsdefizit an den Anlagen AV2 und AV3 nur etwa 10 %, während bei einer Anströmung von nur 5 Grad weniger – also aus 275 Grad – das Defizit fünfmal so hoch war (◘ Tab. 14.1) Dafür kamen die Windenergieanlagen in zweiter und dritter Reihe bei einer Anströmung aus 260 Grad ausnahmsweise auf eine teilweise höhere Leistung als die Anlage in der ersten Reihe! Ein Grund könnten erhöhte Windgeschwindigkeiten an den Rändern des Nachlaufbereiches aufgrund der Massenflusserhaltung sein. Denn bei einer Windrichtung von 260 Grad auf alpha ventus liegen die Anlagen der zweiten und dritten Reihe des Windparks unmittelbar seitlich dieses Nachlaufbereiches.

Fazit: Der Nachlauf beginnt bereits direkt hinter der Windenergieanlage deutlich zu fluktuieren. Die Forscher haben eine computergestützte Modellierungskette für WEA-Simulationen mit speziellen Anströmbedingungen entwickelt, auf die auch andere RAVE-Projekte zurückgreifen können. Für die weitere Forschung stehen somit nun verbesserte Modellierungen der Offshore-Verhältnisse in komplexen dreidimensionalen Windfeldmodellen bereit, im kleinteiligen Bereich auch als eindimensionales Windfeldmodell. Die entwickelten CFD-Modelle sind grundsätzlich zur Untersuchung des nahen Nachlaufs, des fernen Nachlaufs, der Windparkströmung und von Nachläufen ganzer Windparks geeignet. Sie werden deshalb im Folgeprojekt OWEA Loads (▶ Kap. 15 Last, Last-Monitoring, Lastreduktion) weiterentwickelt.

Story am Rande (I): Unter falschem Vorzeichen

Wo Menschen sind, passieren Fehler. Und wenn manchmal Daten sehr merkwürdig erscheinen, ist gelegentlich die Ursache – einfach der Mensch. Zur messtechnischen Erfassung der Anlagendynamik wurden im „Messserviceprojekt" (► Kap. 3 Tausend Sensoren von der Blattspitze bis in den Meeresboden) hunderte von sogenannten Dehnungsmesstreifen unter hohem Zeitdruck auf Gründungsstruktur und WEA-Komponenten aufgebracht. Die Herausforderung bestand darin, dass die Installation der Sensoren, die direkt auf das Metall aufgeklebt und dann in aufwändigen Mehrschichtverfahren geschützt werden, sich nahtlos in den Produktionsprozess in Werft und Produktionshalle einfügen musste. Hierfür konnten nur Produktionspausen genutzt werden, damit es zu keiner Verzögerung des sehr eng getakteten Gesamtproduktionsprozesses kam. Insgesamt funktionierte dieses Vorgehen durch die Unterstützung und das Verständnis „vor Ort" sehr gut. Endkontrollen konnten aber nicht immer so ausgeführt werden, wie dies unter Laborbedingungen üblich gewesen wäre. Zum Glück konnten so verursachte Flüchtigkeitsfehler, wie zum Beispiel „Verpolungen", durch nachgeschaltete Plausibilisierung und die enge Zusammenarbeit zwischen Messserviceprojekt und Forschungsvorhaben schnell erkannt und behoben werden. Ein Beispiel: Im Turm bzw. im Tripod wurden auf verschiedenen Höhen jeweils vier Dehnungsmessstreifen aufgeklebt. Folgerichtig erwartete man bei den Messergebnissen für jedes Signal eine Phasenverschiebung von jeweils 90 Grad. Diese trat aber nicht an allen Messstellen auf. Ursache waren einfache „Vorzeichenfehler" an diesen Sensoren, weil bei der Installation der Messkanäle die Ausrichtung der Dehnungsmessstreifen vertauscht wurde. Durch die Untersuchung eines konstanten Biegemoments aus verschiedenen Richtungen mit einer „Gondelrundfahrt" konnte man aber diese abweichenden Werte erklären – und rechnerisch kompensieren.

Björn Johnsen

14

14.8 Verifikation der Anlagendynamik: Erste Schritte

Um das Verhalten der Offshore-Windenergieanlagen besser zu verstehen, wurden Simulationsmodelle für die 5-MW-Anlagen von Adwen und Senvion in unterschiedlichen Simulationsumgebungen aufgebaut. Ziel war es, die Dynamik dieser Offshore-WEA-Modelle mit den Messdaten aus alpha ventus zu validieren. Bevor man dies durchführen konnte, mussten die Messsignale kalibriert werden. Hierfür wurden Gondeldrehungen und Rotordrehungen bei sehr niedrigen Windgeschwindigkeiten analysiert. Anschließend wurden Lastzustände der Anlagen bei gemessenen Standortbedingungen mit den Simulationsmodellen nachgebildet. Fazit: Die stochastischen Lasten konnte man statistisch durch die Simulationsmodelle gut abbilden. Dies galt nicht für den zeitlichen Verlauf der gemessenen Lasten, da hierfür genauere Informationen über den räumlichen und zeitlichen Verlauf des Wind- und Wellenfeldes fehlten. Die Validierung der Anlagenlasten wurde bei ungestörter Anströmung der WEA durchgeführt, um den Einfluss des Nachlaufs auf die Anlagenlasten auszuschließen. In zukünftigen Projekten soll versucht werden, mit Hilfe von Lidar-Messungen eine bessere räumliche Auflösung des Windfeldes zu erreichen, um damit eine Lastenvalidierung im Zeitbereich zu ermöglichen.

14.9 Integration und Identifikation

Die große Mehrheit aller Simulationsprogramme ist für Windenergieanlagen an Land entwickelt worden. Für Offshore-Anlagen ist es aber erforderlich, zusätzlich insbesondere die hydrodynamischen Belastungen auf die Tragstruktur zu berücksichtigen – also den „Schlag" von Wellen, den Einfluss von Gezeiten, marinem Bewuchs und Strömung auf die Beanspruchungen von Fundamenten, Turm und auch die Windenergieanlage. Die Komplexität der Anregungen und die Flexibilität der WEA führen zu einer schwingungsfreudigen Struktur. Daher muss die Anlagenauslegung stets die gesamte, offshoretypische Dynamik berücksichtigen. Zusätzlich sind die Wechselwirkungen mit den komplexen Gründungsstrukturen (z. B. Jacket-Fachwerk oder Tripod) in großen Wassertiefen zu erfassen.

Für diesen Zweck wurde Flex5 – ein spezialisiertes und erprobtes Programm für die Anlagensimulation – mit wahlweise einem von zwei entsprechenden Spezialprogrammen für Offshore-Tragstrukturen, Ansys Asas oder Poseidon, zu einem integrierten Simulationswerkzeug kombiniert. Flex5, entwickelt an der Technischen Universität Dänemark, ist ein sehr ausgereiftes Programm zur aero-elastischen Simulation von Windenergieanlagen und konnte bisher nur einfache Offshore-Gründungen mit Monopiles behandeln. Das in der Industrie weit verbreitete Ansys Asas-Paket und die Software Poseidon der Leibniz Universität Hannover wurden speziell für Simulationen von komplexen Offshore-Gründungsstrukturen entwickelt. Beide Programme greifen auf die Offshore-Erfahrungen der Öl- und Gasindustrie zurück und verwenden die Finite-Elemente-Methode (FEM).

» Wir lernen noch

„Was hat's gebracht?", fragt man sich nach jedem Forschungsprojekt. Hier erreichte der große Projektverbund eine ganze Menge: Ein besseres Verständnis der Atmosphäre, der Strömungsbedingungen im Windpark, der Offshore-Einflüsse auf die Leistungskurven und auf die der Anlagenbelastungen. Neue Computerprogramme und Verfahren zur Betriebsüberwachung wurden entwickelt und erste, verifizierte Modellberechnungen konnten zur Verfügung gestellt werden. Und dennoch müssen und können wir sagen: Wir lernen immer noch – am Wind.

Prof. Dr.-Ing. Martin Kühn

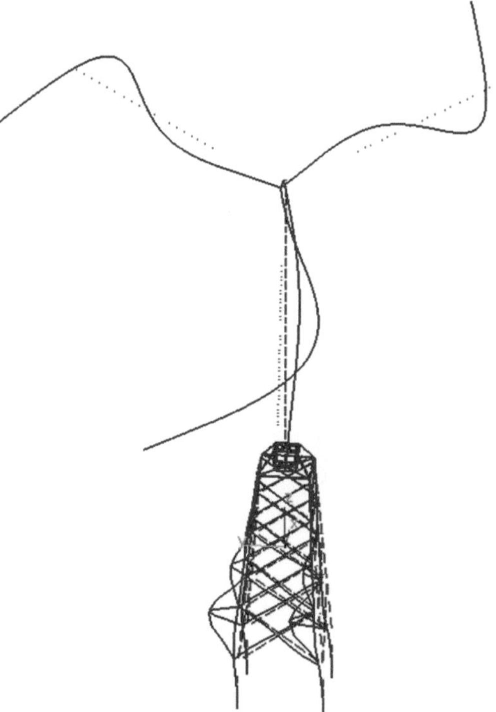

Abb. 14.5 Beispiel der Interaktion von Schwingungsmoden zwischen der Rotor-Gondeleinheit und den schlanken, schwingungsanfälligen Fachwerkstreben einer Jacket-Tragstruktur. © ForWind – Universität Hannover

Die neue Kopplung ermöglicht integrierte Lastberechnungen einschließlich besonderer Effekte wie die aerodynamische und hydrodynamische Dämpfung. Am Beispiel der Jacket-Gründung wurde exemplarisch ersichtlich, dass zusätzliche Interaktionseffekte zwischen der Rotor-Gondeleinheit und den schlanken, schwingungsanfälligen Fachwerkstreben wirken. Hierdurch können die Lasten maßgeblich beeinflusst werden (Abb. 14.5). Damit konnten die Unsicherheiten in der Berechnung von Entwurfslasten der Offshore-WEA reduziert und damit die Energiegestehungskosten indirekt gesenkt werden.

Die Computermodelle wurden mit den realen Messdaten des Testfeldes verglichen. Verifizierungen wurden beispielsweise durchgeführt anhand von Turmkopfverschiebungen in Längs- und Querrichtung oder Tripod-Beanspruchungen unter einem extremen Wellenlastszenario ohne Anlagenbetrieb, d. h. bei abgeschalteter bzw. stillstehender

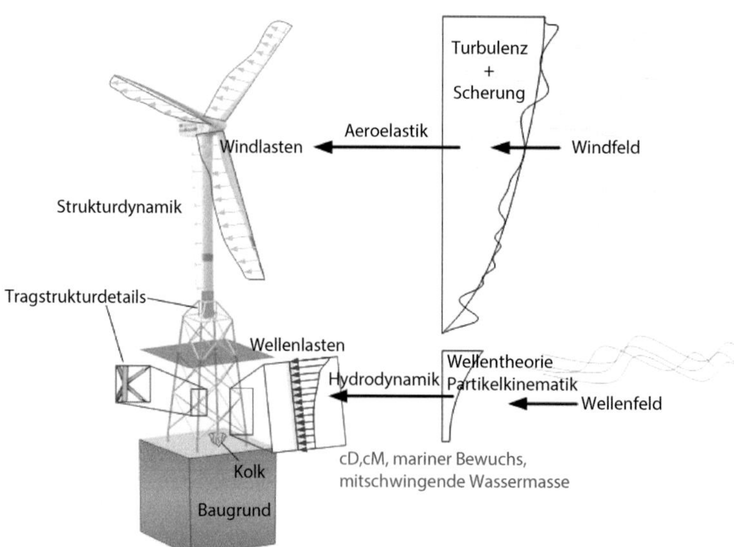

Abb. 14.6 Maßgebliche Umwelt- und Simulationsparameter des integrierten Ansatzes. © ForWind – Universität Hannover

Anlage. Insbesondere die gemessenen Dehnungen an Turm und Gründung waren und sind geeignet, um einen ersten Überblick über die Plausibilität von Modellen und Messdaten zu erhalten.

Für eine Validierung der Methoden und Modelle wird nunmehr mit diesem „integrierten Ansatz" die gesamte Modellkette betrachtet (Abb. 14.6), um die Einflussfaktoren und eventuelle Unsicherheiten in der Simulation grob zu klassifizieren. Diese umfassen: das turbulente Windfeld und das Wellenfeld mit ihren charakteristischen Parametern wie Windscherung, Turbulenzintensität, Wellenhöhe und Wellenperiode sowie die hydrodynamischen Kraftbeiwerte einschließlich des marinen Bewuchs der Substruktur, welche die Belastungen aus Wellen und Strömung beeinflussen.

Das neue, gekoppelte Werkzeug für „Integrierte Simulationen" wird nun beim Hersteller Senvion sowie an den Universitäten Stuttgart und Hannover für Lastberechnungen für Windenergieanlagen und Gründungsstrukturen eingesetzt.

Auch durch die umfangreichen Auswertungen der vielen Messdaten der verschiedenen Windenergieanlagen im Testfeld konnte man neue Softwarewerkzeuge entwickeln. Durch die Aufbereitung der umfangreichen Messdaten, getrennt nach den Anlagentypen der Hersteller Adwen und Senvion, ist eine modular aufgebaute, systemneutrale Toolbox zur Auswertung von Betriebsdaten entstanden. Zukünftig kann man diese durch umfangreiche Parametrierung und implementierte Rechtevergabe „für nahezu beliebige Messkampagnen" verschiedener Hersteller einsetzen. Mit den offenen Schnittstellen ist zudem die Weiterentwicklung von Komponenten möglich.

14.10 Trotz aller Mühe: Noch wenig „Dehnungsverschleiß"

Soweit zur Verwendung von Simulationsprogrammen – aber stimmen ihre Ergebnisse auch mit den tatsächlich gemessenen Belastungen überein? Zur Analyse der Strukturbelastungen standen an einem Tripod-Dehnungsmessstreifen (DMS) im Unterwasser- und Überwasserbereich für die Forschung zur Verfügung (Abb. 14.7). Durch die Installationsbedingungen offshore kam es leider zu einer ungewöhnlich hohen Verlustrate dieser Sensorik gleich zu Beginn der Messungen. Durch die eingebaute Redundanz konnte man die Untersuchungen aber auch mit den verbleibenden Sensoren durchführen. In dem sich anschließenden zweieinhalbjährigen Messzeitraum von Dezember 2009 bis Juni 2012 mussten dann lediglich zwei weitere DMS wegen Verschleiß aufgegeben werden. Insbesondere beim zentralen Tripod-Hauptrohr gab es eine gute Übereinstimmung der Messdaten mit

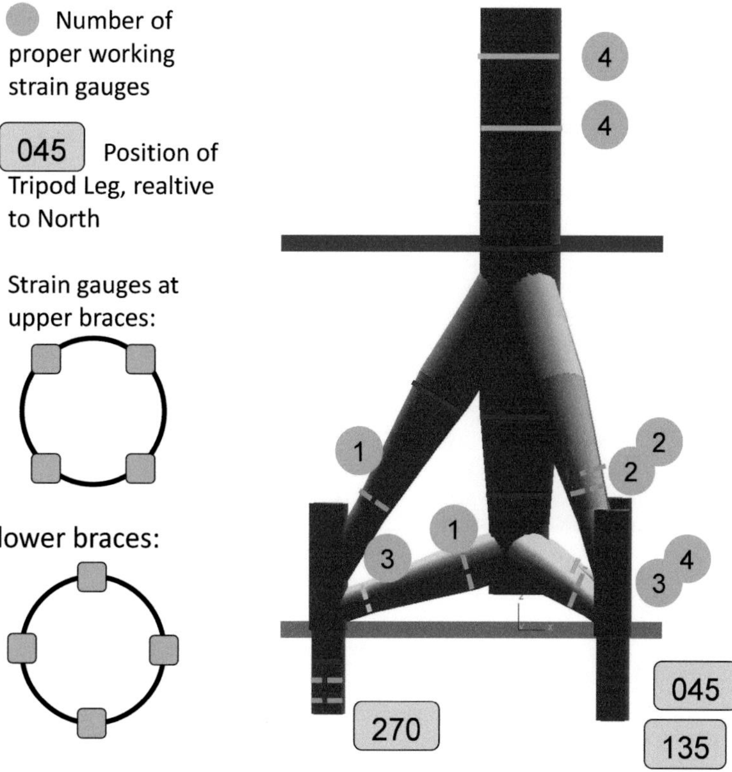

Abb. 14.7 Übersicht der am Tripod installierten Dehnungsmesstreifen. © SWE – Universität Stuttgart

den Simulationsdaten. Somit war für die meisten Messstellen die Ermittlung der real einwirkenden Kräfte möglich.

Fazit in diesem Projektteil: Die umfangreichen verfügbaren Messdaten zu Dehnung, Biegung, Torsion und Beschleunigung am Turm, an den Gründungsstrukturen und am Rotor wurden validiert. Für die weitere Forschung stehen damit umfangreiche Datensätze zur Verfügung. Vor allem konnten Berechnungswerkzeuge für den Entwurf von Offshore-Windenergieanlagen mit verzweigten Tragstrukturen wie Tripod und Jacket entwickelt und validiert werden. Diese haben inzwischen Anwendung in der industriellen Praxis gefunden. Integrierte Lastberechnungen sind mit gängiger und branchenspezifischer Software möglich. Die Computermodelle wurden mit den Messdaten des Testfeldes verglichen und erfolgreich verifiziert.

Story am Rande (II): Warum die Ermüdung selten gemessen wird

In der Praxis werden die Ermüdungslasten wie Turmfußbiegemoment, Triebstrangtorsion etc. nur an ganz wenigen Prototypen, jedoch nicht in der großen Anzahl von hunderten oder tausenden Windenergieanlagen eines Typs gemessen. Denn die Kosten für die Installation und die Wartung eines entsprechenden Messsystems sind viel zu hoch. Vor allem aber: Die Lebensdauer einer Windenergieanlage ist mit 20 Jahren vielfach höher als die eines einfachen Dehnungsmessstreifens – der die Anlage jedoch überwachen soll. Für die Zukunft besteht jedoch trotzdem ein großes Interesse an der verstärkten Überwachung von Ermüdungslasten, wenn deren Kosten sinken und die Verwendung der Ergebnisse für die Betriebsführung einfacher und attraktiver werden.
Björn Johnsen

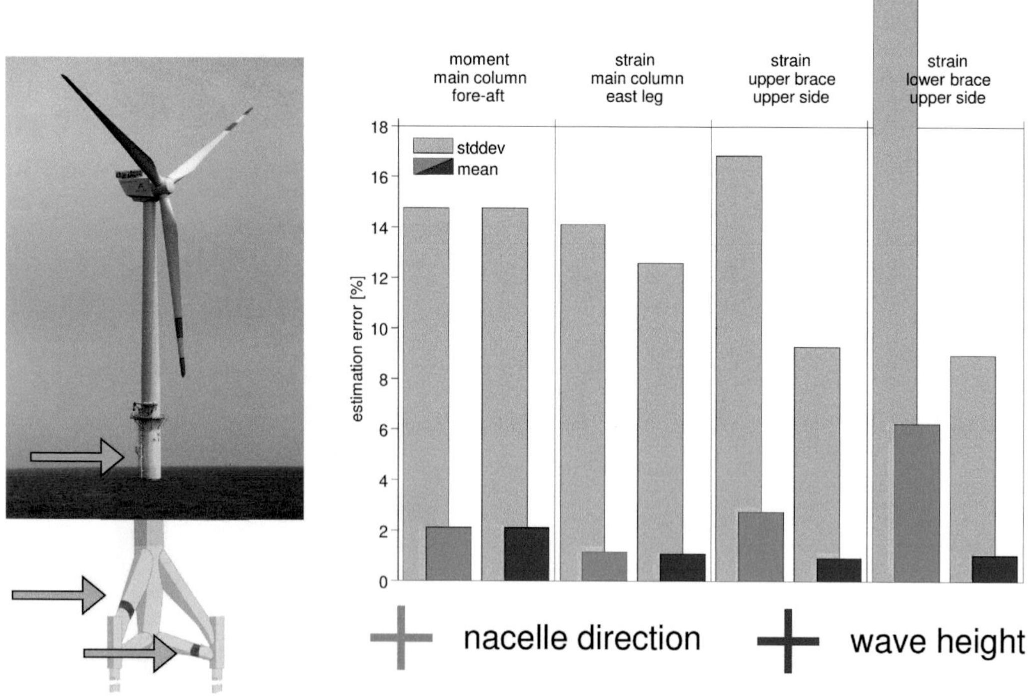

■ **Abb. 14.8** Untersuchung des Einflusses der signifikanten Wellenhöhe auf hydrodynamisch dominierte Lasten. © SWE – Universität Stuttgart

14.11 Lastüberwachung nur aus Standarddaten?

Für eine Überwachung der 10- bis 100-Millionen Lastwechsel während des Betriebs einer Windenergieanlage, dem sogenannten Load Monitoring, arbeiteten die Forscher an Methoden, mit denen man ohne ein aufwendiges Messsystem für die mechanischen Lasten die tatsächlichen Lasten einer Offshore-Windenergieanlage schätzen kann. Eine Möglichkeit, die erfolgreich demonstriert wurde, ist der Einsatz von Neuronalen Netzen, die mit Standardsignalen des Betriebssystems, den sogenannten Scada-Daten (Supervisory control and data acquisition), arbeiten.

Für die Lastenschätzung mit Neuronalen Netzen werden die Daten aus den an Turm, Gondel und Gründung angebrachten Dehnungsmessstreifen, sowie den Anlagenstatussignalen und Windmessdaten herangezogen. Die Messdaten werden als Trainingsdaten für die Neuronalen Netze eingesetzt und später als Vergleichsdaten verwendet, um beurteilen zu können, wie gut die Neuronalen Netze bei der Lastenabschätzung sind. Dazu werden die Ermüdungslasten an Hauptkomponenten wie Blattwurzelbiegemomente, Triebstrangtorsion und Turmfußbiegemoment nicht exakt gemessen, sondern durch Neuronale Netze geschätzt. Auf der Grundlage von realen Betriebsdaten aus einer Messkampagne oder aeroelastischen Simulationen werden Transferfunktionen erstellt, die wiederum die verfügbare Information quasi „selbstlernend" in Lasten übersetzen. Diese Methode muss somit speziell auf jede Anlage und ihren Standort zugeschnitten werden und kann dann eine befriedigende Schätzgenauigkeit erreichen.

Für den Ermüdungszustand der Gründungsstruktur sind insbesondere hydrodynamische Lasten – vor allem Wellen – besonders wichtig (■ Abb. 14.8). So muss man für eine Beurteilung von Dehnungen an den Tripod-Beinen bei diesem Auswertesystem für Standard-Betriebsdaten noch Welleneinflüsse hinzufügen. Ohne sie ist eine Gesamtbeurteilung allein aus den Betriebsdaten der Rotor-Gondeleinheit kaum möglich. Gerade für die Optimierung der Wartungszyklen an einer Offshore-Windenergieanlage und die Beurteilung ihrer „Rest-Lebensdauer" muss man das Verfahren auf jeden Fall noch weiterentwickeln. Das Nachfolgeprojekt „OWEA Loads" (▶ Kap. 15 Last, Last-Monitoring, Lastreduktion) erforscht detailliert den Einfluss von Wellenlasten auf die Belastung der Gründungsstruktur.

14.12 Quellen

- Abschlussbericht Verifikation von Offshore-Windenergieanlagen (OWEA), Förderkennzeichen 0327696A-D, Herausgeber: Martin Kühn (ForWind – Carl-von-Ossietzky-Universität Oldenburg), Gerald Steinfeld (ForWind – Carl von Ossietzky Universität Oldenburg), Po Wen Cheng (Universität Stuttgart), Peter Schaumann (ForWind – Leibniz Universität Hannover), Thomas Neumann (Deutsches Windenergie-Institut GmbH) 338 S.
- Konrad Meister: Numerische Untersuchung zum aerodynamischen und aeroelastischen Verhalten einer Windenergieanlage bei turbulenter atmosphärischer Zuströmung, Dissertation, Institut für Aerodynamik und Gasdynamik, Universität Stuttgart, Shaker-Verlag, ISBN 978-3-8440-3962-7, Oktober 2015

Last, Lastmonitoring, Lastreduktion

Anforderungen an zukünftige Anlagen-Generationen. Ein Einblick in das laufende Forschungsvorhaben „OWEA Loads"

Björn Johnsen

M. Durstewitz, B. Lange (Hrsg.), *Meer – Wind – Strom*,
DOI 10.1007/978-3-658-09783-7_15, © Springer Fachmedien Wiesbaden 2016

Projektinfo: Probabilistische Lastbeschreibung, Monitoring und Reduktion der Lasten zukünftiger Offshore-Windenergieanlagen (OWEA Loads)

Projektleitung:
Universität Stuttgart, SWE – Stuttgarter Lehrstuhl für Windenergie
Prof. Dr. Po Wen Cheng

Projektpartner:

- Adwen GmbH
- DNV-GL
- Eberhard Karls Universität Tübingen, Umweltphysik
- ForWind – Zentrum für Windenergieforschung, Leibniz Universität Hannover, Institut für Stahlbau
- ForWind – Zentrum für Windenergieforschung, Universität Oldenburg, Institut für Physik
- Senvion GmbH
- Universität Stuttgart, Institut für Aerodynamik und Gasdynamik

Das Forschungsprojekt „Verifikation von Offshore-Windenergieanlagen OWEA" geht weiter und erlebt seine Fortsetzung in „OWEA Loads". Es ist dabei mehr als eine Fortsetzung, denn es geht vielmehr darum zu verstehen, wie sich die Offshore-Windenergieanlagen in diesen anspruchsvollen Umgebungsbedingungen eigentlich verhalten. Denn durch die seit 2009 durchgeführten Messungen im Windpark alpha ventus liegt nun ein umfangreiches Datenmaterial zur Verfügung, das weiter ausgewertet werden muss – insbesondere im Hinblick auf die Lasten und Belastungen für die Offshore-Anlagen. Dadurch werden neue Erkenntnisse gewonnen, die zur verbesserten Auslegung von Offshore-Windenergieanlagen führen. Da das Verbundforschungsprojekt, welches in Zusammenarbeit mit den beiden Herstellern Adwen und Senvion durchgeführt wird, erst im August 2016 abgeschlossen werden wird, soll an Stelle der Präsentation von konkreten Ergebnissen ein kurzer Überblick über die geplanten Forschungsziele von OWEA Loads gegeben werden (Abb. 15.1). Die zehn Unterarbeitspakete sollen dazu beitragen, einen „belastungsgerechten, zuverlässigen Entwurf und Betrieb von Offshore-Windenergieanlagen" unter der Berücksichtigung der besonderen Entwurfsanforderungen in der deutschen Allgemeinen Wirtschaftszone (AWZ) zu ermöglichen.

15.1 Korrekturen erwünscht

In dem vorangegangenen Projekt „OWEA" wurden die ersten Grundsteine zur Verifikation der Lasten von Offshore-Windenergieanlagen gelegt. Dazu gehören die ersten Überlegungen und Algorithmen zur Plausibilisierung von Messdaten. Aufgrund der großen Menge an Messdaten, die kontinuierlich gesammelt wurden, stellte dies eine Herkulesaufgabe dar. In OWEA Loads wird die Messdatenverarbeitung weiter systematisiert und entwickelt, damit aus den vielen Daten ein konsistentes und hochwertiges Datenarchiv erstellt werden kann, welches für dieses und weitere Forschungsprojekte als Grundlage dienen kann. Dazu müssen fehlerhafte Messdaten, sofern dies möglich ist, korrigiert oder verworfen werden. Ein Beispiel, das die Schwierigkeiten im Umgang mit Messdaten illustriert, ist die Korrektur von durch Temperatureffekte verfälschten Dehnungsmesswerten. Der Einfluss der Sonneneinstrahlung auf die installierten Dehnungsmessstreifen führt zu einer größeren Dehnung der Materialien, die bei der Berechnung der Lasten berücksichtigt werden muss. Alternativ könnte man auch die nur bei Nacht (also ohne Sonneneinstrahlung) gemessenen Daten auswerten. Dies würde die Datenmenge aber sehr stark einschränken. Zudem sind die Windverhältnisse bei Tag und bei Nacht häufig sehr unterschiedlich.

Insofern ist es wichtig, den Einfluss von Störgrößen wie „Temperatureffekte" in ihrem Umfang festzustellen und daraus eine Handlungsempfehlung zum Umgang mit den bereits aufgezeichneten Belastungen abzuleiten.

Darüber hinaus wollen die Forscher für die an den Rotorblättern installierten Dehnungssensoren einen computergesteuerten, automatisierten Kalibrieralgorithmus entwickeln. Mit ihm sollen eventuelle Veränderungen an der Genauigkeit der installierten Sensoren frühzeitig erkannt werden können.

15

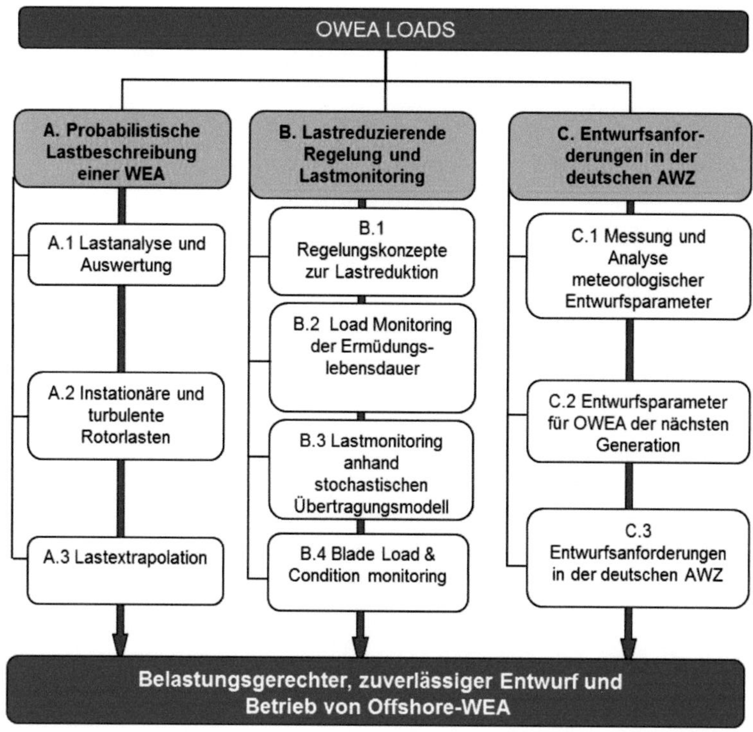

Abb. 15.1 Organisation des Verbundprojektes „OWEA Loads" in Arbeitspakete und Unterarbeitspakete. © SWE – Universität Stuttgart

Ein solcher Algorithmus wäre auch für Systeme brauchbar, die die Lastmessung an den Rotorblättern für die Betriebsführung und Regelung nutzen. Ferner möchte man aus den dort installierten Dehnungsmessstreifen sowie der für jedes Blatt aufgezeichneten Rotorposition möglichst Rückschlüsse auf die Windscherung ziehen, also die Veränderung der Windgeschwindigkeit oder Windrichtung mit der Höhe. Diese Auswertungen sollen ebenfalls wertvolle Erkenntnisse zur Auslegung von zukünftigen Windenergieanlagen liefern.

15.2 Interaktion einmal anders – der Turm schwingt mit

Die Lasten auf Windenergieanlagen sind durch komplexe, dynamische Wechselwirkungen zwischen einer hochturbulenten atmosphärischen Anströmung und der Umströmung der Anlage gekennzeichnet. Dies schließt auch die „Interaktion" des belasteten, schwingenden Turms und weitere aeroelastische Effekte ein. Die Anströmung kann über die Rotorscheibe hinweg räumlich sehr unterschiedlich und zeitlich stark schwankend sein, so dass es zu Phasenverschiebungen zwischen Anregung und resultierenden Lasten am Blatt kommen kann. Diese komplexen Effekte lassen sich durch die üblichen, vereinfachten Berechnungsmodelle – wenn überhaupt – nur sehr unzureichend darstellen. Hier sollen in einem Teilarbeitspaket die dynamischen Lasten entlang der Rotorblätter bei turbulenter Anströmung durch die Weiterentwicklung einer rechnergestützten numerischen Modellierungskette und neuer Strukturmessungen am Flügel analysiert werden.

Ferner soll eine „Auftrittswahrscheinlichkeit" für charakteristische Extrem- und Ermüdungslasten ermittelt werden. Im Gegensatz zu deterministisch bestimmten Lasten wird durch dieses Vorgehen eine rationale und effiziente Auslegung für die Strukturkomponenten der Offshore-Anlagen ermöglicht. Die im Windpark alpha ventus aufgezeichneten Datensätze bieten aufgrund ihres großen Umfangs die einmalige Möglichkeit, die bisher lediglich auf Simulationen beruhenden Annahmen der Entwurfsrichtlinien mit Hilfe von Messdaten zu verifizieren.

Story am Rande: Kein Zugang auf See

Lidar-Messungen von der Gondel einer Windenergieanlage aus bieten im Windpark alpha ventus neue Möglichkeiten. So war im OWEA-Projekt geplant, einen weltweit einzigartigen Datensatz durch die gleichzeitigen gondelbasierten Lidar-Messungen der Einströmung vor einer Anlage und des Nachlaufes dahinter zu erhalten. Leider verzögerte sich die Installation und Inbetriebnahme dieser beiden Lidar-Geräte. Die Gründe hierfür waren unvorhersehbare Probleme mit der Soft- und Hardware sowie die erschwerten Zugangsmöglichkeiten zu den Offshore-Windenergieanlagen bis zum Ende des OWEA-Projekts im September 2012. So waren im Projekt keine belastbaren Auswertungen mehr möglich. Diese Messungen werden nun im „OWEA Loads"-Projekt nachgeholt, um damit die Einströmung und den Nachlauf in der Offshore-Umgebung besser verstehen und die Windströmungsmodelle weiterentwickeln zu können.
Björn Johnsen

15.3 Lastreduzierende Regelung und Lastmonitoring

In einem anderen Teilprojekt von OWEA Loads geht es um die Entwicklung und Validierung neuer Betriebsführungskonzepte für Offshore-Windenergieanlagen, um die aero- und hydrodynamischen Belastungen an der Tragstruktur und der Rotor-Gondel-Einheit zu verringern. Hierzu dienen der gezielte Einsatz der Anlagenregelung bzw. eine aktive Beeinflussung des Anlagenbetriebs sowie integrierte Entwurfsverfahren. Bei den Messungen wird gezielt nach Situationen mit besonderer Belastung an den Tragstrukturen gesucht – und nach Möglichkeiten der Reduzierung ihrer Auswirkungen auf die Gesamtstruktur. Dazu zählen die Anwendung von Regelungskonzepten für Betriebszustände, die von konkreten Lastfällen abhängig sind: Also zum Beispiel Seegänge mit einer Missweisung zwischen der Richtung des Windes und der Richtung der Wellen und damit verbundenen starken seitlichen Schwingungen des Turms, Schwingungsanregung durch Seegang bei Stillstand der Windenergieanlage und unterschiedliche Situationen, in denen die Anlage im Nachlauf einer anderen Turbine steht. Regelungsansätze für in alpha ventus nicht eingesetzte Tragstrukturkonzepte, wie dem Monopile, bilden einen weiteren Schwerpunkt, um ihren Einsatz bei Materialaufwand, größeren Wassertiefen und größeren Windenergieanlagen wirtschaftlicher zu machen.

Für die Bewertung der Lastreduzierungskonzepte und die Ermittlung der tatsächlichen Restlebensdauer könnten zukünftig Lastmonitoring-Systeme eingesetzt werden, da Windenergieanlagen an ihren individuellen Standorten im Windpark häufig deutlich niedrigere Lasten erfahren, als ursprünglich bei ihrer Auslegung auf den ungünstigsten Standort innerhalb des Windparks angenommen wurde. Neuartige Konzepte zum Lastmonitoring bieten die Möglichkeit, die Lasten mit Standard-Betriebsdaten (Scada) abzuschätzen, ohne dass diese direkt aufwändig, z. B. mit Dehnungsmessstreifen, gemessen werden müssen. Durch Lastmonitoring will man belastbare Aussagen zur Restlebensdauer treffen. Hierzu werden im Forschungsprojekt „OWEA Loads" zwei verschiedene Methoden weiterentwickelt, die auf Neuronalen Netzen bzw. dem stochastischen Übertragungsverhalten von dynamischen Lastfluktuationen basieren.

15.4 Lasten entlang der Rotorblätter

Auch sind die bisherigen Kenntnisse über die detaillierte Lastverteilung entlang der Rotorblätter vergleichsweise ungenau und können zu Unsicherheiten in der aerodynamischen Lastberechnung führen. Aufgrund des komplexen Bauteil- und Materialverhaltens der Rotorblätter ist es erforderlich, spezielle Mess- und Analyseverfahren zur Überwachung der Lasten und des Zustands für die Flügel zu entwickeln. Diese sind zugleich wichtig für Regelungsverfahren wie die individuelle Blattwinkelverstellung.

15.5 Immer weiter, immer höher?

Zukünftige Anlagengenerationen höherer Leistungsklassen werden in deutlich größeren Höhen betrieben als die in alpha ventus eingesetzten 5-MW-Anlagen. Deshalb ist es wichtig, die bisherigen Untersuchungen und Analysen auch auf höhere Luftschichten, die sogenannte Ekman-Schicht, auszuweiten und eine genauere Beschreibung der Abhängigkeit der Geschwindigkeits- und Turbulenzprofile von der atmosphärischen Stabilität vorzunehmen. Man wird damit über die bisherigen Messhöhen des Fino 1-Messmastes, die bis in Höhen von 100 m reichen, hinausgehen müssen. Im Projekt „OWEA Loads" wird mit neuen Messmethoden der Höhenbereich bis 300 m untersucht.

15.6 Unbemanntes Kleinflugzeug: Ohne Dädalus in neue Höhen …

Dabei sollen neben den Windbedingungen in größeren Höhen auch die das Windprofil beeinflussenden atmosphärischen Größen wie Lufttemperatur, Feuchte, turbulente Flüsse etc. vermessen werden. Dazu wird im Projekt auf ein unbemanntes Kleinflugzeug (engl. Unmanned Aerial Vehicle, UAV) der Universität Tübingen zurückgegriffen, das den Zustand der marinen atmosphärischen Grenzschicht bis in eine Höhe von 300 m vermessen soll. Da für den technisch im Prinzip bereits möglichen, autonomen Betrieb des UAV derzeit keine Genehmigungen erhalten werden können, müssen die Flüge stets in Sichtweite eines Piloten stattfinden. Die Folge: Die Sondierung der Grenzschicht mit einer „Wissenschaftsdrohne" kann horizontal nur über eine Distanz von maximal einem Kilometer erfolgen. Um dennoch Hochseebedingungen zu vermessen, erfolgen die Messflüge von der Insel Helgoland aus. Aufgrund des hohen Personal- und Wartungsaufwands steht das Kleinflugzeug nicht für den gesamten Projektzeitraum unbegrenzt zur Verfügung. Es werden in fünf intensiven Messkampagnen insgesamt 200 Messflüge von jeweils etwa 30 Minuten Länge stattfinden und ausgewertet.

15.7 … und mit Eis an den Rotorblattspitzen

Auf Grundlage dieser Daten sollen dann Modelle zur Beschreibung der Windgeschwindigkeit und Windrichtung entwickelt und verifiziert werden. Darüber hinaus steht auch das Vereisungsrisiko in der Nordsee für zukünftige Anlagengenerationen im Fokus. Diese Arbeiten sollen zu einer verbesserten Prognose des zu erwartenden Energieertrags und der kurzfristigen Leistungsabgabe führen. Insbesondere die Beschreibung der Windrichtungsänderung mit der Höhe soll zu einer verbesserten Abschätzung der zu erwartenden Lasten an der Anlage führen.

15.8 Hat der Sturm gegen das Regelwerk verstoßen?

Mit Hilfe der Messdaten wollen die Forscher der Frage nachgehen, wie sehr die Belastungen von der Kombination von Windgeschwindigkeit, Turbulenzklasse, Wellenhöhe und Wellenperiode abhängen. Dabei soll auch analysiert werden, inwieweit im Beobachtungszeitraum aufgetretene Sturmereignisse (wie z. B. die im August 2010 und Januar 2012) mit den bisherigen Prognosen zusammenpassen und ob der Verlauf dieser Stürme – ihre maximalen Windgeschwindigkeiten, Dauer, Wellenrichtungen und Wellenhöhen – mit den bisherigen theoretischen Beschreibungen in den einschlägigen Richtlinien übereinstimmen.

In einem weiteren Unterarbeitspaket sollen anhand der Messdaten der mechanischen Belastungen Empfehlungen für einen vereinfachten und effektiveren Entwurfsprozess für Offshore-Windenergieanlagen erarbeitet werden. Entwurfsanforderungen an Windenergieanlagen und Tragstrukturen in der deutschen Allgemeinen Wirtschaftszone (AWZ) ergeben sich aus Ingenieurssicht aus den dortigen meteorologisch/klimatischen und ozeanographischen Verhältnissen. Aus juristischer Sicht ergeben sich Anforderungen aus den Vorgaben der Baugenehmigung. Häufig fordern auch Betreiber oder Finanzierer von Windparks eine Zertifizierung eines Windenergieanlagentyps, in der Regel auf Grundlage der einschlägigen Regelwerke, insbesondere der „Richtlinie zur Zertifizierung von Offshore-Windenergieanlagen" des Germanischen Lloyd (DNV GL). Für eine kritische und praxisnahe Interpretation der Ergebnisse soll in diesem Arbeitspaket der DNV GL herangezogen werden, der Herausgeber des weltweit meist verwendeten Regelwerkes zur Auslegung von Windenergieanlagen. Am Ende des Forschungsprojektes könnten dadurch also Empfehlungen für angepasste „Entwurfsanforderungen für Windenergieanlagen in der deutschen Allgemeinen Wirtschaftszone" entstehen.

15.9 Quellen

- Vorhabenbeschreibung zum geplanten Forschungsprojekt: Probabilistische Lastbeschreibung, Monitoring und Reduktion der Lasten zukünftiger Offshore-Windenergieanlagen (OWEA Loads) vom 24.08.2012; Kennzeichen -41V6451, 75 S., unveröffentlicht; Verbundprojektkoordinator: Universität Stuttgart, Stiftungslehrstuhl Windenergie (SWE), Verbundprojektpartner: ForWind – Carl von Ossietzky Universität, AREVA Wind GmbH, REpower Systems SE, Unterauftragnehmer: ForWind – Leibniz Universität Hannover, Germanischer Lloyd Ind. Services, Universität Tübingen
- OWEA Loads Darstellung: OWEA Loads – Probalistische Lastbeschreibung, Monitoring und Reduktion der Lasten zukünftiger Offshore-Windenergieanlagen, deutsch-englisch, 8 S., vom 8.10.2014, unveröffentlicht, Projektkoordinator: Stuttgarter Lehrstuhl für Windenergie (SWE) am Institut für Flugzeugbau, Universität Stuttgart
- Standard Konstruktion. Mindestanforderungen an die konstruktive Ausführung von Offshore-Bauwerken in der ausschließlichen Wirtschaftszone (AWZ). Hrsg. Vom Bundesamt für Seeschifffahrt und Hydrographie (BSH), 1. Fortschreibung vom 28. Juli 2015, Hamburg 2015

Anders als bisher gedacht

Die Turbulenzen in der atmosphärischen Grenzschicht über dem Meer und ihre Folgen für die Windfeldmodelle

Stefan Emeis, Text bearbeitet von Björn Johnsen

M. Durstewitz, B. Lange (Hrsg.), *Meer – Wind – Strom*,
DOI 10.1007/978-3-658-09783-7_16, © Springer Fachmedien Wiesbaden 2016

Projektinfo: Verifikation der Turbulenzparametrisierung und der Beschreibung der vertikalen Struktur der maritimen atmosphärischen Grenzschicht in numerischen Simulationsmodellen zur Windanalyse und -vorhersage (VERITAS)
Projektleitung:
Institut für Meteorologie und Klimaforschung
Karlsruher Institut für Technologie
Prof. Dr. Stefan Emeis

Über Turbulenzen des Windes wurde schon reichlich geschrieben, aber das gab's noch nie, zumindest nicht über dem Meer: Die Erfassung und Verifikation der Turbulenzbeschreibung in der marinen atmosphärischen Grenzschicht über dem Meer, einfach ausgedrückt: „der Luft über dem Wasser". Denn bisher haben solche wissenschaftlichen Turbulenzbeschreibungen nur an Land stattgefunden – mangels geeigneter Messdaten, mangels Messmast auf den Ozeanen. Zudem ist fraglich, ob die alten „Land-Turbulenz-Beschreibungen" überhaupt 1:1 auf die Nordsee übertragen werden können. Denn die Bedingungen Land-Meer sind offensichtlich nicht vergleichbar.

Doch gibt es in der Nordsee 45 Kilometer vor der Insel Borkum eine einzigartige Datenquelle zur Erforschung der marinen Grenzschicht in der Atmosphäre: Die Forschungsplattform Fino 1 mit ihrem 101 Meter hohen Windmessmast, unmittelbar neben alpha ventus (◘ Abb. 16.1). Bestückt mit Schalenkreuzanemometern in acht verschiedenen Messhöhen und mit schnellen Ultraschallanemometern in drei Höhen, liefert der Messmast seit Jahren Wind- und Turbulenz-Daten. Hinzukommen Temperatur-, Niederschlags- und Strahlungsmessungen sowie ozeanographische Wellenmessungen. Und das seit über zehn Jahren. Da lacht des Forschers Sammler- und Auswertungsherz.

16

16.1 Niemand ist perfekt – auch Fino nicht

Auch wenn die Wind- und Turbulenzmessungen auf Fino 1 die einzigartige Gelegenheit bieten, die bestehenden Turbulenzbeschreibungen zu überprüfen und bei Bedarf anzupassen, ergeben sich dort doch zwei Schwachstellen: Zum einen existieren auf Fino 1 keine Messstellen und somit Informationen für den Bereich zwischen der Meeresoberfläche und der untersten Messhöhe von 33 Metern. Auch dort gibt es bereits turbulente Flüsse von Feuchtigkeit und Wärme in der Atmosphäre. Aber diese „Schwachstelle" ist nicht zu beheben: Dauermessungen auf Fino 1 sind direkt über der Meeresoberfläche bis zur maximalen Wellenhöhe von knapp 20 Metern nicht durchzuführen, ohne dass die Geräte durch hohe Wellen beschädigt werden oder ganz kaputt zugehen drohen.

Die andere Schwachstelle: Es fehlten dort bislang zeitlich hochaufgelöste Feuchtigkeitsmessungen in verschiedenen Höhen. Die vertikale Feuchteverteilung spielt aber in der marinen Grenzschicht eine wesentlich dominierendere Rolle als an Land. Weil das Meer eine permanente Feuchtequelle für die Luft ist und die Temperaturunterschiede zwischen oberflächennaher Luft und Wasser meist recht gering sind, kann dort auch schneller ein Feuchtefluss stattfinden. Und wie sich herausstellte, hat dieser einen wesentlichen Einfluss auf die Stabilität einer Luftschicht – und damit auf Turbulenzen. Kurzum: Diese „Forschungslücke" führte dazu, dass auf Fino 1 schließlich auch hochauflösende Feuchtemessgeräte installiert wurden. Und ein zusätzliches, eigenständiges Forschungsprojekt über ausschließlich den Feuchtigkeitsfluss in der Atmosphäre angeschoben wurde (▶ Kap. 17).

16.2 Von wegen „nur Luft": Grenzschichten in der Atmosphäre

Die atmosphärische „Luftschicht" über dem Meer, die sogenannte marine Grenzschicht, lässt sich grob in zwei Schichten einteilen: Die untere, bis zu 80 Meter hohe Prandtl-Schicht und die darüber liegende Ekman-Schicht. Die Prandtl-Schicht kann aber auch wesentlich flacher (10 bis 20 m) sein, wenn das Wasser viel kälter als die Luft und die Windgeschwindigkeit nicht so hoch ist. Diese Schicht, in der der Wind ohne Richtungsänderung mit der Höhe zunimmt, lässt sich wiederum

■ **Abb. 16.1** Anflug zur Fino 1-Forschungsplattform. Im Hintergrund stehen die Anlagen des Offshore-Windparks alpha ventus. © Forschungs- und Entwicklungszentrum Fachhochschule Kiel GmbH

in drei Schichten unterteilen: Die untere, direkt von den Wellen beeinflussbare Schicht, dann eine nicht immer vorhandene Übergangsschicht und darüber liegend die eigentliche Prandtl-Schicht (■ Abb. 16.2, 16.3). In der Ekman-Schicht ab 80 Meter Höhe wird die Windgeschwindigkeitszunahme etwas geringer. Dafür ändert sich die Windrichtung, sie geht mit zunehmender Höhe um 30 bis 45 Grad im Uhrzeigersinn nach rechts. Dies sind die Werte über Land. Über See geschieht diese Drehung nur in der Größenordnung von 10 Grad

Wer die Windgeschwindigkeit in verschiedenen Höhen – das Vertikalprofil der Windgeschwindigkeit – korrekt beschreiben und vorhersagen möchte, braucht eine genaue Kenntnis des dazugehörigen vertikalen, turbulenten „Impulsflusses“. Dieser „turbulente Impulsfluss“ über einer horizontal nahezu homogenen Oberfläche, wie sie ein Ozean darstellt, unterscheidet sich deutlich von denen an Land.

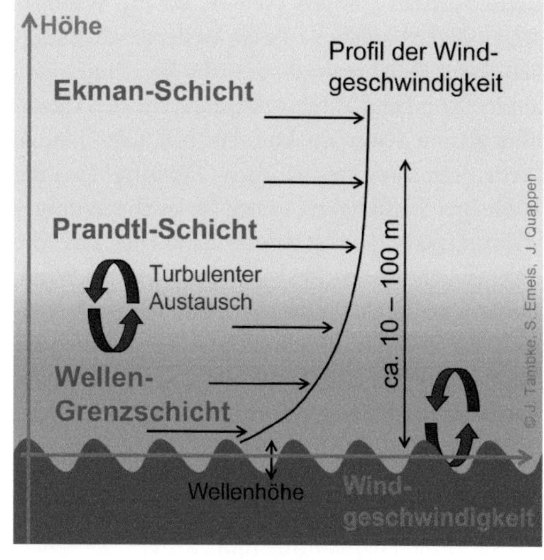

■ **Abb. 16.2** Windprofil in der marinen Grenzschicht und beeinflussende Prozesse. © ForWind – Universität Oldenburg

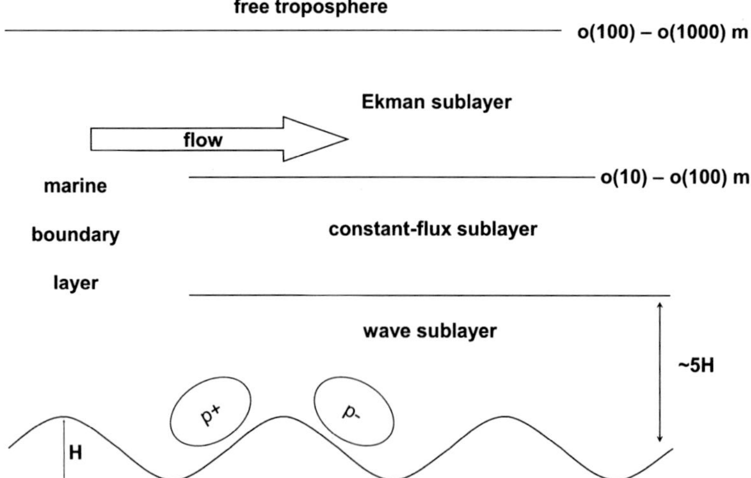

Abb. 16.3 Vertikalaufbau der marinen Grenzschicht. © KIT Stefan Emeis

16.3 Von jungen und alten Wellen

Die Turbulenzen über dem Meer weisen einige Besonderheiten auf. Zum Beispiel steigt die Turbulenzintensität mit größerer Windgeschwindigkeit (über ca. 12 m/s) auf Grund der wachsenden Wellenhöhe wieder an – was über Land nicht der Fall ist. Insgesamt liegt die Turbulenzintensität auf See dennoch deutlich niedriger als über Land.

Zudem spielt bei geringen Windgeschwindigkeiten auch das so genannte „Wellenalter" eine Rolle: Nur bei „jungen Wellen", wo die Windgeschwindigkeit größer ist als die Wellengeschwindigkeit, kann man erwarten, dass die Beschreibungsansätze von Land ansatzweise auch auf den Ozean übernommen werden können. Für „alte", lange Wellen mit ihrer sogenannten „Dünung" (wo die Wellengeschwindigkeit höher ist als die Windgeschwindigkeit) gilt dies jedoch nicht: Hier wirkt die Meeresoberfläche nicht als „Bremse" für den Wind, sondern treibt als Fläche die Luftbewegung regelrecht an! Die alte Beschreibung von Wind- und Turbulenzprofilen an Land reicht somit für diese Besonderheiten unmittelbar über dem Meer nicht mehr aus.

Zudem ist die thermische Schichtung der „Luft", pardon: der atmosphärischen Grenzschicht, die die Turbulenzintensität und -struktur entscheidend mitprägt, über See ganz anderen Zeitverläufen unterworfen als über Land. Auf See dominiert der Jahresrhythmus der Schichtung, der von der Temperaturdifferenz zwischen Wasser und Luft geprägt ist. Über Land ist dagegen der Tagesrhythmus dominierend. Zudem muss bei ablandigem Wind auch mit der Ausbildung von internen Grenzschichten und stärkeren Windscherungen an den Grenzflächen gerechnet werden: Also einer plötzlichen Änderung der Windrichtung oder -stärke. Solche vertikalen Windscherungen dürften einen deutlichen Einfluss auf die Verifikation von Leistungskennlinien in alpha ventus und anderen küstennahen Offshore-Windparks haben. Denn die gemessene Windgeschwindigkeit in Nabenhöhe gilt dann möglicherweise nicht mehr annähernd für die gesamte Rotorfläche, wo die Windgeschwindigkeit unterschiedlich auftreffen und verlaufen kann. Dies gilt erst recht für die absehbar großen Rotordurchmesser von 130 Metern und mehr.

Story am Rande: NDR-Sendemast nicht im Weg, sondern hilfreich

Bei den Turbulenzforschungen wurden auch Kontakte zum dänischen Forschungszentrum Risö der Dänischen Technischen Universität (DTU) in Roskilde und zum Meteorologischen Institut der Universität Hamburg geknüpft. Dabei gab es Daten nicht nur vom dänischen Forschungsmast Hövsöre, sondern auch vom NDR-Sendemast in Hamburg-Billwerder. Denn

16

auf diesem wurden schon vor längerer Zeit die entsprechenden Windmessinstrumente angebracht. Die Daten erlaubten die Prüfung, ob die gefundenen Verbesserungen in der Turbulenzbeschreibung auch für Onshore-Anwendungen Verbesserungen bringen. Ja, sie bringen!
Björn Johnsen

Bei hohen Windgeschwindigkeiten kann die Gischt die Impuls- und insbesondere die Wärme- und Feuchteflüsse von und zur Meeresoberfläche zusätzlich beeinflussen.

Numerische, computergestützte Simulationsmodelle zur Analyse und Vorhersage des Windfeldes in Offshore-Gebieten wie der Deutschen Bucht brauchen daher entsprechend angepasste Turbulenzbeschreibungen. Diese müssen außerdem in der Lage sein, einen stetigen Übergang zu den Bedingungen über Land zu gewährleisten. Damit dort der Küsteneinfluss und die Lage und Höhe eventueller Windscherungen sicher berechnet werden können.

16.4 Das Meer beschreiben ohne Wellendaten

Die Turbulenzintensität in der marinen Grenzschicht hängt außer von der thermischen Schichtung der Atmosphäre wesentlich von der Oberflächenrauigkeit des Meeres ab. Wenn Wellendaten wie Wellenhöhe oder Wellenlänge vorliegen, sollte man zur Beschreibung der Meeresoberflächenrauigkeit nicht die Windgeschwindigkeiten, sondern natürlich direkt die Wellenparameter verwenden. Sollten aber keine Wellendaten vorliegen – so stellte sich in dem Forschungsprojekt als maßgebliche Erkenntnis heraus – gibt es eine andere Möglichkeit, die Meeresoberflächenrauigkeit zu beschreiben. Diese ist wiederum sehr wichtig, denn sie ist die „untere" Randbedingung für die Berechnung einer Windturbulenz über dem Wasser. Diese Meeresoberflächenrauigkeit kann nun empirisch durch einen Widerstandsbeiwert beschrieben werden, dies ist die wesentliche Erkenntnis und Neuerung aus dem Forschungsprojekt, und zwar als Funktion der Funktion der Windgeschwindigkeit: Der Quotient aus der Wurzel der turbulenten kinetischen Energie und der mittleren Windgeschwindigkeit verhält sich zur Turbulenzintensität proportional, lautet die neue Formel, die durch Messungen empirisch belegt ist. Die neue Beschreibung simuliert die turbulente kinetische Energie des Windes und damit die „bodennahe" Turbulenzintensität wesentlich besser ab als die bisherigen Ansätze. Sie ist bisher für 11 verschiedene Wetterlagen untersucht worden und hat für alle dabei ähnliche Ergebnisse gebracht. Während die bisherige Turbulenzbeschreibung deutlich zu niedrigere Turbulenzintensitäten ergab, trifft die neue Beschreibung die Daten recht gut – wie ein Vergleich einer Messperiode aus 2005 zwischen Fino 1 und Land (Hamburg) zeigt (◘ Abb. 16.4).

» **Mehr als nur irgendein Wurzelquotient**
Die neue Beschreibung ist mehr als nur irgendein Quotient, den man sich ohne Not und ohne Wirkung ausgedacht hat. Die neue Beschreibung zeigt, dass die Turbulenzen besonders in unteren atmosphärischen Schichten intensiver sind als bislang angenommen – gerade über dem Meer! Und sich dabei ziemlich von den gleichzeitig gemessenen Turbulenzen auf Nabenhöhe unterscheiden können. Die Folge: Das lange Rotorblatt einer Offshore-Anlage kann noch unterschiedlicher belastet werden als bislang angenommen. Umso wichtiger ist, dass wir mehr über die anströmenden Windfelder vor einer Offshore-Anlage wissen. Und über die atmosphärischen Schichten über dem Meer, in denen sie entstehen.
Stefan Emeis, Karlsruher Institut für Technologie, Institut für Meteorologie und Klimaforschung, Garmisch-Partenkirchen

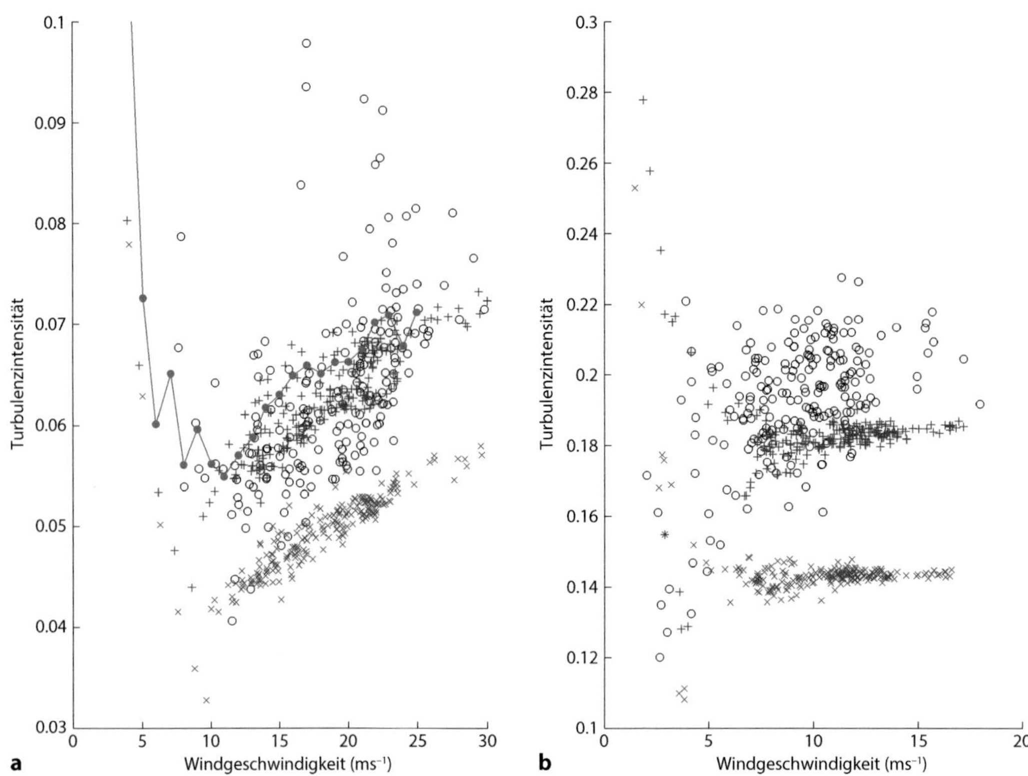

■ **Abb. 16.4** Turbulenzintensität (*y-Achse*) als Funktion der Windgeschwindigkeit (*x-Achse*, in m/s) aus Messungen für Fino 1 (**a**) und den Hamburger Wettermast (**b**). *Offene Kreise* Messungen, *rote x* bisherige Turbulenzparametrisierung nach Janjic 2001, *blaue* + neue Turbulenzparametrisierung, *grüne Linie und volle Kreise* (*nur* **a**) gemittelte Daten für das gesamte Jahr 2005 für nahezu neutrale Schichtungsverhältnisse. © KIT Richard Foreman

Um zu prüfen, ob dieses Verfahren auf die speziellen Eigenschaften der Meeresoberfläche zurückzuführen ist oder auch an Land gilt, wurden diese Daten verglichen: Mit einem Wettermast in Hamburg-Billwerder und einem Mast in Hövsöre an der jütländischen Westküste, dem dänischen Festland. Ergebnis: Die neuen Modellsimulationen sind sowohl über See als auch an Land verbessert. Aber über See sind sie noch stärker ausgeprägt, so dass man ab sofort für die Windfeldsimulationen über See eine deutliche Verbesserung der Vorhersage der turbulenten Größen erwarten kann. Die Vorhersage der mittleren Windgeschwindigkeit ändert sich durch die Änderung der Turbulenzbeschreibung dagegen nur unbedeutend.

Die größten Verbesserungen finden vor allem im unteren Teil der atmosphärischen Grenzschicht statt. Insbesondere die „bodennahe" Turbulenz wird höher berechnet – besser gesagt: die Turbulenz über der Meeresoberfläche. Am oberen Rand der Grenzschicht gehen dagegen der alte und der neue Ansatz ineinander über. Daraus folgt, dass die hier erzielten „Erkenntnis-Verbesserungen" in der Turbulenzbeschreibung für die Windkraftnutzung im Wesentlichen bei dicken Grenzschichten zum Tragen kommen werden, die bei hohen Windgeschwindigkeiten und thermisch instabilen Verhältnissen auftreten (■ Abb. 16.5).

16.5 Ausblick

Das Forschungsvorhaben hat aufgezeigt, dass die bisherige Beschreibung der Turbulenz in mesoskaligen, großflächigen Windfeldmodellen unzureichend war. Die Beschreibung des Widerstandsbeiwertes der Meeresoberfläche sollte so geändert werden, dass er für hohe Windgeschwindigkeiten

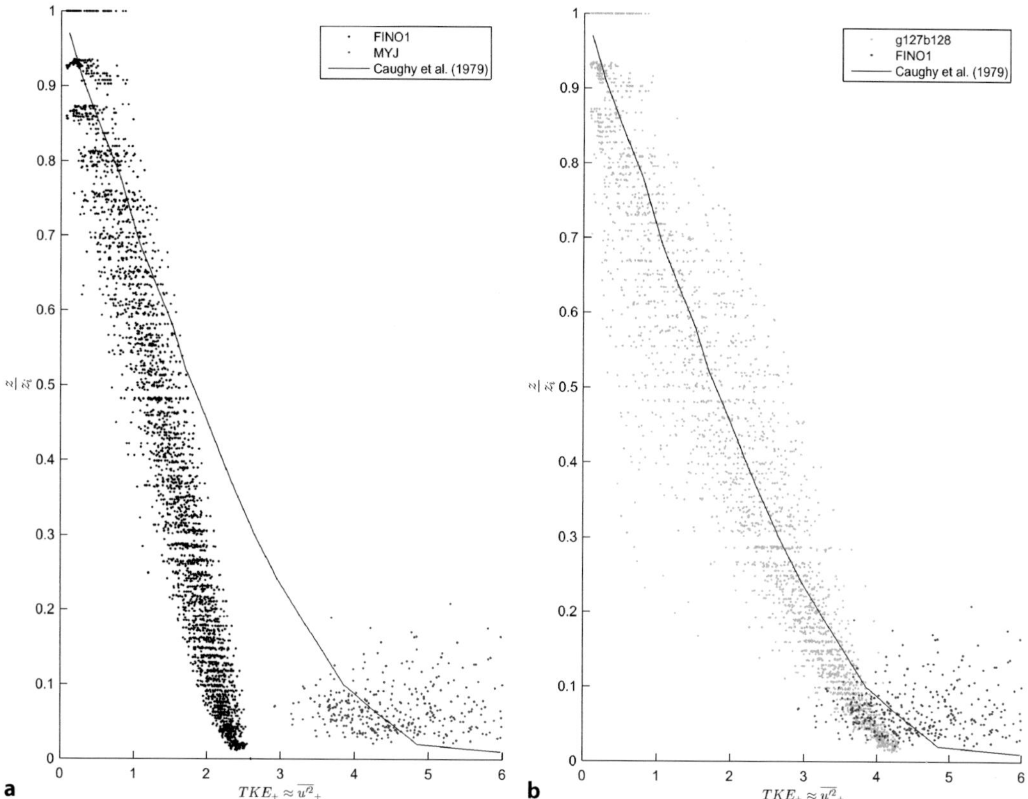

Abb. 16.5 Vertikalprofile: die durchgezogene Linie zeigen den theoretischen Verlauf nach Caughey et al.; *Punkte unten* **b** Fino 1-Messwerte, *schwarze Punkte* **a** Ergebnisse nach bisherigem Ansatz (Janjic 2001), *graue Punkte* **b** Ergebnisse der im Projekt Veritas erzielten Verbesserungen. © KIT Richard Foreman

nicht unbeschränkt weiter anwächst. Das bedeutet für sehr hohe Windgeschwindigkeiten gelten niedrigere Widerstandsbeiwerte als bisher verwendet. Die Turbulenz wird nun über die gesamte vertikale Ausdehnung der marinen Grenzschicht in der Atmosphäre hinweg besser dargestellt und simuliert. Das bedeutet für den unteren Teil der Grenzschicht eine deutliche Erhöhung der bisher angenommenen Turbulenzwerte. Damit sind die Belastungen, die auf Tragstrukturen und Rotorblätter der Offshore-Anlagen einwirken, in diesem Bereich auch größer als bislang angenommen. Der neue Forschungsansatz hat mittlerweile international Beachtung gefunden und ist von der Fachwelt akzeptiert.

16.6 Quellen

- Abschlussbericht zum Projekt Verifikation der Turbulenzparametrisierung und der Beschreibung der vertikalen Struktur der maritimen atmosphärischen Grenzschicht in numerischen Simulationsmodellen zur Windanalyse und -vorhersage (VERITAS), Förderkennzeichen 0325060, 21 S., 18.04.2012, unveröffentlicht; Stefan Emeis, Karlsruher Institut für Technologie (KIT), Institut für Meteorologie und Klimaforschung, Garmisch-Partenkirchen
- Janjic, Z.I. (2001) Nonsingular implementation of the Mellor-Yamba level 2.5 scheme in the NCEP meso model. Technical Report, National Centers for Environmental Prediction, Office Note 437

Manchmal brodelt's fast wie im Spaghetti-Kochtopf

Wie die Feuchtigkeitsflüsse über dem Meer die Turbulenzen in Offshore-Windparks beeinflussen

Stefan Emeis, Thomas Neumann, Richard Foreman, Beatriz Cañadillas, Text bearbeitet von Björn Johnsen

M. Durstewitz, B. Lange (Hrsg.), *Meer – Wind – Strom*,
DOI 10.1007/978-3-658-09783-7_17, © Springer Fachmedien Wiesbaden 2016

Projektinfo: Erfassung und Bewertung des Einflusses turbulenter Feuchteflüsse auf die Turbulenz in Offshore Windparks (TUFFO)
Projektleitung:
Institut für Meteorologie und Klimaforschung
Karlsruher Institut für Technologie
Prof. Dr. Stefan Emeis
Projektpartner:
- UL International GmbH

Die Luft über dem Meer enthält – wie jede Luft in der Atmosphäre – stets Wasserdampf. Und zwar meist weniger, als sie theoretisch aufnehmen kann. Dabei kommt es über dem Meer häufig zu „Verdunstung“: Die Feuchtigkeit aus dem vergleichsweise „warmen“ Nordseewasser steigt auf. Die feuchte Luft unmittelbar über dem Meeresspiegel ist leichter als die darüber liegende trockenere Luft (wenn beide dieselbe Temperatur haben) und will nach oben aufsteigen. Die feuchtere Luft drängt also nach oben und die schwere, trockenere Luft nach unten. Es kommt zu Umlagerungen der Luftschichten – und somit zur Bildung von Turbulenzen. Ein Phänomen, das man von jedem Spaghetti-Kochtopf kennt: Unten auf dem Herd ist heißes Wasser, darüber ist das Wasser noch kalt. Das heiße Wasser will nach oben und fängt an zu brodeln.

Der „turbulente Feuchtigkeitsfluss“ über der Nordsee „kocht“ natürlich nicht, führt aber zu den erwähnten vertikalen Umlagerungen der Luftschichten. Und wenn dieses, so verschiedenartige vertikale Feuchtigkeitsprofil mit starken Umlagerungen der Luftschichten auf ein 60, 80 Meter langes Rotorblatt trifft, wirkt es sich dort unterschiedlich stark aus. Die extrem unterschiedliche Belastung beeinflusst damit auch die Lebens-, Betriebsdauer der Windenergieanlagen. Die Erforschung der „turbulenten Feuchtigkeitsprofile über dem Meer“ war eines der RAVE-Vorhaben. Die erforderlichen meteorologischen Daten wurden in unmittelbarer Nähe zu alpha ventus, auf der Messplattform Fino 1 gemessen.

17.1 Montieren geht über studieren

Erstmal herausfinden und beschreiben, was ist. Was für die meiste Forschung gilt, trifft auch hier zu: Denn bislang gab und gibt es keine exakten Messungen der Feuchteflüsse in der Atmosphäre über dem Meer. Und schon gar keine schnellen, zeitlich hoch aufgelösten Daten. Bislang gab es Feuchtigkeitsmessungen nur im 10-Minuten-Takt – damit waren aber die schnellen Umwälzungen in der Luft nicht zu erfassen.

Um dieses Ziel zu erreichen, wurden zwei zeitlich hochauflösende und schnelle Feuchtemessgeräte auf der Forschungsplattform Fino 1, westlich von alpha ventus, installiert (◻ Abb. 17.1). Diese arbeiten mit 10-Hertz-Abtastrate und ermöglichen so pro Sekunde zehn Messwerte. Die beiden Feuchtigkeitsmesser hat man 2012 in zwei unterschiedlichen Höhen von 41,5 und 81,5 m befestigt, um Daten auch in unterschiedlichen Höhen zu gewinnen. Montieren geht erstmal über studieren.

Story am Rande (I): Dauerhaft mindestens Windstärke 3
Fino 1, die erste deutsche Offshore-Messstation in der Nordsee, liefert inzwischen seit über einem Jahrzehnt Daten zu Turbulenzen, Windgeschwindigkeiten, Wellenhöhen und mehr. Besonders erfreulich: Die außerordentlich hohe „Mindestwindgeschwindigkeit“ auf See. 8760 Stunden hat bekanntlich das Jahr. An über 8000 Stunden, so die Langzeitmessungen von Fino 1, kann man mit einer Windgeschwindigkeit von mindestens Windstärke 3 (eine Windgeschwindigkeit von etwa 4 Metern pro Sekunde) rechnen. Die Rotoren der Windenergieanlagen auf alpha ventus setzen sich bereits ab einer Windgeschwindigkeit von etwa 3,5 m/s in Bewegung. Eine hohe technische Verfügbarkeit vorausgesetzt, werden die Rotoren von alpha ventus wohl selten stillstehen.
Björn Johnsen

17

17.2 Über dem Meer geht's grundsätzlich aufwärts

Der Feuchtefluss über dem Meer ist eigentlich immer vorhanden, da an der Wasseroberfläche ständig eine Verdunstung stattfindet, auch bei stabiler Luftschichtung. Es zeigt sich, dass diese Verdunstung – der aufwärts gerichtete Feuchtefluss innerhalb der Luft – deutlichen Einfluss auf die Stabilität der atmosphärischen Grenzschicht über dem Meer hat. Je nach den vorherrschenden Umgebungsbedingungen kann die marine atmosphärische Grenzschicht von 30, 40 Metern bei sehr kalter Luft über sehr warmem Wasser bis einige hundert Meter Höhe über der Meeresoberfläche reichen. Die Ergebnisse der Feuchtemessungen auf Fino 1 belegen für beide Messhöhen, dass der Feuchtefluss die vertikalen Umlagerungen der Luftschichten deutlich beeinflusst.

Wenn die Luftschichtung instabil wird und in turbulente Bewegung gerät, trägt der Feuchtefluss in beiden Messhöhen bis zu 30 % zu dieser Instabilität bei. Bleibt die Schichtung in der Luft dagegen relativ stabil, weil wärmere Luft über kälteres Wasser strömt, verläuft auch der Feuchtefluss geringer. Über wärmerem Wasser ist die Verdunstung deutlich stärker als über kälterem Wasser. Damit ist der destabilisierende Einfluss des Feuchteflusses im Sommer und Herbst viel stärker als im Winter und Frühjahr – wenn sich das Wasser noch nicht so erwärmt hat. Infolgedessen ist der Feuchtefluss über Meeren im Süden viel stärker als über den Meeren im hohen Norden.

Aber grundsätzlich wirkt der Feuchtefluss innerhalb der atmosphärischen Schichtung immer in Richtung „Destabilisierung" (▣ Abb. 17.2). In 81,5 Meter Messhöhe wirkt sich der Feuchtefluss sogar etwas stärker aus als in 41,5 Meter Höhe. Insofern treten in diesem Bereich auch unterschiedliche Turbulenzbelastungen auf.

Die vorgenommenen Messungen auf Fino 1 bestätigen eine vorherige Grundannahme: Die über dem Meer nahezu grundsätzlich aufwärts („Verdunstungseffekt") gerichteten turbulenten Feuchteflüsse verändern die statische Stabilität der marinen Grenzschicht in Richtung Instabilität.

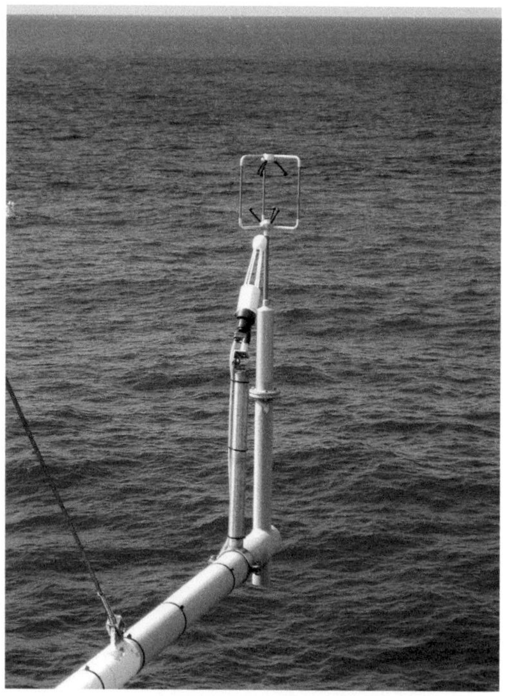

▣ **Abb. 17.1** Messanordnung zur hochauflösenden Feuchtemessung auf Fino 1 in 41,5 m Messhöhe. Mit dem weißen Gerät im Vordergrund erfolgt die Messung der Luftfeuchtigkeit durch optische Absorptionsmessung, dahinter ist ein Ultraschallanemometer für die Erfassung der Windgeschwindigkeitsfluktuationen montiert. © UL International GmbH (DEWI)

17.3 Wie in einer Schulklasse: Hinter der ersten Reihe wird's turbulenter

Welchen Einfluss hat der turbulente Feuchtefluss auf die entstehenden Turbulenzen des Windes? Ziemlich viel! Es zeigt sich, dass diese vor allem bei instabiler Schichtung in der Atmosphäre vorhanden sind. Grundsätzlich sind die Turbulenzen in der Anströmung der „Offenen See", also vor dem Windpark, geringer. Die Windturbulenzen im Nachlauf von alpha ventus, also „hinter" dem Windpark, sind dagegen deutlich höher, wie in ▣ Abb. 17.3 zu sehen. Also wie in einer „klassischen" Schulklasse mit hintereinander aufgestellten Sitzreihen: In der ersten Reihe ist es meist ruhig, dahinter wird es unruhiger … Wobei das Bild nur bedingt stimmt: Der Grund für die Erhöhung der Turbulenzen innerhalb eines Windparks sind die Windenergiean-

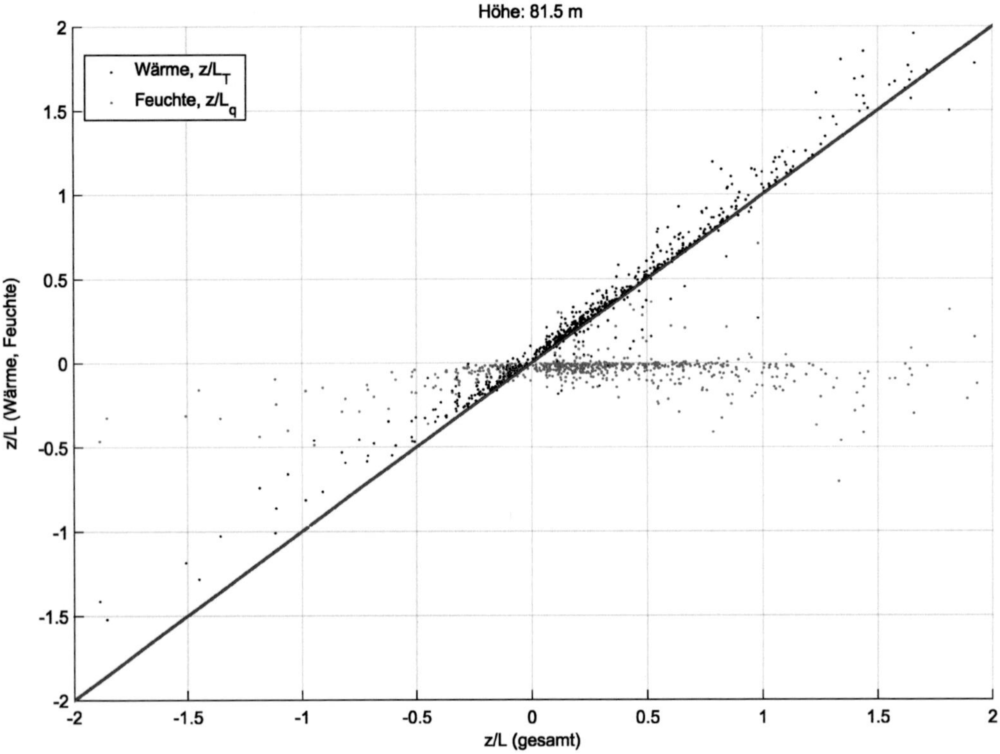

Höhe: 81.5 m
Wärme, z/L$_T$
Feuchte, z/L$_q$
z/L (Wärme, Feuchte)
z/L (gesamt)
2
1.5
1
0.5
0
-0.5
-1
-1.5
-2

a

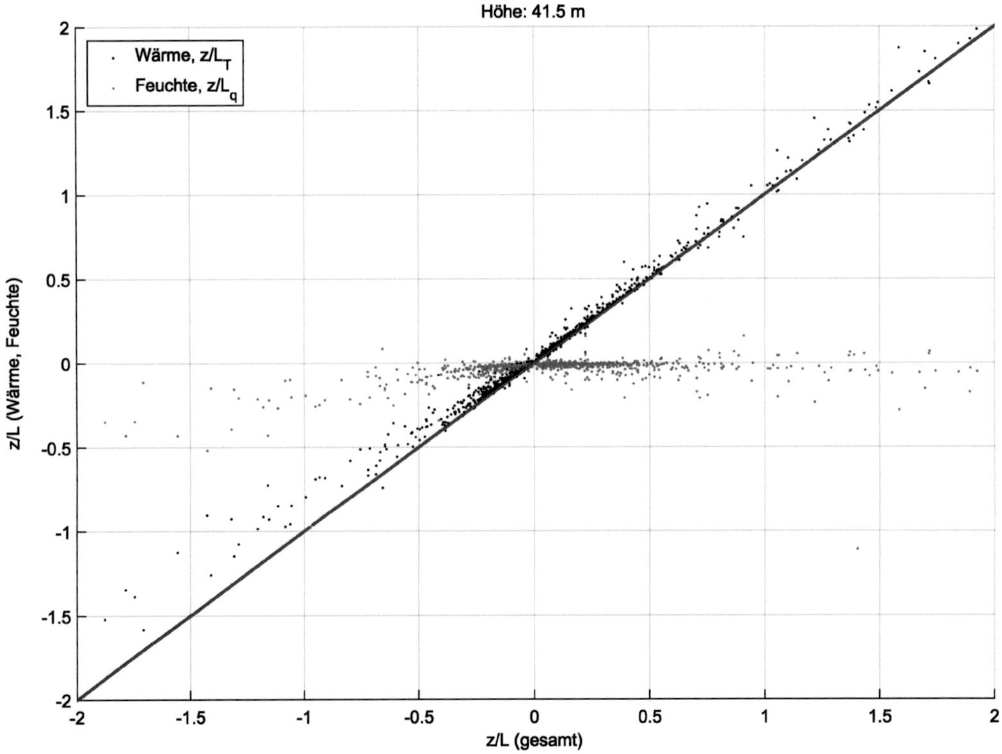

Höhe: 41.5 m
Wärme, z/L$_T$
Feuchte, z/L$_q$
z/L (Wärme, Feuchte)
z/L (gesamt)
2
1.5
1
0.5
0
-0.5
-1
-1.5
-2

b

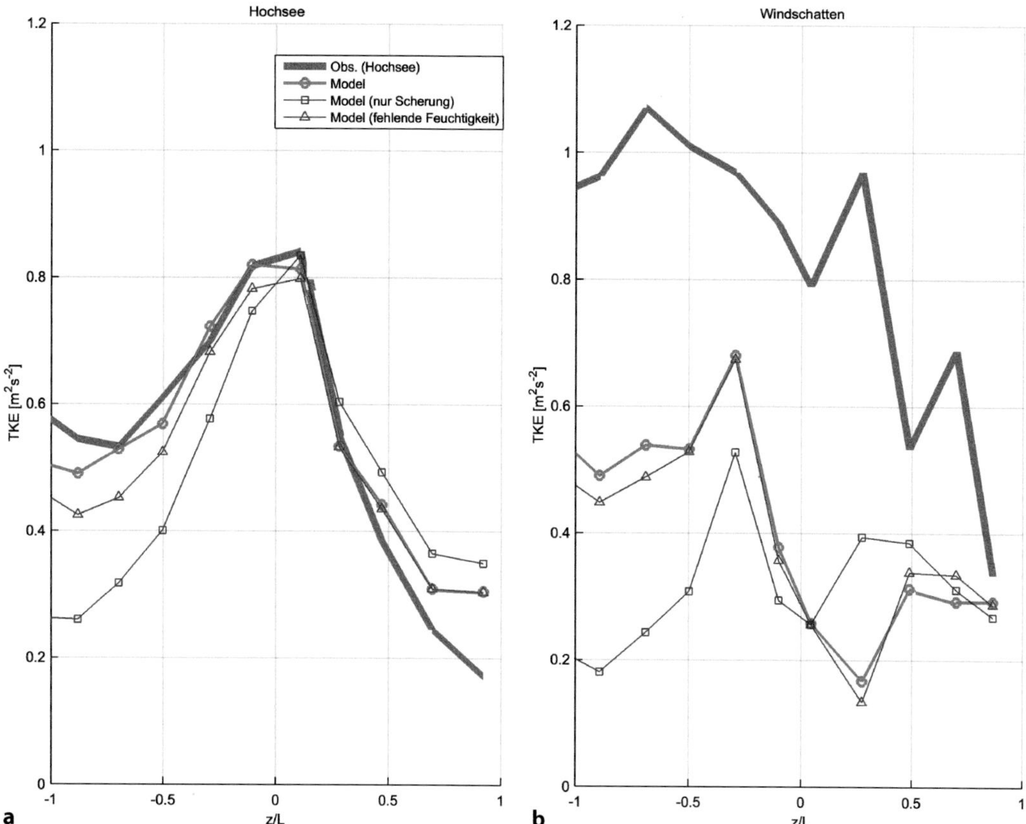

■ **Abb. 17.3** Turbulente kinetische Energie als Funktion der statischen Stabilität der Grenzschicht (−1 sehr instabil, 0 neutral, +1 sehr stabil) in 41,5 m Höhe an Fino 1 für Winde aus dem westlichen Halbraum (**a**) und im Bereich des Nachlaufs des Windparks alpha ventus (**b**). *Dicke graue Linie* gemessene turbulente kinetische Energie, *blaue Quadrate und Linie* Messdaten Impulsfluss, *rote Dreiecke und Linie* Messdaten Impuls- und Wärmefluss, *orange Kreise und Linie* Messdaten für Impulsfluss, Wärmefluss und Feuchtefluss. © KIT, Richard Foreman

lagen selbst (■ Abb. 17.4). Wenn ihre Rotoren drehen nehmen die „Verwirbelungen" und damit die Turbulenzen zu.

Ein weiteres Phänomen: Eigentlich müsste durch die Abschattung der vorherstehenden Windenergieanlagen die Produktion der hinteren Windenergieanlagen in fünfter, sechster oder gar zehnter Reihe (im dänischen Horns Rev) gegen Null gehen. Tut sie aber nicht. Der Grund, warum auch die hinteren Reihen noch genügend Windstrom produzieren können: Die Atmosphäre ist in der Lage, „nachzufüttern": Turbulenzen, die über das vertikale Windfeld von oben nach unten verlaufen können, sorgen so auch für weiteren „Windnachschub von oben". Es vollzieht sich also eine „Erholung" des Windfeldes. An Land funktioniert dieser Prozess noch besser, so dass die Windenergieanlagen in zweiter und dritter Reihe dichter hintereinander aufgestellt werden können. Auf dem Meer verläuft die „Erholung" des Windfeldes – die „Nachfütterung" durch die Turbu-

■ **Abb. 17.2** Analyse der beiden Beiträge z/L_T (turbulenter Wärmefluss) und z/L_q (turbulenter Feuchtefluss) zur gesamten statischen Stabilität (z/L gesamt) in den beiden Höhen 81,5 m (**a**) und 41,5 m (**b**) am Fino 1-Mast. Das Stabilitätsmaß hat negative Werte bei instabiler Schichtung, ist Null bei neutraler Schichtung und ist positiv bei stabiler Schichtung. © KIT, Richard Foreman

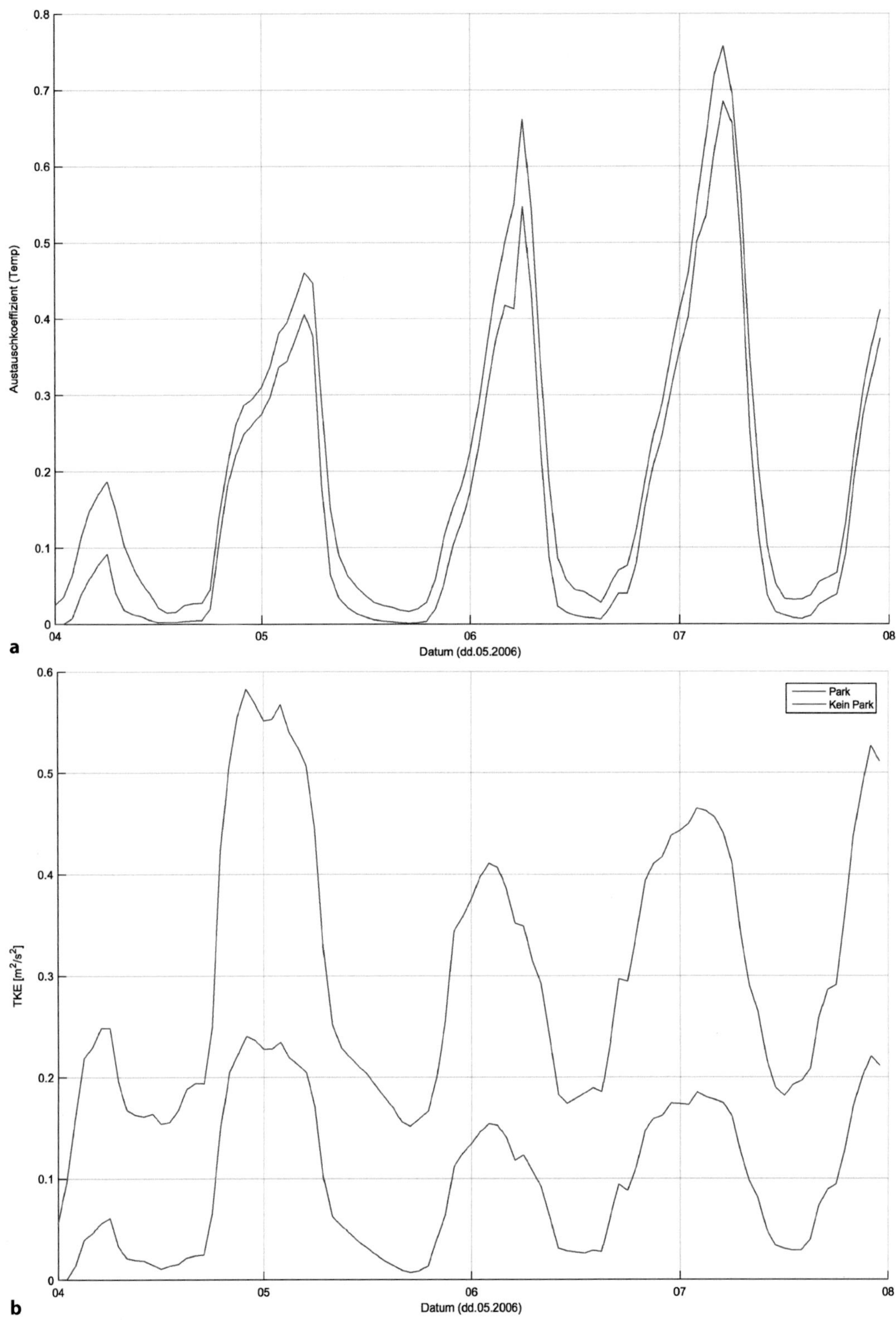
Austauschkoeffizient (Temp)
0.8
0.7
0.6
0.5
0.4
0.3
0.2
0.1
0
04
05
06
07
08
Datum (dd.05.2006)
a
TKE [m²/s²]
0.6
0.5
0.4
0.3
0.2
0.1
0
Park
Kein Park
04
05
06
07
08
Datum (dd.05.2006)
b

lenzen – nicht ganz so gut, weshalb der Abstand zwischen den Anlagen wesentlich größer sein sollte. Dafür können dann die Windenergieanlagen innerhalb eines Windparks auch schon mal in 10 Reihen und mehr (wie in Horns Rev 2) hintereinander stehen. Die Feuchte trägt zu einer gewissen Erhöhung dieser Turbulenz bei. Bei ohnehin instabiler Schichtung bewirkt die Feuchte, dass die Windschatten hinter den Parks ca. 10 % kürzer sind.

Der bessere Erholungseffekt für das Windfeld, das „Wiederaufladen“ der Windgeschwindigkeit insbesondere in großen Windparks bildet gewissermaßen auch den „Lohn“ für die Windenergieanlage – für das Aushalten der stärkeren Turbulenzen.

Story am Rande (II): Fremde Feuchtigkeitsmesser auf Fino 1

Fino 1 trifft auf das Interesse seiner Nachbarn. Und das sind nicht nur Seemöwen und Schweinswale. Obwohl es viele hundert Seemeilen entfernt liegt, nutzt nun auch Norwegen die unbemannte Forschungsplattform für ein Jahr bis zum Juni 2016. Das norwegische Offshore-Zentrum Norcowe aus Bergen. Norcowe will zwei Lidar-Messgeräte und ein Mikrowellen-Radiometer auf Fino anbringen. Letzterer soll Daten zu Temperatur- und Feuchtigkeitsprofilen bis zu tausend Meter Höhe liefern. „Neben“ Fino 1 werden die norwegischen Offshore-Forscher auch eine autonome Messboje im Meer platzieren, für die Messung der Wellen und darüber liegenden atmosphärischen Schichten mit ihren Turbulenzen. Aufgrund ihrer absehbar starken Beanspruchung soll der Messzeitraum für diese Boje allerdings wesentlich kürzer sein.
Björn Johnsen

17.4 Ausblick: Weiter (be)schreiben!

Das Forschungsvorhaben ist zwar abgeschlossen aber noch nicht vollständig ausgewertet: Es werden noch Ergebnisse zur Parametrisierung des Feuchteflusses in numerischen Windfeldmodellen und des genaueren Einflusses des Feuchteflusses auf den Nachlauf von Offshore-Windturbinen erwartet. Wenn warme Luft (in der Regel vom Land her) über kaltes Wasser strömt, reduziert dies den „Verdunstungsprozess“ und führt zur Ausbildung interner Grenzschichten in der Atmosphäre – und damit zu starken Beeinflussungen des vertikalen Windprofils. Turbulenzintensität und vertikale Windprofile haben starken Einfluss auf die Windstromproduktion und die Abnutzung von Offshore-Windturbinen. Dies betrifft insbesondere die Stärke und Länge des „Wind-Nachlaufs“ hinter den „Frontanlagen“ auf die nachfolgenden Windturbinen in zweiter und dritter Reihe, und somit für ganze Windparks. Was wichtig ist für die Last- und Lebensdauerabschätzung der Windenergieanlagen sowie für die Berechnung des notwendigen Abstandes zwischen den Anlagen innerhalb eines Windparks und zwischen den Windparks.

Die genauere Erforschung und Beschreibung der Turbulenzintensität bleibt die Aufgabe. Denn nur mit ihr wird es möglich sein, eines Tages auch mesoskalige Modelle zu entwickeln, die dann frühzeitig den Einfluss ganzer Windparks auf das Windfeld vorhersagen könnten.

17.5 Quellen

- Erfassung und Bewertung des Einflusses turbulenter Feuchteflüsse auf die Turbulenz in Offshore Windparks (TUFFO), RAVE-Buch-InfoScript. Okt. 2014; Förderkennzeichen 0325304; Prof. Dr. Stefan Emeis, Institut für Meteorologie und Klimaforschung, Karlsruher

◄

Abb. 17.4 Mit WRF simulierte turbulente kinetische Energie in ca. 90 m Höhe ohne und mit einem idealisierten großen Windpark in der südlichen Nordsee für einen Zeitraum mit sehr stabiler Schichtung im Mai 2006. Der Austauschkoeffizient ist in Teilbild **a**, die turbulente kinetische Energie in Teilbild **b** zu sehen.

Institut für Technologie (KIT), Dr. Thomas Neumann (DEWI); Sachbearbeiter: Dr. Richard Foreman (KIT) und Dr. Beatriz Canadillas (DEWI)

- Foreman, R.J., S.Emeis, B. Canadillas (2015) Half-Order Stable Boundary-Layer Parametrization without the Eddy Viscosity Approach for Use in Numerical Weather Prediction. Boundary Layer Meteorology, vol. 154, 207-228

Künstliche Intelligenz und automatische Selbstorganisation

Methoden und Werkzeuge für eine preagierende Instandhaltung auf See

Stephan Oelker, Marco Lewandowski, Klaus-Dieter Thoben, Dirk Reinhold, Ingo Schlalos, Text bearbeitet von Björn Johnsen

M. Durstewitz, B. Lange (Hrsg.), *Meer – Wind – Strom*,
DOI 10.1007/978-3-658-09783-7_18, © Springer Fachmedien Wiesbaden 2016

Projektinfo: Methoden und Werkzeuge für die preagierende Instandhaltung von Offshore Wind-energieanlagen (preInO)

Projektleitung:
BIBA – Bremer Institut für Produktion und Logistik GmbH
Stephan Oelker
Marco Lewandowski

Projektpartner:
- Senvion GmbH
- SWMS Systemtechnik Ingenieurgesellschaft mbH

18.1 Windparks ein halbes Jahr nicht erreichbar?

Wartung und Instandsetzung auf See ist teuer (■ Abb. 18.1). Die Instandhaltung und der Austausch von Komponenten kann bei einem Offshore-Windpark gut 25 % der Gesamtbetriebskosten (inklusive der Errichtung) betragen. Ein wesentlicher Faktor dabei ist die Behebung unerwarteter Schäden. Bislang erfolgen die Wartung und Reparatur der Windenergieanlagen im Meer in festen Zeitzyklen – oder eben dann, wenn der Schaden eintritt. Was ein hohes Produktionsausfallrisiko in sich birgt: Denn es droht Anlagenstillstand, wenn die Komponente nicht so schnell verfügbar ist oder der Windpark per Schiff nicht erreichbar ist. Bereits ab Wellenhöhen von eineinhalb Metern oder – häufig vorherrschenden – Windgeschwindigkeiten von mehr als 20 m/s sind Instandhaltungsarbeiten nur noch stark eingeschränkt möglich. In der Regel sind Windparks in der Nordsee nur an 50 % der Tage im Jahr auf dem Seeweg erreichbar. Einige Arbeiten können zwar auch per Helikopter erledigt werden, doch das ist eine teure und riskante Angelegenheit. Überschlägige Berechnungen gehen davon aus, dass bei einem 60-Megawatt-Windpark auf See durch „suboptimale" Wartung und Instandhaltung jährlich gut 600.000 € Einnahmenverluste entstehen können. Macht bei 20 Jahren Laufzeit rund 12 Millionen €. Spätestens da wird die richtige Instandhaltungsstrategie zum Thema, die Optimierungspotenziale scheinen gerade auf See groß.

Ob man mit „künstlicher Intelligenz" und „automatischer Selbstorganisation" zukünftig in der Lage ist, die Wartungs- und Reparaturabläufe auf See zu optimieren, soll im Projekt „Methoden und Werkzeuge für die preagierende Instandhaltung von Offshore Windenergieanlagen (preInO)" untersucht und weiterentwickelt werden. Grundsätzlich wird in bisherigen Wartungs- und Instandhaltungskonzepten zwischen der ausfallorientierten, der periodischen und der zustandsabhängigen Instandhaltung unterschieden.

18.2 Der alte Gebrauchtwagen steht Pate

Das Prinzip der ausfallorientierten Instandhaltung kennt jeder, der schon mal ein uraltes „Schrott-Auto" gefahren ist: Man verzichtet vollständig auf präventive Maßnahmen und konzentriert sich auf die Reparatur im Schadensfall (oder auch nicht …). Art, Zeitpunkt und Umfang der notwendigen Instandsetzungsmaßnahmen sind unbekannt und werden in der Regel nicht eingeplant.

Bei einer periodischen Instandhaltung versucht man, durch von vornherein festgelegte Intervalle alternde Bauteile auszutauschen, bevor sie ausfallen. Um beim Auto-Beispiel zu bleiben: Alle 60.000 Kilometer wird etwa der Zahnriemen unabhängig von der tatsächlichen Belastung ausgetauscht, also unabhängig davon, ob der Fahrer sich regelmäßig mit 180 km/h in die Haarnadelkurven legt oder mit Schrittgeschwindigkeit durch die Spielstraße tuckert … Bei diesem Prinzip wird akzeptiert, dass die Lebensdauer eines Bauteils gewöhnlich nicht vollständig ausgenutzt wird.

Die zustandsorientierte/zustandsabhängige Instandhaltung ist eine Strategie mit vorbeugendem Fokus. Die Wartungs- und Instandsetzungsmaßnahmen werden nur nach Bedarf durchgeführt, aber vor dem Ausfall. Die notwendige Kenntnis über den Zustand der Komponenten wird häufig über Sensoren und durch Inspektionen vor Ort ermittelt. Grundlage dieser Strategie ist freilich, dass sich ein Großteil aller Ausfälle vorher durch messbare Indikatoren ankündigt.

■ **Abb. 18.1** Blick vom Maschinenhaus einer Senvion 5M in alpha ventus. © Senvion

18.3 Erst der „Störfall" stößt den Instandhaltungsprozess an

Am häufigsten wird bei Windenergieanlagen derzeit noch eine periodische Instandhaltungsstrategie – das Wartungsteam kommt beispielsweise einmal jährlich üblicherweise im Sommer – oder gar eine ausfallorientierte Strategie verfolgt. In neueren Windenergieanlagen sind in der Regel Condition Monitoring Systeme (CMS) als Überwachungssysteme installiert, mit denen Bauteile und Komponenten mit technologischen Hilfsmitteln, wie Sensorik, nach ihrem Zustand beurteilt werden. Im Fall vorher definierter Abweichungen oder Grenzwerte geben sie eine Alarmmeldung aus und die Serviceleitung kann entsprechende Instandhaltungsmaßnahme planen und einleiten. Diese technischen Systeme liefern jedoch bislang nicht die vollständige Grundlage zu einer umfassenden Planung und Steuerung der betrieblichen Instandhaltung. Sie dienen nur der Fehlerentdeckung. Der Instandhaltungsprozess wird also erst mit dem Eintreten eines Störfalls angestoßen.

Ist eine solche zustandsorientierte Instandhaltung auch das „Nonplusultra" für Offshore-Windenergieanlagen? Aufgrund ihrer eingeschränkten Erreichbarkeit bedeutet dies große Herausforderungen an die Verfügbarkeit von Schiffen und Ersatzteilen.

18.4 Von der friedlichen Koexistenz der Systeme

Im Grunde genommen verfolgt man derzeit in den meisten Offshore-Windparks eine Mischung von den oben genannten Strategien: Bei der fest vorgesehenen Jahreswartung werden vor allem Kontrollen, Servicearbeiten und kleinere Reparaturen durchgeführt. Solche „Standard-Wartungseinsätze" können auf See dann schon mal mehrere Wochen dauern. Ferner werden besonders kritische Komponenten durch ein Condition Monitoring System überwacht – aber eben nicht alle Komponenten. Und auch deren Sensoren können sich irren oder fehlerhaft sein, wie beispielsweise Dehnungsmessstreifen, die sich einfach unter Umgebungseinflüssen verändern – ohne, dass ein Komponentenschaden sich wirklich ankündigt. Und selbst wenn – und genau da liegt das Problem: Denn mit der Fehlermeldung ist noch lange nicht gewährleistet, dass Ersatzteile und Schiffe zur Durchführung des Einsatzes verfügbar sind. Und dass darüber hinaus das Wetterfenster lang genug ist, um den Einsatz auch durchzuführen.

Das Forschungsprojekt „preInO" soll daher Methoden und Werkzeuge unter Berücksichtigung diverser Datenquellen umfassend erforschen, die für eine preagierende Instandhaltungsstrategie genutzt werden können. Um eine bestmögliche Prognose über den Zustand kritischer Komponenten zu geben, werden unterschiedlichste Datenquellen wie

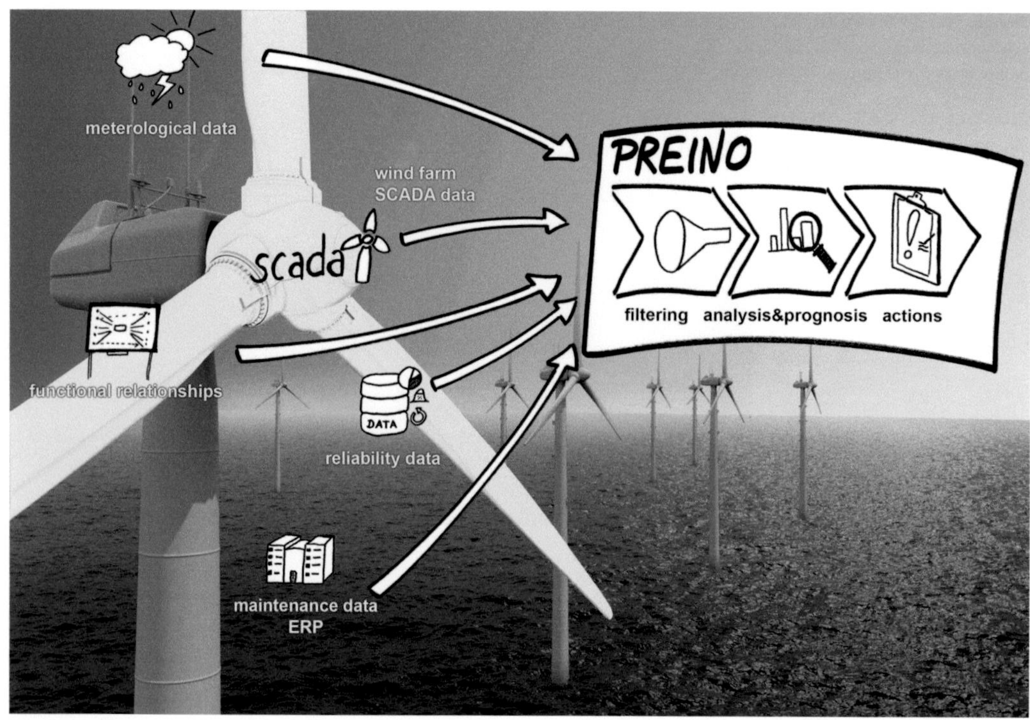

■ **Abb. 18.2** Datenkonzept preInO: Vielseitige Daten und Informationen werden dem System zur Filterung, Analyse und für Aktionsempfehlungen übergeben. © BIBA

Sensorwerte, statistische Daten, Wartungsdaten aus der „Lebenslaufakte" der Offshore-Windenergieanlage, „abgefragtes, externalisiertes" Mitarbeiter-Know-how, Wetterdaten sowie Lagerbestände und Personalplanung analysiert, automatisiert und, wie man bei den Software-Entwicklern sagt, zu einem „relevanten Event" miteinander verknüpft (■ Abb. 18.2).

18.5 Daten sammeln: Vom Getriebeöl bis zum „Kammerton A" der Flügeldrehung

18

Dabei muss es bei den erkannten Fehlern eine Prioritätensetzung geben: Fehlendes Getriebeöl kann beispielsweise wichtiger sein als ein „Kammerton A" bei der Rotordrehung. Die dynamische und nicht statische Planung des Wartungsumfangs gehört dazu, inklusive Einplanung der Arbeitsabläufe mit dazugehöriger Logistik unter Nutzung dezentraler Steuerungssysteme. Auch die „regulären" Offshore-Instandhaltungsprozesse werden mit aufgenommen und Datenquellen für eine automatisierte Entscheidungsunterstützung identifiziert (■ Abb. 18.3). Aus all diesen Erkenntnissen sollen ein Softwaremodul und ein Demonstrator entwickelt werden, die anhand realer Daten die entwickelten Methoden und Werkzeuge auf ihre Anwendbarkeit überprüfen.

18.6 Die Prozessmaschine läuft

Das Projekt besteht aus mehreren Arbeitspaketen und läuft bis 2016. Im ersten Arbeitspaket „Prozessaufnahme" wurden die Offshore-Service-Prozesse am Beispiel von Senvion-Offshore-Windenergieanlagen abgebildet. Mit einer eigens erstellten Datenbank soll die nachgelagerte Konzept- und Algorithmenentwicklung vereinfacht werden. Weiterhin sind die hierarchischen und funktionalen Zusammenhänge einer Windenergieanlage in dem System integriert. Darauf aufbauend wurde ein Konzept für

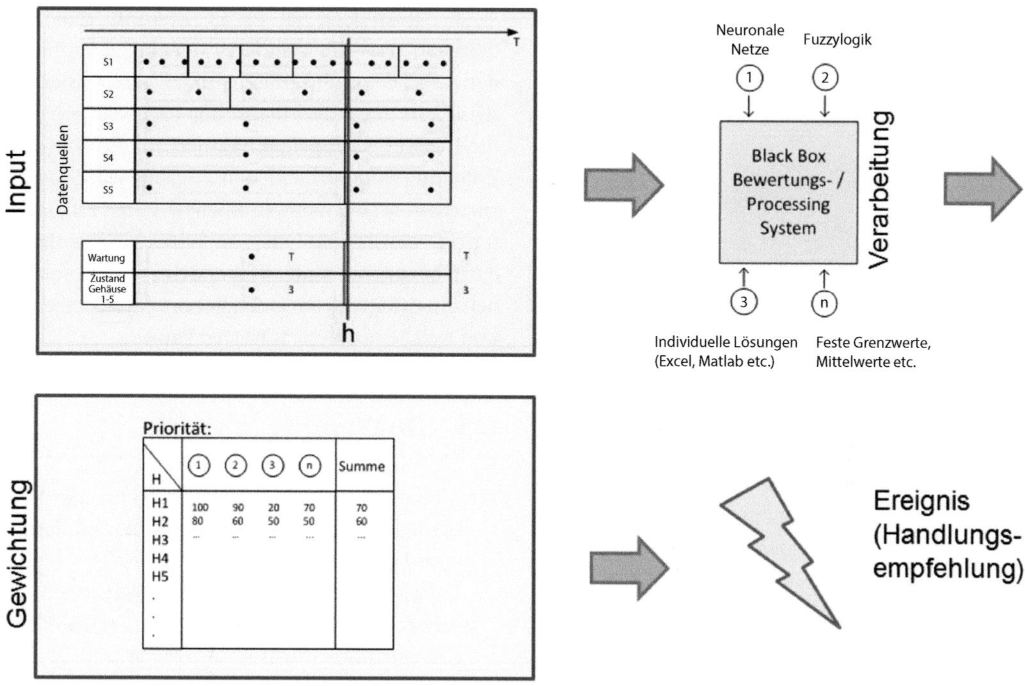

Abb. 18.3 PreInO Datenfluss: Von der Datenübernahme zur Handlungsempfehlung für Wartungs- und Instandhaltungseinsätze. © BIBA

eine preagierenden Instandhaltungsstrategie zur Ermittlung des Anlagenzustands sowie die automatisierte Bereitstellung von Handlungsempfehlungen entwickelt, mit vier Unterpunkten Datenkonzept, Framework mit Algorithmen, Processing Engine (als reine Ausführungsmaschine) und Auswertung.

Das Konzept sieht vor, dass Daten aus unterschiedlichen Quellen zusammengeführt werden. Dies geschieht entweder durch definierte Schnittstellen oder durch die Zusammenführung der Daten, beispielsweise in einem „Daten-Warenhaus". Anschließend kommt die sogenannte „Processing Engine" zum Einsatz, als reine „Ausführungsmaschine", die nach und nach vordefinierte Prozesse abarbeitet. Sie sorgt dafür, dass Auswertungen durch eine Auswahl an Berechnungsverfahren aus der Programmbibliothek mit entsprechenden Algorithmen sowie den Daten vorgenommen werden. Die Auswertungen werden anschließend bewertet, beispielsweise nach ihrer Dringlichkeit, Zusammenfügung oder Zurückstellung mit anderen Reparaturmaßnahmen und in eine automatisierte Handlungsempfehlung überführt.

18.7 Auswahl einmal anders: Bitte ein breites Ausfallspektrum präsentieren

Zusammen mit dem Windenergieanlagenhersteller Senvion wurden die Komponenten festgelegt, deren Zustandscharakteristik „preInO" ermitteln soll: Die Rotorlager, das Hauptgetriebe als Gesamtsystem, die Pitch/Akkutröge, der Umrichter, der Generator und die Azimut/Rotorhaltebremse. Diese ausgewählten Komponenten präsentieren so ein breites Spektrum, wodurch das Prinzip auf die gesamte Windenergieanlage ausgedehnt werden kann.

Zusammen mit den Verantwortlichen der jeweiligen Subsysteme wurden Workshops durchgeführt, um das eventuelle Ausfallverhalten der jeweiligen Komponenten gemeinsam zu analysieren und um mit Experten über automatisierte Auswertungsmöglichkeiten zu sprechen. Die Erkenntnisse daraus werden derzeit umgesetzt, so dass am Ende die „Processing Engine" einsatzbereit ist, die „Datenerfassungsplattform" mit Daten gefüllt wird und der Algorithmenpool zur Verfügung steht. Darauf aufbauend wird derzeit ein Demonstrator entwickelt, der wie ein Planspiel visuell die entsprechenden Handlungsoptionen verdeutlicht und somit die Erprobung einer größeren Anlagenanzahl ermöglicht.

Story am Rande: Auf beiden Seiten vom „Canale Grande"

Das Forschungsprojekt hat einen engen Bezug zur Praxis. Vor diesem Hintergrund findet ein regelmäßiger Austausch zwischen den Forschern und der Industrie statt. So wurden die Instandhaltungsprozesse bei Senvion vor Ort im Stützpunkt im niedersächsischen Norden-Norddeich und in der Produktionsstätte nebst Testanlage in Bremerhaven sowie dem Leitstandes in Osterrönfeld und dem Standort in Büdelsdorf – plattdeutsch Bödelsdörp – in Schleswig-Holstein aufgenommen. Diese beiden Senvion-Standorte liegen sich gegenüber am Nord-Ostseekanal. Dieser wird vielleicht einmal der „Canale Grande" der schleswig-holsteinischen Offshore-Windenergieindustrie.
Björn Johnsen

18.8 Wenn die Offshore-Maschinen miteinander über die Instandhaltung verhandeln

Die preagierende Instandhaltung kann auch dazu beitragen, die angewendeten Strategien und Prozesse zu optimieren. So lassen sich beispielsweise die festen Zeitabstände der präventiven Instandhaltung, basierend auf den Auswertungen der gesammelten Daten neu anpassen. Zudem werden auch die Maßnahmen der korrektiven Instandhaltung besser planbar oder eventuell vermeidbar, zum Beispiel durch die Bereitstellung statistischer Daten zu den erwarteten Durchführungszeiten für die Instandsetzungsarbeiten oder der vorhergesagten Restlebensdauer der einzelnen Komponenten. Grundsätzlich muss keine Notwendigkeit bestehen, die derzeit verfolgten Strategien und Maßnahmen zu ändern. Jede Einzelmaßnahme kann aber so effizienter gestaltet werden, so dass es zu einer Erhöhung der Gesamteffizienz kommt.

Perspektivisch ist es in Zukunft durchaus denkbar, dass die Windenergieanlagen im Sinne der Selbststeuerung mit einem „agentenbasierten" Ansatz in der Maschine in der Lage sein werden, die Instandhaltungsmaßnahmen zur Ressourcen-Zuteilung und vorhandenen Logistik selbstständig anzustoßen. Und dann, in einem weiteren Zukunftsschritt, werden die Offshore-Windenergieanlagen darüber untereinander verhandeln, welche von ihnen am dringendsten einen Serviceeinsatz benötigt und welche noch etwas warten kann …

18.9 Quellen

- Methoden und Werkzeuge für die preagierende Instandhaltung von Offshore-Windenergieanlagen preInO.
  1. Zwischenbericht im Verbundprojekt preInO vom 6.12.2013, Förderkennzeichen 0325587A, 6 S., unveröffentlicht
- Methoden und Werkzeuge für die preagierende Instandhaltung von Offshore-Windenergieanlagen preInO.
  2. Zwischenbericht im Verbundprojekt preInO vom 22.01.2014, Förderkennzeichen 0325587A, 6 S., unveröffentlicht
- Methoden und Werkzeuge für die preagierende Instandhaltung von Offshore-Windenergieanlagen preInO.
  3. Zwischenbericht im Verbundprojekt preInO vom 8.8.2014, Förderkennzeichen 0325587A, 7 S., unveröffentlicht
- Instandhaltungsplanung und -steuerung basierend auf Condition Monitoring und Zuverlässigkeit – Preagierende Instandhaltung am Beispiel von Offshore-Windenergie. AKIDA. Autoren Stephan Oelker, Marco Lewandowski, Ingo Schlalos, Vortrags-Script AKIDA (Aachener Kolloquium für Instandhaltung, Diagnose und Alagenüberwachung), Institut für Maschinentechnik der Rohstoffindustrie, RWTH Aachen November 2014; veröffentlicht in: Nienhaus, K., Burgwinkel, P. (Hrsg.): Tagungsband zum 10. Aachener Kolloquium für Instandhaltung, Diagnose und Anlagenüberwachung. Verlag. R. Zinkens, Stolberg 2014, S. 195–203

Ja, wie laufen sie denn nun?

Monitoring der neuen Offshore-Windenergieanlagen in Deutschland

Berthold Hahn, Stefan Faulstich, Volker Berkhout,
Text bearbeitet von Björn Johnsen

M. Durstewitz, B. Lange (Hrsg.), *Meer – Wind – Strom,*
DOI 10.1007/978-3-658-09783-7_19, © Springer Fachmedien Wiesbaden 2016

Projektinfo: Windenergieforschung am Offshore-Testfeld (WIFO): Monitoring der Offshore-Windenergienutzung in Deutschland – Konzipierungsphase Offshore-WMEP (OWMEP)
Projektleitung:
Fraunhofer IWES
Berthold Hahn
Projektpartner:
- FGW – Fördergesellschaft Windenergie
- Ingenieurgesellschaft für Zuverlässigkeit und Prozessmodellierung Dresden (IZP)

19.1 Vom Land aufs Meer gehen

Hier stand der Pate an Land: Das Offshore-WMEP – Wissenschaftliches Monitoring- und Evaluierungsprogramm zur Offshore-Windenergienutzung – schließt im Grunde an das Wissenschaftliche Mess- und Evaluierungsprogramm (WMEP) der 90er Jahre an, das erfolgreich den Start der Windenergienutzung an Land begleitete. Das WMEP ermöglichte es, die Produktions- und Standortbedingungen von über 1.500 Windenergieanlagen an Land im Programm zu vergleichen. Gleichzeitig konnte man hierzu insgesamt über 60.000 Wartungs- und Instandsetzungsberichte auswerten, die während der Programmlaufzeit (meistens zehn Jahre pro Anlage) zugingen.

Die noch junge Offshore-Windenergienutzung steht vor mindestens ebenso großen Herausforderungen wie damals die Windenergienutzung an Land: Bei Anlagentechnik, Investitions-, Produktions- und Versicherungskosten, Logistik, Wartung und Reparaturen. Der dauerhafte Beweis, dass Windenergienutzung über 50 Kilometer entfernt von den Küstenlinien in 30 bis 40 Meter tiefem Wasser im Ozean die in sie gesetzten Hoffnungen dauerhaft erfüllen kann, steht noch aus.

Mit höheren durchschnittlichen Windgeschwindigkeiten auf dem Meer ist die Energieausbeute deutlich höher als an Land. Wegen der deutlich höheren, kombinierten Belastungen durch Wellen, Wind und Anlagenbetrieb werden an das Offshore-Anlagendesign und die Instandhaltungsplanung deutlich größere Anforderungen gestellt. Zumal die Windenergieanlagen auf See für Instandhaltungsmaßnahmen häufig nicht zugänglich sind.

Die Ermittlung von Zuverlässigkeitskennwerten und ihre Nutzung zur Reduzierung des Instandhaltungsaufwands und zur Erhöhung der Verfügbarkeit benötigen einen mehrjährigen Vorlauf. Denn Schäden und Ausfälle unter bestimmten Betriebsbedingungen müssen zunächst systematisch über längere Zeiträume erfasst werden, bevor sie einer Auswertung zugeführt werden können.

Das Fraunhofer Iwes will mit dem Offshore-WMEP als Teil einer längerfristigen Anstrengung dazu beitragen, dass Betriebserfahrungen systematisch erfasst und ausgewertet und von der Windbranche für die weitere Entwicklung genutzt werden können.

19.2 Mehr als nur Kilowattstunden-Zählerei

Systematik ist voreiligen „Schnellschüssen“ vorzuziehen. Das frühere WMEP stellt eine wertvolle Informationsquelle über die Entwicklung an Land dar. Aus der WMEP-Schadensdatenbank kann man wertvolle Erkenntnisse zur Zuverlässigkeit von Windenergieanlagen gewinnen, z. B. die jährliche Schadenshäufigkeit und Ausfallzeit je Schaden. Die ◘ Abb. 19.1 zeigt diese Kennwerte für den Durchschnitt aller im WMEP erfassten Windenergieanlagen.

Die Betriebs- und Instandhaltungsdaten der neuen Offshore-Windparks bedürfen daher in einer gemeinsamen Arbeit von Betreibern, Wissenschaftlern und weiteren Beteiligten wie Komponentenherstellern und „Logistikern“ einer systematischen Erfassung: Auf Komponenten-Ebene und in standardisierter Form. Denn wir wollen mehr über die Komponenten erfahren: Nicht nur beispielsweise einen Ausfall der Pitchregelung feststellen, sondern analysieren, wo genau der Schaden entsteht, im Motor, im Getriebe oder auf einer bestimmten Platine. Denn nur mit einer detaillierten Erfassung lassen sich die Zusammenhänge zwischen Schäden und jeweiligen Betriebsbedingungen erkennen. Um ähnliche Störungen in der Zukunft früher zu erkennen oder sogar zu vermeiden.

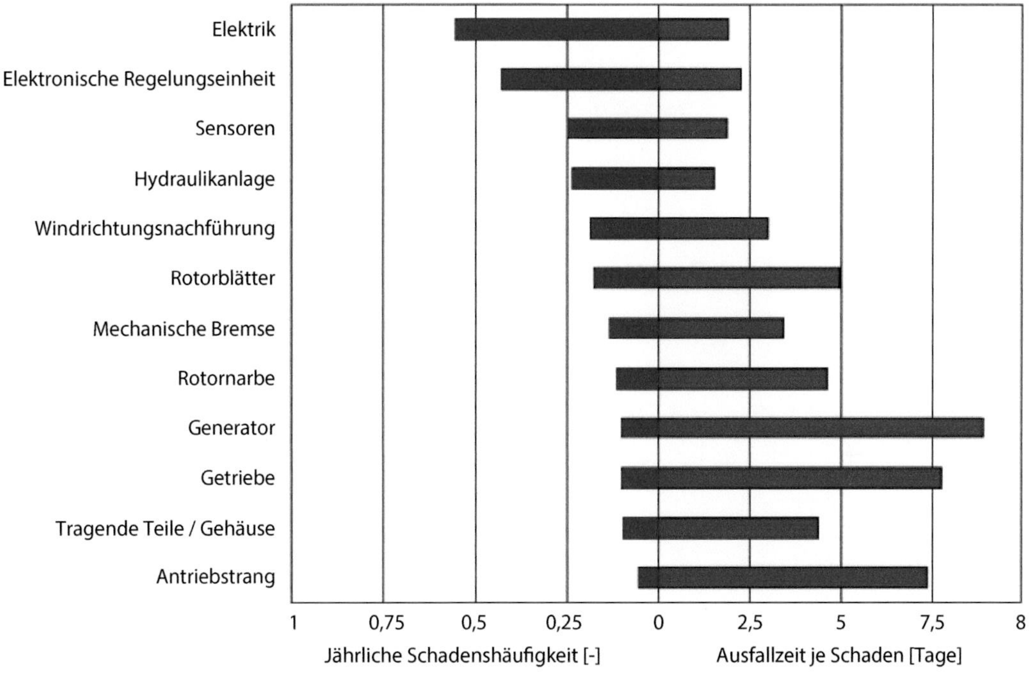

Abb. 19.1 Anzahl der jährlichen Schäden an Hauptkomponenten und die zugehörige typische Ausfalldauer aus knapp 30.000 Instandsetzungsberichten. © Fraunhofer IWES, Windenergie Report Deutschland

19.3 Auf ein Wort: Vertraulichkeit und Einzelauswertungen

Das Offshore-WMEP hat zum einen das Ziel, mit einer unternehmensübergreifenden Datenbank gezielt im Sinne der Betreiber die Zuverlässigkeit von Offshore-Windenergieanlagen und ihrer Komponenten zu untersuchen. Andererseits soll es – völlig anonymisiert – einen übergeordneten, grundsätzlichen Blick ermöglichen und allgemeine Tendenzen der Technikentwicklung für die interessierte Öffentlichkeit ableiten. Dies ist kein Widerspruch, sondern eine sinnvolle, gegenseitige Ergänzung.

Dafür ist ein ausgefeiltes Vertraulichkeitskonzept (Abb. 19.2) nötig, dass von allen Partnern akzeptiert werden und das strikt eingehalten werden muss. Denn ein Pionier-Windpark-Betreiber möchte beispielsweise nicht unbedingt eventuelle Schwierigkeiten bei Montage und Logistik breit publiziert sehen. Und ein Anlagenhersteller möchte mögliche Anfangsprobleme seiner neuen Anlagentypen nicht gleich als typischen Serienschaden bewertet haben. Das Offshore-WMEP entwickelt also eine Wissensdatenbank, von der die beteiligten Akteure und die interessierte Öffentlichkeit profitieren sollen.

Im Vertraulichkeitskonzept sind sowohl die zu erfassende Daten, als auch die aus Analysen resultierenden Ergebnisdaten in unterschiedliche Vertraulichkeitsstufen und unterschiedliche Empfängerkreise eingeteilt. So können allgemeine Trends und übergeordnete Ergebnisse, die zum Großteil aus nicht-vertraulichen Daten abgeleitet werden, der Öffentlichkeit zugänglich gemacht werden. Detailliertere Analysen auf Basis vertraulicher Daten, die den überwiegenden Teil des Datenpools ausmachen, werden als „Gruppenerkenntnis" für einen eingeschränkten Gruppen-Teilnehmerkreis dargestellt (Abb. 19.3). Diese Gruppenanalysen können beispielsweise Ergebnisse zum Anlagenkonzept oder zu Standorteigenschaften wie vergleichbare Seetiefen, Küstenentfernungen oder Windgeschwindigkeiten umfassen. Daneben gibt es auch die Möglichkeit, individuelle Ergebnisse ausschließlich dem betreffenden Teilnehmer zur Verfügung zu stellen und keinem anderen – wie die Auswertung seines Windparks im Hinblick auf

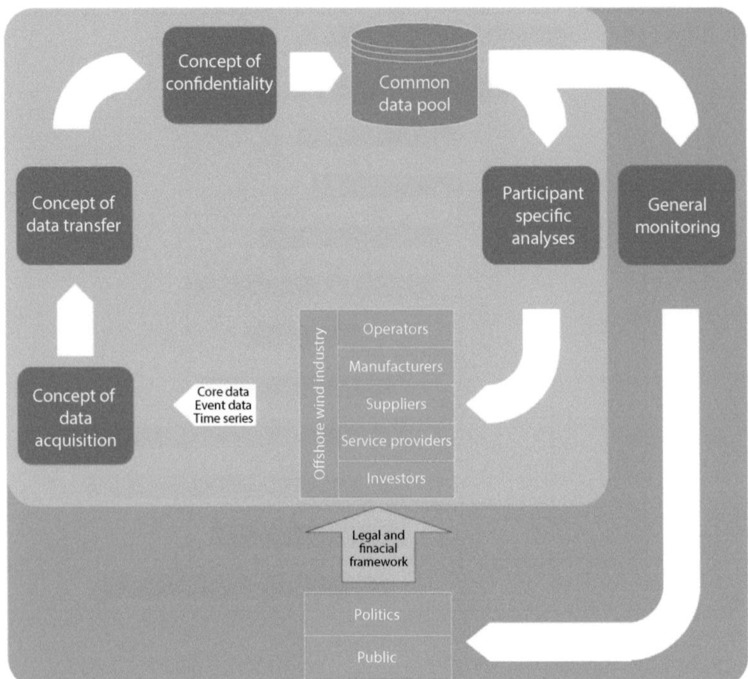

Abb. 19.2 OWMEP-Vertraulichkeitskonzept: Die Offshore-Windparkbetreiber bleiben Eigentümer der von ihnen eingespeisten Daten und sie erhalten detaillierte, vertrauliche Analyseergebnisse. Die Öffentlichkeit erhält vorabgestimmte, anonymisierte übergeordnete Erkenntnisse. © Fraunhofer IWES

individuell auf ihn zugeschnittene Bedürfnisse und Parameter. Dieser „Maßanzug" bleibt vertraulich.

19.4 Einbindung der Akteure: Überzeugungsarbeit

Die Windpark-Betreiber haben offensichtlich das größte Interesse an der Ermittlung des Ausfallverhaltens von Windenergieanlagen und Komponenten. Denn für sie wirkt sich eine Verringerung des Instandhaltungsaufwands bei konstanter oder sogar verbesserter Verfügbarkeit direkt finanziell aus. Aktuell beteiligen sich mehrere deutsche Offshore-Windparkbetreiber am OWMEP. Weiterhin unterstützen die Fördergesellschaft Windenergie und andere erneuerbare Energien (FGW) und die Ingenieurgesellschaft IZP Dresden das Projekt.

An den Instandhaltungsprozessen sind viele Mitspieler beteiligt und an allen Stellen werden relevante Informationen generiert. Es müssen daher eigentlich alle an der Instandhaltung beteiligten Unternehmen einbezogen werden.

Auch für Zulieferer und Hersteller soll die Datenbank wertvolle Analysen erzeugen. Denn sie können diese für eine verbesserte Auslegung ihrer Anlagen und Komponenten nutzen. Service-Anbieter werden Zuverlässigkeitsanalysen zur Verbesserung ihrer Instandhaltungsmaßnahmen verwenden, Versicherer und Banken können ihre Risikokalkulation mit belastbaren Daten hinterlegen. Zunächst müssen allerdings in erster Linie Windpark-Betreiber mit den Service-Anbietern systematisch zuverlässigkeitsrelevante Daten in einheitlicher Form (Abb. 19.4) in die unternehmensübergreifende Datenbank einspielen.

19.5 Ereignisse, Ergebnisse – und eine Bibliothek!

Die dazu zwingend erforderliche einheitliche Datenstruktur besteht grundsätzlich aus drei Teilen: Stammdaten, Betriebsdaten und Ergebnisdaten.

Die Datenerhebung und -struktur wurde mit den Interessierten gemeinsam entwickelt, unter anderem auf einem frühen Workshop 2008, an dem 10 Windpark-Betreiber teilnahmen, die 15 der bis dato 23 genehmigten Offshore-Windparks in Deutschland repräsentierten. Der entwickelte Da-

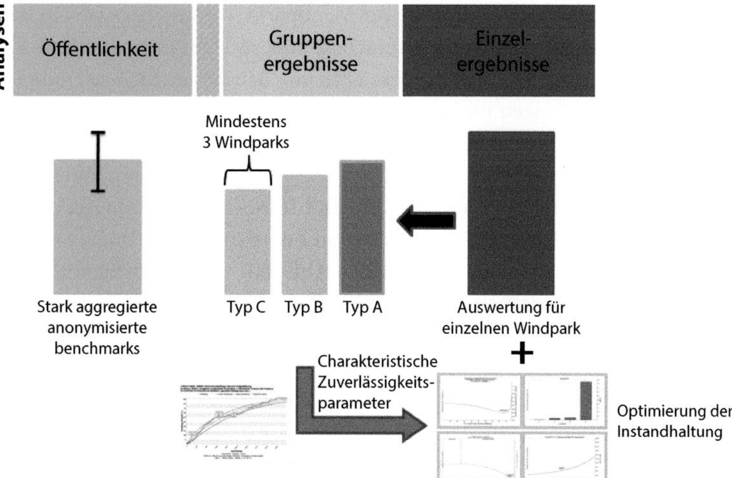

Abb. 19.3 Auswertungen für die Offshore-Windparkbetreiber: Gruppen- und Einzelauswertungen. © Fraunhofer IWES

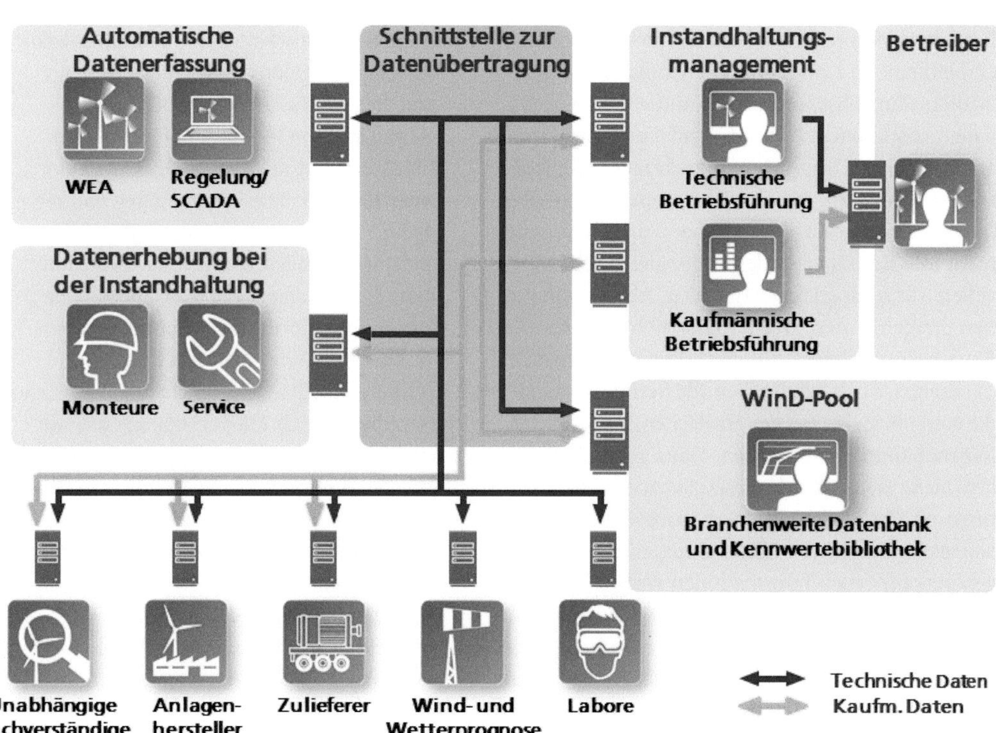

Abb. 19.4 Die vielen Kommunikationswege brauchen eine einheitliche Sprache: also Normen oder Richtlinien zur Benennung von Komponenten, zur Beschreibung von Schäden und den Umständen ihres Eintritts sowie zur Schnittstelle für die Übertragung der Informationen. © Fraunhofer IWES

tenkatalog besteht aus Stammdaten des Windparks, aktuellen Messwerte-Zeitreihen und besonderen Ereignisdaten. Er dient – mit Berücksichtigung der Betreiber-Vorstellungen und des Vertraulichkeitskonzeptes – als Mindestanforderung für die beteiligten Offshore-Betreiber.

Die Stammdaten enthalten allgemeine Informationen zu Windpark und Anlage. Neben Zuordnungsmerkmalen wie einer eindeutigen Anlagen-ID sind hier Informationen zu Art der Anlage sowie Standortinformationen erfasst. Die Stammdaten müssen alle relevanten Parameter enthalten, die die jeweilige Windenergieanlage kennzeichnen und die bei späteren Analysen eine Differenzierung der Ergebnisse nach Standortspezifika und Anlagentechnologie erlauben.

Die zweite Informationskategorie stellen die Betriebs- und Ereignisdaten dar. Auch hier ist eine einheitliche und eindeutige Kennzeichnung unerlässlich. Zunächst werden die aktuellen Betriebsdaten, insbesondere Wind- und Leistungsdaten, aufgezeichnet. Dazu gehören auch technologiebezogene Messwerte wie Getriebetemperaturen oder Netzparameter. Zu Beginn des Vorhabens sind nicht alle Betreiber in der Lage, gleich alle wertvollen Messgrößen bereitzustellen. Aber schon mit den erstgenannten Werten lässt sich der aktuelle Betriebszustand der Anlagen recht gut einschätzen.

Ereignisdaten beschreiben alle Betriebszustände, die vom normalen Betrieb abweichen, insbesondere Instandhaltungsmaßnahmen. Dazu gehört z. B. die betroffene Komponente, deren Schaden oder Fehlfunktion die Änderung des Betriebszustands von Normalbetrieb nach Stillstand ausgelöst hat. Dazu gehören aber auch Informationen zu Art und Umfang des Schadens, die Schadensursache usw.

Diese Ereignisdaten bilden später die Grundlage aller Zuverlässigkeitsuntersuchungen. Zusammen mit den Stamm- und Betriebsdaten sowie weiteren Informationen aus der Instandhaltung, wie Zeitpunkte des Schadenseintritts und Zeitaufwand für die Schadensbehebung, werden diese Daten für jede Komponente analysiert.

19

Die Ergebnisdaten bilden den dritten Teil der umfangreichen Datenerhebung und werden auf Basis der Stamm-, Betriebs- und Ereignisdaten gebildet. Hierunter werden Zuverlässigkeitskennwerte wie der durchschnittliche Zeitabstand zwischen zwei Ausfällen derselben Komponente oder die Reparaturzeit verstanden. So „grausam" sich solche Kategorien zunächst anhören mögen: Sie sind unverzichtbar, um belastbare Aussagen zur Zuverlässigkeit oder Ausfallwahrscheinlichkeit bestimmter Anlagen oder Komponenten unter bestimmten Betriebsbedingungen treffen zu können. Ebenso unverzichtbar ist eine breite Datenbasis. Der Erfahrungsschatz eines einzelnen Windparkbetreibers oder technischen Betriebsführers reicht nicht aus, um diese Breite zu erreichen. Sinnvollerweise schließen sich daher viele Betreiber zusammen, um gemeinsam eine „Kennwertebibliothek" aufzubauen (▣ Abb. 19.5).

» Mit Lupe und Fernrohr beim Langstreckenlauf

Das Offshore-WMEP ist ein Langstreckenlauf – und ein Mannschaftssport, bei dem es keine Verlierer gibt. Denn mit der Datenmeldung und dem erhaltenen Feedback – zum Teil vertraulich, zum Teil nur für Gruppen, zum Teil als umfassende Trendanalyse – gewinnt jeder Windpark-Betreiber an Wissen und kann dadurch manche eventuelle negative Erfahrung anderer vermeiden. Um es einfach auszudrücken: Es muss dann nicht jeder auf dieselbe Stelle der Herdplatte fassen, um zu erfahren, dass es dort schmerzhaft sein kann. Das Offshore-WMEP ist Lupe (nicht Brennglas!) und Fernrohr zugleich: Mit der Lupe spiegeln wir Detailergebnisse an die Windindustrie zurück. Mit dem Fernrohr kann die interessierte Öffentlichkeit übergeordnete Trends und Perspektiven erkennen. Der Langstreckenlauf auf See begann in Deutschland spät und verzögert. Doch er wird über Jahrzehnte anhalten.
Berthold Hahn, Abteilungsleiter Windparkplanung und -betrieb, Fraunhofer IWES

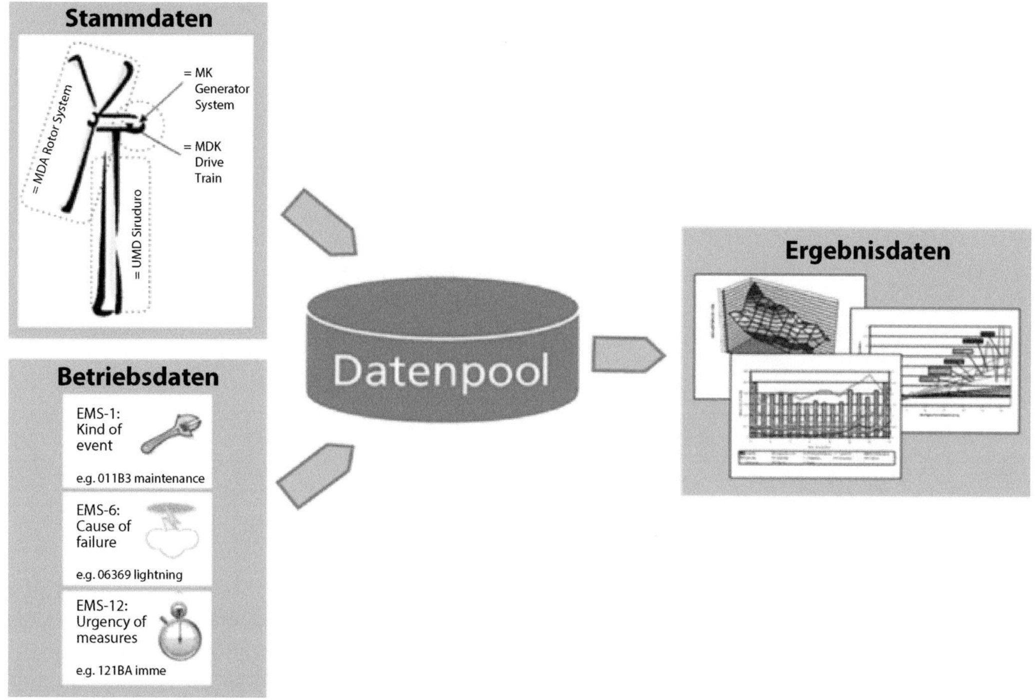

Abb. 19.5 Die Datenbank unterteilt in Stamm-, Betriebs- und Ergebnisdaten. Die Gesamtheit der Ergebnisdaten soll zukünftig zu einer Kennwertebibliothek der Zuverlässigkeitskennwerte und -funktionen werden. © Fraunhofer IWES

19.6 Zeus macht's möglich

Die Daten müssen dafür allerdings einheitlich erfasst, übertragen und verarbeitet werden. Denn nur all dies ermöglicht die „Lesbarkeit" einer Windenergieanlage. In Zusammenarbeit mit dem ebenfalls vom Bundeswirtschaftsministerium geförderten Verbundprojekt zur „Erhöhung der Verfügbarkeit von Windkraftanlagen" wurden Arbeitskreise der Fördergesellschaft Windenergie, der Herausgeberin für Technische Richtlinien (für Windenergie-Erzeugungseinheiten), und des VGB PowerTech (Herausgeber von Richtlinien für die Energiewirtschaft) maßgeblich unterstützt. Diese Arbeitskreise widmen sich der Entwicklung von Codiersystemen zur Bezeichnung von Anlagen-Komponenten, zur Beschreibung von Betriebszuständen, Störungen und Schäden, und eines Übertragungsprotokolls. Die entstandenen neuen Richtlinien RDS-PP (Reference Designation System for Power Plants), ZEUS (Zustand-Ereignis-Ursachen-Schlüssel) und GSP (Globales Service Protokoll) werden, und hier schließt sich der Kreis, in der Offshore-WMEP-Datenbankstruktur berücksichtigt.

19.7 Mehr als nur eine Talkrunde: Der „IEA Wind Task"

In der Konzeptphase wurde deutlich, dass die Schaffung einer geeigneten Datenstruktur nicht allein auf nationaler Ebene vollständig gelöst werden kann. Daher hat das Fraunhofer Iwes im Rahmen des „Wind Task 11" der Internationalen Energie-Agentur (IEA) einen weiterführenden Experten-Workshop hierzu veranstaltet, auf dem sich 23 Experten aus zehn Ländern ausgetauscht haben. Das einhellige Ergebnis dieses Workshops: Eine internationale Richtlinie zur einheitlichen Erfassung von Zuverlässigkeits- und Betriebsdaten mit einer Vergleichbarkeit der Ergebnisse kann einen großen Beitrag zur Verbesserung von Betrieb und Instandhaltung der Windparks auf See leis-

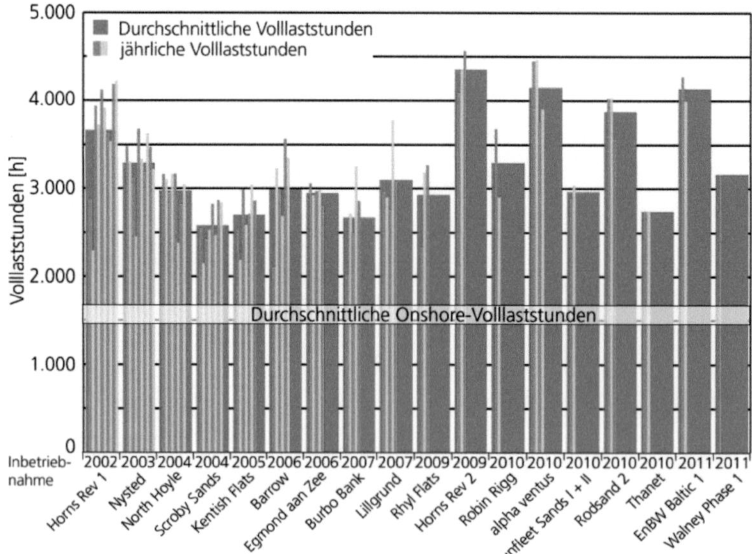

Abb. 19.6 Offshore-Volllaststunden verschiedener Windparks ab einer Nennleistung von 45 MW. © Fraunhofer IWES

ten. Dementsprechend leitet das Iwes seitdem den Task 33 „Reliability Data“ in der IEA Sektion Wind. Der Task erarbeitet eine internationale Richtlinie zur Erfassung, Verarbeitung und Analyse von zuverlässigkeitsrelevanten Daten. Diese Richtlinie soll im Herbst 2016 erscheinen. Über die Unterstützung durch das Offshore-WMEP sollen die bestehenden und zukünftigen nationalen Richtlinien möglichst in die entstehenden internationalen Richtlinien einfließen.

19.8 Über 200 Offshore-Anlagen sind dabei

Nachdem die vorbereitenden Arbeiten inzwischen weitgehend abgeschlossen sind, beginnen die teilnehmenden Betreiber, aktuelle und historische Daten ab der Inbetriebnahme der Windparks in die Datenbank des Offshore-WMEP einzuspeisen. Derzeit werden die Daten von 237 Offshore-Windenergieanlagen in fünf Windparks nach verschiedenen Gesichtspunkten ausgewertet.

Die Auswertungen fokussieren dabei zurzeit auf die so genannten Betreiberreporte, die nur dem jeweiligen Betreiber zugänglich gemacht werden. Diese Reporte zeigen sowohl zusammengefasst für ganze Windparks als auch detailliert je Anlage die Windbedingungen am Standort, die jeweilige Leistungskurve (auf Basis des Gondelanemometers), die zeitbasierte und energetische Verfügbarkeit, Kapazitätsfaktoren und Volllaststunden, Betriebszustände und Anzahl der Schaltvorgänge, Stillstandsdauern und Stillstandshäufigkeiten.

Zudem werden im Report als Benchmark die individuellen Ergebnisse der Windparks mit dem Durchschnittswert aller in der Datenbank gehaltenen Anlagen verglichen. So können die Betreiber die Performance ihrer Offshore-Anlagen mit den Ergebnissen anderer Betreiber vergleichen (Abb. 19.6) und schon früh eventuelle, auffällige Unterschiede zu anderen Windparks als Anlass für interne Überprüfungen und Maßnahmen nehmen.

Neben den Analysen für die teilnehmenden Windparkbetreiber begleitet das Fraunhofer Iwes die Entwicklung der Offshore-Windenergie auch mit einem Technologie-Monitoring. Dazu zählt der Betrieb einer Datenbank aller Offshore-Projekte weltweit, in der zahlreiche öffentlich zugängliche Informationen zusammengeführt werden. Daraus sind Aussagen zur Entwicklung der Anlagentechnik, der Erträge, der Verfügbarkeit (Abb. 19.7) oder zur Kostenentwicklung (Abb. 19.8) möglich.

Die Betriebserfahrungen aus den ersten Offshore-Windparks zeigen, dass die Einsatzbedingungen offshore beherrschbar sind. Um aber langfristig einen verlässlichen und kosteneffizienten Betrieb zu

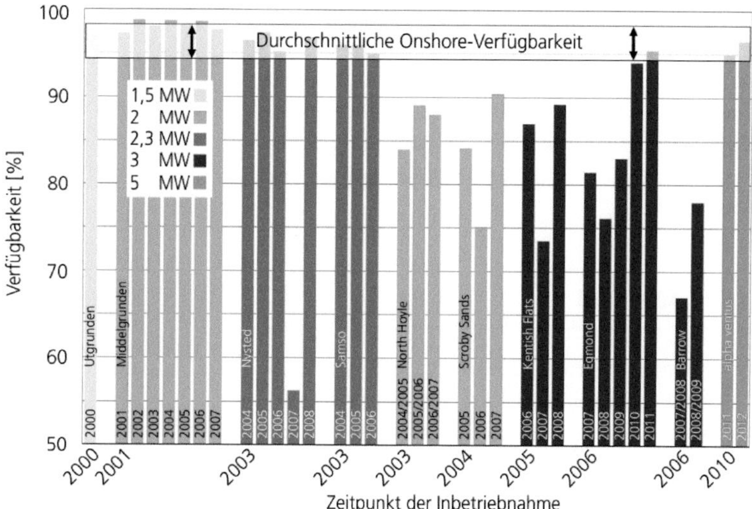

Abb. 19.7 Verfügbarkeit von Offshore-Windenergieanlagen. © Fraunhofer IWES

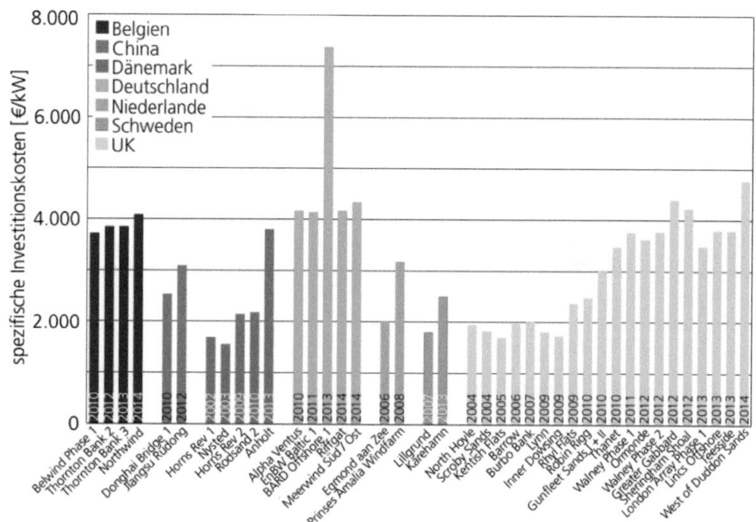

Abb. 19.8 Spezifische Investitionskosten verschiedener Offshore-Windparks nach Ländern ab einer Nennleistung von 45 MW. © Fraunhofer IWES

gewährleisten, müssen frühzeitig und unabhängig offshore-spezifische Probleme erkannt und erfasst werden. Die ermittelten Ergebnisse sollen eine unabhängige Basis schaffen und einen Beitrag liefern: Für die Weiterentwicklung der Anlagen und Konzepte, damit die Offshore-Windenergie die ihr zugedachte tragende Rolle im Energie-Mix erfüllen kann. Dazu ist die Einbindung der Akteure ebenso unabdinglich wie die Akzeptanz der Öffentlichkeit für das Gesamtprojekt Windenergienutzung auf See.

Deshalb gehört auch die Öffentlichkeitsarbeit zum Offshore-WMEP. Die Zielgruppe hierfür ist breit angelegt: Politiker und Gesellschaft, insbesondere Energie-, Wirtschafts-, Struktur- und Umweltgremien, die interessierte Öffentlichkeit inklusive Schüler, Studenten, Auszubildende – und natürlich die Fachöffentlichkeit der Windenergiebranche in Industrie und Wissenschaft. Das Fraunhofer Iwes gibt daher jährlich den Windenergie Report Deutschland heraus. Darin wird die Entwicklung der Windenergie in Deutschland umfassend dargestellt und es werden wichtige aktuelle Branchenthemen aufgegriffen.

Weitere wichtige Instrumente für die Öffentlichkeitsarbeit sind die Internetplattform ► www.windmonitor.de, die über die aktuelle Entwicklung der Windenergie Auskunft gibt, sowie die Projekt-Homepage ▶ www.offshore-wmep.de. Der Windenergie Report kann auf dem Windmonitor kostenlos heruntergeladen werden. Ebenso wie Beteiligungen an Konferenzen, Messen und Ausstellungen gehören diese Online-Angebote zum Projektauftrag.

19.9 Quellen

- Abschlussbericht Offshore-WMEP; Windenergieforschung am Offshore-Testfeld (WIFO): Monitoring der Offshore-Windenergienutzung in Deutschland – Konzipierungsphase, Förderkennzeichen 0327695, Fraunhofer IWES, o. D., 254 S.
- ISET: Windenergie in Deutschland – von der Vision zur Realität, Ausgewählte Ergebnisse aus dem wissenschaftlichen Begleitprogramm zum Breitentest „250 MW Wind", Kassel, März 2006
- Windenergiereport Deutschland 2014; Fraunhofer IWES, Kassel 2014

Netzintegration

Wind, der „wilde Geselle“ im Kraftwerksverbund

Wie die Netzintegration der Offshore-Windparks gelingt

Arne Wessel, Sebastian Stock, Lüder von Bremen,
Text bearbeitet von Björn Johnsen

M. Durstewitz, B. Lange (Hrsg.), *Meer – Wind – Strom*,
DOI 10.1007/978-3-658-09783-7_20, © Springer Fachmedien Wiesbaden 2016

Projektinfo: Netzintegration von Offshore-Windparks (Netzintegration)
Projektleitung:
Fraunhofer IWES
Dr. Arne Wessel
Projektpartner:
- Adwen GmbH
- Deutscher Wetterdienst
- ForWind – Zentrum für Windenergieforschung, Universität Oldenburg
- Hochschule Magdeburg-Stendal
- Otto-von-Guericke Universität Magdeburg
- Senvion GmbH
- Universität Kassel
- WEPROG GmbH

20.1 Das Netz und das Nichts

2015 werden die erneuerbaren Energien voraussichtlich erstmals größter Stromproduzent in Deutschland sein – vor Kohle, Gas und Kernkraft. Der Löwenanteil innerhalb der regenerativen Energien entfällt dabei auf die Windenergie. Wie die Windparks mit unterschiedlicher Stromlieferung zuverlässig in das deutsche Stromnetz integriert werden können, ist dabei eines der Hauptanliegen – auch des Forschungsprojektes „Netzintegration von Offshore-Windparks“. Denn der Ausbau der Windenergie in Deutschland steht und fällt mit ihrer Integration ins deutsche Stromnetz. Dies gilt erst recht für die gebündelte Leistung der Offshore-Windparks, mit ihren reinen „Windenergie-Stromnetzen auf See“.

Im herkömmlichen deutschen Kraftwerkspark war lange Zeit „nur“ der Verbraucher die einzige fluktuierende, nicht exakt vorhersehbare Komponente: Der Energieverbrauch der deutschen Privathaushalte und der Industrie wurde anhand bisheriger Erfahrungen und Verbrauchsdaten für den Folgetag abgeschätzt und die benötigte Energieleistung haben konventionelle Kohle-, Gas- und Kernkraftwerke bereitgestellt. Dieses elektrische Versorgungssystem muss zu jedem Zeitpunkt bei Frequenz und Spannung stabil gehalten werden. Sprich: Es darf nur genauso viel Strom entnommen werden wie produziert wird, ansonsten hätte dies unerwünschte Folgen auf die Netzfrequenz und die Netzspannung. Im Extremfall würde sonst das Netz zusammenbrechen. Der berühmte Blackout. Nichts geht mehr.

Story am Rande: Das Netz kann nichts speichern
Die Übertragung der Energie im elektrischen Netz in Europa erfolgt mit Wechselstrom, d. h. der Strom wechselt kontinuierlich seine Polung. Der Vorteil liegt darin, dass die Erzeugungsgeneratoren Wechselstrom produzieren und dieser auch einfacher in andere Spannung zu transformieren ist. Die Frequenz, d. h. die Wechsel der Spannung von „+“ nach „–“, liegt im europäischen Verbundnetz im Optimalfall bei 50,00 Hz. Das Gute an der Frequenz ist, dass sie im gesamten Netz gleich ist und auf Ungleichgewichte im Netz reagiert. Denn das Stromnetz kann so gut wie keine Energie speichern: Alles, was herausgenommen wird, muss im selben Moment eingespeist werden. Das Netz muss sich ständig im Gleichgewicht befinden. Wird mehr herausgenommen als eingespeist, sinkt die Netzfrequenz, ist der Fall andersherum, steigt sie. So lässt sich beständig das Gleichgewicht überwachen und Kraftwerke können bei Abweichungen schnell reagieren.
Björn Johnsen

20.2 Spannung und Frequenz (er)halten

Das Gleichgewicht im elektrischen Netz wird mit Hilfe der Netzfrequenz überwacht: Sinkt die Frequenz im Netz, wird zu viel Strom entnommen. Steigt die Frequenz, wird zu viel Strom durch die Kraftwerke eingespeist. Jede Abweichung muss von einem Kraftwerk kompensiert werden, um die Netzfrequenz stabil zu halten. Das geschieht zum einen über einen festen Fahrplan für die Kraftwerke, der sich am prognostizierten Verhalten der Verbraucher und inzwischen auch an der prognostizierten Wind- und Solarleistung orientiert, und zum anderen über Regelleistung aus konventionellen Kraftwerken, um die übrig bleibenden „ungeplanten" kurzfristigen Schwankungen auszugleichen.

Jede Stromleitung und jeder Transformator im elektrischen Übertragungsnetz erzeugt Blindleistung beim Auf- und Abbau seiner elektromagnetischen Felder. Die Blindleistung äußert sich in einem Phasenversatz zwischen dem oszillierenden Strom und der oszillierenden Spannung. Durch den Versatz kann nicht mehr die gesamte Energiemenge des Wechselstromes am Verbraucher in Leistung umgesetzt werden und es kommt zu Spannungseinbrüchen an einzelnen Netzknoten. Um die Spannung an den einzelnen Netzknoten stabil und die Verluste durch Blindleistung im Netz gering zu halten, muss die Blindleistung kompensiert werden. Bisher erbringen vor allem konventionelle Kraftwerke und Kompensationsanlagen diese Dienstleistung. Im Gegensatz zur Regelleistung, die großräumigen Verbund bereitgestellt werden kann, wird die Spannungshaltung lokal durchgeführt.

Regel- und Blindleistung sind Systemdienstleistungen, die neue Windenergieanlagen erbringen müssen. Leistungen, auf die sich der Netzbetreiber unbedingt verlassen können muss.

20.3 Gemeinsam ist man stärker – auf zum „Clustern"!

Ein Windpark produziert erheblich weniger Energie als ein einzelnes konventionelles Kraftwerk, wodurch der Windpark auch weniger Eingriffsmöglichkeiten auf das elektrische Netz hat. Ein „Haufen" von Windparks könnte hier schon erheblich mehr Möglichkeiten bieten, Systemdienstleistungen bereitzustellen, um die Netzstabilität zu unterstützen. Also wird am besten „geclustert".

Ohne geeignete Steuerungskonzepte für den Windpark und die neu gewonnenen Windpark-Cluster kommt man hier allerdings nicht weit.

Das vom Fraunhofer Iwes entworfene Windpark-Cluster-Management-System (WCMS) wurde deshalb im Rahmen des Projektes zur Steuerung

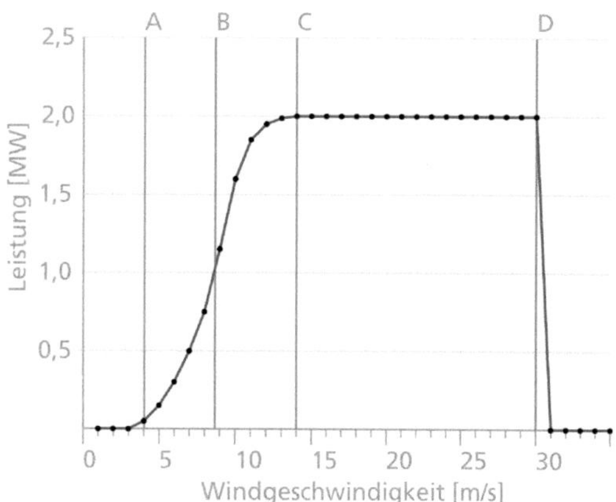

Abb. 20.1 Leistungskennlinie. © Fraunhofer IWES

von alpha ventus und anderer Offshore-Windparks weiterentwickelt. Ziel: Die Leistung von mehreren Windparks zu bündeln und Steuerungsmethoden zu entwickeln, die es ermöglichen sollen, die Offshore-Windparks nahezu wie ein konventionelles Kraftwerk zu betreiben: mit einem Erzeugungs-„Fahrplan", einschließlich der Bereitstellung von Regel- und Blindleistung.

20.4 „Entscheidend ist, was hinten rauskommt"

Woher und wie weiß das WCMS wie viel Windleistung in den kommenden Minuten, Stunden, Tagen zur Verfügung stehen wird? Wie lässt sich die Zukunft der Einspeiseleistung aus Windparks vorhersehen, damit der Windpark-Cluster gesteuert werden kann?

Dazu haben die beteiligten Institute beim Projekt „Netzintegration" ein verbessertes Prognosesystem zur Vorhersage der Windenergieleistung entwickelt. Dieses soll nicht nur „vorne" – vor der Wetterfront – möglichst exakt die Wettervorhersage und Windgeschwindigkeit abbilden, sondern damit verbunden auch ein genaues Prognosesystem für die einzuspeisende Leistung mehrerer Windfarmen auf See darstellen. Denn: „Entscheidend ist, was hinten rauskommt" – in diesem Fall an Windleistung am Hauptnetzeinspeisungspunkt an Land.

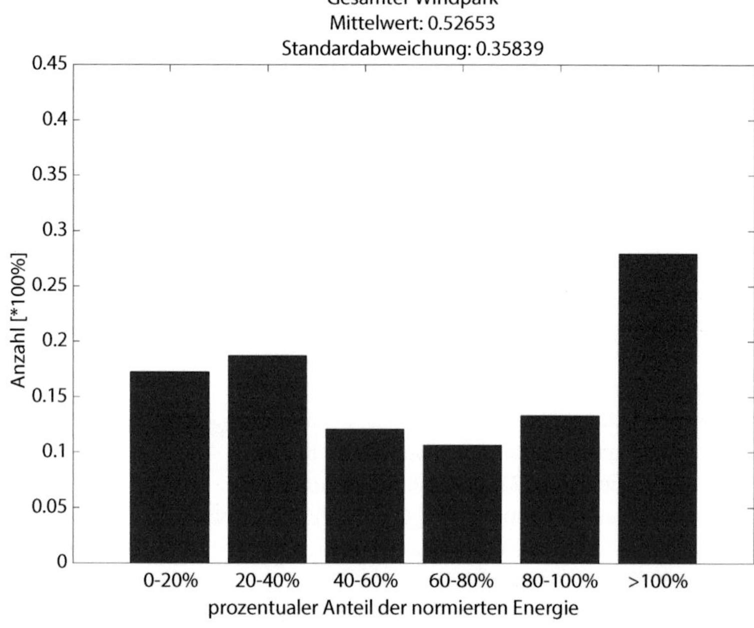

Abb. 20.2 Histogramm der mittleren Leistung des gesamten Windparks alpha ventus. © Fraunhofer IWES

20.5 Am häufigsten auf Nennleistung: Energieerträge und Leistungsfluktuation in alpha ventus

Doch liefern die Windturbinen in alpha ventus die versprochenen Ergebnisse? Wie sehr schatten sich die Anlagen untereinander ab, wie oft wurde die maximale Nennleistung erreicht? In einem Forschungspaket wurden diese Fragen untersucht. Allerdings konnte man mit den Anlagen-Auswertungen erst relativ spät beginnen, da ab Jahresende 2011/Anfang 2012 erst Daten für einen ausreichend langen Zeitraum für belastbare Auswertungen zur Verfügung standen.

Leistungskennlinie

Die Leistungskennlinie bildet den Zusammenhang zwischen Windgeschwindigkeit an der Windkraftanlage und der produzierten elektrischen Leistung ab. In ihr sind bereits Verluste durch den Rotor, das Getriebe und den Generator berücksichtigt. Die Leistungskennlinie kann man generell in vier Bereiche unterteilen (Abb. 20.1):

- Unterhalb der Anlaufgeschwindigkeit (A) ist die Windgeschwindigkeit zu niedrig, um den Rotor zu bewegen. Meistens liegt dieser Wert bei 3–4 m/s. Oberhalb dieser niedrigen Windgeschwindigkeit fängt die Windkraftanlage an, Energie zu produzieren – der sogenannte „Einschalt- oder Anlaufwind".
- Die Abhängigkeit zwischen Leistung und Windgeschwindigkeit ist im Teillastbereich (B) bedingt durch die Verluste bis zum Erreichen der Nennleistung nahezu quadratisch.
- Bei etwa 14 m/s (50,4 km/h) erreicht die Windkraftanlage dann Nenngeschwindigkeit (C), der Generator läuft nun mit voller Drehzahl und der Windenergieanlagenregler steuert den Stellwinkel der Rotorblätter so, dass die Leistung konstant bleibt.
- Wird die Windgeschwindigkeit zu hoch, kommt man in den Bereich der Sturmabschaltung (D), wenn die Anlagen aus Sicherheitsgründen ihren Betrieb einstellen. Ältere Typen wurden komplett abgeschaltet, neuere können stufenweise abgeregelt werden, um nicht zu große plötzliche

Spannungsabfälle im Netz durch Sturmabschaltungen zu bekommen. Die Sturmabschaltung liegt je nach Anlagentyp bei etwa 30 m/s (108 km/h).

Fazit: Jede der zwölf Anlagen in alpha ventus hat im ersten vollen Betriebsjahr 2011 zu über 30 % ihrer Betriebszeit den Nennleistungsbereich erreicht, also 5 Megawatt (MW) Leistung. Der zweithäufigste Bereich der Einzelauswertung der Anlagen ist der „Niedrig-Leistungsbereich" unterhalb von 1 MW (ca. 20 % der Fälle). Die Unterschiede liegen an den Abschattungseffekten, der jeweiligen Hauptwindrichtung und auch an zeitweilig experimentellen Regelungsphasen des Windparkbetreibers.

Um die Leistungswerte des gesamten Windparks betrachten zu können, wurde die Leistungsmessung mit der Nennleistung der Einzelturbine normiert und der Durchschnittswert (arithmetisches Mittel) aller zwölf Windenergieanlagen gebildet. Hier zeigt sich für den Windpark dieselbe Systematik wie bei den Einzelanlagen: Der mit Abstand häufigste Wert des gesamten Windparks liegt im Nennleistungsbereich bei 5 MW (◘ Abb. 20.2). Alpha ventus erreichte knapp in 30 % seiner Betriebszeit die volle Nennleistung (= 100 %). Die unteren Leistungsklassen 0 bis 1 MW und 1 bis 2 MW treten zu jeweils 15 bis 18 % am zweithäufigsten auf, die darüber liegenden Leistungsklassen mit 40–60 % der normierten Leistung (2 bis 3 MW), 60–80 % (3 bis 4 MW) und 80 < 100 % treten zu jeweils nur rund 10 % der Betriebszeit auf. Im Mittel werden im gesamten Windpark 53 % der Nennleistung, also rund 2,65 MW pro Anlage, erreicht.

20.5.1 Fluktuationen: Der Windpark gleicht die Einzelanlage aus

Ferner haben die Physiker die Leistungsdaten der Einzelanlagen und des gesamten Windparks in kleine zeitliche Intervalle von 10, 30, 60 und 120 Minuten zerlegt und untersucht. Mit Fluktuation bzw. Schwankung ist hier die Differenz zu den auf Nennleistung normierten Messwerten gemeint. Die Fluktuation ist als das Maß der Veränderung der Einspeisung von einem Messintervall zum nächsten zu verstehen.

Neben den Daten der zwölf Anlagen von alpha ventus sind zum Vergleich auch gebündelte Daten von zwölf Onshore-Windparks aus Niedersachsen, Mecklenburg-Vorpommern, Thüringen und Sachsen herangezogen worden. Beim 60-Minuten-Intervall (siehe ◘ Abb. 20.3) im Bereich der geringfügigen Fluktuationen bis 10 % der Nennleistung liegen die Onshore-Parks über den Ergebnissen von alpha ventus. Die maximalen Fluktuationen im oberen Nennleistungsbereich sind dagegen sehr unterschiedlich ausgeprägt: Bei einzelnen Anlagen können maximale Werte von über 90 % der Nennleistung auftreten und auf See häufiger als an Land: Beim gesamten Windpark alpha ventus liegen die maximalen Fluktuationen bei 70 bis 80 % der Nennleistung, bei den vergleichsweise herangezogenen Onshore-Windparks nur bei 50 bis 60 % der Nennleistung. Gegenüber den Einzelanlagen mit bis zu 90 % Leistungsfluktuation auf See hat der Windpark alpha ventus somit eine Ausgleichswirkung auf die Fluktuation seiner Einzelanlagen.

20.5.2 Ab der zweiten Reihe wird's schattig

Abschattungseffekte bezeichnen den Leistungsabfall von Windenergieanlagen in „hinteren Reihen", der durch die vorstehenden Anlagen in der Windrichtung hervorgerufen wird. Die Anlagen in der ersten Reihe „sehen" ein quasi ungestörtes Windfeld. Die dahinterliegenden Anlagen in zweiter, dritter oder gar vierter Reihe des Windparks bekommen niedrigere Windgeschwindigkeiten ab, denn die davorliegenden Anlagen haben bereits Energie aus dem Wind herausgenommen und damit die Windgeschwindigkeit reduziert. Hinzu kommt, dass die resultierende Strömung nun turbulenter, also stärker verwirbelt und ungleichförmiger ist.

Dieses Phänomen tritt unterhalb des Nennleistungsbereichs der Anlagen auf, der in alpha ventus bei einer Windgeschwindigkeit von 12,5 m/s erreicht wird. Der Abstand zwischen den Windenergieanlagen beträgt in alpha ventus 800 Meter, was in

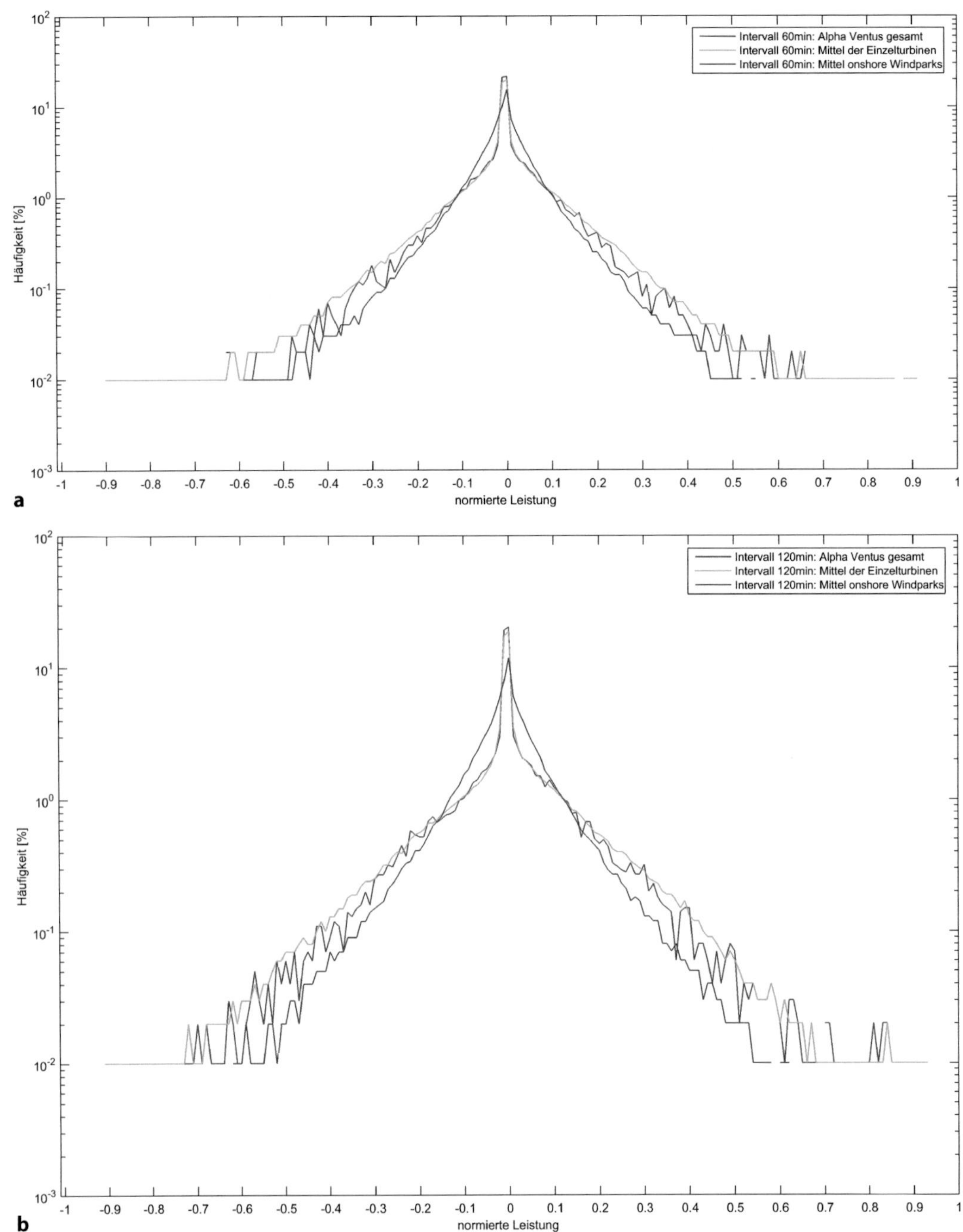

Abb. 20.3 Leistungsfluktuationen der Einzelturbinen, alpha ventus gesamt sowie onshore über 60 Minuten (**a**) und über 120 Minuten (**b**). © Fraunhofer IWES

etwa ihrem 6-fachen Rotordurchmesser entspricht. Die Abschattungseffekte durch eine Windkraftanlage sind bis zu 10 Rotordurchmesser leewärts noch bemerkbar, Turbulenz sogar bis 12 Rotordurchmesser.

Oberhalb des Nennleistungsbereiches sind Abschattungseffekte weniger ausgeprägt, da ab einer gewissen Windgeschwindigkeit dann alle Anlagen im Nennleistungsbereich laufen. In Windrichtung Ost zeigen sich im Bereich unterhalb von 12,5 m/s Abschattungsverluste von ca. 25 %. In der Windrichtung West sind die Abschattungsverluste durch die vorstehenden „Frontalturbinen“ mit 15 bis 25 % nicht durchgängig so stark wie bei Ostwind.

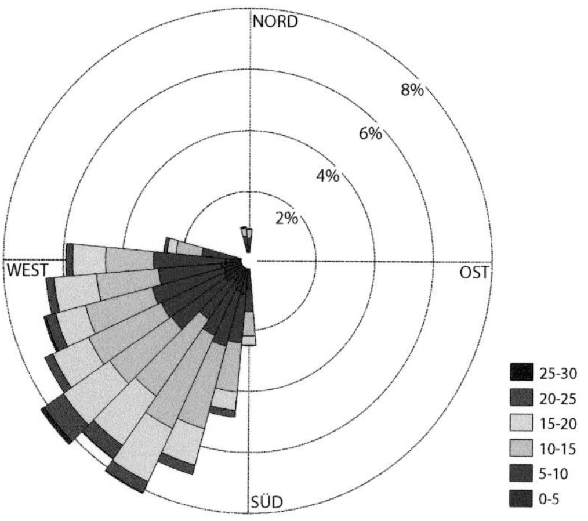

Abb. 20.4 Histogramm der Windgeschwindigkeiten am Messmast Fino 1 in 2011 ohne östliche Richtungen. © Fraunhofer IWES

20.5.3 Im Westen stets Neues

Eine möglichst genaue Kenntnis der Windverhältnisse am Standort ist eine Voraussetzung für viele Berechnungen, seien es z. B. Ertragsprognosen, Wirtschaftlichkeitsberechnungen oder Lastrechnungen. Bei alpha ventus kann man für solche Analysen auf Daten des Messmasten Fino 1 zurückgreifen, der in etwa 400 m Entfernung und somit in unmittelbarer Nähe steht. Die hier erfassten Messdaten liefern wertvolle zusätzliche Informationen für viele Forschungsarbeiten der RAVE-Initiative.

Für ihre Analyse haben die Forscher die Daten des Messmasts verwendet um die Windverhältnisse vor Ort zu bestimmen. Ausgewertet wurde die Windmessung in 80 Meter Höhe. Im ersten vollen Betriebsjahr 2011 herrschte erwartungsgemäß die Hauptwindrichtung Süd-West vor. Durch die Ausrichtung des Windparks sind in dieser Richtung die Abstände der Windkraftanlagen maximal und somit die Abschattungseffekte am geringsten.

Die Daten aus der Ostrichtung können nicht berücksichtigt werden, weil diese durch den dann vorgelagerten Windpark alpha ventus gestört sind. Auffallend sind die häufigen Windgeschwindigkeiten ab 12,5 Meter pro Sekunde – wenn die Windenergieanlagen auf ihrem Höchstleistungsniveau (Nennleistung) laufen und den maximalen Energieertrag liefern (Abb. 20.4).

Eine Rose für die Windparkplaner

Vor dem Bau eines Windparks ist die Erfassung des möglichen Windpotentials eine grundlegende Voraussetzung für die weiteren Planungen. Dafür werden im Vorfeld Windmessungen am Standort durchgeführt und ausgewertet. Um die Ergebnisse zu interpretieren werden zwei Darstellungen verwendet: Die Windrichtungshäufigkeit- und die Windgeschwindigkeitshäufigkeitsverteilung. Bei beiden wird nichts anderes gemacht, als zu zählen wie häufig ein Ereignis eintritt. Wie häufig also eine Windrichtung, meistens in Schritten von 10°, oder eine Windgeschwindigkeit, meistens in Schritten von 1 m/s, auftritt. Das Ergebnis wird dann entweder als Kompassrose für die Windrichtung oder als Balkendiagramm für die Windgeschwindigkeit aufgetragen. Hier in diesem Buch sogar kombiniert, so dass man für jede Windrichtung auch die entsprechende Häufigkeit der Windgeschwindigkeiten hat.

Meteorologischer Messmast auf Fino 1

Die Messplattform Fino 1 liegt westlich vor dem Windpark alpha ventus und wurde schon vor dessen Bau errichtet, um die tatsächlichen

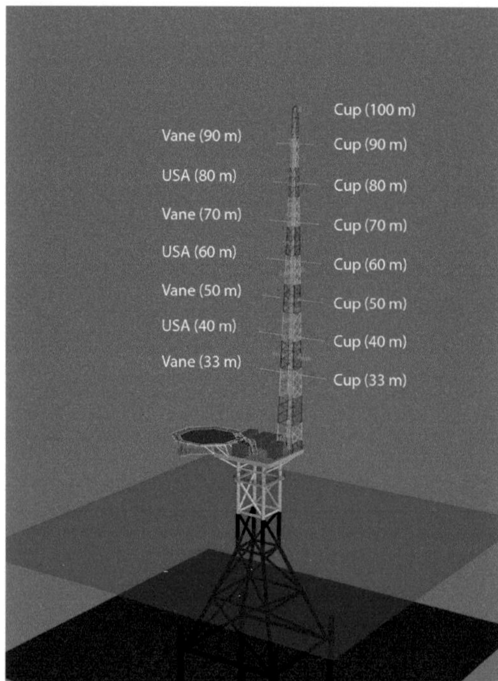

Abb. 20.5 Windmessgeräte am Messmast Fino 1: *Cup* Schalenanemometer, *USA* Ultraschallanemometer, *Vane* Windrichtung. © Forschungs- und Entwicklungszentrum Fachhochschule Kiel GmbH, Bearbeitung Fraunhofer IWES

Windverhältnisse weit draußen in der Nordsee zu messen. Und zwar „ungestört" durch vorgelagerte Windkraftanlagen oder andere störende Einflussfaktoren. Erste Messdaten waren ab August 2003 verfügbar. Nach dem Bau von alpha ventus im Jahre 2009 hat er immer noch eine freie Anströmung von der Hauptwindrichtung aus Westen. Der Mast hat eine Gesamthöhe von 102,5 m, wobei auf der einen Seite in 10 m-Schritten jeweils Schalensternanemometer installiert sind. Hinzu kommen Windfahnen und Ultraschallanemometer auf der anderen Seite, die abwechselnd in 10 m-Schritten montiert sind (Abb. 20.5). So können vertikal hochaufgelöste Windgeschwindigkeitsprofile erfasst und zeitlich hochaufgelöste Messungen mit den Ultraschallanemometern durchgeführt werden. Des Weiteren ist der Mast mit weiteren meteorologischen Sensoren wie z. B. Temperatur- oder Luftdruckmessung ausgestattet, um alle relevanten meteorologischen Größen zu erfassen. Zum Beispiel sind zwei Feuchtigkeitsmesser in zwei unterschiedlichen Höhen montiert worden, die pro Sekunde 10 Messwerte erfassen. Diese liefern wichtige Daten für das RAVE-Forschungsprojekt „Turbulente Feuchteflüsse" (siehe ▶ Kap. 17).

20.5.4 Flaute ist, wenn's trotzdem weht: 16 Stunden mau, 20 lau

Hierzulande versteht man unter „Flaute" den Zustand nahezu völliger Windstille. Im Forschungsprojekt alpha ventus gilt das nicht, denn die Forscher fassen den Begriff der Flaute auf alpha ventus deutlich weiter: Selbst wenn der Wind noch mit einer Geschwindigkeit von 3,5 m/s (12,6 km/h) und mehr weht, ist dies noch eine Flaute. Denn erst ab 3,5 m/s beginnen die Windenergieanlagen langsam anzulaufen. Weil dabei noch gar kein oder noch sehr wenig Strom eingespeist wird, wurden Windgeschwindigkeiten bis zu 5,5 m/s (19,8 km/h) als Flaute angesehen. Also auch eine schwache Brise bei Windstärke 3 mit bis zu rund 20 km/h gilt hier im Forschungsprojekt Netzintegration noch als „Flaute".

Für die Netzintegration, also die erzeugungstechnische Eingliederung der Offshore-Windenergie in die bestehenden Energieversorgungsstrukturen, ist es umso wichtiger, zu erkennen, wie lange eine Flaute maximal andauert. Damit man vorhersagen kann, wie lange bei drohenden Windflauten die ausfallenden Energielieferungen aus Offshore-Windenergie anders unterstützt werden müssen. Im ersten Betriebsjahr 2011 dauerten Windgeschwindigkeiten unter 3,5 m/s maximal 16 Stunden an, Windgeschwindigkeiten unterhalb von 5,5 m/s herrschten maximal 21 Stunden vor (Abb. 20.6). Bezogen auf alpha ventus heißt das, dass eingeplante Windstromlieferungen bei einer langen Flauten maximal 16 Stunden anders unterstützt werden müssen und die Zeiten geringer Energielieferungen maximal 20 Stunden andauern – im schlimmsten Fall.

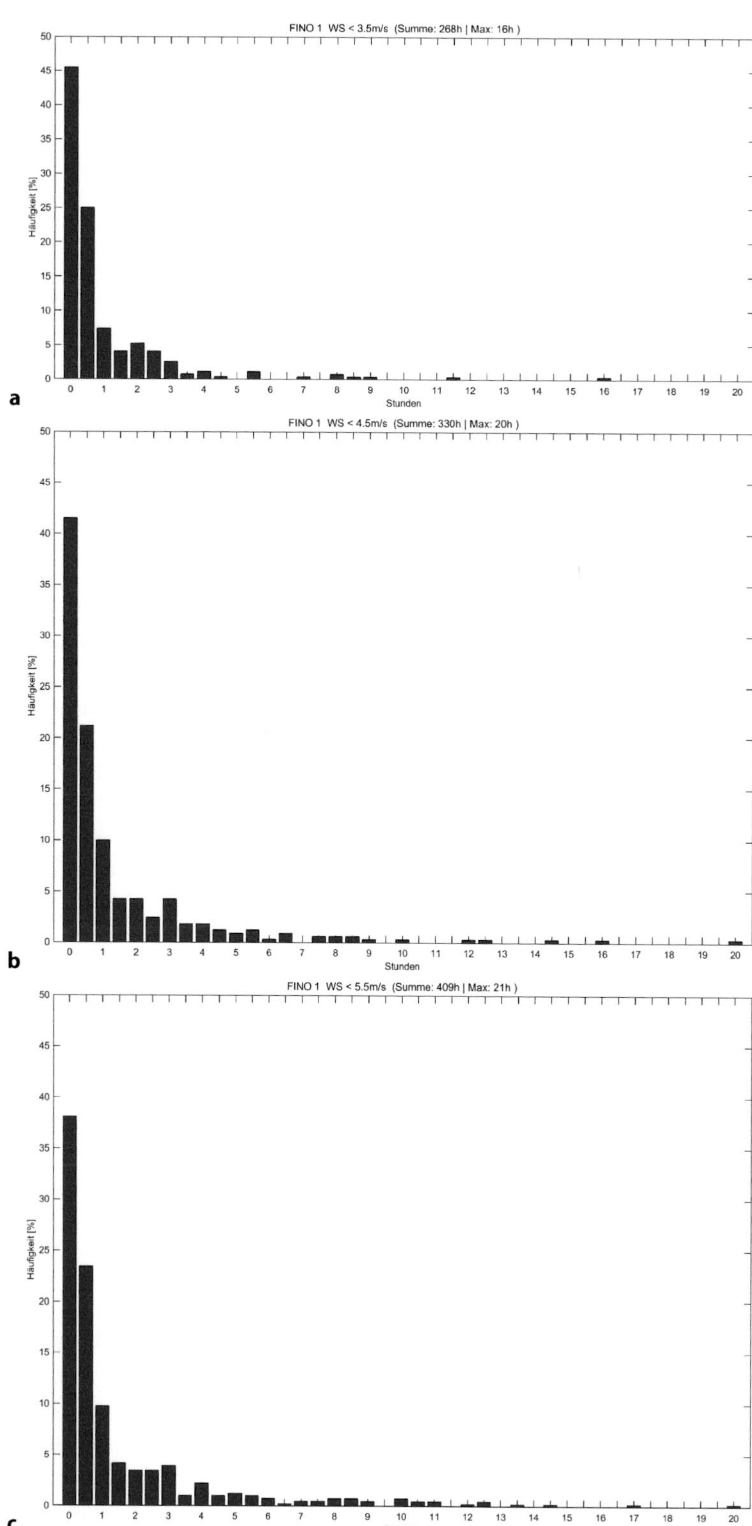

Abb. 20.6 Häufigkeit der Dauer der Flautenperioden mit Windgeschwindigkeiten < 3,5 m/s (**a**), < 4,5 m/s (**b**), < 5,5 m/s (**c**) in 2011. © Fraunhofer IWES

20.6 Alles fließt? Vom Beginn aller Windleistungsprognosen hin zu „Totalfluc"

Wie wichtig, eine genaue und frühzeitige Windleistungsprognose ist, zeigt am besten die Praxis: Ein Tiefdruckgebiet ein paar Stunden zu spät erkannt, bedeutet, dass die eingeplanten Windenergieanlagen bei Sturm im Extremfall innerhalb von Sekunden abgeschaltet werden müssen – also statt auf voller Leistung zu laufen dann gar keinen Strom liefern. Die Folge: Kostenintensive Ersatz- und Regelleistung muss schnell her, weniger umweltfreundliche, konventionelle Kraftwerke bleiben länger am Netz oder müssen teuer extra hierfür „hochgefahren" werden.

Die genaue Windleistungsprognose wird auf der Basis von Wettervorhersagen und – für kurze Vorhersagezeiträume – den gemessenen Leistungswerten der Windparks erstellt. Der typische Vorhersagezeitraum beginnt oft bei unter einer Stunde und reicht bis zu mehreren Tagen in die Zukunft, wobei die Werte jeweils viertelstündlich aktualisiert werden. Gerade die Offshore-Anwendung mit höheren Windgeschwindigkeiten als an Land bedeutet eine große Herausforderung für die wissenschaftlichen „Wetterfrösche": Die Prognosemodelle müssen in einem wesentlich höheren Leistungsbereich arbeiten – mit doppelt so viel Volllaststunden und mehr – und dementsprechend neu optimiert werden. Hinzu kommen viel mehr Sturmabschaltungen auf See. An Land sind die Windturbinen deutschlandweit auf ein wesentlich größeres Areal verteilt – offshore sind sie vergleichsweise „eng" in der ausschließlichen Wirtschaftszone in der Nordsee aufgestellt. Jede ungenaue Prognose – ob bei der Wettervorhersage oder der zur Verfügung stehenden Wind-Cluster-Leistung – hat auf See deutlich stärkere Auswirkungen als an Land.

Im ersten Arbeitsschritt haben die Forscher erst einmal aktuelle Vergangenheitsaufbereitung geleistet und massive Prognosefehler beim verwendeten Wettermodell untersucht: Warum wurden im Aufbaujahr 2009 aufgetretene Starkwindereignisse (wie am 16.–18. März 2009) nicht vorhergesagt? Warum sind dort prognostizierte Starkwindstürme (wie für den 24. bis 27. April 2009) dann doch nicht aufgetreten? Die Antwort lautet typisch wissenschaftlich: Es hängt davon ab …

Nach Simulationen mit verschiedenen Modellsetups stellte sich heraus, dass beispielsweise die horizontale Modellauflösung wesentlichen Einfluss auf den Windfluss in komplexen Gebieten hat – wie in der norwegischen Bergkette am 16.–18. März 2009, als der Wind scheinbar plötzlich von den Skanden nach Süden Richtung Deutschland blies. In einer anderen Fehlprognose waren die topographischen Daten, also die Informationen zu den Geländeoberflächen, insbesondere von Bergen und Bergketten, ungenügend parametrisiert.

Hier gilt es für die Implementierung der Wettermodelle einen Kompromiss aus Genauigkeit der Geländemodellierung, erforderlicher Rechenzeit und Präzision der Vorhersageergebnisse zu finden. Die Prognosemodelle müssen für die Netzintegration fast in Echtzeit möglichst exakte Ergebnisse liefern. Die besten Prognosen in dieser Anwendung sind nutzlos, wenn dafür wochenlange Rechenzeiten mit Hochleistungscomputern erforderlich sind.

Immerhin: In einer einjährigen, verbesserten Simulation für den Standort alpha ventus konnte eine Verbesserung des absoluten Fehlers der Windgeschwindigkeitsprognose von ca. 0,5 % bei allen Prognosehorizonten erreicht werden. Jedes bisschen hilft. Und ein halber Prozentpunkt sind bei einer Jahresproduktion von 267 Millionen Kilowattstunden – wie im ersten vollen Betriebsjahr 2011 von alpha ventus – eine ganze Menge. In einem anderen Teilforschungsprojekt wurde die Meerestemperatur mit dem Wettervorhersagemodell kombiniert: Wirkt sich die Einbindung der Meeresoberflächentemperatur in das Modell auf die atmosphärischen Kräfte und die Windvorhersage aus? Eine Frage, die nicht eindeutig bejaht werden konnte – was aber möglicherweise auch am kurzen Untersuchungszeitraum von drei Monaten liegen könnte.

20.6.1 Im Dutzend präziser? Ein Wetterprognosen-Ensemble

In einer anderen Forschungsstudie zu alpha ventus wurden elf verschiedene Wettervorhersagemodelle durch einen Vergleich mit den tatsächlichen Windmessungen an der Offshore-Plattform Fino 1 bewertet. Erklärtes Ziel war mit Hilfe eines Ensembles von

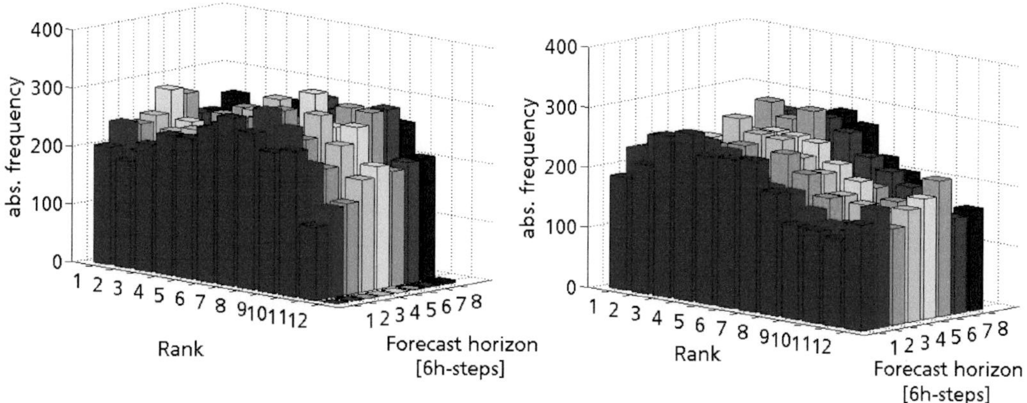

■ **Abb. 20.7** Rank-Histogramm zur Überprüfung der Qualität von Ensembles. © Fraunhofer IWES

Wettervorhersagen eine bessere Windleistungsprognose zu generieren, denn jedes Ensemblemitglied (Member) bzw. Wettermodell beschreibt das Wetter ein wenig anders und macht andere Fehler. Wenn mehrere Modelle kombiniert werden, können sich im Optimalfall die Fehler kompensieren und die Prognose wird besser.

In diesem Fall spricht man von einem „Poor Man's-Ensemble", da die einzelnen Member von verschiedenen Wettermodellen stammen im Gegensatz zu anderen Ensembles, bei denen alle Member aus einem Wettermodell stammen, welches mit unterschiedlichen Konfigurationen und Eingangsdaten läuft. In der Realität ist das „Poor Man's-Ensemble" jedoch das teurere, da die Daten von verschiedenen Wetteranbietern gekauft werden müssen.

Fazit hier: In Teilbereichen schwanken die Ergebnisse stark, bei Verwendung des Mittelwertes des gesamten „Ensembles" erhält man eine Verbesserung von ca. 7 % des Prognosefehlers. Für längere Vorhersagezeiträume – bis zu 48 Stunden – steigt dieser Wert sogar auf bis zu 18 % an. Aber trotzdem weichen die tatsächlich gemessenen Windgeschwindigkeiten oft noch deutlich von ihren Vorhersagen ab – in beiden Richtungen.

Bei den Windleistungsprognosen unterscheidet man zwischen Punktprognosen, die einen Wert der zu erwartenden Leistung formulieren, und probabilistischen Prognosen, die dem erwarteten Leistungswert auch eine Wahrscheinlichkeit zuweisen. Mit Hilfe von Ensembles ist es möglich, eine probabilistische Prognose zu generieren: Liegen die einzelnen Vorhersagen der verschiedenen Modelle nah beieinander, ist es wahrscheinlicher, dass der vorhergesagte Mittelwert eintrifft. Streuen sie sehr stark, ist die Vorhersage unsicherer. Um aus diesen Werten reale Wahrscheinlichkeiten zu generieren, also Angaben wie „die Vorhersage liegt mit einer Wahrscheinlichkeit von 90 % zwischen Wert A und Wert B", müssen die Ergebnisse aus dem Ensemble noch kalibriert werden.

Hierfür wurden Methoden entwickelt, die dann dafür sorgen, dass probabilistische Prognosen auch unter offshore-Bedingungen zuverlässige Ergebnisse liefern können, um das Risiko bei der Netz- und Marktintegration des Windstroms zu minimieren: Für jeden Zeitschritt werden die Vorhersagen (zum Beispiel Windgeschwindigkeit 3,1/8,3/2,2 m/s) der einzelnen Ensemble-Member der Größe nach sortiert (2,2/3,1/8,3 m/s). Danach wird der gemessene Wert (zum Beispiel 2,9 m/s) dem passendsten Ensemble-Member zugeordnet. Als Ergebnis wird die Position abgelegt (hier Position 2). Dies wird für alle Prognosen durchgeführt (Ergebnis wäre dann bei 10 Messungen z. B. 4x Pos. 1, 3x Pos 2., 3x Pos. 3). Das Ergebnis wird als Histogramm dargestellt (■ Abb. 20.7). Liegt der gemessene Wert niedriger als alle Ensemble-Member bekommt er die Position 1, wenn er höher als alle liegt, dann die letzte Position. Ein Ensemble soll alle Ergebnisse möglichst gleichmäßig abdecken, d. h. der gemessene Wert sollte gut verteilt mal alle Positionen in dem „Ranking" abdecken, am liebsten sich jedoch in der „Mitte" bewegen. Ist z. B. der erste oder letzte Wert im Histogramm zu hoch, liegt der gemessene Wert häufig außerhalb des vorhergesagten Wertebereiches des Ensembles, somit deckt das Ensemble nicht alle möglichen Ergebnisse ab und eine probabilistische Prognose wäre ungenau. Man könnte z. B. die Aussage „der vorhersagte Wert liegt mit einer Wahrscheinlichkeit von 99 % zwischen 4 und 7 m/s" nicht treffen, wenn 4 und 7 den Minimal- und den Maximalwert des Ensembles darstellen, diese aber zu hoch bzw. zu niedrig angesetzt sind. Hier gibt es Möglichkeiten, das Ensemble in einer Nachprozessierung neu zu kalibrieren.

» Nur Prognosen können Systemsicherheit garantieren

Die Integration der Offshore Windenergie in das elektrische Netz stellt neue Herausforderungen an die bestehende Infrastruktur. Wir werden eine große Menge von Windparks auf einem kleinen Areal bekommen. Dies bedeutet eine hohe Abhängigkeit vom lokalen Wetter: Effekte wie Flauten, Sturmabschaltungen oder starke Leistungsfluktuationen betreffen hier immer gleich mehrere Windparks. Speziell angepasste Windleistungsprognosen, wie sie im Projekt entwickelt wurden, werden in Zukunft helfen, die Auswirkungen dieser Effekte auf das elektrische Netz zu reduzieren und so die Systemsicherheit zu garantieren.

Dr. Arne Wessel, Projektleiter RAVE-Netzintegration und Physiker am Fraunhofer IWES

20.6.2 Fluktuation vor allem bei Nordwestströmen

Nicht jede Sekunden-Windflaute ist wichtig. Maßgeblich für die Netzintegration von Windenergie sind Leistungsfluktuationen von 5 Minuten bis zwei, drei Stunden Dauer. Denn für abrupte Schwankungen der Windenergieleistung in diesem Zeitraum muss der Netzbetreiber permanent Regelleistung vorhalten. Bislang wird dieser Wert vorab für ein Vierteljahr festgelegt; beim weiteren Ausbau der Offshore-Windenergie sind stärkere Fluktuationen aber auch bereits im Stundenbereich wahrscheinlich, die die Höhe der bereitgestellten Regelleistung überschreiten können. Wenn man die Höhe der Fluktuationen mehrere Stunden im Voraus vorhersagen könnte, so wäre es möglich bei starken Fluktuationen rechtzeitig Kraftwerke anzuweisen mehr Regelleistung vorzuhalten, umso nicht in einen Versorgungsengpass zu kommen, der die Stabilität des elektrischen Netzes gefährden könnte.

Es hat sich gezeigt, dass die höchsten Windleistungsfluktuationen in der Nordsee zu Zeiten nordwestlicher Strömungen auftreten, insbesondere in Verbindung mit Regen und/oder Kaltlufteinbrüchen. Also müssen Wetterprognosen auch versuchen, sogenannte Konvektionszellen mit zu berücksichtigen: Wolkenteile und -gebilde, die bei Strömungen entstehen und ein Kennzeichen sind für Kaltluft über wärmerem Untergrund, beispielsweise Meeresströmungen. Wobei sich zeigte, dass Leistungsfluktuationen im Nennleistungsbereich der Anlagen kaum auftreten, ebenso wenig bei niedrigen Windgeschwindigkeiten – hier dämpft also die flache Leistungskennlinie in diesem Bereich die Leistungsfluktuation ab.

Klassische Wettermodelle können bislang die „innerstündlichen Leistungsfluktuationen" aber nur bedingt darstellen. Als Alternative könnte das im Forschungsprojekt entwickelte Leistungsfluktuationsmaß „totalfluc" dienen, das aus den vorhandenen Parametern der Wettermodelle (Wind, Temperatur, Turbulenz) vorhergesagt werden soll. Im Projekt wurde dieses Leistungsmaß „totalfluc" an synthetischen Leistungsdaten entwickelt und erste Analysen zur Abhängigkeit von den Parametern der Wettermodelle angestellt. In zukünftigen Projekten sollte die Validierung des Fluktuationsmaßes an den tatsächlich gemessenen Daten von alpha ventus erfolgen und weitere Untersuchungen über den Zusammenhang von Wettermodellparametern und Fluktuationsmaß durchgeführt werden.

Die Kurzfristprognose von „totalfluc" umfasst neben der Wetterprognose noch als weiteres Maß die gemessene aktuelle Leistung des Windparks der

20

letzten Stunden, was die Prognosequalität stark verbessert.

Die Prognose von Windleistungsfluktuationen steht noch ganz am Anfang, ihre Qualität ist noch nicht gut genug für einen zuverlässigen Betrieb. Hier ist noch viel zu tun. Bei einem vom Bund angestrebten Ausbau der Windenergie Offshore auf 15 GW bis 2030 würden schon innerstündliche Schwankungen von 10 % der Leistung bei 1,5 GW liegen. Bei einer derzeitigen Regelleistungsreserve ~ +/−5 GW ist das schon ein relevanter Anteil. Die Prognose von Windleistungsfluktuationen kann in solchen Fällen helfen, das elektrische Netz stabil zu halten.

20.7 Vom „Wilden Haufen" zum Kraftwerksverbund

In Vorgängerprojekten hat das Fraunhofer Iwes ein Konzept für den Zusammenschluss, die sogenannte „Clusterung von Windenergieanlagen", entwickelt und an großen Windparks in Portugal getestet. Diese Windparks waren direkt am Übertragungsnetz angeschlossen und die untergelagerte Netzebene war nicht vermascht, also nicht mit einem oder mehreren Knotenpunkten untereinander verbunden. Durch diese Direktanbindung konnte man systemdienliche Betriebsmodi mit dem Windpark-Cluster-Management-System realisieren.

All dies galt und gilt jedoch nicht für die Offshore-Windparks, da man hier ein anderes Stromnetz berücksichtigen muss. Ein wichtiger Faktor dabei: Die Anbindung der Offshore-Windparks über eine sehr lange Kabelbindung von 70 Kilometern und mehr, mit den dazugehörigen Kompensationsanlagen. Dadurch wird der Blindleistungsstellbereich stark beeinflusst, was für den Stellbetrieb des Windparks zum Netzverknüpfungspunkt eine wichtige Größe ist. Neben diesen elektrotechnischen Veränderungen für den „Offshore-Kraftwerksverbund" wurden auch spezielle Prognosesysteme für die Windparks auf See entwickelt, die in das WCMS eingebunden werden mussten. Zudem mussten die Entwickler darauf achten, dieses Cluster-Management-System von Anfang an modular zu gestalten: Um eine notwendige Hintereinanderschaltung und Verkettung von Clustersystemen über mehrere Spannungsebenen hinweg zu leisten, denn mit dieser Kaskadierung kann man eine wesentlich größere Wirkung erzielen als nur mit einem Modul.

Hierfür wurde das Windpark-Cluster-Management-System von Fraunhofer Iwes an die Offshore-Bedingungen angepasst und weiterentwickelt, um den Offshore-Windpark alpha ventus mit seinen besonderen elektrischen Eigenschaften erfassen zu können – und um eine Schnittstelle für die Einbindung weiterer Windparks zu schaffen. Zunächst jedoch nur als Simulationsmodell, da eine reale Steuerung des Windparks alpha ventus im Projektverlauf nicht möglich war.

20.7.1 Trans-Europa-Express: Wie ein zukünftiges Offshore-Netz aussehen kann

Das Konzept des Fraunhofer Iwes für die Anbindung zukünftiger Windparks in der Nordsee geht von zwei Hauptverbindungspunkten an Land bei Norden/Niedersachsen und zwischen Büsum und Brunsbüttel/Schleswig-Holstein aus. Ferner gibt es eine zusätzliche Anbindung an ein transeuropäisches „Supergrid". Dieser Ansatz fasst die geplanten Windparks in der deutschen Nordsee – derzeit sind etwa 20 Gigawatt beantragt und genehmigt – zu einzelnen Clustern zusammen, die miteinander verbunden sind. Dadurch kann eine flexiblere Verteilung der Windstromeinspeisung an den Hauptverbindungspunkten erfolgen, die zudem unterschiedliche Aufnahmekapazitäten haben (▣ Abb. 20.8). Bei Netzfehlern muss man hier die betroffenen Windparks zudem nicht abschalten, sondern kann ihren Strom zur Einspeisung an andere Hauptverbindungspunkte umleiten.

Die Einbindung in ein transeuropäisches Supergrid, einem europaweiten Verbund der Höchstspannungsnetze der Nordseeanrainerstaaten, sorgt für eine zusätzliche betriebliche Flexibilität des Offshore-Netzes. Das kann auch dazu dienen, den Erweiterungsbedarf der nationalen Netze zu reduzieren. Mit seinen größeren Hauptverbindungspunkten kann das „Supergrid" Leistungsspitzen einzelner Offshore-Windparks abfangen und dieser europäische Netzverbund – mit Anbindungen

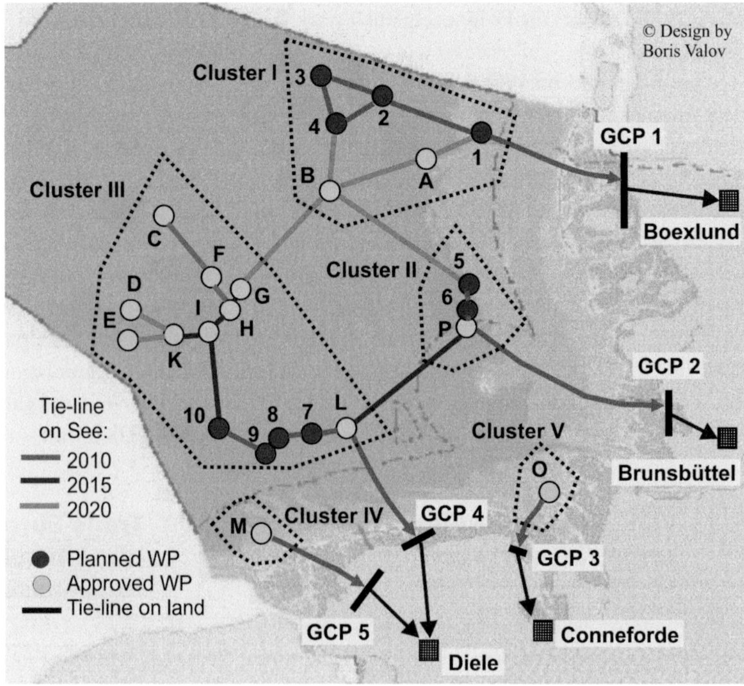

Abb. 20.8 Konzept für ein zukünftiges Offshore-Netz für die Nordsee. © Fraunhofer IWES

an Norwegen, Dänemark, Großbritannien und die Niederlande – die Zuverlässigkeit des Offshore-Übertragungsnetzes in der Nordsee erhöhen.

20.7.2 Geordnete Haufenbildung

Der größte Teil der bisherigen Windleistung in Deutschland ist in der Mittelspannungs-Ebene (MS) bis Hochspannungsebene (HS) installiert. Die Herausforderung bei der Netzintegration von Windenergie besteht darin, mit vielen Einheiten, in zum Teil verschiedenen Spannungsebenen, Aufgaben zu übernehmen, die bislang bei den großen konventionellen Kraftwerken lagen. Im Detail geht es dabei um die Spannungshaltung und um die Frequenzhaltung innerhalb geringer Toleranzgrenzen.

Die Spannung im Energiesystem wird zunächst von den großen Erzeugungseinheiten vorgegeben. Spannungsabfälle, Wirk- und Blindleistungsflüsse, Transformatoren und deren Stufensteller verändern diese Werte, so dass dabei lokal unterschiedliche Größen von Spannung entstehen. Im Ergebnis ist Spannung eine lokale Größe, die einer zentralen Vorgabe folgt. Das Ziel der Windpark-Clusterung ist es zunächst, die lokalen Veränderungen der Spannung, die sich zum Beispiel durch Lastwechsel oder Leistungsfluktuation ergeben, zu minimieren. Mehrere Windparks in einem Netzgebiet sollen sich in Bezug auf die Spannung neutral verhalten oder im besten Fall auch zur Spannungshaltung zur Verfügung stehen.

Die zweite wichtige Netzgröße ist die Netzfrequenz. Im Unterschied zur Spannung ist sie eine globale Größe, denn die Frequenz ist überall im Netz gleich. Sie wird von den Synchrongeneratoren in den großen Kraftwerken, die elektrisch direkt mit dem Netz gekoppelt sind, geregelt (durch Leistungs-Frequenz-Regelung oder Übergabeleistungs-Frequenz-Regelung). Hierfür ist Primärregel, Sekundärregel- und Minutenreserveleistung notwendig. Die Übertragungsnetzbetreiber in Deutschland schreiben den Bedarf aus und vergeben ihn über Auktionen. Fallen durch den Ausfall eines Kraftwerkes plötzlich größere Leistungen weg, wird dieses gestaffelte System zur Leistungszuschaltung aktiviert, um das entstandene Defizit auszugleichen. Eine Einzel-Windenergieanlage mit 5 MW Nennleistung kann dieses Defizit nicht ausgleichen, auch nicht ein gesamter Windpark – eine Clusterung von Windparks mit mehreren hundert Megawatt dagegen schon. All dies würde theoretisch sowohl auf Off- als auch auf Onshore-Windparks zutreffen.

Story am Rande: Das war knapp!
Eigentlich war es für den Bau von Autobahnen, Brücken, Flughäfen, Eisenbahntrassen und Wasserstraßen gedacht: Das neue Infrastrukturplanungsbeschleunigungsgesetz. Ein Name wie ein Bandwurm und im Oktober 2006 endgültig vom Deutschen Bundestag beschlossen. Doch erst kurz vor der abschließenden Lesung wurde ein für die Offshore-Windparks entscheidender kleiner Passus noch schnell eingefügt: Er verpflichtet die Netzbetreiber, in ihrer Regelzone für den Netzanschluss der Offshore-Windparks sorgen. Erst diese Last-Minute-Verpflichtung hat die rechtzeitige Fertigstellung des Netzanschlusses von alpha ventus ermöglicht. Sonst würde vielleicht noch bis heute über Zuständigkeit & Kostenverteilung verhandelt, geklagt und weiterverhandelt …
Björn Johnsen

20.7.3 Offshore clustert sich's leichter und schwieriger zugleich

Die Zusammenfügung von mehreren Offshore-Windparks zu einem „Aggregat" unterscheidet sich erheblich von einer Windpark-Clusterung an Land: Mit den Offshore-Windparks entstehen großräumige Netzverbünde, in denen sich ausschließlich Windenergieanlagen befinden – also reine „Windnetze". Ihre Entfernungen zu den Netzanknüpfungspunkten/Umspannwerken sind zudem sehr groß, teilweise über 70 Kilometer, und haben daher mit einem entsprechend hohen Blindleistungsbedarf. Wegen dieser großen Entfernungen ist davon auszugehen, dass bei Offshore-Windparks als Anbindungstechnologie die Hochspannungsgleichstromübertragung (HGÜ) zum Einsatz kommen wird, bei der die Stromübertragung mittels Gleichspannung geschieht die an beiden Enden der Leitung mittels Wechselrichter wieder in Wechselspannung umgesetzt wird. Die HGÜ-Leitung weist im Gegensatz zu Wechselstrom nur geringe Verluste auf und hat den Vorteil, dass die Netze an beiden Enden von der Netzfrequenz entkoppelt sind. Dadurch können zukünftige Offshore-Netze wie dargestellt in einem transeuropäischem „Supergrid" direkt mehrere Länder und unterschiedliche Regelzonen miteinander verbinden. Ein Beispiel ist hier der Netzverbund der skandinavischen Länder „Nordel" mit dem europäischen Verbundnetz UTCE, welche zwar beide mit einer Netzfrequenz von 50 Hertz arbeiten, aber sich in der Phasenlage so unterscheiden, dass sie nur über HGÜ verbunden werden können.

20.7.4 Über 70 Netzberechnungen für eine 4-Stunden-Prognose

Beim weiterentwickelten WCMS für alpha ventus wird das gesamte Netzgebiet – von den einzelnen Windenergieanlagen bis zum Netzanknüpfungspunkt an Land (im Falle von alpha ventus das Umspannwerk Hagermarsch bei Norden) – vorausschauend betrachtet. Als Eingangsdaten verwendet das WCMS Prognosen mit einer zehnminütigen Leistungsvorschau des Windparks. Für jeden Prognosewert wird ein Konfidenzintervall („Vertrauensintervall") bestimmt, das die Präzision eines Parameters, zum Beispiel eines Mittelwertes, angibt. Zur Netzberechnung werden zudem die Grenzen dieses Wertebereiches – also Maximal- und Minimalwerte – und der wahrscheinliche Mittelwert herangezogen. Somit werden für jeden Zeitpunkt, neben einer Abgleichungsberechnung, gleich drei Berechnungen durchgeführt. Ferner wurde im weiterentwickelten WCMS ein Prognosehorizont von vier Stunden implementiert. Allein für den relativ kurzen Zeitraum von nur vier Stunden führt das WCMS 73 Netzberechnungen durch – plus weitere Netzberechnungen, falls Netzprobleme erkannt und behoben werden müssen. Der Windpark alpha ventus wird dabei als ein Clusterelement betrachtet – die Schnittstellen zu weiteren Windenergieanlagen und Windparks zur Clustererweiterung sind vorhanden.

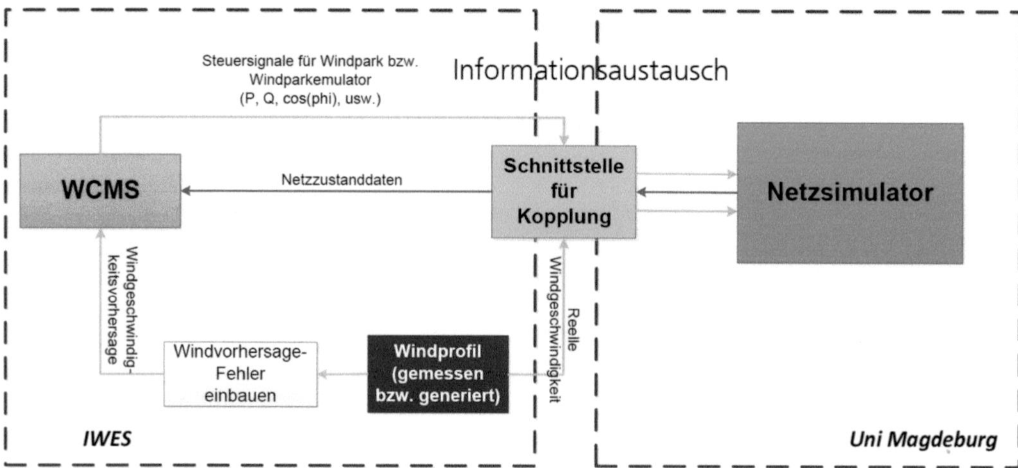

Abb. 20.9 Kopplungskonzept zwischen WCMS und Windparkmodell. © Fraunhofer IWES

20.7.5 Betriebsführungsstrategien

Die Betriebsführung von Offshore-Windparks wird von verschiedensten Faktoren beeinflusst, insbesondere von den Eigenschaften der Windenergieanlagen. So gibt es bei den am Markt verfügbaren Anlagen unterschiedliche Betriebsstrategien: WEA mit doppeltgespeistem Asynchrongenerator (wie bei der Senvion 5M) und mit permanenterregtem Synchrongenerator (wie bei der Adwen AD 5-116) haben unterschiedliche Regeleigenschaften. Beide Modelle kann man im WCMS miteinander verknüpfen.

20.7.6 Nicht Ende, sondern neuer Anfang: Der Windparksimulator

Im Rahmen des Projektes hat die Universität Magdeburg den Windpark alpha ventus in ihrer Software modelliert. Das eingesetzte Windparkmodell – der Windparksimulator – eignet sich vor allem zur Untersuchung von Betriebseigenschaften und -strategien und umfasst als Hauptkomponenten die einzelnen Windenergieanlagen, die Windparkverkabelung plus Netzanbindung, die äquivalente Nachbildung des Onshore-Netzes sowie Kompensationsanlagen zur Frequenzaufrechterhaltung.

Die Netzberechnungen beider Programme – WCMS und Windparksimulator (Abb. 20.9) – ergaben sehr ähnliche, wenn auch nicht identische Berechnungsergebnisse. Was auf die in den Programmen verwendete Nachbildung der einzelnen Netzkomponenten wie Kabel, Transformatoren usw. zurückzuführen ist. Die wenigen Unterschiede sind somit systembedingt und auch beabsichtigt, um einen realistischeren Betrieb des WCMS anzunehmen. Man hat verschiedene Betriebsmodi des Windparks im Modell durchfahren, bei denen unterschiedliches Einspeiseverhalten des Parks an seinem Onshore-Netzverknüpfungspunkt, dem Umspannwerk (UW) Hagermarsch, umgesetzt wurde. Die Online-Prognosen zur Netzüberwachung und Sollwertbestimmung verwenden dabei hochaufgelöste Leistungsprognosen, um den zukünftigen Netzzustand modellieren zu können, mit diesen Informationen frühzeitig Probleme erkennen und zugleich auch verhindern zu können. Aber: Das aktuelle WCMS operiert derzeit noch allein auf der Modellebene. Zukünftig sollte als weiterer Forschungs- und Entwicklungsbedarf eine Möglichkeitsanalyse zur Erweiterung um das übergeordnete externe Netzgebiet stattfinden. Dabei können gleichzeitig mögliche Rückwirkungen des externen Netzes auf die Funktionsfähigkeit des WCMS untersucht und abgebildet werden.

20.8 Ausblick: Kontrollsystem und letzte Instanz

Vereinigung von Windparks über Spannungsebenen und wenn nötig sogar über Übertragungsgrenzen wie Gleichstrom und Wechselstrom hinweg – das ist eine der Kernfunktionen des Windpark-Cluster-Management-Systems. Der Einbezug weiterer Windparks in das WCMS und deren Simulation ist für Zuverlässigkeitstests eines solchen Systems unerlässlich und sollte Bestandteil zukünftiger Forschungsaufgaben sein. In diesem Stadium müsste das WCMS dann nicht nur die Windparks in die Berechnungen einbeziehen, sondern alle in seinem Bereich befindlichen Komponenten, also auch die konventionelle Energieerzeugung und Netzlasten. Die neuen Erkenntnisse fließen in die Zusammenfassung von möglichen Betriebspunkten und deren Auflösung zu Leistungscharakteristiken der aggregierten Netzbereiche. Das WCMS fungiert dann als eine Art übergeordnete Instanz, das den Zugriff auf solche Cluster ermöglicht. Zusätzlich wären in solchen Forschungsbereichen Algorithmen zu entwickeln, die ein solches Cluster als Gesamtsystem betrachten und fortwährend optimale Sollwerte gestalten müssen, um eine verbesserte Netzintegration zu erreichen. Am Ende eines solchen Entwicklungsprozesses wäre das WCMS nicht nur ein Aggregator, sondern mehr: Eine übergeordnete Regelinstanz, in der die Windparks „Stellglieder und Stellweichen" zugleich sind und aktiv mit Spannungsqualität, Blindleistungshaushalt zwischen den Spannungsebenen und „Engpassmanagement" zu einem stabilen Netzbetrieb beitragen. Die einzelnen „wilden Windparkgesellen" werden dann – geregelt und gemeinsam – zentraler Bestandteil unseres Netzsystems der Zukunft.

20.9 Quellen

- Netzintegration von Offshore-Windparks Abschlussbericht zum Forschungsvorhaben Nr. 0325002; Laufzeit 01.07.2008–30.06.2012 Fraunhofer-Institut für Windenergie und Energiesystemtechnik, IWES in Kassel
- RAVE – Forschen am Offshore-Testfeld (2012), BINE Themeninfo I/2012, Herausgeber FIZ Karlsruhe, ISSN 1610-8302

Umwelt und Ökologie

Das bedeutendste Umweltprojekt in einem deutschen Offshore-Windpark

Ökologische Begleitforschung am Offshore-Testfeldvorhaben alpha ventus

Anika Beiersdorf, Maria Boethling, Axel Binder, Kristin Blasche, Nico Nolte, Christian Dahlke, Text bearbeitet von Björn Johnsen

M. Durstewitz, B. Lange (Hrsg.), *Meer – Wind – Strom*,
DOI 10.1007/978-3-658-09783-7_21, © Springer Fachmedien Wiesbaden 2016

Projektinfo: Ökologische Begleitforschung am Offshore-Testfeldvorhaben „alpha ventus" zur Evaluierung des Standarduntersuchungskonzeptes des BSH

Projektleitung:
BSH – Bundesamt für Seeschifffahrt und Hydrographie
Christian Dahlke (bis 2013), Nico Nolte
Kristin Blasche (bis 2012), Anika Beiersdorf
Projektpartner:

- Alfred-Wegener-Institut Helmholtz-Zentrum für Polar- und Meeresforschung
- Avitec Research GbR
- DHI/DHI-Wasy GmbH
- Forschungs- und Technologiezentrum Westküste (Universität Kiel)
- IfAÖ Institut für Angewandte Ökosystemforschung GmbH
- itap GmbH Institut für technische und angewandte Physik GmbH
- Müller BBM GmbH
- Tierärztliche Hochschule Hannover

21.1 Wie alles anfing

Als im Jahr 1999 die ersten Anträge für Offshore-Windparks beim Bundesamt für Seeschifffahrt und Hydrographie (BSH) eingingen, lagen nur wenige Erkenntnisse zu den Umweltauswirkungen von Windenergieanlagen auf See vor. Gerade mal zwei Länder – Großbritannien und Dänemark – hatten bis zur Jahrtausendwende Windparks oder einzelne Anlagen im Meer errichtet. Doch deren praktische Erfahrungen waren nur wenig mit den geplanten deutschen Projekten vergleichbar. Denn in Deutschland haben die Planer die Offshore-Windparks weit hinaus in der offenen See bis zu 150 Kilometer entfernt von der Festlandküste projektiert und beantragt. Und statt küstennaher Anlagen in einer Wassertiefe von teilweise nur zwei Metern wie in der dänischen Ostsee, gingen und gehen die Windparkplaner für die Windenergieanlagen in der deutschen Nordsee von Wassertiefen bis zu 25–50 Metern aus.

Neben den technologischen Herausforderungen wächst mit der steigenden Zahl der beantragten Offshore-Windparks zugleich die Forderung nach einer kumulativen Betrachtung der Umweltauswirkungen dieser Parks. Das BSH ist die Genehmigungsbehörde für Windparks, die in der deutschen ausschließlichen Wirtschaftszone geplant werden (■ Abb. 21.1). Ziel der ökologischen Forschung im Testfeld alpha ventus war es, ein tieferes Verständnis für die Umweltauswirkungen von Offshore-Windparks zu erhalten. Mit dem sechsjährigen Untersuchungszeitraum ist es von Umfang, Laufzeit und Ergebnissen her das umfassendste und bedeutendste deutsche Forschungsprojekt, das die Umweltauswirkungen von Offshore-Windparks untersuchte. Zugleich ergänzt es das betreiberseitig bei alpha ventus verpflichtend durchzuführende Umweltmonitoring gemäß Standarduntersuchungskonzept (Standard „Untersuchung der Auswirkungen von Offshore-Windenergieanlagen auf die Meeresumwelt", StUK) des Bundesamtes für Seeschifffahrt und Hydrographie. Anhand der Ergebnisse der ökologischen Begleitforschung konnte das StUK erstmals evaluiert und fortgeschrieben werden. Das Testfeld alpha ventus ist der erste Offshore-Windpark, bei dem die Methoden des StUK in einer Bau- und Betriebsphase angewendet wurden.

Das Forschungsprojekt „StUKplus" versucht Antworten auf Fragestellungen zu finden, die über den reinen Untersuchungsrahmen hinausgehen. Auch haben die Forscher während der umfangreichen „Felduntersuchungen" bei alpha ventus neue Methoden und Erfassungstechniken erprobt, wie zum Beispiel die digitale Flugerfassung für Rastvögel oder neue Radargeräte zur Aufzeichnung und Messung des Vogelzuges. Mit den fortschreitenden Erkenntnissen wurde im Projektzeitraum auch das vorgeschriebene Standarduntersuchungskonzept für Offshore-Windparks weiterentwickelt. Galt für alpha ventus erstmals in einem deutschen Offshore-Windpark noch StUK3, so ist seit Oktober 2013 inzwischen die dritte Fortschreibung des Standarduntersuchungskonzeptes, StUK4, vorgeschrieben und gültig.

Zwischen den wirtschaftlichen Interessen der Windparkbetreiber einerseits und dem Umweltschutz des Meeres andererseits bestehen naturge-

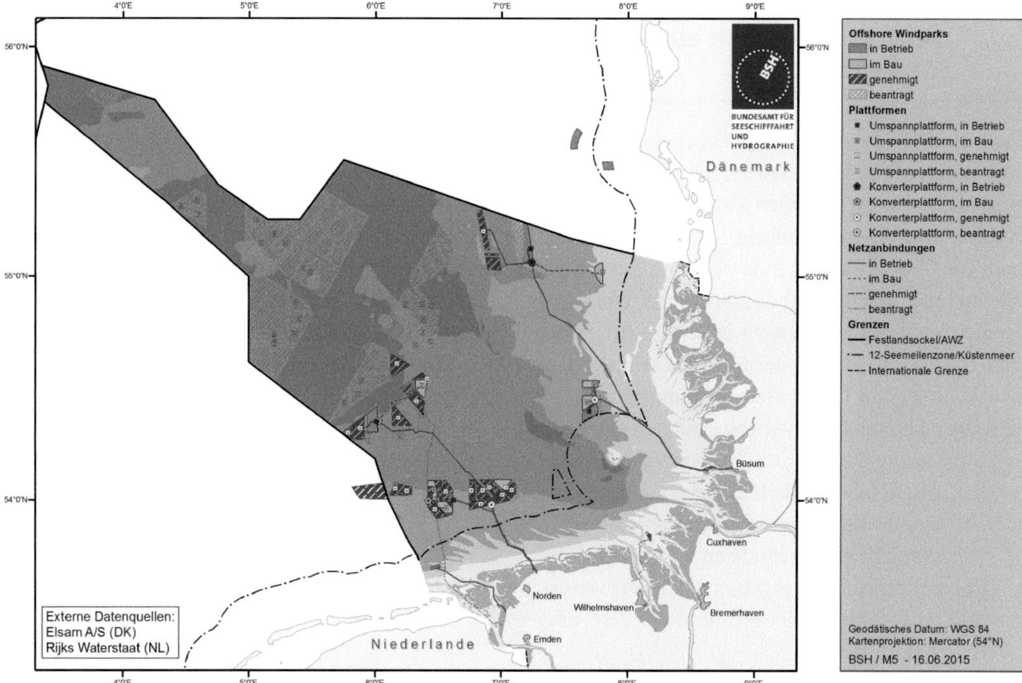

Abb. 21.1 Planungskarte Offshore-Windparks in der Nordsee (Stand: 16.06.2015). © BSH

mäß Konflikte. Diese unterschiedlichen Interessen stellen eine große Herausforderung dar. Ein umweltschonender Ausbau der Offshore-Windenergie erfordert daher im Vorfeld ein Verständnis der zu erwartenden Auswirkungen auf die Meeresumwelt. Besonders in Bezug auf die kumulativen Auswirkungen von Offshore-Windparks gibt es bis heute noch erhebliche Kenntnislücken.

21.2 Startschuss für Erkenntnis …

Das Testfeld alpha ventus gab den Startschuss für die Entwicklung eines solchen Verständnisses. Mit einem umfangreichen bau- und betriebsbegleitenden Forschungs- und Monitoringprogramm konnte erstmals untersucht werden, welche möglichen prognostizierten Effekte auf die Meeresumwelt tatsächlich bestehen. Kurz: Ob, was vorher prognostiziert wurde, auch wirklich eingetreten ist.

Das StUKplus-Projekt bei alpha ventus hat versucht, grundsätzliche Antworten auf die Fragen auch im Hinblick auf die vielen weiteren geplanten Offshore-Windparks zu gewinnen: Wie verändert sich der Lebensraum für Bodenlebewesen und Fische im Bereich der Fundamente der Windenergieanlagen? Wie weit reicht der Einfluss des künstlichen Hartsubstrats? Also des Materials, auf dem ein Organismus leben kann wie Felsen und Muschelschalen, aber als künstliches Hartsubstrat auch Brückenpfeiler, Metallspundwände oder eben die Fundamente und Tragstrukturen einer Offshore-Windenergieanlage. Und wie verändert sich der Lebensraum in den Windpark-Arealen als Folge des Fischerei-Verbotes im Windpark?

Wie reagieren Seevögel auf die beleuchteten, sich drehenden Windenergieanlagen? Werden Rastvögel das Windparkgebiet meiden oder sich an die Anlagen gewöhnen? Wie hoch ist das Risiko für Zugvögel mit den Windenergieanlagen zu kollidieren? Welchen Einfluss haben die lauten Bauarbeiten und der laufende Betriebsschall auf schallsensitive marine Säugetiere und Fische? Werden Schweinswale und Seehunde das Windpark-Gebiet weiter als Lebensraum nutzen und wie können sie vor Unterwasserschall geschützt werden?

21.3 Wenn man noch nicht weiter weiß, gründet sich ein – Workshop

Fragen über Fragen für neue Vorhaben, die eine Institution allein nicht bewältigen kann – zumindest nicht zu diesem frühen Zeitpunkt. Zur Vorbereitung und Konzeptfindung für die ökologische, bau- und betriebsbegleitende Forschung veranstaltete das BSH im November 2007 einen Workshop, an dem Vertreter namhafter Einrichtungen, Behörden, Institute und Gutachterbüros teilnahmen. Dort wurden folgende Themenschwerpunkte für die zukünftigen ökologischen Untersuchungen erarbeitet:

- Monitoring der Benthos-Lebensgemeinschaften, also der Gesamtheit aller Lebewesen im Meer und am Meeresboden sowie insbesondere der Fischbestände an den Offshore-Fundamenten, im Baugebiet von alpha ventus und im Referenzgebiet während der Bau- und Betriebsphase,
- Verhalten von Zugvögeln sowie Erfassung von Vogelschlag, Vogelzugintensitäten und Artenspektrum,
- Verhalten von Rastvögeln gegenüber dem Windpark oder einzelnen Windenergieanlagen,
- Monitoring der Populationsdichte und Verbreitung von Schweinswalen und Seevögeln während der Bau- und Betriebsphase im direkten und weiteren Umfeld des Testfeldes,
- Temporäre Messungen des Bau- und Betriebsschalls an den Windenergieanlagen und in weiterer Entfernung,
- Aufbau von qualitätsgeprüften Datenbanken für Benthos, Fische, Rastvögel und Meeressäuger aus Daten von Umweltverträglichkeitsstudien von Offshore-Windparks und Forschungsdaten.

Die vorgesehenen Arbeiten hat das Bundesamt für Seeschifffahrt und Hydrographie vor Baubeginn von alpha ventus an externe Experten (Unternehmen, Institute) vergeben (■ Tab. 21.1) und steuerte die Durchführung dieser ökologischen Begleituntersuchungen. Die Datenauswertung erfolgte auf mehreren Grundlagen: Zum einen aus dem unmittelbar im StUKplus-Projekt gewonnenen neuen Daten und außerdem aus den dem BSH bereits zur Verfügung stehenden Datenreihen aus Windpark-Vorhaben sowie Daten, die in anderen Einrichtungen vorlagen. Dafür wurden „schutzgutbezogene Kooperationen" mit dem Forschungs- und Technologiezentrum Westküste, der Tierärztlichen Hochschule Hannover, der DHI Wasy GmbH und dem Alfred-Wegener-Institut, Helmholtz-Zentrum für Polar- und Meeresforschung eingegangen und qualitätsgeprüfte Datenbanken aufgebaut. Alle Einrichtungen verfügen über Untersuchungsergebnisse und langjährige Datenreihen aus weiteren, nur ihnen vorliegenden Forschungsprojekten im Offshore-Bereich.

21.4 Die Ergebnisse der Umweltforschung

21.4.1 Auswirkungen auf pelagische Fische

Sogenannte pelagische Fische wie Makrele, Heringe oder Lachse leben in der Wassersäule des Meeres und unterscheiden sich so von Fischarten, die nahe am Meeresgrund leben wie Scholle oder Kabeljau. Die Untersuchungen der pelagischen Fische bei alpha ventus und im Referenzgebiet geschahen durch hydroakustische Messungen, Netzfangbeprobung und Mageninhaltsanalysen dieser Fische. Weiterhin wurde für dieses Untersuchungsprojekt ein stationäres, hydroakustisches Messsystem für Langzeitmessungen von Fischverteilung und -häufigkeit entwickelt und eingesetzt (ein sogenanntes Fischecholot). Dieser absetzbare Geräteträger hat einen beweglichen Gerätekopf und ein Sonar für die Messung der Fischanzahl und -verteilung an den Fundamenten der Offshore-Windenergieanlagen. Der Untersuchungszeitraum war dreigeteilt: Vor der Bauphase, während der Bauphase von alpha ventus 2009 und einer unmittelbar anschließenden zweijährige Betriebsphase 2010–2011.

Die Ergebnisse der Untersuchungen zeigen für das Jahr der Bauphase niedrige Fischbestände, was eine verscheuchende Wirkung durch die Bewegungen der Schiffe, die Rammarbeiten und andere Bauaktivitäten vermuten lässt. In der anschließenden Betriebsphase ist dagegen auf Basis der schiffsgebundenen, hydroakustischen Untersuchungen und

Tab. 21.1 Übersicht der vom BSH erteilten FuE-Aufträge im Projektzeitraum 2008–2014. © BSH

Auftragnehmer	Projektbezeichnung	Projektlaufzeit
Alfred-Wegener-Institut (AWI), Helmholtz-Zentrum für Polar- und Meeresforschung	AWI1: Untersuchung der Effekte von Windenergieanlagen auf Fische (A) und vagile Megafauna (B) im Testfeld alpha ventus	01.07.2008–30.08.2012
	AWI2: Gemeinsame Auswertung von Daten zu Benthos und Fischen für das ökologische Effekt-Monitoring im Testfeld alpha ventus	01.09.2008–30.04.2012
	AWI3: Vervollständigung der Zeitreihen während der Betriebsphase und Ermittlung von Veränderungen des Benthos durch Ausweitung des anlagenbezogenen Effekt-Monitorings	01.10.2008–30.08.2012
Avitec Research GbR	Avitec Research1: Testfeldforschung zum Vogelzug am Offshore Pilotpark alpha ventus	01.07.2008–31.08.2013
	Avitec Research2: Auswertung der kontinuierlich auf Fino 1 erhobenen Daten zum Vogelzug (FinoAVIDATA)	01.08.2009–31.08.2013
IfAÖ Institut für Angewandte Ökosystemforschung GmbH	IfAÖ1: Erfassung von Vogelkollisionen mit Hilfe des Systems VARS	01.10.2008–31.08.2013
	IfAÖ2: Erfassung von Ausweichverhalten von Zugvögeln mittels Pencil Beam Radar	01.10.2008–31.08.2013
Forschungs- und Technologie-zentrum Westküste, Universität Kiel	FTZ2: Gemeinsame Auswertung von Daten zu Seevögeln für das ökologische Effekt-Monitoring am Testfeld alpha ventus	01.06.2008–30.09.2013
	FTZ3: Untersuchung zu möglichem Habitatverlust und Verhaltensänderungen von Seevögeln im Offshore-Windenergie-Testfeld (Testbird)	01.10.2009–30.09.2013
Tierärztliche Hochschule Hannover	TiHo1: Ergänzende Untersuchungen zum Effekt der Bau- und Betriebsphase im Offshore-Testfeld alpha ventus auf marine Säugetiere	01.06.2008–30.11.2013
	TiHo2: Gemeinsame Auswertung von Daten zu marinen Säugetieren für das ökologische Effekt-Monitoring am Testfeld alpha ventus	01.06.2008–30.08.2012
DHI/DHI-Wasy GmbH	Analyse von Langzeitdaten und Modellierung der Verteilung von Schweinswalen im Testfeld alpha ventus als Grundlage von Entscheidungshilfen für die maritime Raumordnung	01.01.2013–30.09.2013
itap GmbH	Messung des Ramm- und Betriebsschalls in weiteren Abständen zum Testfeld alpha ventus und Verarbeitung anhand eines Modells	01.07.2008–30.08.2011
Müller BBM GmbH	Unterwasserschall bei Offshore-Windkraftanlagen-Harmonisierung der Begriffsbildung, Verfahren und Bewertung im Hinblick auf bedarfsorientierte Zielgrößen	01.10.2010–30.11.2011
meeresmedien	Redaktionelle Betreuung der Herstellung eines englischsprachigen Buches zum Vorhaben StUKplus	01.12.2012–28.02.2014

Abb. 21.2 Besiedlung am Fundament einer Offshore-Windenergieanlage. © Roland Krone

Zählungen weder ein verscheuchender noch ein gegenteilig-attraktiver Effekt auf diese Fischarten festzustellen.

21.4.2 Auswirkungen auf demersale Fische und Krebse

Nahe am oder auf dem Meeresboden lebende sogenannte demersale Fischarten wie Kabeljau, Seezunge oder Schellfisch und das Megazoobenthos, d. h. die Gesamtheit aller in der Bodenzone eines Gewässers vorkommenden und den Boden „bewohnenden" Lebewesen, wurde gesondert untersucht.

Das Forschungsprojekt erfasste somit auch die Krebse und Fische, die sich auf den Fundamenten und in deren unmittelbarem Nahbereich ansiedelten. Die Untersuchungen zeigten, dass hartsubstrataffine Arten wie Krebse an den Fundamenten zunahmen (Abb. 21.2). Sie erreichen eine bis zu hundertfach größere Stückzahl als auf dem unbebauten Weichboden im Referenzgebiet. An einzelnen Fundamenten wurden bis zu 2300 Taschenkrebse gezählt. Zudem gab es an den Fundamenten große Ansammlungen von Einsiedlerkrebsen, der „Bastardmakrele" Stöcker und dem Franzosendorsch. Die Offshore-Tragstrukturen führen zu einer großen Zunahme von Krebsen und Schalentieren, diese wiederum sind ein attraktives Nahrungsangebot für bodennahe Fischarten – weshalb diese sich dort ebenfalls vermehrt aufhalten.

21.4.3 Resultat: Zusammengeführte, einheitliche Umweltdatenbank

Für dieses Projekt wurden zahlreiche Daten aus Umweltverträglichkeitsstudien, bau- und betriebsgleitendem Monitoring von weiteren Windparkprojekten sowie aus Forschungsprojekten des Alfred-Wegener-Institutes zu Benthos und demersale Fischen evaluiert, harmonisiert und analysiert. Als Resultat entstand erstmals eine einheitliche und qualitätsgeprüfte, umfangreiche Datenbank mit Informationen zur Meeresumwelt in der deutschen ausschließlichen Wirtschaftszone. Wesentliche Ergebnisse dieser Datenanalysen stehen der Öffentlichkeit im GeoSeaPortal des BSH kostenlos unter ► www.bsh.de zur Verfügung.

21.4.4 Der Greifer, das Schleppnetz und der Meeresboden

Die Untersuchungen umfassten auch umfangreiche, flächenhafte Probennahmen aus dem Meeresboden.

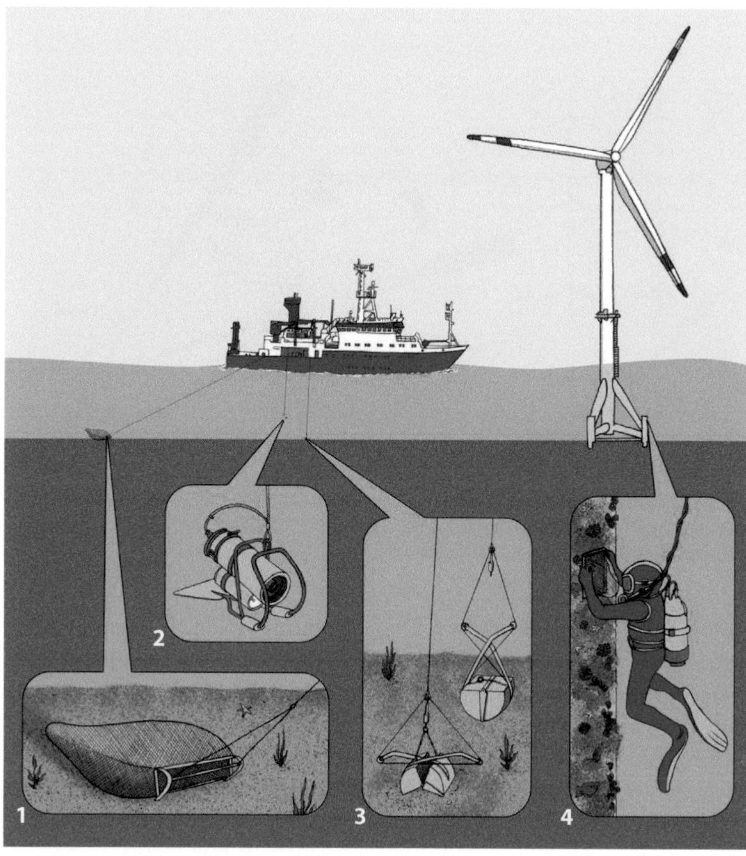

Abb. 21.3 Schematische Darstellung von Methoden zur quantitativen Untersuchung des Benthos in alpha ventus: *1* Schleppnetz (Baumkurre) zur Untersuchung der Epifauna im Sediment, *2* mit Videoaufzeichnungen kann die demersale Megafauna am Meeresboden beobachtet werden, *3* der van Veen-Greifer nimmt kleine Proben des Meeresbodens und in ihm lebende Organismen auf, *4* Taucher sammeln Proben von Organismen, die sich an Fundamenten der Windenergieanlagen angesiedelt haben. © Abbildung aus BSH & BMU (2014): Ecological Research at the Offshore Windfarm alpha ventus (Zeichnung Britta Kussin)

Die Infauna-Beprobung – von im Sediment lebenden Tieren – erfolgte durch Greifer von Schiffen aus. Die Epifauna-Beprobung erfolgte durch eine Baumkurre, ein beutelartiges Grundschleppnetz. Zusätzlich dokumentierten Taucher die Epifauna an den Unterwasser-Gründungsstrukturen der Offshore-Windenergieanlagen mit Kratzproben und digitalen Unterwasserfotoaufnahmen (Abb. 21.3).

Langfristige negative Veränderungen des Benthos am Meeresboden, der Gesamtheit aller Lebewesen, waren als Folge des Baus von alpha ventus nicht zu erkennen. Die Biomasse und Artenanzahl an den Gründungsstrukturen nahmen seit Errichtung der Anlagen kontinuierlich zu.

Ferner wurde nicht nur das Benthos an einer Einzelanlage, sondern in einem zweiten Teilprojekt auch die benthischen Gemeinschaften auf dem Meeresboden über die gesamte Distanz zwischen zwei benachbarten Windenergieanlagen auf einer Strecke von 800 Metern untersucht. Fazit dieser Streckenauswertung zwischen zwei Windkraftanlagen und Flächenuntersuchung: Auch hier waren keine Auswirkungen auf das Benthos und den Meeresboden durch die Unterwasserstrukturen festzustellen.

21.4.5 Basstölpel & Co: Die Auswirkungen auf See- und Zugvögel

Um das Vorkommen von Seevögeln in der Nähe von alpha ventus zu untersuchen, wurden während der Betriebsphase 2010–2011 Erkundungsfahrten mit Schiffen und Sichtungsflüge von Flugzeugen aus vorgenommen. Hier hat man die Verhaltensweisen von Seevögeln und ihre Reaktionen auf die Windenergieanlagen ausführlich dokumentiert. Außerdem wurden visuell und mit einem lasergestützten Entfernungsmessgerät, dem Rangefinder, die Flughöhen von Seevögeln gemessen und fest-

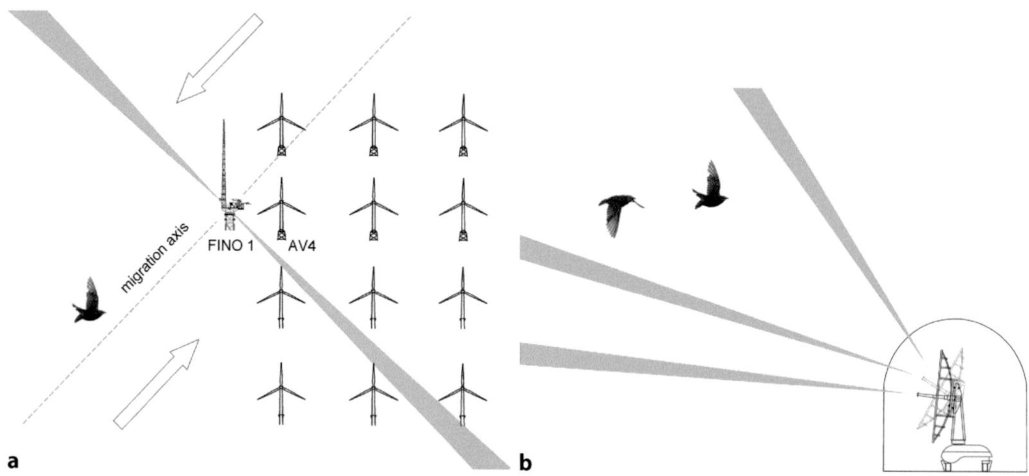

Abb. 21.4 **a** Schema der Erfassung des Vogelzugs innerhalb und außerhalb des Windparks alpha ventus mit Fixbeam-Radar, **b** Variation der vertikalen Anstellwinkel des Radarstrahls zur Vogelerfassung in verschiedenen Höhenbereichen, *grün* Radarstrahlen. Aus „Ecological Research at the Offshore Windfarm alpha ventus", S. 115; © IfAÖ GmbH

gestellt, inwieweit sich diese mit den Rotoren von Windenergieanlagen überschneiden.

Bei sechs von acht dort untersuchten Vogelarten bzw. Artengruppen waren nach dem Bau von alpha ventus die Populationsdichten (Abundanzen) niedriger als vorher, zum Beispiel bei der Heringsmöwe, der Dreizehenmöwe und dem Basstölpel. Bei der Heringsmöwe blieb die Abundanz bis zu einer Entfernung von 1,5 Kilometer zu alpha ventus signifikant niedriger als im Durchschnitt für sie vorher berechnet. Es hat sich aber durch Untersuchungen in den folgenden Jahren gezeigt, dass die hier modellierte Abnahme schlicht mit jährlichen Bestandsschwankungen der Heringsmöwe in der Deutschen Bucht zusammenhängen kann. Für Alken und Seetaucher ergab das Modell eine signifikante Zunahme der Abundanzen ab ca. 2,5 km Entfernung zu alpha ventus. Das bedeutet, diese Vogelarten mieden die Windparkfläche und ließen sich erst in 2,5 km Entfernung zum Windpark auf der Wasserfläche nieder.

Die Flughöhen von sieben verschiedenen Seevogelarten konnte man per Lasergerät bei den Offshore-Anlagen erheben und analysieren. Die Großmöwenarten Silber-, Herings- und Mantelmöwe wurden oft auf Höhe der Rotorblätter erfasst. Es wurde dabei auch beobachtet, dass diese Arten die Windenergieanlagen auf Höhe der Rotorblätter passieren bzw. hindurchfliegen konnten. Die kleineren Arten – Zwergmöwen, Dreizehenmöwen und Sturmmöwen so wie die recht großen Basstölpel – flogen meist unterhalb der Rotorblätter in einem Bereich von weniger als 30 Metern.

Im Rahmen des StUKplus-Forschungsprojekts wurden neue Methoden und Ansätze mit eigens hierfür entwickelten Messgeräten für das Betriebsmonitoring von Offshore-Windparks entwickelt, um insbesondere Aussagen zu einer Gefährdung von Zugvögeln zu ermöglichen (Abb. 21.4, 21.5). Ziel der Untersuchungen war es, festzustellen, inwieweit die 150 m hohen Windenergieanlagen mit rund 120 m Rotordurchmesser ein Hindernis für die im Frühjahr und Herbst ziehenden Vögel über der Deutschen Bucht darstellen. Der Vogelzug läuft extrem variabel ab und ist stark wetterabhängig. Der kleinere Teil (rund ein Drittel) der Zugvögel zieht tagsüber, der größere nachts, wobei sich das Zuggeschehen auf wenige Nächte im Jahr massenhaft konzentriert. Unter guten Bedingungen fliegen die meisten Zugvögel nachts in so großen Höhen, dass eine Gefährdung durch die Windenergieanlagen unwahrscheinlich ist. Geraten die Vögel jedoch in schlechtes Wetter, normalerweise einhergehend mit Regen und ungünstigen Winden, fliegen sie viel niedriger, meist unter 200 m über See. Werden die Vögel dann durch die Beleuchtung der Anlagen angezogen, kann dies zu einer erhöhten Kollisionsgefahr führen.

Abb. 21.5 Kamera an der Forschungsplattform Fino 1 zur Beobachtung von Seevögeln. © Marine Messnetze/BSH

Während der Untersuchungen beim Testfeld alpha ventus konnte nachgewiesen werden, dass tagsüber die meisten beobachteten Vogelarten(gruppen) dem Windpark auswichen. Gelegentlich kam es aber auch zum Durchfliegen des Testfelds, direkte Kollisionen konnten nicht beobachtet werden. Vorher-Nachher-Vergleiche zeigten dagegen, dass nachts im Bereich des Windparks während des Herbstzuges mehr Vögel insbesondere in den untersten Höhenschichten zogen, als dies zuvor der Fall gewesen war. Der größte Teil der registrierten Vögel in der Nacht waren Singvögel. Hochrechnungen ergaben, dass einige Arten (z. B. Brandseeschwalbe, Ringelgans, Heringsmöwe) das Seegebiet um alpha ventus alljährlich in so großer Zahl passieren, dass sie über 1 % ihrer jeweiligen Population ausmachen. Die Vergleiche der Flugbewegungen im Rotorbereich bei Betrieb und Stillstand der Windenergieanlagen zeigten deutliche Unterschiede zwischen den Betriebszuständen: Sowohl am Tag als auch in der Nacht wurden im Rotorbereich weniger Vögel beobachtet, wenn sich der Rotor drehte.

21.4.6 Sichtung und Datenauswertung von Seevögeln

Auf Basis der im Projekt entwickelten Datenbank wurden für folgende Seevogelarten in der deutschen Nordsee Verbreitungskarten angefertigt, die artspezifisch auch die Jahreszeiten berücksichtigen: Seetaucher, Eissturmvogel, Basstölpel, Zwergmöwe, Dreizehenmöwe und Brandseeschwalbe aus fluggeuggestützten Erfassungen sowie für die folgenden Arten, die bei Schiffsbeobachtungen gesichtet wurden: Sturmmöwe, Heringsmöwe, Flussseeschwalbe, Küstenseeschwalbe, Trottellumme und Tordalk.

Ein besonderes Augenmerk lag dabei auf den im Anhang I der EU-Vogelschutzrichtlinie aufgeführten Arten. Die erwähnte neue Datenbank ermöglichte es, Dichte und Verteilungsmuster zur Ausweisung sensitiver Gebiete für Seevögel zu ermitteln – gerade im Hinblick auf einen möglicherweise drohenden Habitatsverlust, also den Verlust eines (Teil)Bereiches eines Biotops, durch neue Offshore-Windparks. Erstmals war es möglich, die direkten Auswirkungen vor und nach dem Bau eines deutschen Offshore-Windparks auf Rastvögel zu beschreiben. Diese sind von Art zu Art unterschiedlich und in den unten folgenden Abschnitten beschrieben.

» **Einmalige Gelegenheit**
Das Testfeld alpha ventus bot erstmals die Gelegenheit, die Umweltauswirkungen eines Offshore-Windparks in Deutschland systematisch wissenschaftlich zu untersuchen: Vor, während und auch noch nach seiner Errichtung. Dies gilt insbesondere für seine Auswirkungen auf Schweinswale sowie für Zug- und Rastvögel. Die Ergebnisse der Forschungsarbeiten sind in die Überarbeitung des Standarduntersuchungskonzeptes des BSH eingeflossen und helfen, die praxisrelevanten Fragestellungen zu beantworten.
Dr. Nico Nolte, Leiter des Referates Ordnung des Meeres, Bundesamt für Seeschifffahrt und Hydrographie

21.4.7 Schweinswal & Co: Auswirkungen auf marine Säugetiere

In einem weiteren Projekt wurden die Auswirkungen der Bau- und Betriebsphase von alpha ventus auf marine Säugetiere untersucht – also Schweinswale, Kegelrobben und Seehunde. In Ergänzung zum StUK3-Monitoring wurden hier in einem großflächigen Untersuchungsgebiet zusätzliche Flugbeobachtungen durchgeführt und weitere C-Pod-Messpositionen ausgebracht. Diese C-Pods (Cetacean Porpoise Detector) sind unter Wasser installierte Messgeräte zur Erforschung von Schweinswalen. Die Geräte arbeiten als autonome Datenlogger, nehmen die Klick-Geräusche der Schweinswale auf, verarbeiten die Geräusche und speichern sie. Die Messungen der Schweinswal-Detektoren wurden ergänzt durch visuelle Erfassungen von Schiffen sowie durch akustische Erfassungen mit sogenannten Schlepphydrophonen im Nahbereich von alpha ventus.

Es zeigte sich, dass Schweinswale (◘ Abb. 21.6) während der lärmintensiven Rammarbeiten das Gebiet weiträumig mieden. In bis zu 10,8 km Entfernung von der Baustelle gab es einen negativen Einfluss der Errichtungsarbeiten, d. h. weniger gezählte Schweinswale. In 25 und 50 km Entfernung gab es dagegen einen positiven Einfluss – dort wurden erhöhte Schweinswal-Registrierungsraten festgestellt. Die Abwesenheitsdauer der Schweinswale ging einher mit den Rammaktivitäten am Windpark. Je länger die Rammarbeiten andauerten, desto mehr Zeit verging, bis die Schweinswale ins Untersuchungsgebiet zurückkehrten. Während der zum Teil sehr lang andauernden Rammarbeiten und Vergrämung betrug die Abwesenheit dieser Meeressäugetiere durchschnittlich 16,5 Stunden in einem Umkreis von 25 Kilometern.

Die Flugbeobachtungen bestätigten diesen deutlichen Effekt der Rammarbeiten. Allerdings war dieser wegen der oft fehlenden zeitlichen Überlappung von Befliegung und Rammaktivität meist nicht sehr deutlich. Zwischen 2008 und 2012 haben die Forscher insgesamt eine Strecke von 23.338 Kilometern überflogen und untersucht. 1999mal wurden Schweinswalgruppen gesichtet, mit insgesamt 2392 Tieren, davon 107 Schweinswalkälber. Es zeigte sich, dass im Jahr 2009 – der Bauphase – die niedrigste Dichte von Schweinswalen festgestellt wurde und im Jahr 2011 – dem zweiten Jahr der Betriebsphase – die höchste Zahl. Statistische Analysen, die einen vergrößerten Datensatz von 2002 bis 2012 umfassen, zeigen, dass es in der südlichen Deutschen Bucht seit 2005 einen positiven Trend bei der Gesamtdichte der Schweinswale gibt. Und das, obwohl die Deutsche Bucht eine der am stärksten befahrenen Schifffahrtsstraßen der Welt ist. Die Untersuchung der anschließenden Betriebsphase von alpha ventus zeigte keinen negativen Effekt auf die Anzahl der Schweinswale.

21.4.8 Gemeinsame Datenauswertung zu marinen Säugetieren

Die visuellen, flugzeuggestützten Erfassungen von marinen Säugetieren aus dem StUKplus-Projekt sowie von Umweltverträglichkeitsstudien, bau- und

Abb. 21.6 Schweinswal. © Klaus Lucke/Fjord & Bælt

betriebsgleitendem Monitoring von weiteren Windparkprojekten wurden zusammengefasst. Ziel war auch hier die Schaffung einer einheitlichen Datenbasis aus allen (!) zur Verfügung stehenden Daten: Also Forschungsprojekten, Überwachungsdaten, Umweltverträglichkeitsstudien etc. Diese qualitätsgeprüfte Datenbank dient der Ermittlung von großflächigen Verteilungsmustern von Schweinswalen in der deutschen ausschließlichen Wirtschaftszone der Nordsee und zur Verifizierung von vorher aufgestellten Auswirkungsprognosen.

21.4.9 Marine Säuger und ökologische Habitatmodellierung

Diese neue Datenbank ermöglichte erstmalig die großräumige Darstellung von Schweinswalvorkommen in der Umgebung von alpha ventus und in der Deutschen Bucht insgesamt. Dazu gehört die Aufzeichnung ihrer potenziell sensitiven Konzentrationsgebiete mit Bezug zu vorherrschenden Umgebungsbedingungen, wie z. B. Meeresströmungen, Wasserfronten und Tide und „vom Menschen hervorgerufenen" Schalleinträgen wie beispielsweise Schiffsverkehr.

Die Forscher haben dabei sowohl für den Sommer als auch für den Winter Verbreitungskarten für die „Vorkommenswahrscheinlichkeit" von Schweinswalen in der Deutschen Bucht erstellt. Dabei gibt es drei Regionen mit großer Dichte im Sommer: Das größte Konzentrationsgebiet erstreckt sich von Helgoland entlang der 30-Meter-Tiefenlinie Richtung Nordwesten. Die zweite Region zeigt sich am südwestlichen Rand der ausschließlichen Wirtschaftszone ebenfalls an der 30-Meter-Tiefenlinie. Die kleinste Region liegt im Bereich der Doggerbank – der größten Sandbank in der Nordsee – am äußersten nordwestlichen Rand der AWZ. Im Winter zeigen sich ähnliche Verteilungsmuster, allerdings mit wesentlich geringeren Individuenzahlen.

21.4.10 Ramm- und Betriebsschall

Die Messung der Hydroschallemissionen beim Bau und Betrieb von alpha ventus ergänzte das Schallmonitoring gemäß Standarduntersuchungskonzept (StUK3) durch zusätzliche Messpositionen und eine umfangreiche Auswertung. Die Ergebnisse sind ausführlich im Kapitel zum Thema Hydroschall (▶ Kap. 22, Viel „Bubbel" um Nichts?) und im Kapitel zum Thema Betriebsschall (▶ Kap. 23, Lärm wie in einer Uni-Mensa) dargestellt.

21.4.11 Unterwasserschall: Neue Messvorschrift

Im Rahmen dieses Teilprojektes wurden die Mess- und Bewertungsverfahren von Hydroschalluntersuchungen für Offshore-Verfahren genauer untersucht. Ziel war dabei die Erarbeitung klarer Definitionen und die Ermittlung von Kriterien für mögliche Bewertungsverfahren, um eine Vergleichbarkeit technischer Spezifikationen und Prognosen im Hinblick auf die Bewertung der Auswirkungen des Unterwasserschalls auf die Meeresumwelt, insbesondere auf Schweinswale, zu ermöglichen. Das bisherige Messverfahren nach StUK3 wurde überarbeitet und nun in einer detaillierten Messvorschrift (Messvorschrift für Unterwasserschallmessungen, BSH 2011) zusammengefasst. Diese ist auch Bestandteil des StUK4. Die darin beschriebenen und vorgeschriebenen messtechnischen Untersuchungen decken alle vier Phasen der Genehmigungs- und Vollzugsverfahren von Offshore-Windparks in der deutschen ausschließlichen Wirtschaftszone ab: Basisaufnahme, Bauphase, Betriebsphase, Rückbauphase.

21.4.12 Internationale Veröffentlichung

Die Ergebnisse der ökologischen Begleitforschung wurden in einer englischsprachigen Buchveröffentlichung zusammenfassend dargestellt, um sie europaweit bzw. international bekannt zu machen. Das Buch „Ecological Research at the Offshore Windfarm alpha ventus – Challenges, Results and Perspectives“ erschien 2014 im Verlag Springer Spektrum.

21.4.13 Standarduntersuchungskonzept: So geht's weiter

Für den Bau des ersten deutschen Offshore-Windparks alpha ventus im Jahr 2009 kam das Standarduntersuchungskonzept StUK erstmals für die Bau- und Betriebsphase eines Windparks zur Anwendung, veröffentlicht als zweite Fortschreibung (StUK3) im Februar 2007. Die Evaluation des StUK3 erfolgte zwischen November 2011 und Juli 2013 in mehreren thematischen Arbeitsgruppen bestehend aus Fachexperten der StUKplus-Forschung, dem StUK-Monitoring, den beteiligten Behörden wie dem Bundesamt für Naturschutz, Umweltbundesamt und BSH sowie verschiedenen wissenschaftlichen Institutionen. Ferner flossen in die Finalfassung des StUK4 Erkenntnisse aus dem Konsultationsprozess mit den Umweltverbänden Naturschutzbund/Nabu, WWF, Greenpeace und BUND sowie aus der Stiftung Offshore Windenergie und dem Wirtschaftsverband Windkraftwerke ein. Seit der Bekanntmachung auf der StUKplus-Konferenz im Oktober 2013 ist das Standarduntersuchungskonzept StUK4 als verbindlicher Standard zur Durchführung der Untersuchungen für die UVS vor Baubeginn sowie für das bau- und betriebsbegleitende Monitoring von Offshore-Windparks in Deutschland gültig.

21.5 Die wesentlichen Neuerungen im StUK

Liegen zwischen dem Ende der Basisuntersuchung und dem Baubeginn eines Offshore-Windparks mehr als fünf Jahre, muss nun erneut eine vollständige, zweijährige Basisaufnahme durchgeführt werden. Falls Untersuchungsergebnisse zeigen, dass keine wesentliche Veränderung von Standortbedingungen eingetreten ist, kann nach sechs Monaten – unter Einreichung eines Zwischenberichtes – der Untersuchungszeitraum auf ein Jahr verkürzt werden. Grundsätzlich können mehrere Projekte gemeinsam sogenannte Cluster-Untersuchungen durchführen. Für Benthos und Fische sind die Untersuchungen in den jeweiligen Vorhabensgebieten jedoch einzeln auszuführen. Die Erforschungen von Benthos, Biotopstruktur und Biotoptypen sind auch im Rahmen von Kabeltrassenverlegungen für Offshore-Windparks vorgeschrieben.

Bei den Fischen sind in der Nordsee die Untersuchungen mit der Baumkurre und in der Ostsee mit dem Scherbrettnetz durchzuführen. Dazu sind Informationen zu Wetter, Temperatur, Salz und Sauerstoffgehalt repräsentativ zu ermitteln und festzuhalten. Anlagenbezogene Untersuchungen sind nach dem Stand der Technik, beispielsweise mit Fischecholot, auszuführen.

Bei den Zugvögeln sind die Reaktionen fliegender Vögel gegenüber den Windenergieanlagen wie Ausweichbewegungen oder eventuelle Anlockereignisse zu berücksichtigen. Auch hier gilt, in Abstimmung mit dem BSH, die Erfassung von Vögeln im Rotorbereich nach dem Stand der Technik wie mit Radargeräten, modernen optischen Systeme etc. durchzuführen. Bei Rastvögeln und Meeressäugern sind 8 bis 10 digitale Flugzeugzählungen in Abhängigkeit vom Projekt, Gebiet und jahreszeitlichen Vorkommen der Arten einschließlich dokumentierter Foto- oder Video-Erfassung vorgeschrieben. Ferner müssen ganzjährig Schiffszählungen stattfinden, und zwar einmal im Monat in möglichst gleichmäßigen Abständen. Je nach standort- oder projektspezifischen Besonderheiten sind mindestens sechs weitere Zählungen Bestandteil der Untersuchungen.

Bei den Meeressäugern sind zudem akustische Untersuchungen durchzuführen, mit minimal einer C-Pod-Station pro Vorhaben, aber mindestens zwei Stationen dieser „Schweinswal-Detektoren", wenn der geplante Windpark in der Nähe eines für Schweinswale bedeutsamen Schutzgebietes liegt – bei einem Abstand des Windparks von weniger als 20 Kilometer. Um mögliche Vertreibungseffekte während der schallintensiven Bauarbeiten zu ermitteln, sind in geeigneten Distanzen zu den Windenergieanlagen 4–5 stationäre Einzel-C-Pods auszubringen. Während der schallintensiven Rammarbeiten sollen 2 mobile Einzel-C-Pods in 750 und 1500 Meter Entfernung zum Rammort ausgebracht werden. Während der Betriebsphase sind, je nachdem wie groß der Windpark ist, mindestens 3 stationäre „Schweinswal-Detektoren" im Windpark auszubringen. Für den Unterwasserschall gelten die entsprechenden BSH-Leitfäden für Unterwasserschallmessungen, Prognosen und Bestimmung von Schallschutzmaßnahmen. Für geplante Windparks in der deutschen Ostsee muss zudem das Zugverhalten der Fledermäuse über der Ostsee erfasst werden, insbesondere in windstillen Nächten und möglichst parallel zur nächtlichen Ruferfassung von Zugvögeln.

Fazit der Umweltuntersuchungen zu alpha ventus: Anfängliche Befürchtungen, es würde zum Massenschlag von Vögeln kommen oder Meeressäuger ihren Lebensraum verlieren, haben sich nicht bewahrheitet. Allerdings besteht das untersuchte Testfeld alpha ventus nur aus zwölf Anlagen. Erst zukünftige Untersuchungen werden zeigen können, ob die Ergebnisse und Erkenntnisse aus alpha ventus auch für große Windparks mit bis zu 80 Anlagen oder die kumulierte Wirkung mehrerer Offshore-Windparks gelten können.

21.6 Quellen

- StUKplus Koordination: Schlußbericht zum Projekt Ökologische Begleitforschung am Offshore-Testfeldvorhaben alpha ventus zur Evaluierung des Standarduntersuchungskonzeptes des BSH (StUKplus); Förderkennzeichen: 0327689 A; Bundesamt für Seeschifffahrt und Hydrographie (BSH), Hamburg, Februar 2014; Anika Beiersdorf, Dr. Maria Boethling, Axel Binder, Kristin Blasche, Dr. Nico Nolte, Christian Dahlke
- Zwischenbericht StUKplus vom 31.01.2013: Gemeinsame Auswertung von Daten zu Seevögeln für das ökologische Effektmonitoring am Testfeld alpha ventus; Forschungs- und Technologiezentrum Westküste, Außenstelle der Universität Kiel; Projektbeteiligte: Dr. Jana Kotzerka, Dr. Nele Markones, PD Dr. Stefan Garthe
- Messvorschrift für Unterwasserschallmessungen bei Offshore-Windparks. Aktuelle Vorgehensweise mit Anmerkungen. Bericht im Rahmen des Forschungsvorhabens „Ökologische Begleitforschung am Offshore-Testfeldvorhaben alpha ventus zur Evaluierung des Standarduntersuchungskonzeptes des BSH", 35 Seiten, Bundesamt für Seeschifffahrt und Hydrographie, Hamburg, 2011
- Federal Maritime and Hydrographic Agency (BSH), Federal Ministry for the Environment, Nature Conversation and Nuclears Safety (BMU), Editors: Ecological Research at the Offshore Windfarm alpha ventus. Challenges, Results and Perspectives. Springer Spektrum, 201 pp., 2014
- Testfeldforschung zum Vogelzug am Offshore-Pilotprojekt alpha ventus und Auswertung der kontinuierlich auf Fino 1 erhobenen Daten zum Vogelzug der Jahre 2008 bis 2012. Schlussbericht (Autoren: Reinhold Hill, Katrin Hill, Ralf Aumüller, Dr. Katrin Boos, Sabine Freienstein). Osterholz-Scharmbeck, Juli 2014, 254 S

Viel „Bubbel" um Nichts?

Erforschung der Schallminderungsmaßnahme „Gestufter Blasenschleier"

Raimund Rolfes, Jörg Rustemeier, Tanja Grießmann,
Text verfasst von Björn Johnsen

M. Durstewitz, B. Lange (Hrsg.), *Meer – Wind – Strom*,
DOI 10.1007/978-3-658-09783-7_22, © Springer Fachmedien Wiesbaden 2016

Projektinfo: Erforschung der Schallminderungsmaßnahme „Gestufter Blasenschleier (Little Bubble Curtain)" im Testfeld alpha ventus

Projektleitung:
Leibniz Universität Hannover, Institut für Statik und Dynamik
Prof. Dr.-Ing. Raimund Rolfes

Projektpartner:

- Bode und Wrede GmbH
- Hydrotechnik Lübeck GmbH
- Karl Wrede Stahl- und Maschinenbau GmbH
- Menck GmbH
- Prokon Nord Energiesysteme GmbH
- Prokon Nord Offshore Installations GmbH
- UL International GmbH

Man stelle sich vor: Riesige, bis zu 40 Meter lange Stahlpfähle werden mit aller Wucht in den Meeresboden gehämmert und nageln dort das Fundament einer Offshore-Anlage fest. Mit ebenfalls riesigen, vollautomatischen hydraulischen Rammen (■ Abb. 22.1). Das Ganze im Sekundentakt, wieder und wieder. Mit einem Baulärm, der noch in 50 Kilometer Entfernung zu hören ist. Mit bis zu 20.000 Hammerschlägen einen ganzen Tag lang. Ein Problem für die beteiligten Bauarbeiter – und erst recht für die geräuschempfindlichen Meeressäugetiere wie Schweinswale und Robben/Seehunde. Ihr empfindliches Gehör dient ihnen zur Verständigung untereinander, zur Wahrnehmung von Beute oder Gefahr oder „nur" dem nächsten Küsten/Festlandstreifen. Der „Rammschall" bei der Errichtung der Offshore-Windenergieanlagen kann das Gehör der Meeressäugetiere nachhaltig schädigen. Doch, was tun, wenn an einem sicheren Fundament, einem „Festnageln" durch Rammpfähle kein Weg vorbei führt?

Grundidee hier: Dieser „Rammlärm" soll durch Einbringung von umgebenden Millionen von Luftbläschen reduziert werden. Wie bei einem „Aquariumstein", in den Luft geblasen wird. Nur, dass hier der „Blasenschleier" sich rundum den Rammpfahl legen soll. Um den Baulärm und die Belastung für die Meeressäugetiere zu verringern

Am Anfang war der Druck: Das Forschungsprojekt „Gestufter Blasenschleier" stand von Anfang an unter massiven zeitlichen Zwängen, denn es wurde kurzfristig beschlossen und ebenso kurzfristig mussten die Konstruktionen geplant und gebaut werden. Ein Zeitdruck, der zunächst beim beauftragten Zulieferer entstand. Dieser realisierte den Entwurf inklusive Betriebskonzept, Konstruktion, Fertigung und Montage an einer Tripodkonstruktion innerhalb von nur zwei Monaten. Am 17. April 2009 standen die beiden Baumodule des „gestuften Blasenschleiers" pünktlich fertig montiert an der Kaimauer im niederländischen Eemshaven, bereit zur Verschiffung in die Nordsee. Manchmal verläuft Planung planmäßig …

Und: Am Anfang war auch der Baulärm. Vorherige Messungen an Rammarbeiten zur Errichtung früherer Offshore-Windenergieanlagen in Nord- und Ostsee hatten ergeben, dass die dortigen Hydroschallpegel deutlich die vorgegebenen Grenzwerte des Bundesamtes für Seeschifffahrt und Hydrographie (BSH), des Umweltbundesamtes (UBA) und des Bundesamtes für Naturschutz (BfN) überschritten: Also massiv über dem erlaubtem „Einzelereignis-Schalldruckpegel" von 160 dB (Dezibel) und einem „Spitzenschallpegel" von 190 dB lagen.

Kurz vor Weihnachten 2008 hat man deshalb auf einem der Arbeitstreffen der Stiftung Offshore-Windenergie beschlossen, eine Schallminderungsmaßnahme als Prototypen im Testfeld alpha ventus zu erproben – den „gestuften Blasenschleier" direkt an der Gründungskonstruktion des Offshore-Windenergieanlagentypen Adwen AD 5-116. Vom „Vor-Weihnachts-Beschluss" 2008 bis zur besagten Anlieferung der Konstruktion an der niederländischen Kaimauer vergingen keine vier Monate.

22.1 Schweinswal-Vergrämung und „Soft Start"

Am Standort der ausgewählten Windenergieanlage für den Prototypeneinsatz betrug die Wassertiefe rund 29 Meter und der mittlere Durchmesser für die Rammpfähle rund 2,50 Meter. Die maximal benötigte Rammenergie lag bei 375 kJ (Nordost- und Südostpfahl), um die beiden Pfähle, die mit Blasenschleiern ausgerüstet waren, auf ihre Endtiefe zu bringen.

Um eine Schädigung von Meeressäugetieren wie Seehunden und Schweinswalen auszuschließen,

Abb. 22.1 Einsatz des Menck MHU 800S Hydraulikhammers beim Offshore Windpark alpha ventus. © Menck GmbH

wurden vor Beginn der Rammarbeiten akustische Signalgeber für deren Vergrämung eingesetzt. Zunächst verwendete man sogenannte kleine Pinger – die beispielsweise auch in Norwegen zum Schutz der Lachsfarmen vor Robben verwendet werden. Die Pinger haben nur eine kleine Reichweite von 200 bis 300 Metern und sind recht laut, schädigen die Tiere aber nicht. Sie sind eine Art Vorwarnung für Schweinswale, Robben und Seehunde, dass sie den Standort verlassen müssen. Anschließend folgt der Einsatz des echten Vergrämers, der etwa zehn Minuten später im Wasser aktiviert wird. Dieser sendet ein hochfrequentes Signal aus, das bei etwa 12 bis 16 kHz liegt – einem Frequenzbereich, in dem Schweinswale sehr gut hören können. Das Geräusch ist mit 190 Dezibel recht laut, fast so wie ein Feueralarm für den Menschen. Aus Studien ist bekannt, dass sich die Meeressäuger durch die Vergrämung in einem Umkreis von bis zu zwei Kilometern sehr gestört fühlen und diesen umgehend verlassen.

Zudem starteten die Rammarbeiten in alpha ventus mit verminderter Rammenergie – einem sogenannten „Soft Start". Der Hammer darf dabei nicht sofort mit voller Wucht auf den einzurammenden Pfahl einschlagen werden, sondern läuft erstmal mehrere Minuten bei niedrigerer Energie oder legt zunächst größere Pausen zwischen den Schlägen ein.

22.2 Kleine Luftblase, große Wirkung

Die Bezeichnung „gestufter Blasenschleier" („Little Bubble Curtain"/LBC) umfasst zunächst einmal das gesamte Schallschutzkonzept. Das System besteht aus Düsenrohrringen, die rund um den zu rammenden Pfahl angeordnet werden, der die Gründungsstruktur der Offshore-Windenergieanlage auf dem Meeresboden fixiert. Der eigentliche Blasenschleier entsteht erst, wenn diese horizontalen Rohrsysteme mit Druckluft befüllt werden, aus den Düsenöffnungen Luftblasen austreten und diese zur Wasseroberfläche in Form eines Schleiers aufsteigen.

Diese Luft- oder Gasblasen können die hydroakustischen Eigenschaften des Wassers erheblich verändern. Zwischen Wasser und Luft entsteht wegen des großen Dichteunterschieds ein erheblicher Impedanzsprung. Die Schallanregung von Luftbläschen nahe ihrer Eigenfrequenz führt zu einer starken Reduzierung der Schallamplituden, wobei sowohl Streuungs- als auch Absorptionseffekte wirksam sind. In der Nähe der Resonanzfrequenz macht die akustische Oberfläche der einzelnen Gasblase ein Vielfaches ihrer geometrischen Oberfläche aus – was die besondere Effektivität von Blasenschleiern begründet. Also: Kleine Blase, große Wirkung. Die Anordnung eines Blasenschleiers dicht an der Offshore-Gründungskonstruktion in unmittelbarer Nähe zu Rammgerät, Rammpfahl und Fundament stellt allerdings eine besondere technische Heraus-

Abb. 22.2 Am Tripod vormontiertes, unteres Teilsystem (**a**) und mobiles oberes Teilsystem des gestuften Blasenschleiers (**b**). Quelle: Hydrotechnik Lübeck GmbH, © Cay Grunau

forderung dar. Um die Störungen des Rammgerätes so gering wie möglich zu halten, haben die Ingenieure den Blasenschleier in zwei Teilsysteme zerlegt: Ein vormontiertes unteres Teilsystem aus vier Düsenrohren rund um einen Tripodpfahl sowie ein mobiles, oberes Teilsystem (Abb. 22.2). Zwei Pfähle des Tripods (NO- und SO-Pfahl) wurden so mit Blasenschleiern ausgerüstet.

Am 31. Mai 2009, dem Tag der Fundamenterrichtung für die Windenergieanlage AV9, können die unteren vormontierten Systeme planmäßig in Funktion gesetzt werden. Die mobilen oberen Systeme stehen zwar rechtzeitig vor Rammbeginn auf dem Transportschiff bereit, kommen aber nicht mehr zum Einsatz: Wegen des engen Wetterfensters und der Gefahr, dass sich durch den ungewissen Zeitbedarf für ihre Montage offshore die Errichtung der Fundamente zu stark verzögern könnte, entscheidet die Bauleitung kurzfristig am Morgen, auf die Montage der oberen mobilen Teilsysteme zu verzichten. Hier war ursprünglich als Anwendung geplant, dass ein Kran diesen „Oberen Blasenschleier" über den Rammpfahl hebt und langsam ins Meer herablässt. Dabei sollten sich die Auftriebskörper mit Wasser füllen und Taucher vor Ort den Blasenschleier mit acht Ösen an den Kragarmen des Tripods verbinden. Anschließend sollten die Taucher die Luftleitung zum Füllen der Auftriebskörper und die Luftleitungen für den Oberen Blasenschleier anschließen. Keine risikolose Tätigkeit: Das Füllen der Auftriebskörper (Abb. 22.2b) braucht nur wenige Minuten, ist jedoch – infolge der starken Wellenlasten – eine kritische Phase im Bauablauf. Zudem muss die Sicherheit der Taucher gewährleistet sein, die auch nur bei minimaler Strömung arbeiten dürfen. Unter Berücksichtigung der aktuellen Wetterlage – für die nächsten Tage ist Schlechtwetter angekündigt – und der fortgeschrittenen Montagezeit muss auf die praktische Erprobung des zweiten Teilsystems verzichtet werden. Eine Entscheidung, die von allen Beteiligten mitgetragen wird.

Planmäßig werden die Hydroschallmessungen beim Betrieb der unteren Teilsysteme durchgeführt. Sie erfassen die Wirkung des Blasenschleiers und seine Abhängigkeit von relevanten Einflussparametern wie Strömung und Wellengang. Die Wissenschaftler messen die Schallpegel in und entgegen der Strömungsrichtung im Abstand von ca. 500 Metern von der Schallquelle. Darüber hinaus zeichnen Messbojen in 2,4 Kilometer und in 17,5 Kilometer Entfernung den Schalldruckpegel auf.

22.3 Drei Pegel und ein Schleier

Schall ist eine rasche, oft periodische Schwankung des Drucks, die dem Umgebungsdruck – im Wasser dem hydrostatischen Druck – additiv überlagert ist. In der Schalltechnik werden die Geräusche meist nicht direkt durch den Kennwert Schalldruck (oder Schallschnelle) beschrieben, sondern durch den aus der Nachrichtentechnik bekannten Pegel in dB (Dezibel). Für das Forschungsprojekt „Gestufter Blasenschleier" waren vor allem die Pegelarten Äquivalenter Dauerschallpegel („Durchschnittspegel"), Einzelereignispegel und Spitzenpegel von Bedeutung.

Die Erfassung der Wirkung des Blasenschleiers erfolgte durch den einfachen, direkten Vergleich der Rammzeiten mit und ohne Blasenschleierbetrieb. Dazu wurde der Blasenschleier zweimal aus- und wieder eingeschaltet. Aufgrund des Wegfalls des mobilen oberen Systems und der damit reduzierten Luftdruckmenge konnte man keine Variation dieses durchführen.

22.4 Die Strömung macht's

Die Wirkung des Blasenschleiers hängt stark von der Strömung des umgebenden Wassers ab, so ein Hauptergebnis des Versuchs. Denn die Strömung vertreibt die erzeugten Luftblasen in einer solchen Weise, dass der Rammpfahl nicht mehr rundherum und über die volle Wassertiefe mit Luftblasen eingehüllt wird. Dies liegt an der unmittelbaren räumlichen Nähe des Blasenschleiers zum Rammpfahl. Dies hat eine stark richtungsabhängige und zeitlich verändernde Minderungswirkung in der Umgebung zur Folge. Nur in der Nähe des Stauwasserpunktes – also bei minimaler Strömung im Umkehrpunkt von Ebbe und Flut – entfaltet der Blasenschleier seine schallmindernde Wirkung gleich gut in alle Richtungen.

Am späten Abend des Errichtungstages, am 31. Mai, kann um 21 Uhr 21 und 22 Uhr 13 die Wirkung des Blasenschleiers am genauesten bestimmt werden – und zwar beim Einschalten des Blasenschleiers. Beim Ausschalten der Luftkompressoren dauert es dagegen noch eine ganze Weile, bis auch die kleinen Luftblasen zur Wasseroberfläche gestiegen sind. Während dieser Zeit streuten die Schalldruckpegel noch relativ stark. Daher kann man die schallmindernde Wirkung des Blasenschleiers am sichersten direkt beim Einschalten des Blasenschleiers ermitteln. Zum Einschaltzeitpunkt l lag die Rammenergie an diesem Abend gleichbleibend bei 375 kJ. Die Wellen sind knapp einen Meter hoch. Die Forschungsplattform Fino 1 misst eine Strömung liegt zwischen 0,5 und 0,6 m/s mit leicht zunehmender Tendenz, die Strömung verläuft in westlicher Richtung. Die Eindringtiefe des Rammpfahles und das Schwojen, das Schwanken des in 500 Meter Entfernung geankerten Forschungsschiffes mit den Hydrophonen, beeinflussen ebenfalls den Hydroschallpegel. Um diese Einflüsse zu eliminieren, werden weitere benachbarte Zeitpunkte zum Messen ausgewertet, mit ein- und mit ausgeschaltetem Blasenschleier.

Um 21 Uhr 21 ist der Rammpfahl etwa zur Hälfte in den Meeresboden gerammt, die festgestellte Schallminderung beträgt dabei etwa 13 Dezibel (dB) im Durchschnitt/Dauerschallpegel bzw. 14 dB im Spitzenpegel in Strömungsrichtung und 2 dB bzw. 0 dB entgegen der Strömungsrichtung. Zum zweiten Messzeitpunkt eine knappe Stunde später, um 22 Uhr 13, hat der Rammpfahl seine vorgesehene Endtiefe beinahe erreicht. Hier beträgt die Schallminderung etwa 10 dB (Durchschnittswert) und 12 dB (Höchstwert) in Strömungsrichtung West und 4 dB (Durchschnitt) und 5 dB (Höchstwert) entgegen der Strömungsrichtung. Die Forscher stellen fest, dass die Pegelminderung im Westen deutlicher größer ist als im Osten – was an der westlichen Strömung liegt. Die Luftblasen des Blasenschleiers werden nach Westen abgetrieben und bilden dort einen über die Wassertiefe geschlossenen Blasenvorhang, der den in dieser Richtung abgestrahlten Hydroschall mindert.

In östlicher Richtung, der Gegenrichtung, befinden sich dagegen zwischen Rammpfahl und östlichem Messpunkt nur noch die Luftblasen, die etwa im untersten Viertel der Wassersäule erzeugt werden. Kurz nach Verlassen der Düsenrohre treiben die Luftblasen am Rammpfahl vorbei und können so den entgegen der Strömungsrichtung abgestrahlten Schall nicht vermindern. Der Blasenschleier schützt in östlicher Richtung also nur noch auf Höhe des unteren Bereichs der Wassersäule. Während die Schallminderung in östlicher Richtung um 21 Uhr 21 beim Wiedereinschalten des Blasenschleiers kaum feststellbar ist, ist sie beim zweiten Versuch um 22 Uhr 13 schon wieder deutlich erkennbar. Dies liegt an der Eindringtiefe des Rammpfahls – er hat zu diesem späteren Zeitpunkt seine Endtiefe schon fast erreicht. Die vom Blasenschleier ungeschützte Pfahllänge ist nun also deutlich kürzer als vorher. Deshalb kann man unter Berücksichtigung der verringerten Pfahllänge beim Wiedereinschalten des Blasenschleiers eine Pegelminderung feststellen. Allerdings: Der vom BSH vorgeschriebene Errichtungs-Grenzwert von 160 Dezibel in einer Entfernung von 750 Metern (■ Abb. 22.3, ■ Tab. 22.1) kann bei diesem Versuch nur in Strömungsrichtung eingehalten werden.

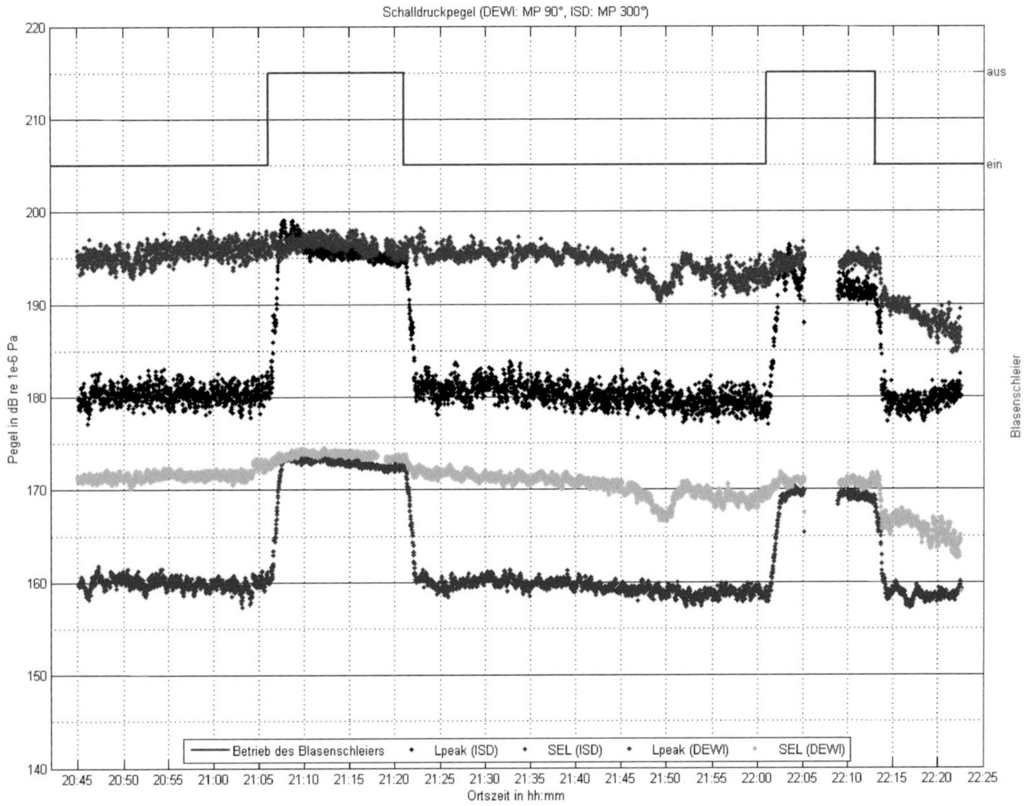

Abb. 22.3 Betriebszustand des Blasenschleiers (*violett*) und ausgewertete Schallpegel an zwei Messpunkten (*rote und schwarze Linien*: 500, *grüne und blaue Linien*: 750 m Abstand). © LUH

Story am Rande: Der letzte Mann geht um 2 Uhr nachts

Was für ein Zeitdruck bei der Anlagen-Errichtung herrscht, zeigt das Tagesprotokoll im Logbuch vom 31. Mai 2009: Der dritte Pfahl für das Tripod kommt erst morgens um 5 Uhr am Windpark an. Geplant war die Ankunft eigentlich am Vorabend, doch der Schlepper muss gegen starke Meeresströmungen ankämpfen. Die Folge: Durch die verspätete Ankunft des Schleppers „erst“ um 5 Uhr morgens gehen die Arbeiten an diesem Tag, dem 31. Mai bis in die Nacht. Um 1 Uhr 15 nachts werden die Luftschläuche für den Blasenschleier an Deck weggeräumt, um 2 Uhr nachts verlässt laut Logbuch der letzte Mann das Tripod …
Björn Johnsen

22.5 Es herrscht Optimierungsbedarf

Ein weiteres wichtiges Projektergebnis ist, dass die Differenz der in und entgegen der Strömungsrichtungen gemessenen Schalldruckpegel ganz wesentlich von der Stärke der Strömung abhängt (Abb. 22.4). Bei zunehmender Strömungsgeschwindigkeit nimmt die Differenz der in Strömungsrichtung, verglichen mit den entgegen der Strömungsrichtung gemessenen, Schalldruckpegeln zu.

Der Zusammenhang zwischen Druckluftmenge und Minderungswirkung konnte in diesem Projekt nicht mehr erforscht werden, da diese Variation durch den Nicht-Einsatz des mobilen Teilsystems nicht mehr möglich war. Genaue Kenntnisse über die dämpfenden Eigenschaften des mobilen Teilsystems sind aber zwingend notwendig, um die Wirkung des Konzepts „Gestufter Blasenschleier“ insgesamt zu optimieren.

Tab. 22.1 Mittelwerte aus jeweils 80 Rammschlägen vor und nach dem Wiedereinschalten des Blasenschleiers. © LUH

Zeitpunkt hh:mm	Betriebszustand Blasenschleier	L_{peak} (West) in dB re 1 µPa	SEL (West) in dB re 1 µPa	L_{peak} (Ost) in dB re 1 µPa	SEL (Ost) in dB re 1 µPa
21:19	Aus	194,8	172,4	195,8	173,4
21:24	Ein	180,7	159,4	195,5	171,8
22:11	Aus	191,3	169,1	194,7	170,6
22:15	Ein	179,2	158,7	189,6	166,9

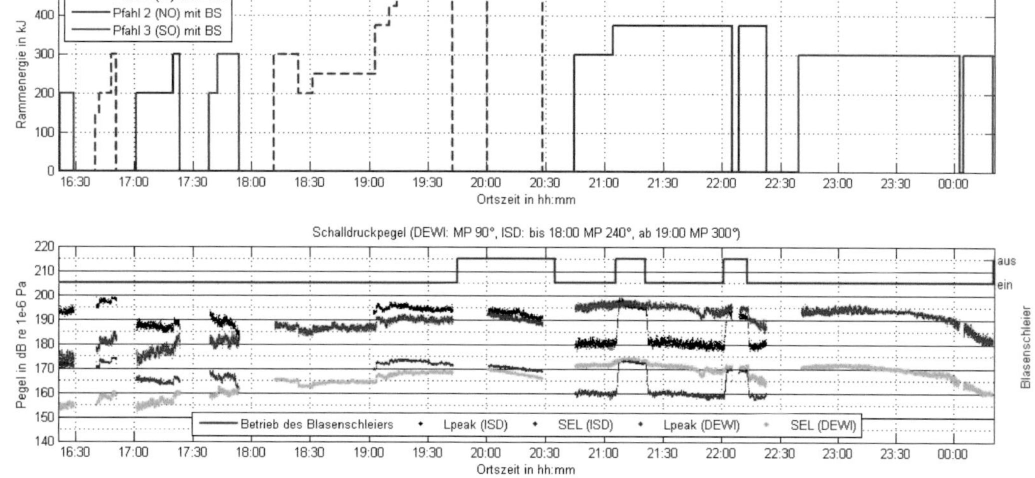

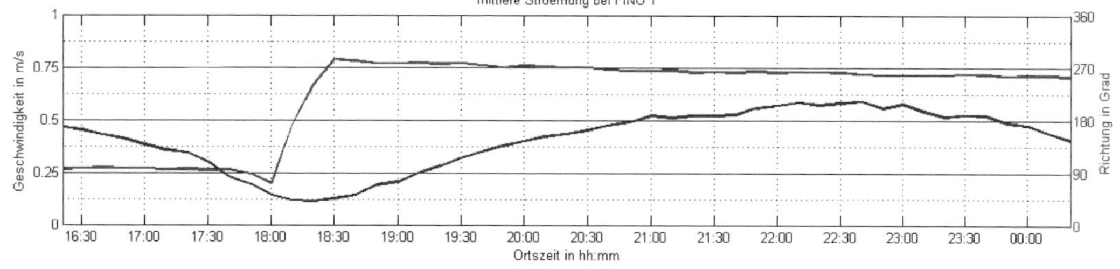

Abb. 22.4 Darstellung des zeitlichen Verlaufs der Rammenergie in Kilojoule (*oben*), gemessene Schalldruckpegel (*Mitte*) und Strömungsrichtung und Geschwindigkeit des Gezeitenstroms (*unten*). © LUH

Zudem besteht für zukünftige Offshore-Anwendungen der Bedarf, die in diesem Versuch festgestellte Schwäche der richtungsabhängigen und zeitlich veränderten Minderungswirkung zu beheben. Dies könnte möglich sein, wenn es gelingt, die Blasen so zu führen, dass die seitliche Abdrift auf ein Minimum reduziert wird und die Schalldämpfung rundum den Rammpfahl erreicht wird. Die Vormontage der Unterwasserschallminderungsmaßnahmen an den Gründungsstrukturen an Land hat sich als sehr vorteilhaft erwiesen und sollte in zukünftigen Schallschutzkonzepten berücksichtigt werden.

Die ersten Versuche mit dem Einsatz des Blasenschleiers für Offshore-Windparks haben in alpha ventus begonnen. Bei nur ein, zwei Tagen Anwendungszeit auf den ersten Blick „keine große Aktion", möchte man meinen. Insbesondere, wenn

Abb. 22.5 Beim Einsatz der Schallminderungsmaßnahme „Blasenschleier" wird der Rammpfahl von feinen Luftbläschen umströmt, während der hydraulische Hammer den Pfahl in den Meeresboden treibt. © LUH

man bedenkt, dass der „Kleine Blasenschleier" (Abb. 22.5) nur bei einem Fundament zum Einsatz kam. Aber die Erkenntnisse aus diesem Projekt waren wegweisend für die Schallschutzmaßnahmen bei der Errichtung der nächsten Offshore-Windparks. Man lernt mit den Anwendungen. Mit konstruktiven Änderungen driftet der Blasenschleier bei starker Strömung nicht mehr so stark ab und bietet große Chancen: Mit ihm lassen sich die lärmintensiven Errichtungsarbeiten für zukünftige Offshore-Windparks deutlich ruhiger gestalten.

22.6 Quellen

- Abschlussbericht zum Forschungsvorhaben „Erforschung der Schallminderungsmaßnahme ‚Gestufter Blasenschleier (Little Bubble Curtain)' im Testfeld alpha ventus (‚Schall alpha ventus')", Institut für Statik und Dynamik, Gottfried Wilhelm Leibniz Universität Hannover (LUH), Juli 2012
- Dähne M, Peschko V et al (2014) Marine mammals and windfarms: Effects of alpha ventus on harbour porpoises. In: Federal Maritime and Hydrographic Agency, Federal Ministry for the Environment, Nature Conservation and Nuclear Safety (ed), Ecological Research at the Offshore Windfarm alpha ventus – Challenges, Results and Perspectives, Springer Spektrum, Wiesbaden, p 133-149

Lärm wie in einer Uni-Mensa

Der Unter-Wasser-Betriebsschall und seinen Auswirkungen auf Schweinswal & Co.

Michael Benesch, Hermann van Radecke,
Text bearbeitet von Björn Johnsen

M. Durstewitz, B. Lange (Hrsg.), *Meer – Wind – Strom,*
DOI 10.1007/978-3-658-09783-7_23,

23

Projektinfo: Messung der Betriebsgeräusche von Offshore-WEA zur Bestimmung des Schalleintrags durch die Schallübertragungsfunktion zwischen Turm und Wasser an Anlagen im Testfeld Offshore (Betriebsschall)
Projektleitung:
Fachhochschule Flensburg
Dr. Hermann van Radecke

Welchen Lärm machen die Offshore-Windenergieanlagen im Dauerbetrieb? Wie weit trägt ihr Schall? Welche Auswirkungen hat dieser auf geräuschempfindliche Meeres-Säugetiere wie Schweinswale und Seehunde? Inwieweit sind womöglich noch andere Geräuschquellen unter Wasser wahrzunehmen, wie Schiffsverkehr oder andere, entfernte Offshore-Windparks?

Fragen, deren Beantwortung notwendig ist, um die dauerhaften Betriebsauswirkungen eines Offshore-Windparks beurteilen zu können. Die Fachhochschule Flensburg hat den Unterwasser-Betriebsschall im Offshore-Windpark alpha ventus untersucht. Ihr Ziel war es, den Unterwasserschall zu messen und die Schallquellen und die Schallwege im Wasser zu identifizieren. Und insbesondere den gemessenen Schallpegel in seiner Bedeutung für die Meeres-Säugetiere in der Nordsee einzuordnen.

23.1 Bisher fast nur in der Ostsee gemessen

Kaum zu glauben, aber wahr: Die bisherigen Unterwasserschallmessungen von Offshore-Windenergieanlagen im Betrieb fanden vor der Errichtung von alpha ventus nahezu ausschließlich nur bei einer Handvoll Windparks in der Ostsee statt. Und das bei wesentlich näherer Küste und wesentlich geringeren Wassertiefen von nur zweieinhalb Metern (Windpark Vindeby) bis maximal zehn Metern (Windpark Utgrunden). Selbst beim einzigen bis dato vermessenen Windpark in der Dänischen Nordsee – Horns Rev – ist die Wassertiefe wesentlich geringer und die Küste näher als bei alpha ventus. Die Messergebnisse sind also nicht vergleichbar. Der höchste gemessene Lärmpegel aller dieser Projekte lag bei 124 dB (Dezibel unter Wasser). Häufig wurde aber der Unterwasserschall in nur wenigen Betriebszuständen oder gar nur einem Betriebszustand der Offshore-Windenergieanlage gemessen. Das reicht allerdings nicht aus: Schon eine geringe Änderung der Windgeschwindigkeit kann die Schallabstrahlung grundlegend verändern. Insbesondere kann, wie sich bei Messungen in alpha ventus herausstellte, die größte Schallbelastung nicht etwa bei voller Nennleistung, sondern im Teillastbetrieb einer Windenergieanlage entstehen.

23.2 Taucher im Einsatz

Um den Schall im Dauerbetrieb der Anlagen zu bestimmen und auszuwerten, wurden eine Adwen AD 5-116 und eine Senvion 5M-Anlage mit speziellen Messinstrumenten ausgerüstet: Taucher haben an den beiden Anlagen Unterwassermikrophone, die sogenannten Hydrophone, angebracht (◼ Abb. 23.1). Ferner wurden diese mit Beschleunigungsaufnehmern über und unter Wasser zur Vibrationsmessung sowie mit Messrechnern ausgerüstet. Zusätzlich hat man auch die nur 400 Meter entfernte Forschungsplattform Fino 1 mit einem Hydrophon und Messrechner ausgestattet. An der Senvion-Anlage haben die Taucher zwei Hydrophone im Abstand von ca. 75 und 140 m auf dem Meeresboden verankert, in einer Wassertiefe von rund 30 Meter. Die Hydrophone selbst befanden sich auf Montagegestellen etwa 3 Meter über dem Meeresboden. Leider stand das Hydrophon an Fino 1 nur knapp zwei Monate bereit. Zudem konnte man aus vertraglichen Gründen einige, ursprünglich geplante Messzyklen nicht mehr durchführen. Trotzdem sind aufgrund der gewonnenen umfangreichen Datenmenge fundierte Aussagen über die Schallbelastung möglich.

Die Schallmessungen wurden am Rand des Windparks durchgeführt. Die Messrechner waren mit GPS-Signalen zeitsynchronisiert, so dass man Kreuzkorrelationen durchführen konnte. Die Datenaufnahme geschah hochaufgelöst mit

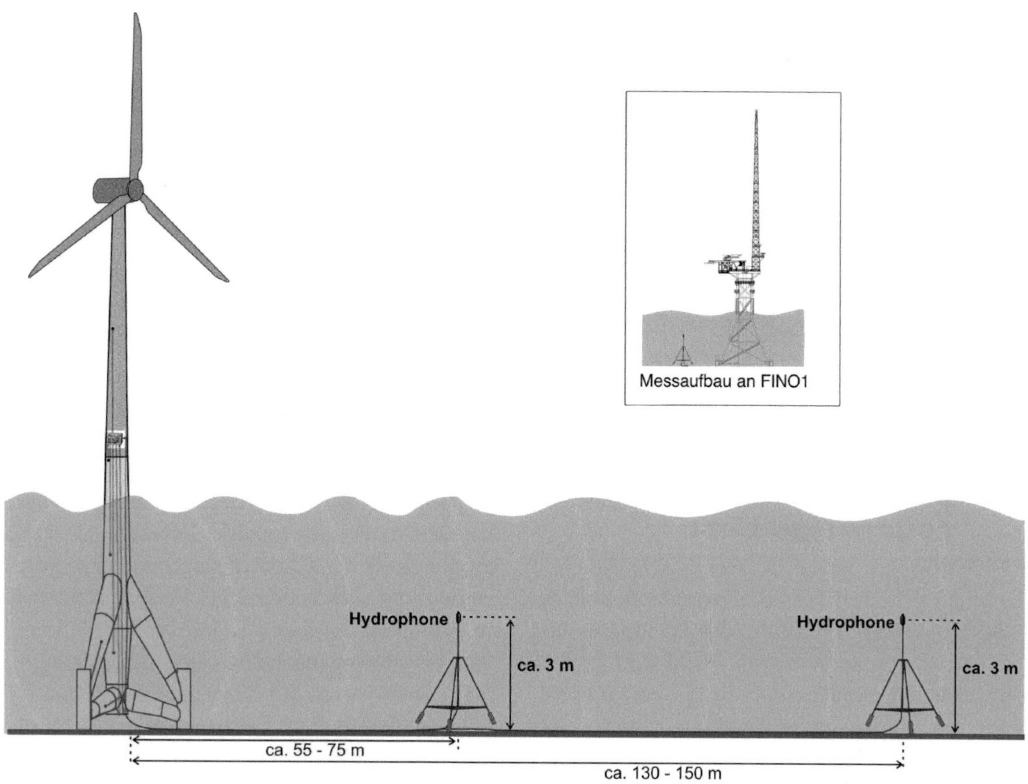

Abb. 23.1 Messaufbau an der Adwen-Anlage. © Fachhochschule Flensburg

50 kHz zur Messung der Zeitserien. Es wurde dreimal täglich über einen Zeitraum von jeweils 300 Sekunden gemessen und die Daten über das parkinterne RAVE-Netz an Land übertragen. Mit drei funktionsfähigen Hydrophonen (zwei an einer der Anlagen und eines an Fino 1) konnte man den Schall an 27 Tagen im Jahr 2010 und an 138 Tagen im Jahr 2011 messen. Insgesamt also an 165 Tagen, einem knappen halben Betriebsjahr. Der Mittelwert aller Messungen unter Wasser betrug als sogenannter „äquivalenter Dauerschallpegel" 118 Dezibel (dB unter Wasser). Um einen Vergleich zum Luftschall an Land anstellen zu können, muss man 62 dB abziehen. Der Dauerschallpegel von 118 dB unter Wasser entspricht also 56 dB in der Luft – und ist damit so laut wie der Geräuschpegel in einer Universitäts-Mensa.

Der manchmal kurzzeitig aufgetretene Spitzenwert-Peak-Wert im Wasser lag um rund 15 dB höher als der Mittelwert.

Story am Rande (I): Kalibrierung unmöglich

Eigentlich war geplant, die Messtrecke vom Unterwassermikrophon über Kabel zum Messrechner noch genau zu kalibrieren. Dies konnte aber nicht mehr im Windpark durchgeführt werden. So blieb nur noch die Laborkalibrierung. Aber die Forscher haben großen Wert darauf gelegt, die Signale der drei Hydrophone im Wasser gleichzeitig darstellen zu können. Dabei zeigte sich, dass diese sehr häufig den gleichen Verlauf haben. Insofern sind die gemessenen Signale also auch ohne exakte Kalibrierung vertrauenswürdig.

Björn Johnsen

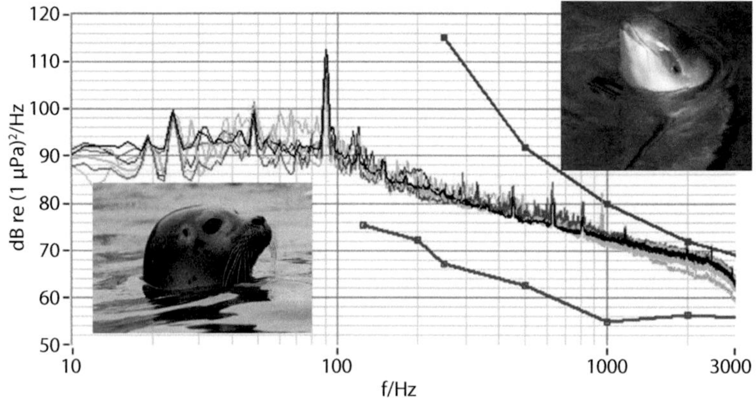

Abb. 23.2 Ergebnis Hörschwellen Schweinswal (Tümmler, Delphin) *blaue Linie*, Seehund *rote Linie*, dazwischen eigene Messungen im Windpark alpha ventus (bunte Linien). © Grafik Fachhochschule Flensburg, Fotos: Seehundin Luna, J. Steffen GEOMAR; Schweinswal Wikimedia AVampireTear Lizenz: CC-BY-SA-3.0 http://creativecommons.org/licenses/bysa/3.0/, Zugriff 5/2013

23.3 Wind & Wellen machen's möglich: Je mehr Leistung, desto weniger Lärm

Es zeigte sich, dass der Schallpegel stark abhängt von der jeweiligen Leistung des Windparks und von den Umweltparametern Wind und Wellen. So wurde festgestellt, dass es insgesamt im Windpark mit zunehmender Leistung immer leiser wurde, insbesondere bei steigender Wellenhöhe. Dies liegt daran, dass die gemessenen und identifizierten Hintergrundgeräusche durch Schiffe etc. zunächst einmal ähnlich stark waren wie die Windenergieanlagengeräusche – und das trotz der Entfernung. Damit sind Schiffe im Betrieb, die wie die Offshore-Windenergieanlagen Geräusche im Niederfrequenzbereich erzeugen, eindeutig lauter als die Offshore-Anlagen. Mit zunehmendem Wind nehmen diese Hintergrundgeräusche im Windpark ab, und auch der Schallpegel im Windpark nimmt durch die dämpfende Wirkung von Luftblasen, die von Wind und Wellen in das Wasser eingeschlagen werden, ab. Am Ende übertrafen die starken Schiffs-, Wind- und Wellengeräusche sogar die Anlagengeräusche.

23.4 Im Hintergrund entfernter Schiffsverkehr

Die Hintergrundgeräusche wurden sehr wahrscheinlich durch Schiffe erzeugt, zum Teil von den 14 Kilometer entfernten Schiffsrouten. Bei den Messungen an den Anlagen hat man mit Beschleunigungsaufnehmern einzelne, markante tonale Geräusche an den zwei Anlagentypen identifiziert. Ein sehr markantes tonales Geräusch mit 90 Hz konnte eindeutig einem Anlagentyp zugeordnet werden, das insbesondere bei Volllast den Schall im Windpark dominierte. Darüber hinaus waren die Oberschwingungen des Tons im Spektrum bis 1 kHz nachweisbar. Zur Vermeidung einzelner herausragender Töne im Geräuschspektrum hat der Hersteller bauliche Maßnahmen ergriffen.

23.5 Aus 50 Kilometern dringen Offshore-Rammschläge herüber

Die Hörschwellen von Schweinswalen und Seehunden sowie die Ergebnisse aus Messungen in alpha vetnus zeigt ◘ Abb. 23.2. Die sieben bunten Messlinien zeigen den erwähnten „tonalen Ausreißer-Peak" bei 90 Hz, die harmonischen Linien und der gesamte spektrale Verlauf zu erkennen. Für diesen Ton bei 90 Hertz lagen keine Hörschwellen vor, so dass für das markanteste gemessene tonale Geräusch keine Aussagen über die Hörbarkeit gemacht werden konnten. Die Quellstärke dieses Anlagentyps wurde mit dem tonalen Geräusch als äquivalenter Dauerschallpegel mit 129 dB bestimmt.

Die Geräusche des zweiten Anlagentyps sind im Vergleich zu den Hintergrundgeräuschen so schwach, dass sie fast nicht messbar waren, obwohl die Hydrophone vergleichsweise nah vor der Anlage standen. Ferner drangen zu einzelnen Zeiten die Rammschläge aus dem sieben bis 14 Kilometer entfernten Baugebiet des Offshore-Windparks Borkum

West II (Baubeginn 2011) und aus dem 50 Kilometer entfernten Offshore-Windpark Bard Offshore 1 (Baubeginn 2010) herüber und wurden gemessen.

Story am Rande (II): Harter Rückschlag im Herbst

Wegen Arbeiten an der internen Windpark-Verkabelung wurden am 6. Oktober 2010 die beiden Hydrophone an einer Anlage geborgen. Wegen „Schlecht Wetter" wurden die Kabelarbeiten jedoch erst im März 2011 beendet. Ein alternativer Standort für die beiden geborgenen Hydrophone konnte nicht gefunden werden. Zudem wurden in der folgenden Stillstandszeit die Hydrophonkabel im deinstallierten Zustand an der Anlage beschädigt. Also: Neu beschaffen, austauschen und durch Taucher wieder befestigen. Somit konnte man erst ab Juli 2011 die Messungen wieder fortsetzen. Im „Log-Buch" des Forschungsberichtes steht: „Extremer Rückschlag … Die bis dahin fehlende Messperiode war der härteste Einschnitt im Messprogramm". Björn Johnsen

23.6 Hörschäden unwahrscheinlich

Obwohl Schweinswale sehr lärmempfindlich sind, ist der Geräuschpegel aus dem Dauerbetrieb – nicht zu verwechseln mit den Rammschlägen bei der Errichtung – nicht gefährlich für Meeres-Säugetiere wie Schweinswale und Seehunde. Denn die gemessenen Schallpegel im Anlagenbetrieb liegen teilweise unter der Hörschwelle dieser Tiere bzw. sind sehr wahrscheinlich nicht schädigend, so die Forschungsergebnisse, wenn sie geringfügig über der Hörschwelle liegen.

Insbesondere wegen der abzusehenden Akkumulierung durch viele Windparks auf See und wegen der Dauerbelastung mit Schall durch Hintergrundgeräusche (Wellen und Schiffe) und Anlagengeräusche bleiben aber Untersuchungen und Stellungsnahmen von Meeresbiologen und Bioakustikern auch zukünftig notwendig. Dazu gehört auch, dass es rechtliche Anforderungen zur Vermeidung von Schall gibt. Wie bei den Schallmessungen für Windenergieanlagen an Land sollten unabhängige Institute die Unterwasserschallmessungen von Offshore-Windenergieanlagen als Auflagen eines Genehmigungsverfahrens durchführen, damit Auffälligkeiten bei den Geräuschen wie einzelne Tonalität entdeckt und entfernt werden. Mit den vorgeschriebenen Messungen vor Ort wird es sich bereits bei der Konstruktion von Offshore-Anlagen etablieren, dass diese schallarm nach fortschreitendem Stand der Technik zu bauen und zu errichten sind.

> » Schon wegen der Lärm-Akkumulierung durch viele Windparks bleiben Untersuchungen von Meeresbiologen und Bioakustikern notwendig.
> Dr. Hermann van Radecke, Fachhochschule Flensburg

23.7 Quellen

- Messung der Betriebsgeräusche von Offshore-WEA zur Bestimmung des Schalleintrags durch die Schallübertragungsfunktion zwischen Turm und Wasser an Anlagen im Testfeld Offshore. Anhang Schlussbericht, Förderkennzeichen 0327687, Dr. Hermann van Radecke, Dr. Michael Benesch, Fachhochschule Flensburg, Flensburg, Juni 2012
- Van Radecke H, Benesch M (2012) Operational underwater noise at alpha ventus. Presented at RAVE International Conference 2012, Bremerhaven, May 8–10, 2012

Aus den Augen, aus dem Sinn?

Errichtete Offshore-Windparks werden eher akzeptiert als geplante

Gundula Hübner, Johannes Pohl, Text bearbeitet von Björn Johnsen

M. Durstewitz, B. Lange (Hrsg.), *Meer – Wind – Strom*,
DOI 10.1007/978-3-658-09783-7_24,

Projektinfo: Akzeptanz der Offshore-Windenergienutzung
Projektleitung:
Prof. Dr. Gundula Hübner, Martin-Luther-Universität Halle-Wittenberg, Institut für Psychologie
Projektpartner:
- Dr. Elke Bruns, Berlin, Büro für Umweltforschung und Umweltplanung
- Prof. Dr. Sören Schöbel-Rutschmann, Technische Universität München, Fachgebiet für Landschaftsarchitektur regionaler Freiräume
- Prof. Dr. Michael Vogel, Hochschule Bremerhaven, Institut für Maritimen Tourismus

24.1 Einleitung

Offshore-Windparks (OWPs) gibt es in Europa seit über zwei Jahrzehnten. Trotzdem lag bis vor kurzem keine wissenschaftliche Langzeitstudie über die Akzeptanz von Offshore-Windparks vor: Über die Auswirkungen der Windparks auf See auf Anwohner und Touristen – vor ihrer Errichtung, während des Baus und später während ihres Betriebs – und die gleichzeitig Vergleichsregionen ohne OWPs mit einschließt.

Das Forschungsprojekt „Akzeptanz der Offshore-Windenergienutzung" der Arbeitsgruppe Gesundheits- und Umweltpsychologie (Institut für Psychologie, Martin-Luther-Universität Halle-Wittenberg; Medical School Hamburg) betrat hier Neuland, sowohl beim Umfang als auch beim Vorgehen. Um die Auswirkungen durch den Bau von Offshore-Windparks auf die Anwohner und die Region zu erfassen, wählten die Wissenschaftler ein Langzeit-Vorgehen: Anwohner, Touristen und lokale Experten wurden dreimal in Abständen von ein bis zwei Jahren befragt (2009, 2011, 2012 ◘ Tab. 24.1). Die erste Befragungswelle begann dabei schon vor bzw. im Beispiel alpha ventus während des Baus des untersuchten Offshore-Windparks.

Die komplexen Fragestellungen erforderten die Zusammenarbeit verschiedener Fachdisziplinen: Planungswissenschaften, Tourismuswissenschaft und Umwelt- und Sozialpsychologie. Die Planungswissenschaften leisteten in dem Projekt eine Analyse der Konfliktlinien auf Genehmigungs-, Planungs- und lokaler Ebene der Offshore-Windenergie und untersuchten den Einfluss der Gestaltung von Offshore-Windparks auf die Akzeptanz bei der ortsansässigen Bevölkerung. Die Tourismuswissenschaft widmete sich dem Einfluss von OWPs auf den Tourismus und die lokale Wirtschaft. Die Umwelt- und Sozialpsychologie analysierte die lokale Akzeptanz von Offshore-Windparks und gestaltete Konzepte zur verbesserten Akzeptanz und Informationsangebote.

24.2 Intensive Befragungen

Die Anwohnerbefragung war lang und intensiv: Der standardisierte Erhebungsbogen für alle Interviewten bestand aus 210 bis 260 Einzelfragen. Kein Wunder, dass das jeweilige Gespräch häufig über eine Stunde dauerte. Um einer selektiven Auswahl der Befragten vorzubeugen – dass sich beispielsweise nur besonders Interessierte melden – haben die Interviewer die Anwohner auch per Zufallsauswahl per Telefon angeworben. Quelle dafür: Schlicht und einfach die öffentlich zugänglichen Telefonbücher, also keine geheimen Daten.

Die Fragebögen der zweiten und dritten Erhebungswelle hat man nur leicht verändert, so dass man die Ergebnisse aus allen drei Zeitpunkten vergleichen kann. Neu aufgenommen wurde in der zweiten Befragungswelle 2011 das aktuelle Thema der Atomkatastrophe in Fukushima und deren Einfluss auf die Einstellungen zu den Stromgewinnungsarten wie Windenergieanlagen auf See, an Land, Solaranlagen, Kohle- und Kernkraftwerke etc. Zudem hat man die Anwohner ausdrücklich gefragt, welche Bedingungen erfüllt sein müssten, damit sie sich bei der Planung und beim Bau künftiger Offshore-Windparks gerecht behandelt fühlen.

An der Befragung teilnehmen konnten nur Anwohner, die mindestens vier Monate im Jahr auf den ausgewählten Inseln und Küstenabschnitten verbrachten. Wie sich herausstellte, leben die befragten Anwohner im Durchschnitt bereits seit 22 Jahren dort. Knapp die Hälfte der Anwohner-Teilnehmer (49 %) arbeitete im Tourismus, der Anteil der Erwerbstätigen in Fischindustrie (2 %) und Windbranche (1 %) war verschwindend gering.

■ **Tab. 24.1** Befragungsregionen und Teilnehmerzahl der Befragungswellen. © Martin-Luther-Universität Halle-Wittenberg 2015

OWP-Region	1. Welle 2009	2. Welle 2011	3. Welle 2012
Borkum/Norderney (Riffgat und alpha ventus)	Anwohner: 109 Touristen: 100 Experten: 12	Anwohner: 79 Touristen: 110 Experten: 6	Anwohner: 55 Touristen: 104 Experten: 7
Darß (Baltic 1 und Baltic 2)	Anwohner: 103 Touristen: 100 Experten: 12	Anwohner: 78 Touristen: 85 Experten: 7	Anwohner: 55 Touristen: 103 Experten: 6
Vergleichsregion			
Föhr	Anwohner: 97 Touristen: 85 Experten: 12	Anwohner: 72 Touristen: 102 Experten: 8	Anwohner: 53 Touristen: 100 Experten: 7
Usedom	Anwohner: 114 Touristen: 100 Experten: 12	Anwohner: 71 Touristen: 100 Experten: 5	Anwohner: 50 Touristen: 100 Experten: 9

An der ersten Befragung nahmen 423 Anwohner teil (Frauen 41 %, Männer 59 %). Sie waren im Mittel 55 Jahre alt. Die Abbrecherquote von der ersten zur zweiten Erhebungswelle betrug rund 29 %. Beim Übergang von der zweiten zur dritten Erhebungswelle fielen weitere 87 Personen aus, so dass an der dritten Abschlussbefragung noch 213 Anwohner teilnahmen – was einer Gesamtabbrecherquote von der ersten bis zur dritten Befragung von rund 50 % entspricht. Innerhalb der Abbrechenden gab es keinen selektiven Schwund von „Extremmeinungen".

24.3 2+2-Vergleiche an Nord- und Ostsee

Die Erhebungen fanden in zwei Regionen an der deutschen Nordseeküste und in zwei Regionen an der deutschen Ostseeküste statt. Um zu kontrollieren, dass möglicherweise eintretende Veränderungen wirklich auf den Bau von Offshore-Windparks zurückzuführen sind oder unabhängig davon vorhanden sind, hat man immer zwei Regionen zum Vergleich gegenübergestellt: Eine Region mit einem geplanten oder gebauten Offshore-Windpark gegenüber einer Region gänzlich ohne Offshore-Windpark-Planungen.

In der Nordsee wurden als Beispiel für geplante/gebaute Windparks vor den Inseln Borkum und Norderney ausgewählt. In deren Nähe befinden sich die OWPs alpha ventus (außerhalb der 12-Seemeilen-Zone, in der Ausschließlichen Wirtschaftszone) und Riffgat (innerhalb der 12-Seemeilen-Zone, nordwestlich von Borkum). Über Norderney verläuft die Kabeltrasse, die alpha ventus mit dem Festland verbindet. Alpha ventus befand sich zum Zeitpunkt der ersten Befragung bereits im Bau, Riffgat noch nicht. Als Vergleichsregion in der Nordsee ohne geplante Offshore-Windparks wurde die Insel Föhr in Schleswig-Holstein ausgewählt. In der Ostsee bot sich die Halbinsel Fischland-Darß-Zingst mit den Windparks Baltic 1 und Baltic 2 als Offshore-Region an, als Korrespondenz-Region hierzu in der Ostsee gänzlich ohne Windparks die Insel Usedom.

24.4 Es gibt Zustimmung, wenn …

Das wichtigste Ergebnis vorweg: Offshore-Windenergie trifft überwiegend auf Akzeptanz, sowohl bei den Küstenanwohnern, als auch bei den Touristen und bei den regionalen Experten. Die Befragungen ergeben in allen Regionen kontinuierlich über den Zeitraum von drei Jahren (2009 bis 2012) im Durchschnitt positive Einstellungen. Allerdings mit Unterschieden: Die Akzeptanz ist am höchsten, wenn die Anlagen küstenfern errichtet werden, in einer

Entfernung von mindestens 40 Kilometern. Und eine Zustimmung ist vorhanden, wenn auch die Sicherheit der Seeschifffahrt vorrangig behandelt wird. Alles in allem bewerten Touristen küstennahe Offshore-Windparks positiver als dies Anwohner tun.

In den ausgewählten Windpark-Regionen gab es einen engen Zusammenhang zwischen den grundsätzlichen Einstellungen zur Offshore-Windenergie und zu den küstennahen und küstenfernen OWPs. Der häufig geäußerte Vorwurf, Windenergie werde nur solange befürwortet, solange sie nicht vor der eigenen Haustür stattfindet, trifft hier nicht zu.

Grundsätzlich und generell betrachten Touristen die Windparks positiver als die Anwohner, jedoch mit zwei Ausnahmen: Die Auswirkungen auf die Meeresumwelt und die Sicherheit der Seeschifffahrt sehen Touristen deutlich kritischer.

Mit den Offshore-Windparks sind positive wie auch negative Gefühle verbunden, die jedoch zu allen Befragungszeitpunkten kaum ausgeprägt waren – mit Ausnahme der Neugier. Auf Borkum/Norderney waren die Befragten deutlich neugieriger als in den Ostseeregionen. Dabei mag es in der Natur der Sache liegen, dass die Neugier in den Regionen mit zu bauenden oder gebautem Windpark größer ist als in den Regionen ohne Offshore-Windpark-Pläne. Am häufigsten wurde Neugier mit der „Faszination von der Technik“ begründet. Nur auf dem Darß zeigten sich 2009 stärkere negative Gefühle wie Bedrohung und Misstrauen, doch in den Folgejahren wirkten die Erfahrungen mit Baltic 1 positiv und schwächten diese ab.

24.5 Sicherheit des Schiffsverkehrs gewünscht

Eine mögliche Schiffshavarie ist vor allem mit der Angst vor einer Ölverschmutzung der Strände verbunden, was so mancher Tourismusregion die Existenzgrundlage entziehen könnte. Für die Sicherheit der Seeschifffahrt erwarten die Befragten insgesamt eine leichte Beeinträchtigung durch die Offshore-Windparks (■ Abb. 24.1). „Leichte Beeinträchtigung“ heißt hier ein Durchschnittswert von −0,86 für küstennahe OWPs auf einer vorgegebenen Skala von +3 bis −3. Auf den Anrainer-Inseln von alpha ventus, Borkum und Norderney, sind die Bedenken der Anwohner in Sachen Havarie 2009 weniger stark ausgeprägt als auf dem Darß. Dafür blieben sie die ganze Zeit über stabil, sind also auch nach der Errichtung von alpha ventus nicht wesentlich zurückgegangen. Insbesondere bemängeln die Anwohner die „zu geringen Abstände“ der OWPs zu den stark befahrenen Schifffahrtsstraßen sowie eine unzureichende Berücksichtigung des „Risikofaktors Mensch“ bei der Schiffspassage. Knapp die Hälfte aller Befragten (47 %) sah in der abschließenden Umfrage 2012 eine Beeinträchtigung durch die Seeschifffahrtssicherheit als „größtes Problem“.

24.6 Sorgentiere: Meeressäuger und Vögel

Die Küstenanwohner befürchteten durch Offshore-Windenergieanlagen eine mittlere Beeinträchtigung der Lebensbedingungen von Vögeln und Meeressäugern. Bezüglich der Vögel werden küstennahe OWPs kritischer bewertet als küstenferne. In der Langzeitbetrachtung verstärkten sich auf Borkum/Norderney sogar die negativen Erwartungen hinsichtlich der Schädigung von Vögeln, während diese auf dem Darß abnahmen. Weniger groß zeigen sich in der Befragung die Sorgen der Anwohner hinsichtlich der Auswirkungen auf Fische und Meeresboden-Bewohner, den sogenannten Benthos. Auch in Sachen Seekabel fiel in den Interviews der vermutete „negative Umwelteinfluss“ deutlich geringer aus – insbesondere auf dem Darß, wo dieser 2011 im Vergleich zur Umfrageerhebung 2009 deutlich gesunken ist.

24.7 Landschaft, Heimatgefühl, Lebensqualität

Meeresblick und weite Sicht bis zum Horizont gehören zur Küste. Beeinträchtigungen des Küstenpanoramas und störende Wirkungen von Lichtsignalen wurden übereinstimmend nur von küstennahen Windparks erwartet. Auf Borkum war diese Sorge wegen des nahegelegenen „Küsten-Windparks“ Riffgat höher als auf der Nachbarinsel Norderney. Insgesamt sind befürchtete „Landschaftsbeeinträchtigungen“ bei küstennahen Windparks größer

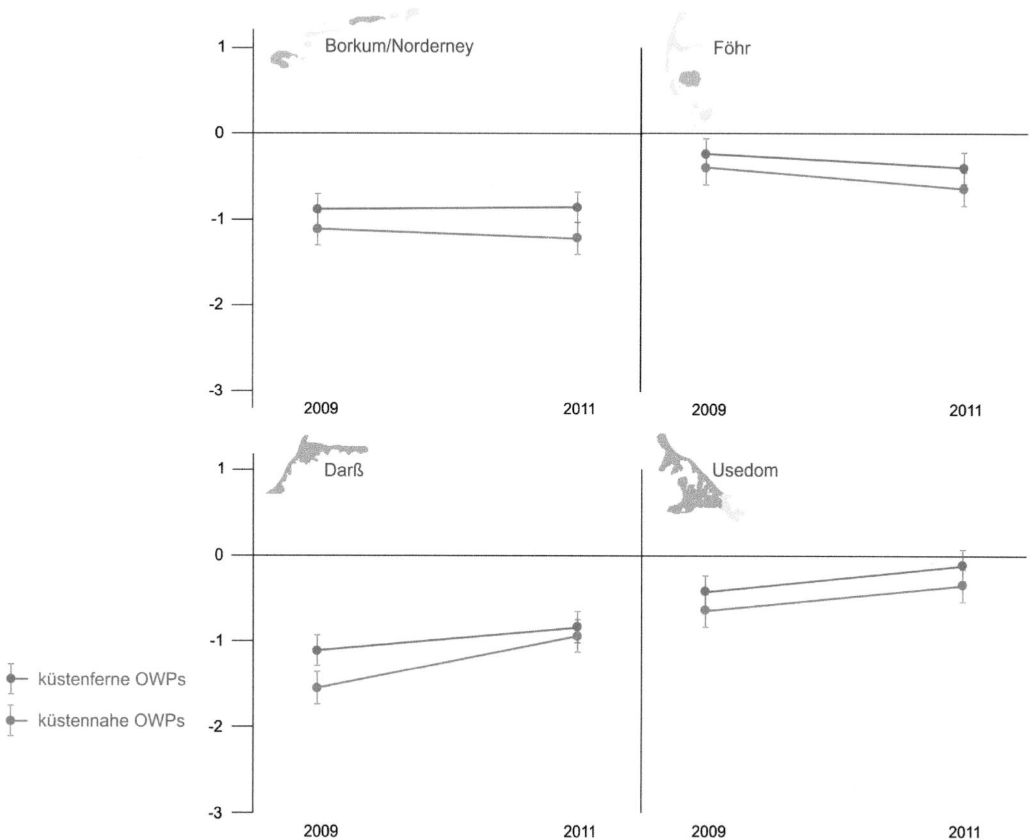

■ **Abb. 24.1** Erwartete Auswirkung der OWPs auf die Seeschifffahrt (M ± SEM). Hier und in den anderen Abbildungen werden nur die ersten beiden Befragungswellen dargestellt, da sich in der Regel zwischen 2011 und 2012 keine bedeutsamen Veränderungen fanden. © Martin-Luther-Universität Halle-Wittenberg

als bei küstenfernen. Was das Heimatgefühl oder das „Gemeinde-Image" angeht, beurteilen die Anwohner küstenferne Windparks nahezu als neutral. Interessanterweise gab es bei Borkum/Norderney sowie auf dem Darß sogar eine leichte Verschiebung der Bewertung im Laufe der Befragungsjahre: Von einem „Fremdkörper" hin zu einem „charakteristischem Merkmal der Region". Dieser Trend zeigte sich nicht in den Vergleichsregionen. Allerdings zeigte sich auf Borkum/Norderney im letzten Befragungsabschnitt 2012 wieder ein kleiner Meinungsumschwung in Richtung „Fremdkörper".

Auf Borkum war der Offshore-Windpark mit negativeren Wirkungen auf das Heimatgefühl verbunden als auf der Nachbarinsel Norderney. Was die Auswirkungen der Windparks auf See auf das Heimatgefühl und Gemeindeimage angeht, gab es nur auf dem Darß einen deutlichen Meinungsumschwung: Dort verbanden die Befragten im Jahr 2011 nunmehr mit dem OWP einen geringfügigen „Imagegewinn" und ein geringfügiges positives Heimatgefühl.

Was die Auswirkungen auf die Meereslandschaft – Wattenmeer (Nordsee) bzw. Nationalpark Boddenlandschaft (Ostsee) – angeht, fiel die Bewertung leicht kritisch aus: OWPs wurden als „etwas unpassend" (Durchschnittswert −0,76 bei einer Skala von +3 bis −3) bewertet, küstennahe Windparks wiederum etwas negativer als küstenferne.

Anfangs haben die Anwohner die Auswirkungen küstennaher OWPs auf ihre Lebensqualität geringfügig negativ eingeschätzt (Durchschnittswert −0,39) siehe ■ Abb. 24.2. Zwei Jahre später – 2011 – war die Bewertung nahezu neutral. Für

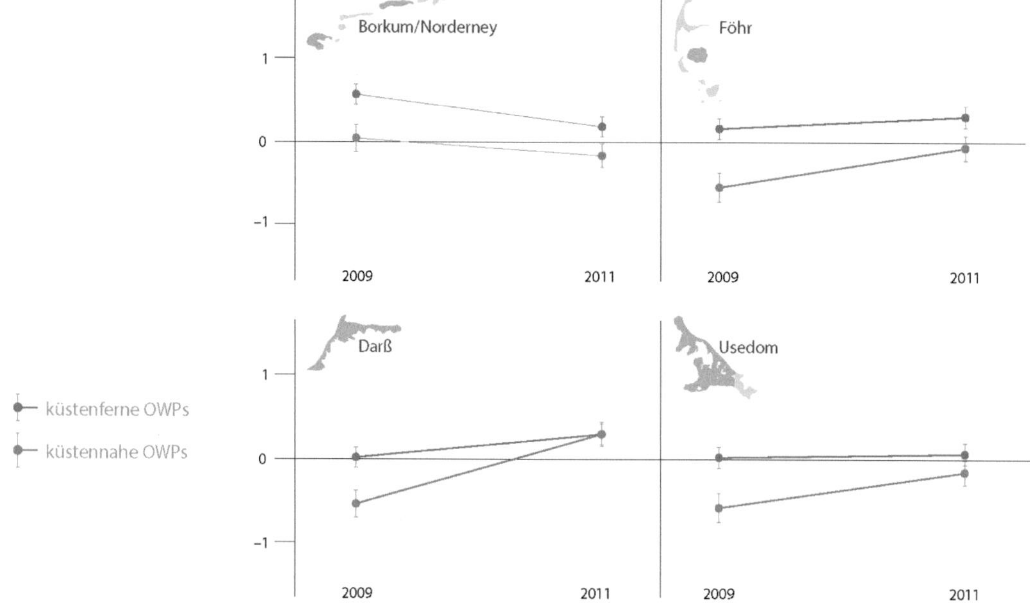

Abb. 24.2 Auswirkungen der OWPs auf die Lebensqualität (M ± SEM). © Martin-Luther-Universität Halle-Wittenberg

küstenferne OWPs fiel die Bewertung der Anwohner sogar geringfügig positiv und zeitstabil aus. Die Norderneyer bewerteten die Auswirkungen von küstennahen wie -fernen OWPs gleichermaßen „geringfügig positiv", die Borkumer Einstellungen sind demgegenüber neutral.

24.8 „Beruhigende Erfahrungen" nach der Inbetriebnahme

Die befragten Anwohner befürchteten durchgängig negative Auswirkungen der küstennahen Windparks auf den Tourismus (Abb. 24.3), welche sich aber im Zeitverlauf verringerten. Dies galt aber nicht für die küstenfernen OWPs. Tatsächlich haben im Befragungszeitraum die Buchungszahlen auf Borkum/Norderney (alpha ventus) und auf dem Darß (Baltic 1) nicht abgenommen. Im Gegenzug haben sich aber auch nicht die Hoffnungen erfüllt, der „Offshore-Windpark vor der Haustür" könnte zu einer touristischen Attraktion werden: An Bootsausflügen zum Windpark auf See hatten nur 15 % der Befragten Interesse, 32 % der Befragten (im Jahr 2011) wollten immerhin ein Informationszentrum auf der Insel zu diesem Thema besuchen.

» **Akzeptanz erfordert einen gemeinsamen Prozess**

Windenergie genießt ein gutes Image als umweltfreundliche Energieerzeugung. An der Küste wie im Binnenland. Doch das teilweise veränderte Landschaftsbild, der Planungsprozess und die Bauarbeiten erfordern Akzeptanz. Akzeptanz entsteht in einem Prozess, der gemeinsam gestaltet werden muss.

Prof. Dr. Gundula Hübner, Institut für Psychologie, Martin-Luther-Universität Wittenberg und MSH Medical School Hamburg

Mit dem Bau der OWPs verbanden sich in den Regionen oft auch Hoffnungen auf Arbeitsplätze, bei küstenfernen Anlagen geringfügig stärker als auch bei küstennahen. Nach der Inbetriebnahme von

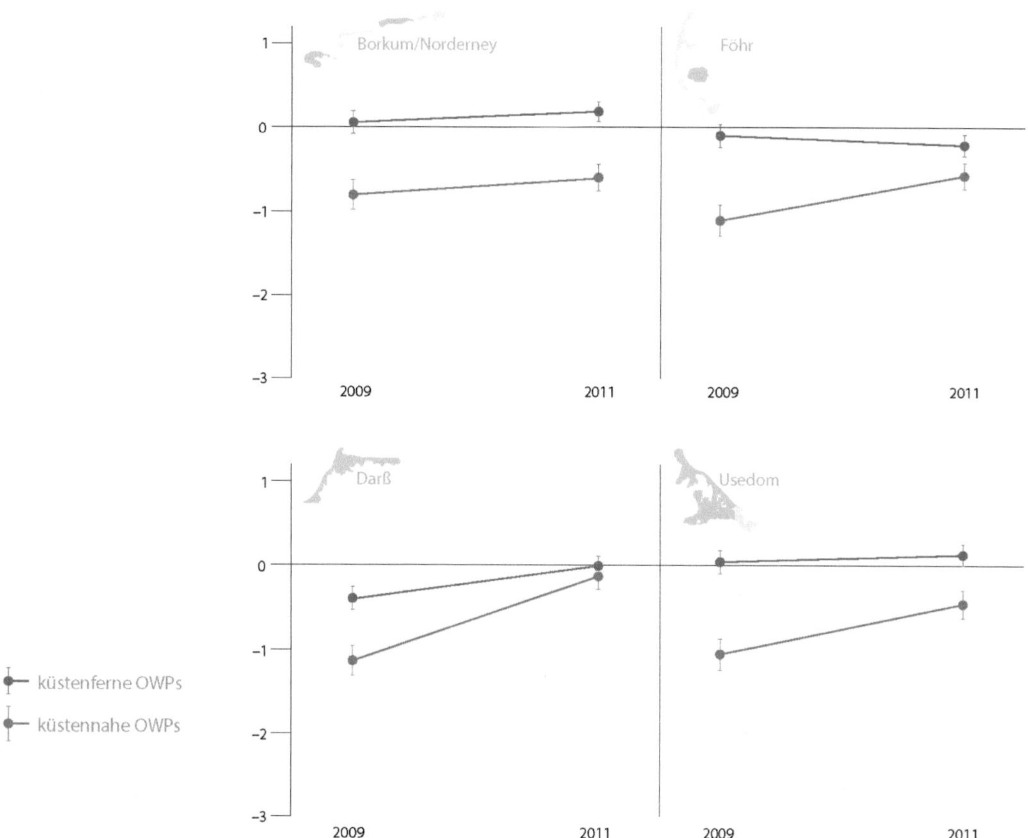

■ **Abb. 24.3** Erwartete Auswirkung der OWPs auf den Tourismus (M ± SEM). © Martin-Luther-Universität Halle-Wittenberg

alpha ventus und Baltic 1 nahmen diese positiven Erwartungen sowohl auf Borkum/Norderney als auch auf dem Darß geringfügig zu.

Anfangs noch leichte Bedenken, dass infolge der Offshore-Windparks die Immobilienpreise sinken würden, nahmen dagegen weiter ab. Stärkere Bedenken betreffen die befürchteten negativen Auswirkungen auf die Fischerei. Diese Bedenken sind auch nach Inbetriebnahme der Anlagen noch annähernd stabil geblieben – lediglich auf dem Darß haben sie sich abgeschwächt. Insgesamt sind aber, was sich in der Einschätzung der befragten lokalen Experten widerspiegelt, „beruhigende Erfahrungen" nach der Inbetriebnahme der OWPs festzustellen.

24.9 Fehlende Beteiligungsmöglichkeiten

Sowohl auf Borkum/Norderney als auch auf dem Darß waren die Anwohner und befragte „lokale Experten" unzufrieden über fehlende Partizipationsmöglichkeiten (■ Abb. 24.4). Die überwiegende Mehrheit (81 %) sagte, es habe keine Bürgerbeteiligung für sie gegeben. Zudem herrschte die Meinung vor, die Windpark-Planung sei den Anliegen der jeweiligen Gemeinde und der Bürger nur wenig gerecht geworden. Auf Norderney haben die Interviewten die Planungsprozesse für alpha ventus und Riffgat noch am ehesten als gerecht empfunden.

Es wurden insgesamt drei Anwohner-Workshops auf Norderney, Borkum und dem Darß durchgeführt. Eingeladen waren sämtliche Studienteilnehmer. Mit ihnen wurden die Ergebnisse der 1. und 2. Befragungswelle (2009 und 2011) diskutiert.

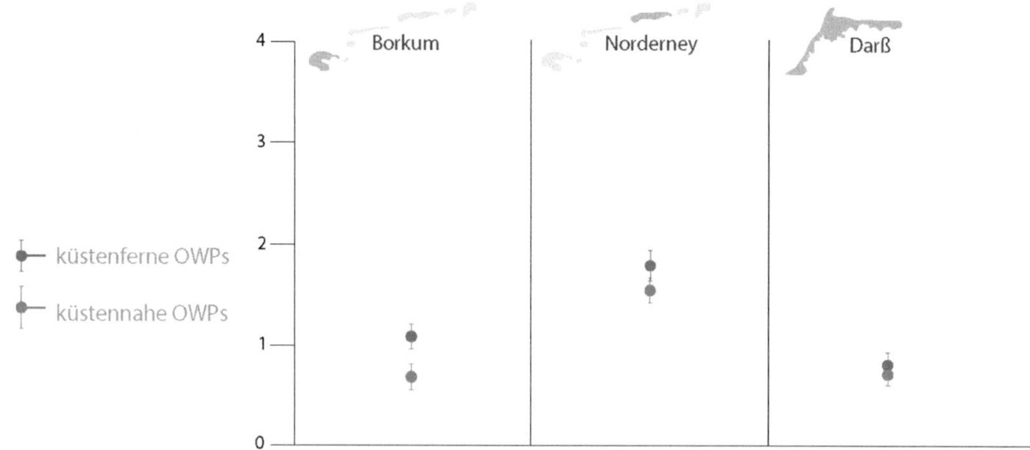

Abb. 24.4 Bei der Planung des OWPs ist dem Anliegen der Gemeinde und der Bürger gerecht geworden (M ± SEM). © Martin-Luther-Universität Halle-Wittenberg

Bei diesen Anwohner-Workshops wie bei der Befragung haben die Bürger mehrfach deutlich gemacht, dass ihnen „ausgewogenere Informationen" von Behörden und Betreibern sowie wirksame Beteiligungsmöglichkeiten in der Planungs- und Genehmigungsphase fehlten.

Insbesondere kritisieren sie, dass die Gemeinden kein Klage- oder Einspruchsrecht haben, obwohl diese bei einer Schiffshavarie durch verschmutzte Strände und zurückgehenden Tourismus am meisten betroffen wären. Der Wunsch nach direkter finanzieller Beteiligung der Anwohner am Windpark war dagegen vergleichsweise schwach ausgeprägt. Am stärksten waren die Wünsche nach lokalen Arbeitsplätzen und nach Gewerbesteuereinnahmen für die Küstengemeinde.

Insbesondere auf dem Darß empfanden die Workshop-Teilnehmer die offerierten Beteiligungsmöglichkeiten als Scheinangebote (Abb. 24.5). Auf Borkum haben zudem „unberücksichtigte Eingaben" im Planungsprozess das Misstrauen gegenüber den Behörden verstärkt. Gleichzeitig gab es aber auch positive Erfahrungen aus dem Planungsprozess: Nach Angaben von Workshop-Teilnehmern hatte die Nachbargemeinde Norderney beim Planungsprozess von alpha ventus und der Verlegung der Kabeltrasse einige Zugeständnisse erreicht.

24.10 Welt und Werte nach Fukushima …

Die Reaktorkatastrophe im japanischen Fukushima 2011 war weltweit ein bedeutender Einschnitt und führte in Deutschland zur sofortigen Abschaltung mehrerer alter Kernkraftwerke und Verstärkung der Energiewende. Vor Fukushima waren bei der ersten Befragung 2009 die bevorzugten Stromgewinnungsarten Solaranlagen auf Einzelgebäuden (Durchschnittswert 3,26 auf einer Skala von 0 bis 4), Windenergienutzung im Allgemeinen (Durchschnittswert 3,24) und küstenferne OWPs (3,05). Am wenigsten befürwortet haben die Befragten Kernkraftwerke (0,82) und Kohlekraftwerke (0,70). An dieser Reihenfolge hat sich auch nach Fukushima nichts geändert. Allerdings nahmen die Zustimmungswerte bei allen Erneuerbare Energien zu, am stärksten die Windenergienutzung im Allgemeinen, Solaranlagen auf Einzelgebäuden, küstenferne/nicht-sichtbare OWPs und Großflächen-Solaranlagen.

In der Abschlussbefragung 2012 zeigte sich lediglich in den Offshore-Windpark-Regionen – im Unterschied zu den Vergleichsregionen – ein geringfügiger Rückgang der Befürwortung küstenferner OWPs. In den Vergleichsregionen ohne Offshore-Windparks blieb sie stabil. Die Energiewende in Deutschland haben die Befragten 2012 stark befürwortet (Durchschnittswert 3,14), in den

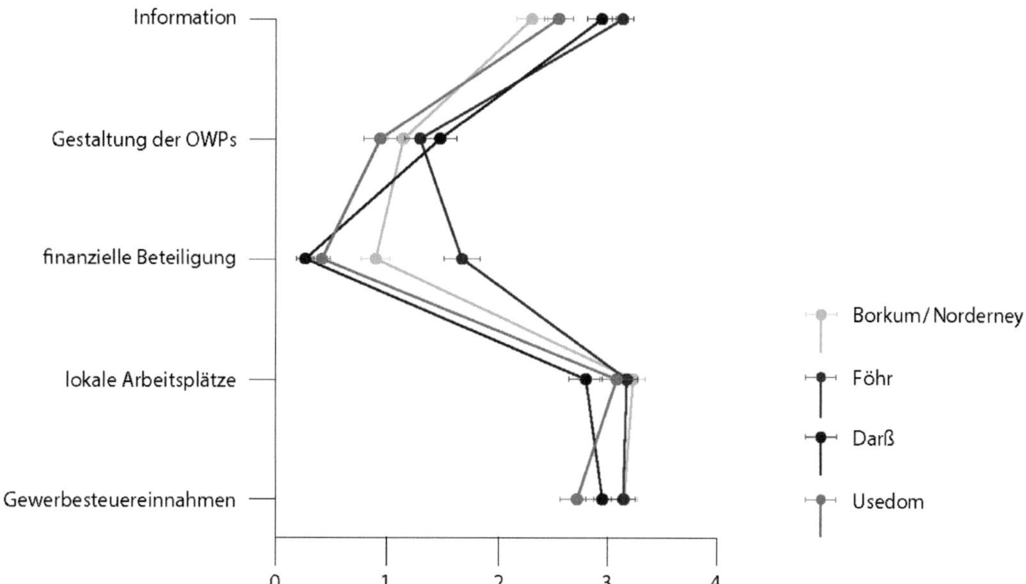

Abb. 24.5 Partizipationswünsche in Abhängigkeit von der Region (M ± SEM). © Martin-Luther-Universität Halle-Wittenberg

Nordseeregionen noch etwas stärker als in den Ostseeregionen.

24.11 Konfliktvermeidung und Akzeptanzsteigerung

In der zweiten Befragungswelle 2011 haben die Anwohner angegeben, durch welche Maßnahmen sie sich zukünftig bei Planung, Bau und Betrieb zukünftiger OWPs gerecht behandelt fühlen würden. Dabei zeigten sich keine klaren Unterschiede zwischen den Regionen. Am stärksten ausgeprägt waren bei den Anwohnern bereits für den Planungsprozess die Wünsche nach „ausgewogener Information" (beispielsweise durch Veranstaltungen mit Experten, die über Vor- und Nachteile informieren), „aktives Informieren bereits bei Planungsbeginn" durch die Betreiber und Behörden, „verständliche Offenlegung" der Planungsinhalte und Verfahrensabläufe durch die Behörden und auch das „Aufzeigen von Planungsalternativen".

Eine ständig aktualisierte Internet-Plattform zum Windpark könnte ebenfalls zur Akzeptanz beitragen. Dieser Wunsch wurde etwas schwächer, aber immer noch „mittelstark" befürwortet. Inhalte dieser ständigen Internetpräsenz sollten „fortlaufende Informationen" zum aktuellen Projektverlauf, „Hintergrundinformationen" und „Einsichtnahme in Gutachten und Planungsunterlagen" sein. Aber eben nicht nur zur passiven Information. Anwohner und Touristen wollen auf dieser Internet-Plattform auch die Möglichkeit haben, Fragen an die Betreiber und Behörden zu stellen – und diese beantwortet bekommen.

Bereits im Vorfeld einer Offshore-Windpark-Planung wünschen die Befragten, dass die Meinung „lokaler Experten" in der Planungsphase berücksichtigt wird. Ausgeprägt war auch der Wunsch nach „öffentlicher Anerkennung und Wertschätzung der Innovationsbereitschaft der Anwohner". Ferner möchten diese vor Genehmigungs- und Baubeginn auch Gespräche mit Anwohnern anderer, bereits gebauter OWPs führen und einen solchen Windpark besuchen können.

24.12 Geld ist nicht alles

Hier möchte man vor allem, dass örtliche Betriebe beim Bau der Offshore-Windparks und bei den Wartungsaufgaben beteiligt werden. Ebenso sollte ein Teil der Gewerbesteuereinnahmen aus dem laufenden Betrieb auf die Kommune entfallen. Der

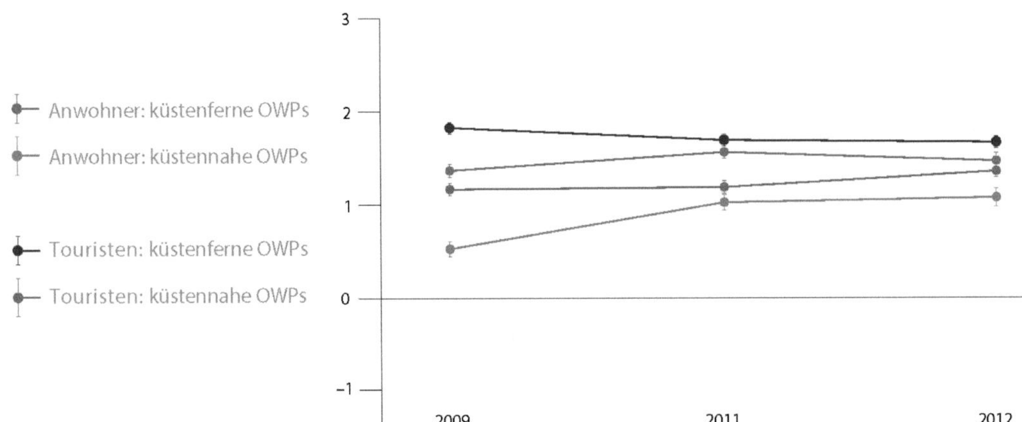

Abb. 24.6 Einstellung der Anwohner und Touristen zu OWPs (M ± SEM). © Martin-Luther-Universität Halle-Wittenberg

Wunsch nach individueller Windpark-Beteiligung – quasi als Mitinhaber – war kaum vorhanden.

24.13 Was tun in der Bau- und Betriebsphase?

Während des Baus wollen Anwohner und Touristen, dass insbesondere Bauzeit-Beschränkungen zum Schutz der Meeresumwelt eingehalten und Minderungsmaßnahmen zum Schutz vor Baulärm und Schadstoffbelastungen durchgeführt werden. Mittelstark war die Forderung nach Schallminderungsmaßnahmen beim Rammen und der Einsatz eines Vibrationspfluges bei der Seekabelverlegung. Sehr viel schwächer ausgeprägt war bei den Befragten dagegen der Wunsch, während der Bauzeit Ausflüge zum Offshore-Windpark machen zu können.

24.14 Fazit: Beteiligungsprozesse in Infrastruktur-Großprojekten

Alpha ventus ist Neuland. Auch, was die Art und die Intensität der Befragung von Anwohnern, lokaler Experten und Touristen zu „ihrem" Offshore-Windpark vor der Haustür angeht (Abb. 24.6). Erfahrungen aus und in anderen Infrastrukturgroßprojekten bieten Anhaltspunkte, wie und mit welchen Maßnahmen informelle Beteiligungsprozesse erfolgreich gestaltet werden könnten. Beispielsweise mit frühzeitigen Informations-Veranstaltungen vor Ort, Einbindung lokaler Experten, Aufzeigen von Planungsalternativen und Einrichtung einer ständig aktualisierten Informations-Internetplattform. Gleichzeitig zeigen die Erfahrungen, dass auch Teilhabe und intensive Bemühungen um einen transparenten Prozess nicht automatisch zu einem problemlosen Verfahren oder gar zur Zustimmung führen. Dennoch: Mit Partizipation lassen sich Konflikte und öffentliche Auseinandersetzungen deutlicher begrenzen als ohne. Das gilt auch für vermeintlich „ferne" Windparks auf hoher See.

24.15 Quellen

- Prof. Dr. Gundula Hübner & Dr. Johannes Pohl (2014). Akzeptanz der Offshore-Windenergienutzung: Abschlussbericht. Halle (Saale): Institut für Psychologie, Martin-Luther-Universität Halle-Wittenberg. Förderkennzeichen 0325137.
- Prof. Dr. Michael Vogel (2013). Teilstudie „Touristenbefragung" im Projekt „Akzeptanz der Offshore-Windenergienutzung". Bremerhaven: Institut für Maritimen Tourismus, Hochschule Bremerhaven.

Sicherheit

Wenn U-995 auf Tauchfahrt taumelt

Entwicklung und Einsatz von Sonartranspondern in Offshore-Windparks

Raimund Rolfes, Moritz Fricke, Tanja Grießmann,
Text verfasst von Björn Johnsen

M. Durstewitz, B. Lange (Hrsg.), *Meer – Wind – Strom*,
DOI 10.1007/978-3-658-09783-7_25,

Projektinfo: Erforschung von Sonartranspondern für Offshore-Windparks und technische Integration in ein Gesamtkonzept
Projektleitung:
Leibniz Universität Hannover, Institut für Statik und Dynamik
Prof. Dr.-Ing. Raimund Rolfes
Projektpartner:
- BioConsult SH GmbH & Co.KG
- itap – Institut für technische und angewandte Physik GmbH
- THALES Instruments GmbH
- UL International GmbH

25.1 Lösungssuche für zwei völlig gegensätzliche Ziele

Man kennt's vom klassischen U-Boot-Film: Der „Kaleu" Kapitänleutnant mit seiner Mannschaft auf tiefer Fahrt, das Seerohr eingefahren, kaum Sicht, allein die „Pling-Pling"-Peilgeräusche des Sonars ermöglichen eine akustische Orientierung. Kann man sich ein U-Boot manövrierunfähig zwischen all den Fundamenten eines Offshore-Windparks vorstellen, oder gleich mehrerer benachbarter Windparks? Besser nicht.

Besser wäre es, die Windenergieanlage würde in diesem Fall in der Tiefe ein Schallsignal aussenden, um einen Zusammenstoß des taumelnden U-Bootes mit der Anlage zu vermeiden. Und das können nicht nur U-Boote, sondern auch unbemannte Unterwasserfahrzeuge, Tauchroboter, Minensuchgeräte sein …

Die Entwicklung eines solchen Sonartransponders an den Windenergieanlagen, der von einem „Unterwasserfahrzeug in Not" angepeilt wird und dann Warn-Schallsignale ausstrahlt, stand im Vordergrund eines Forschungsprojektes von alpha ventus. Dabei ist der Einsatz von Sonartranspondern auf Notfallsituationen beschränkt: Nur wenn ein U-Boot in der Windpark-Umgebung manövrierunfähig nicht mehr auftauchen kann und Signale sendet, soll der Sonartransponder mit Schallsignalen antworten – und nicht etwa ständig senden.

Wobei dann diese Signale auch bei hohem Seegang und lauten Wellen gut empfangen werden müssen – und gleichzeitig nicht die geräuschempfindlichen Schweinswale und Seehunde im Meer schädigen dürfen. Zwei völlig gegensätzliche Ziele also, für die es galt und gilt, eine Lösung zu finden.

25.2 Ein Transponder kommt selten allein

Der entwickelte Sonartransponder besteht aus einem Steuergerät in einem PC-Gehäuse an Land, bis zu vier Leistungsverstärkern und bis zu vier Schallwandlern, die unter Wasser an der Tragstruktur der Offshore-Anlage befestigt werden. Auch hier vollzog sich die Entwicklung in Schritten: Der erste Prototyp war nur für einen Schallwandler konstruiert, der unter Wasser einen Winkelbereich von maximal 90 Grad abdeckte. Für alpha ventus waren jedoch 180 Grad bei einem Schallpegel von 200 dB (Dezibel) an der „Quelle", am Fundament verlangt. Beim zweiten Prototypen veränderte man die Geometrie des robusten Wandlergehäuses und erreichte immerhin eine maximale Winkelabdeckung von 120 Grad. Gleichzeitig schaffte man aber am Steuergerät weitere Anschlussmöglichkeiten für bis zu vier Schallwandler. Damit wird der verlangte „Strahlbereich" bzw. eine Winkelabdeckung von 180 Grad deutlich übertroffen. Die bis zu vier Schallwandler können nebeneinander eingesetzt werden – mit speziell für diese Anwendung entwickelter Software. Sie wandeln die empfangenen akustischen Signale in elektrische Signale um und umgekehrt.

Die Schallwandler können an der Gründungskonstruktion in unterschiedlichen Richtungen angebracht werden (◼ Abb. 25.1). Damit ist auch die Abdeckung „runder Ecken" im Windpark oder besonderer Anlagen-Aufstellungs-Anordnungen möglich.

Der Sonartransponder überwacht selbsttätig seine Funktion, insbesondere seine Betriebsspannung, die Steckverbindungen zu den Schallwandlern, die Software-Aktivität und den Empfangspegel.

Gesagt, getaucht. Während der erste Laborprototyp noch an Land an den vorbereiteten Gründungen einer Anlage (AV10) angebracht wurde, brachten beim leistungserweiterten Sonartransponder

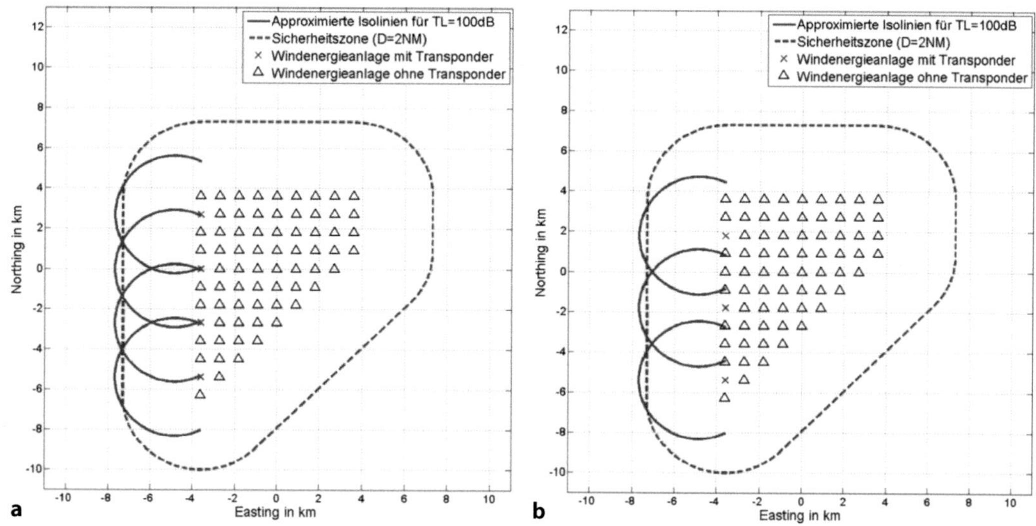

Abb. 25.1 Beispielhafte Anordnung der Sonartransponder an gerader Windpark-Kante: Transponderabstand 1,5 Seemeilen (**a**) und 2,0 Seemeilen (**b**). © LUH

Wisi TH 1 Taucher das Gerät nachträglich am Fundament einer Offshore-Anlage an. Beides ist also machbar: Die Ausrüstung an Land und/oder die nachträgliche Anbringung im tiefen Wasser. Eine vollständige Vorbereitung an Land birgt aber die Gefahr in sich, dass der Sonartransponder bei den Rammarbeiten zur Anlagenerrichtung auf See beschädigt wird. Eine nachträgliche Komplett-Verlegung der Sonartransponder unter See ist wiederum sehr aufwändig. So gestaltete sich ein Kompromiss als beste Lösung: Weitgehende Vorbereitung an Land wie das Anbringen von Halterungen für die Schallwandler und die Verbindungskabel, die Abschlussarbeiten erfolgen dagegen nach den Rammarbeiten unter Wasser – mit Tauchereinsatz, um die sensible Sensorik zu schützen.

Story am Rande (I): Letzte Entscheidung beim Flottenkommando

Die Vorgaben macht nicht der „Verteidigungsfall". Grundsätzlich erstellt die Forschungsanstalt der Bundeswehr für Wasserschall und Geophysik (FWG) die Funktionsvorgaben für „die akustische Kenntlichmachung von künstlichen Unterwassergefahrenquellen". In Absprache mit der Marine, genau genommen der Wehrbereichsverwaltung Nord, gab es aber leichte Veränderungen an den Funktionsvorgaben für Sonartransponder. Ob ein Sonartransponder alle vier Seemeilen an den Randzonen eines Offshore-Windparks angebracht werden muss, entscheidet die Einzelfallprüfung des Flottenkommandos. Im Unterschied zu den Vorgaben der Forschungsanstalt der Bundeswehr gibt es auch keine automatische Aktivierung des Sondertransponders über Funk – die ursprünglich bei Fahrt in Seerohrtiefe vorgegeben war.
Björn Johnsen

25.3 Zwischen Meer und PC: Schallschlucker und Simulationen

Auch hier hat man ein Simulationsmodell entworfen und mit Messungen vor Ort verglichen. Das Berechnungsmodell beschreibt die Wasserschallausbreitung im Nah- und Fernfeld der Quelle – am Fundament der Windenergieanlage – mit all ihren Besonderheiten. So wird in unmittelbarer Nähe der „Geräuschquelle", also des Sonartransponders, der Schall eher reflektiert oder gebeugt, beispielsweise

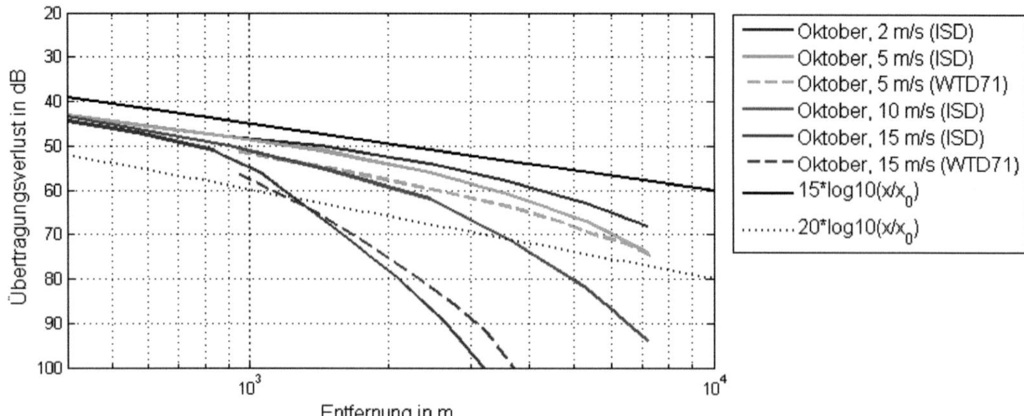

■ **Abb. 25.2** Vergleich von simulierten Übertragungsverluste für unterschiedliche Windgeschwindigkeiten. © LUH

durch benachbarte Fundamentstreben. In größeren Entfernungen treten dagegen Brechungs- und Absorptionseffekte auf: Der Schall wird „geschluckt". Zur Abbildung des Schallwandlers an der Gründungskonstruktion wurde in der Simulation ein Ausschnitt von 2 Metern an der Gründung vorgenommen.

Die Simulationsergebnisse für den Einsatz in alpha ventus zeigen eine hohe Übereinstimmung mit früheren Arbeiten und Vorgaben der Forschungsanstalt der Bundeswehr: Die Ausbreitung der Transpondersignale hängt stark von Windgeschwindigkeit (■ Abb. 25.2) und Wellenhöhe ab. Je stärker diese sind, umso schwieriger ist das Signal zu orten. Also: Je stärker und lauter Wind und Wellen sind, umso schlechter wird das Signal übertragen und desto schwächer wird das Signal empfangen.

Für eine sichere Erkennung des Transpondersignals in einer Entfernung von zwei Seemeilen (knapp vier Kilometer) ist bei solch ungünstigen Wetterbedingungen daher ein Pegel von 200 dB (Dezibel) an der „Startquelle" unumgänglich.

25.4 Gutes Wetter geht anders – Messung bei Seegang 4

Zur Überprüfung aller Theorien wurden zwei Messkampagnen auf See durchgeführt: Bei „gutem" Wetter im Oktober 2010 bei Windstärke 3–4 und Seegang 2, und bei schlechten Wetter im Februar 2011, bei Windstärke 5–6 und Seegang 4, wo die Wellenhöhe schon mal zwei Meter und die Wellenlänge 28 Meter erreichen kann.

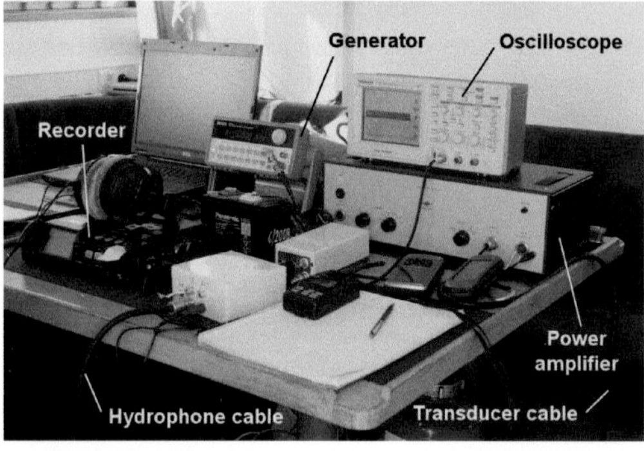

■ **Abb. 25.3** Offshore Messkampagne: Messgeräte an Bord der MS Emswind. © LUH

Mit jeweils zwei Hydrophonen in 5, 10, 15 und 20 Metern Tiefe hat man die Sonartranspondersignale gemessen, zusätzlich kam noch eine Messboje in 450 Metern Abstand zur Windenergieanlage zum Einsatz. Hier konnte der Schallwandler im Hinblick auf Ausrichtung, Verbreitungsverluste und „Empfangsempfindlichkeit" vermessen werden (■ Abb. 25.3, 25.4).

Die beiden Messkampagnen zeigten eine deutliche Übereinstimmung mit den Simulationsergebnissen. Sie bestätigten, dass ab einer Entfernung von mehr als 2 Kilometern eine erheblich stärkere Dämpfung des Signals und damit Einschränkung seiner Reichweite eintritt. Auch wenn die Forscher die Messung nicht mehr bei der geforderten „kritischen" Bedingung mit einer erhöhten Windge-

Abb. 25.4 Ein Sendewandler mit Ballastgewicht wird vom Schiff ins Wasser gelassen. Mit diesem Gerät können die Sonartransponder aus verschieden Entfernungen aktiviert werden. © LUH

schwindigkeit von 15 Metern pro Sekunde durchführen konnten. Hierfür wurden die anhand der Messungen validierten Werte dann hochgerechnet. Fazit: Am „Quellpegel" von 200 dB am Fundament führt kein Weg vorbei, wenn das Signal noch in erheblicher Entfernung bei starkem Seegang zu hören sein soll. Zudem ergaben die Messungen, dass sich zeitgleich sendende Sonartransponder nicht gegenseitig „überlagern" oder negativ beeinflussen – dazu gibt es zwischen den Schallwellen immer noch zu große zeitliche und geometrische Unterschiede. An anderen Windpark-Standorten kann es aufgrund unterschiedlicher Wassertiefe oder Untergrundbeschaffenheit natürlich zu anderen Schallausbreitungen als bei alpha ventus kommen.

Story am Rande (II): Sonar-Latinum im Mare Germanicum

Die Sprache war vor der Erfindung. In der Antike kannten die Römer bekanntlich noch keine Transponder. Dennoch setzt sich der Begriff aus lateinischen Wörtern zusammen: Transmittere (= senden) und respondere (= antworten). Bei den Offshore-Windparks kommen also Sonartransponder im Mare Germanicum zum Einsatz, wie die Nordsee zu Römerzeiten hieß. Was allerdings historisch nicht ganz genau ist. Denn die älteste Bezeichnung für die Nordsee stammt aus dem Griechischen, aus der Weltkarte des Geografen und Astrologen Klaudios Ptolemaios (Ptolemäus) im 2. Jahrhundert nach Christus: Germanikos Okeanos. Eine alt-griechische Bezeichnung für Sonartransponder ist nicht bekannt.

Björn Johnsen

25.5 Gretchen-Frage auf alpha ventus: Wie hältst Du's mit der Öko-Bewertung?

Wie wirken sich die Warnsignale des Sonartransponders auf die beiden Meeres-Säugetierarten Schweinswal und Seehund aus? Neben dem „Rammschall" bei der Anlagenerrichtung und dem „Betriebsschall" also eine der drei wichtigen „Schallfragen" um alpha ventus. Und möglicherweise, frei nach Goethes Faust, eine der Gretchenfragen von alpha ventus.

Denn der Schweinswal ist die einzige in deutschen Gewässern heimische Walart. Kegelrobben mit Jungenaufzucht gibt es nur noch auf wenigen Inseln und Sandbänken im Wattenmeer und nicht bei alpha ventus. Deutschlands häufigste Robbenart ist der Seehund, im Gebiet von alpha ventus sind Schweinswale allerdings häufiger anzutreffen als Seehunde.

Schall ist für Schweinswale wie für Seehunde von lebenswichtiger Bedeutung. Er ermöglicht ihnen Orientierung und Kommunikation, sowie Information über die unmittelbare Umgebung wie Wellenbewegungen, Entfernungen zur Küste oder Raub- oder Beutetiere in der Nähe. Zudem verbreitet sich der Schall etwa 4,5mal schneller als in der Luft. Lärm erreicht Schweinswal & Co also wesentlich schneller. Der Hörsinn ist bei vielen Meerestieren sehr gut ausgeprägt, weil gute Sicht im Meer nur begrenzt und in tieferen Wasserschichten mangels Lichteinfall gar nicht vorhanden ist.

Wie verhält sich dies nun mit den Sonartranspondern an Offshore-Anlagen? Die ausgewählten Sonartranspondertypen produzieren erst nach ihrer Aktivierung Signale, und zwar in einem sehr engen Frequenzbereich zwischen 7 und 8 kHz. Dabei werden mehrfach kurze Sinustöne abgespielt, von jeweils etwa einer Sekunde Dauer. Inklusive Pausen dauert das Signal rund 5 Minuten, Dauer und Wiederholungsrate der Signale können durch Programmierung geändert werden. Die Sonartransponder haben – wie die „Verscheuchungs- und Vergrämungsgeräte" für marine Säugetiere wie Pinger und Sonargeräte – einen relativ engen Bereich in mittleren Frequenzen, sind für diese gut hörbar, und unterscheiden sich deutlich von vielen anderen niederfrequenten Schallquellen, zum Beispiel Schiffsmotoren oder Offshore-Windenergieanlagen in Betrieb.

25.6 Die „Seehund-Glocke" läutet zum „Dinner" am Fischnetz

In der Fischerei werden bereits gepulste Tonsignale zum Schutz von Seehunden und Schweinswalen eingesetzt: Damit sollen sogenannte Pinger kleine Wale vor Fischereinetzen warnen. Denn die Tiere sind nicht in der Lage, Netze über Entfernungen von ein paar Metern hinaus wahrzunehmen. Ähnlich arbeiten „Seal scarer", die mit regionalen Schallerhöhungen Aquakulturen und Fischfarmen vor Robben schützen sollen. Der Effekt ist umstritten, manche Forschungsergebnisse berichten von einem Gewöhnungs- und „Essensglocken"-Effekt: Statt aus dem Gebiet vergrämt zu werden, fühlen sich manche Robben, die sich an den „Seal scarer" gewöhnt haben, geradezu zum Fischdinner am Netz eingeladen …

25.7 Kurzfristige Gefahr an der Gründung

Im Unterschied zu diesen Warnsystemen der Fischindustrie soll der Sonartransponder jedoch nur kurzzeitig als Notfallsystem für manövrierunfähige Unterwasserfahrzeugen eingesetzt werden. Bereits kurzzeitige Schallereignisse können jedoch bei Schweinswalen und Seehunden zu einer vorübergehenden oder anhaltenden Hörschwellenverschiebung führen. Die Forschung geht hierfür von einem Grenzwert von 179 dB (Dezibel) aus – der unter dem Transponder-Maximalwert von 200 dB „direkt an der Gründung" liegt. Hörschäden wären also für den Fall nicht ausgeschlossen, wenn die Schweinswale direkt an den Fundamenten schwimmen, der Sonartransponder zu starten beginnt – und die Tiere dann noch längere Zeit direkt an der Offshore-Gründung verbleiben. Allerdings gibt es einen vierstufigen Soft-Start des Gerätes, das also nicht von Anfang an auf voller Leistung mit 200 dB Schallpegel sendet. Die Forschung geht daher davon aus, dass die Tiere dann beim langsamen Stufen-Start des Sonartransponders umgehend dessen Bereich verlassen und es dadurch zu keiner Hörschwellenschädigung bei Schweinswalen und Seehunden kommt.

25.8 Ganz normales Verhalten: Abhauen, Stress, Vermeidung

Da die Signale für Schweinswale und Seehunde noch in einem weiteren Umkreis hörbar sein werden, werden diese dort zwar kaum zu Hörschädigungen, wohl aber zu Verhaltensänderungen dieser Tiere führen. Schweinswal-Untersuchungen mit seal scarern gehen von einem Verlassen des Sendebereichs in einem Umkreis von etwa 7 Kilometern aus, der sogenannten Vergrämung. Starke Verhaltensänderungen wie schnelleres Schwimmverhalten erwar-

Tab. 25.1 Einschätzung der Entfernung, in der Auswirkungen von Sonartranspondern auf Schweinswale und Robben auf der Basis der Messwerte zu erwarten sind. © LUH

	TTS* gute Wetterbedingungen	Vergrämung gute Wetter-bedingungen	Starke Verhaltens-änderungen Gute Wetter-bedingungen	Leichte Verhaltens-änderungen Gute Wetterbedingungen
Schweinswal	Wenige Meter unwahrscheinlich, aber nicht ausgeschlossen	Bis 7 km (130 dB re 1 µPa)	Bis 10 km (124 dB re 1 µPa)	Bis 12 km (< 119 dB re 1 µPa)
Seehund	Wenige Meter unwahrscheinlich, aber nicht ausgeschlossen	Bis 2 km (142 dB re 1 µPa)	Bis 4 km (136 dB re 1 µPa)	Bis 6 km (133 dB re 1 µPa)

TTS Temporary Threshold Shift, die vorübergehende Verschiebung der Ruhehörschwelle
Quelle: Abschlussbericht zum Forschungsvorhaben Erforschung von Sonartranspondern für Offshore-Windparks und technische Integration in einem Gesamtkonzept

ten sie noch in einem Umkreis von bis zu 10 km von der Signalquelle. Bei Seehunden liegen diese Bereiche mit 2 bzw. 4 Kilometern deutlich enger (Tab. 25.1). Nach Ausschalten der Signaltöne – im programmierten Standardfall in 5 Minuten – besteht die Möglichkeit, dass die Tiere wieder zurückkehren.

25.9 Empfehlungen, auch für andere

Wenn ein „U-Boot-Notfall" eintritt, muss der Sondertransponder funktionieren. Reine Funktionstests sollte man dann durchführen, wenn die Schweinswale in der Regel keine Jungtiere gebären und aufziehen. Und natürlich müssen die Sonartransponder ausgeschaltet bleiben, wenn Taucher an den Wartungsarbeiten an den Tragstrukturen der Windenergieanlagen vornehmen.

Durch die Anschlussmöglichkeit von bis zu vier Schallwandlern ist es möglich, mit ihnen auch stark gerundete „Ecken" eines Windparks oder ungewöhnliche Anlagen-Aufstellungen im Offshore-Windpark abzudecken. Weil die Sonartransponder nur selten aktiviert werden und aufgrund ihrer stufenweisen Soft-Start-Möglichkeiten ist mit keiner wesentlichen Beeinflussung von Meeressäugetieren zu rechnen. Falls Sonartransponder allerdings – anders als geplant – andauernd oder regelmäßig genutzt werden sollten, wäre das eine andere Situation und würde eine biologische Neubewertung erfordern.

25.10 Quellen

- Abschlussbericht zum Forschungsvorhaben Erforschung von Sonartranspondern für Offshore-Windparks und technische Integration in ein Gesamtkonzept, 141 S., September 2011, Förderkennzeichen: 0325104A (Teil A), 0325104B (Teil B) Verbundpartner (Teil A) und Projektleitung: Institut für Statik und Dynamik (ISD) der Leibniz Universität Hannover; Verbundpartner (Teil B): THALES Instruments GmbH, Oldenburg
- Nissen, I. (2004). Akustische Kenntlichmachung von künstlichen Unterwassergefahrenquellen – Modellierung und Leistungsdaten. KB 2004-1 der Forschungsanstalt der Bundeswehr für Wasserschall und Geophysik.

Zuviel vom Salz der Erde

Umgebungseinflüsse auf Offshore-Windenergieanlagen

Heiko Hinrichs, Thole Horstmann, Uta Kühne, Monika Mazur, Henry Seifert, Text bearbeitet von Björn Johnsen

M. Durstewitz, B. Lange (Hrsg.), *Meer – Wind – Strom*,
DOI 10.1007/978-3-658-09783-7_26, © Springer Fachmedien Wiesbaden 2016

Projektinfo: Umgebungseinflüsse auf Offshore-Windenergieanlagen (UFO)
Projektleitung:
Hochschule Bremerhaven, Institut für Windenergie (fk-wind:)
Prof. Henry Seifert
Uta Kühne
Projektpartner:
- Adwen GmbH
- DNV GL
- IMARE – Institut für Marine Ressourcen GmbH
- MPA – Amtliche Materialprüfungsanstalt der Freien Hansestadt Bremen
- Projekt GmbH
- Senvion GmbH
- UL International GmbH (DEWI)

Salziges, spritziges Gischtwasser, erhöhte Luftfeuchtigkeit, immenser Salzgehalt in der Luft, dazu immer wieder Windböen aus wechselnden Richtungen, hohe Windgeschwindigkeiten, starker Seegang – die Umgebungsbedingungen, denen die hochtechnologischen Windenergieanlagen in der Nordsee ausgesetzt sind, sind alles andere als soft. Wie diese rauen Umweltbedingungen – insbesondere das ständige Salz, das Rost und Zersetzung in den Anlagen hervorrufen kann – aber vielleicht auch Mikroorganismen auf die Anlagenkomponenten wie Gondel, Nabe, Rotorblatt wirken, ist ebenfalls Thema auf alpha ventus.

Deshalb hat man in einem Forschungsabschnitt mit zwei Unterprojekten versucht, diese Umgebungseinflüsse auf die Windenergieanlagen zu erfassen und zu analysieren. Zu diesem Zweck hat man nicht nur eine Anlage auf alpha ventus, sondern auch die Forschungsplattform Fino 1 mit einbezogen, und eine Nearshore-Windenergieanlage, nur vier Kilometer von der Küste entfernt, gleich mit. Außer dem eigentlichen Messen sollte auch ein „Detektionssystem" zur frühzeitigen, besseren Erfassung von Salzablagerungen erfunden und Verbesserungen für Offshore-Anlagen in diesem Bereich zumindest „angedacht" werden.

26.1 Nur anschauen, nicht anfassen

Auch dieses Forschungsprojekt umfasste den Dreiklang aus Feldtest, Laborversuch und Modellbildung. Dabei standen zunächst kleine rechteckige Platten im Zentrum der wissenschaftlichen Begierde. Fein zurechtgeschnitten und ordentlich gesäubert bestanden sie jeweils aus unterschiedlichen Metallen und Faserverbundstoffen – Materialien, die an und in Offshore-Windenergieanlagen zum Einsatz kommen. Diese Plättchen hat man als Materialproben an einer Anlage in alpha ventus, auf der Forschungsplattform Fino 1 und der erwähnten Nearshore-Windenergieanlage in der Nähe des niedersächsischen Wilhelmshaven angebracht – und dann in Ruhe gelassen. Ziel war die Beobachtung, wie im Laufe der Zeit das Gras – pardon: das Salz wächst. Also die Zunahme von Salzablagerungen. Die Materialproben wurden an der alpha ventus-Anlage Adwen AD 5-116 (im Windpark die Anlage AV7) an einem Deckenträger in der Gondel sowie auf verschiedenen Höhen an allen neun Plattformen im Turminneren befestigt (◘ Abb. 26.1), um dort Salz- und Mikrobenbefall zu erkennen und zu messen. Damit das Ergebnis beim Langzeit-In-Ruhe-Lassen in der Windenergieanlage nicht durch menschliches Anfassen oder Eingreifen beeinflusst wird, durfte der Hinweis für Monteure & Ingenieure „Finger weg!" an den Materialproben nicht fehlen.

26.2 Metallplatten wie Handtücher aufgehängt – zum Rosten

Auch auf der Forschungsplattform Fino 1 bei alpha ventus hat man 2013 verschiedene Materialproben angebracht. Um die realen Offshore-Umgebungseinflüsse auf unterschiedliche Materialen zu erforschen, wurden die Proben aus Metall- und Faserverbundplatten im Freien an der Reling und im Messmast in verschiedenen Höhen aufgehängt (◘ Abb. 26.2). Dort hingen sie wie Handtücher zum Trocknen – nur in diesem Fall zum Rosten.

Abb. 26.1 Befestigung der Materialproben an einem Querträger in der Gondel der AV7. © fk-wind

Abb. 26.2a–d Ensemble von Materialproben (Metallbleche und Faserverbundplatten) auf der Forschungsplattform Fino 1. © fk-wind

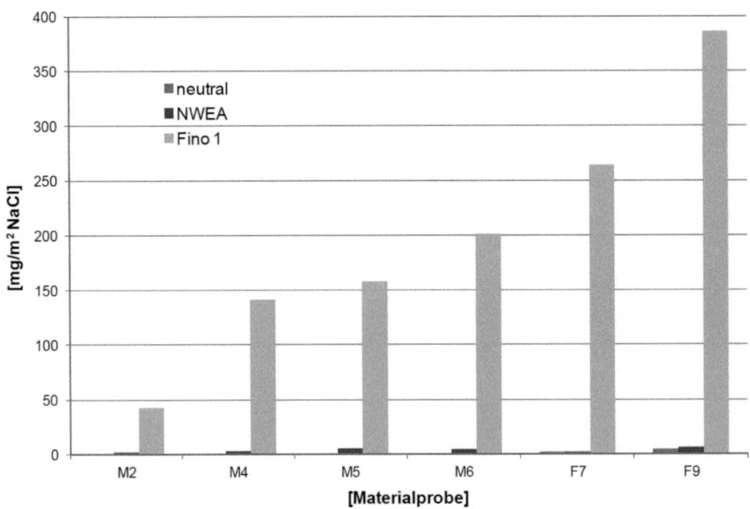

Abb. 26.3 Salzablagerungen auf Materialoberflächen im Standortvergleich. © fk-wind

26.3 Das Bremerhavener Salzkammergut

Anschauen ist gut, messen ist besser. Wahrscheinlich kann man an den meisten Materialproben, wenn sie ein Jahr an einer Reling auf hoher See oder im Inneren einer Windenergieanlage hängen, mit bloßem Auge eine Oberflächen-Veränderung feststellen. Aber wie sehr? Zur genauen Bestimmung des Salzgehaltes auf den Materialproben wurde in der Hochschule Bremerhaven die „Ionenchromatographie" eingesetzt: Jede Metallplatte wurde in 10 ml ionisiertem Wasser gespült, die flüssigen Proben gefiltert und anschließend extern im Labor auf Natriumchlorid untersucht – dieses Salz ist im Meerwasser reichlich vorhanden.

Das Ergebnis: Beim Standortvergleich zwischen Fino 1 und der Nearshore-Windenergieanlage (NWEA) an Land und „neutral" sieht man sehr deutlich, dass die abgelagerten Salzmengen auf den Proben von Fino 1 um ein Vielfaches höher sind als an Land und nearshore (Abb. 26.3): Je nach Probe um das 25- bis 40fache! Ebenso zeigte sich, dass die abgelagerte Salzmenge auf rauer und poröser Oberfläche größer ist als auf glatter. Auf Fino 1 haben sich die Aluminiumproben noch am wenigstens verändert (nur 42,3 mg Natriumchlorid pro m^2), ganz im Unterschied zu Edelstahl, Stahl und Eisen mit Werten zwischen 141 und 200 mg/m^2. Auch auf den Faserverbundwerkstoffproben (FVW), die über leicht angeraute Flächen verfügen, lagert sich bereits Salz an.

Allerdings unterlagen die Fino 1-Proben Extremereignissen: Die Platten hingen draußen an der Reling und waren Regen, Sturm und Wind ungeschützt ausgesetzt. Dabei kann es dann auch zur Abwaschung von Salzablagerungen kommen, d. h. die tatsächliche Salzmenge auf den Plattenflächen kann zwischenzeitlich größer gewesen sein als am Ende gemessen.

Auch bei den Materialproben innerhalb einer Windenergieanlage in alpha ventus, auf deren Plattformen bei den Luftaufbereitungssystemen im Turm, wurde Korrosion festgestellt (Abb. 26.4). Trotz Luftaufbereitungssystem kann also ein gewisser Anteil an Feuchte in den Turm gelangen.

26.4 Abtupfproben: Bitte die Mikroben nicht wegwischen

Ferner wurden die Fino 1-Plattform, die Offshore-Windenergieanlage AV7 in alpha ventus und die Nearshore-Windenergieanlage bei Wilhelmshaven mit Abtupfproben auf mikrobiellen Befall, also kleinste Mikroben, hin untersucht. Die entnommenen Proben wurden jeweils auf drei verschiedenen Nährmedien für Pilze und Bakterien ausplattiert, in einem Brutschrank bei 25 Grad „ausgebrütet" und anschließend ausgewertet. Nearshore stellte man dabei sowohl Pilze als auch Bakterien fest. Wie schon bei vorangegangenen Untersuchungen gab es erneut einen starken Pilzbefall der Turminnenwand

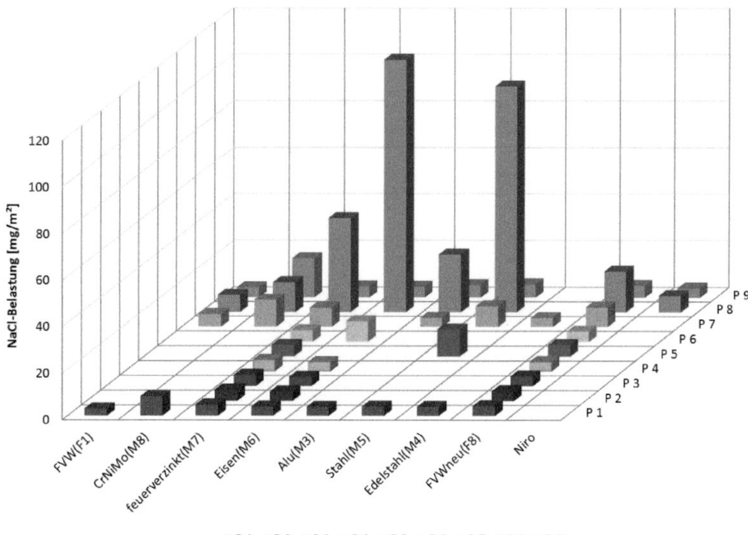

Abb. 26.4 Salzablagerungen in der Offshore-Windenergieanlage AV7 in Abhängigkeit von Material und Ausbringungshöhen innerhalb des Turms. Die Materialproben wurden auf unterschiedlichen Arbeitshöhen (Plattformen P1–P9) des Turms ausgebracht. © fk-wind

vom Turmfuß bis in Höhen über 40 Meter. Nur direkt unter der Gondel fanden sich keine Pilzspuren an der Turmwand.

Bei den Abtupfproben von der Offshore-Windenergieanlage konnte bei zwei Probenentnahmen von Oktober 2011 und August 2014 kein aktiver mikrobieller Befall festgestellt werden. Nur in den zwischenzeitlichen Abtupfproben vom November 2012 wurde in vier Proben ein geringer bis mäßiger mikrobieller Befall nachgewiesen, alle anderen Wischproben waren quasi steril.

Auf Fino 1 wurde nur in einer Probe ein mikrobieller Befall durch einen Pilz und ein Bakterium gesichtet. Alle anderen Proben waren auch hier in dieser Hinsicht quasi steril. Den vereinzelten Pilzbefall hat man in 20 Meter Höhe auf einem Kabelkanal aus Edelstahl beobachtet. Auf allen anderen Ebenen war nichts festzustellen, insbesondere in größeren Höhen. Dies deutet darauf hin, dass in größeren Höhen nur eine geringe Anzahl von Mikroorganismen in der Atmosphäre vorkommt. Und wenn sie vorkommen, können sich eventuell „frisch angesiedelte" Mikroorganismen aufgrund der harten Umgebungsbedingungen mit Wind, Regen und Wellengang nicht auf den glatten Oberflächen der Maststrukturen „halten".

26.5 Temperatur & Feuchtigkeit im Rotorblatt

Für die Messung der Temperatur und Feuchtigkeit hat man einen Temperatur-Feuchte-Datenerfassungssensor in einem Rotorblatt der Nearshore-Windenergieanlage bei Achtermeer angebracht. Zwei weitere Datenlogger wurden in Gondel und Nabe der AV7 auf alpha ventus montiert, um auch hier Temperatur und Feuchtigkeit zu messen.

Die Werte der Nearshore-Windenergieanlage zeigen, dass ein enger Zusammenhang zwischen Temperatur und Feuchtegehalt im Rotorblatt besteht. Nimmt die Temperatur ab, steigt häufig der Feuchtegehalt an. Die Luftfeuchtigkeit im Inneren des Flügels schwankt dabei zwischen 35 und sogar 97 %. Dieses ausgeprägte Temperatur-Feuchtigkeitsverhältnis bietet prima Lebensbedingungen für Mikroorganismen. Diese können aber nicht nur Lebensmittel oder Menschen, sondern auch Beschichtungen und Metalle schädigen. Korrosion durch Mikroorganismen ist von Ölplattformen bereits bekannt und könnte für Offshore- und Nearshore-Windenergieanlagen wichtig werden. So ist das Innere eines Rotorblattes nicht gegen das Eindringen von Feuchte und damit gegebenenfalls von Mikroorganismen geschützt. Ein vermehrter Feuchteeintrag kann dort zudem zu einer verstärkten Materialermüdung führen.

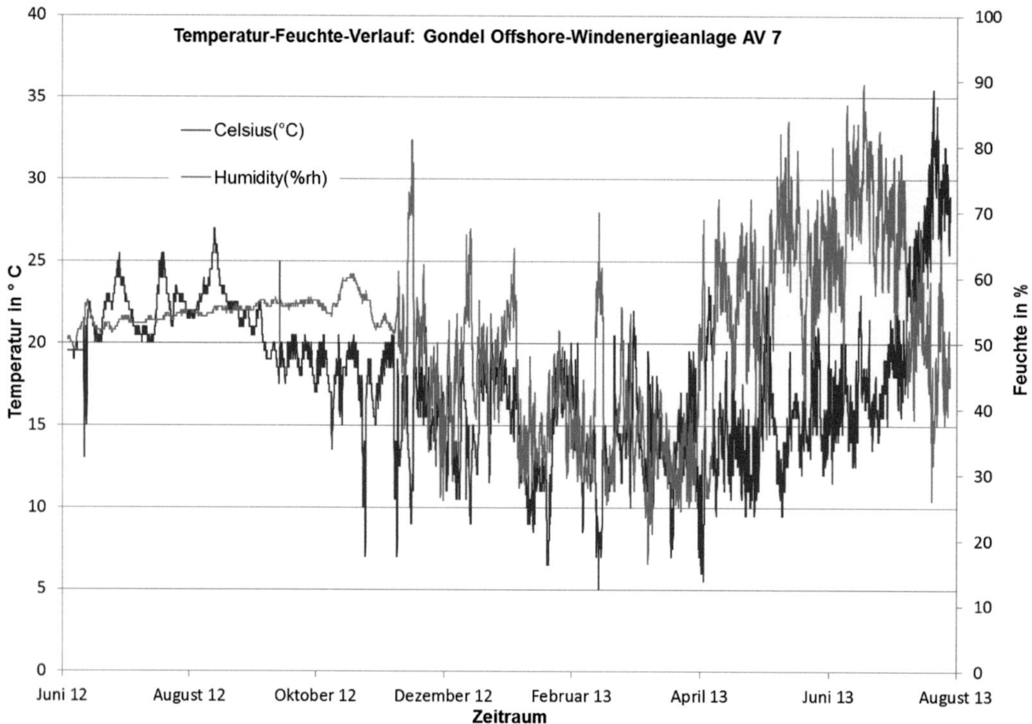

Abb. 26.5 Temperatur-Feuchte-Verlauf in der Gondel der Adwen AD 5-116. © fk-wind

26

Story am Rande (I): Maschinelles Eigenleben

Mensch und Maschine haben bekanntlich ihr Eigenleben. Eigentlich sollte ein Messwertaufnehmer für den Temperatur-Feuchtigkeits-Datenlogger direkt im Rotorblatt der Offshore-Anlage eingebaut werden. Dies war aus Zeitgründen aber leider nicht mehr möglich, der Flügel war bereits fertig produziert. Also hat man den Datenlogger in der Nabe platziert, gewissermaßen in Flügelnähe. Gesagt, getan und überprüft. Obwohl er vor dem Einbau nochmal kontrolliert wurde, konnte der Datenlogger an der Nabe während der Versuchslaufzeit nicht mehr in den Messmodus wechseln. Ursache: Ein spontaner physikalischer Gerätedefekt.
Björn Johnsen

26.6 Temperatur & Feuchtigkeit in der Gondel

Eine ähnliche Tendenz – Zunahme der Feuchtigkeit bei sinkender Temperatur – ist auch in der untersuchten Gondel der Offshore-Anlage (AV 7) auf alpha ventus zu beobachten (Abb. 26.5). Hier schwankt die Luftfeuchtigkeit übers gesamte Jahr zwischen 16,5 und 86,5 %. Diese starken Schwankungen sind von den Jahreszeiten und den Tag- und Nachtverläufen abhängig. Zusätzlich werden die Temperaturschwankungen in der Gondel noch durch die Abwärme des Antriebstranges und weiterer Komponenten beeinflusst. Die Zusammenhänge bedürfen noch weiterer Forschung, insbesondere in der Gondel.

26.7 Dem Salz auf der Spur: Der Detektiv, der niemals schlief

Für das Projekt wurde auch ein mobiles, autarkes „Detektiv-System“ zur Entdeckung und Erfassung

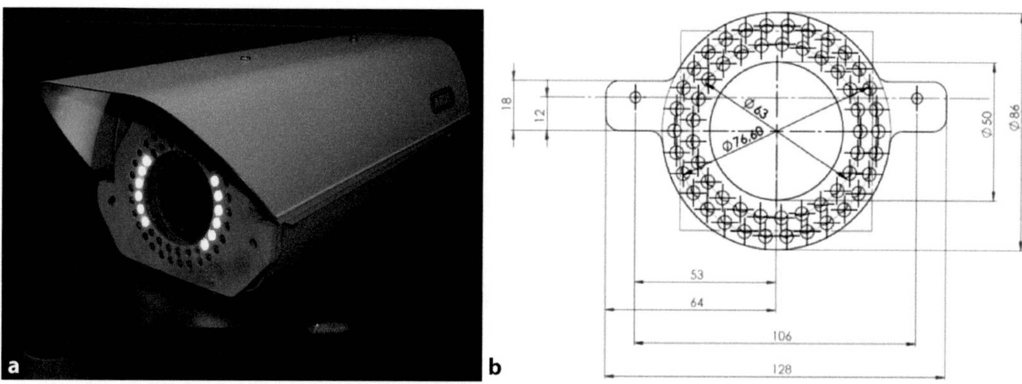

■ **Abb. 26.6** Kameragehäuse mit LED-Ringlicht (**a**), technische Zeichnung der LED-Anordnung (**b**). © Fraunhofer IWES (Fotos: Monika Mazur)

von Salzablagerungen auf Materialoberflächen entwickelt. Hier beleuchtet ein Laserstrahl die Oberfläche und eine Kamera nimmt die Reflexion des Laserstrahles auf. Das zurück gestreute Laserlicht erfährt durch die raue Oberfläche einen Wegunterschied der einzelnen Strahlen, wodurch sich im Raum ein Fleckenmuster bildet, ein sogenanntes Specklefeld. Namensgeber ist die englische Bezeichnung „speckle" für Sprenkel, Flecken. Die Aufnahme dieser unterschiedlichen Muster ermöglicht es, Veränderungen und Ablagerungen auf der Oberfläche im „Submikrometerbereich" schon unterhalb von einem „mü" (μ) zu erkennen – also in einer Größenordnung unterhalb von einem Tausendstel Millimeter!

Mit Hilfe des Kreuzkorrelationskoeffizienten wird die Veränderung der Oberfläche zum vorherigen Bild verglichen. Für Tests und das „Salz-Züchten" hat man beispielsweise eine Oberfläche mit Salzwasser (mit einem Salzgehalt von 35 g/l – entspricht dem der Nordsee) aus einem Ultraschallvernebler bedampft, um die Situation in den Windenergieanlagen zu simulieren. Nach erfolgreichen Tests im Labor konnte sich das Detektivsystem bei ersten Messungen in einer laufenden Windenergieanlage bewähren.

Story am Rande (II): Getriebeschaden war schneller als die Ölprobe

Wohl dem, der gleich zwei Nearshore-Windenergieanlagen für Vergleichsversuche zur Verfügung hat? Denkste! Einen Temperatur-Feuchte-Datenlogger konnten die Forscher „nur" im Rotorblatt einer Anlage bei Achtermeer anbringen, weil dies in der vorgesehenen Nachbarmaschine bei Wilhelmshaven aus anlagentechnischen Gründen unmöglich war. Ferner sollten beiden Anlagen Ölproben entnommen werden, um sie auf Salzablagerungen zu untersuchen. Da die neuere der beiden Anlagen über ein spezielles Feuchteabscheidungssystem verfügt, wäre die Ölprobe an einer „herkömmlichen" Anlage ohne solch ein System interessanter gewesen. Eine spezielle Ölpumpe für ihre Probenentnahme hatten die Forscher bereits besorgt. Doch die Windenergieanlage kam ihnen zuvor: Sie ging kaputt. Aufgrund eines Getriebeschadens mit anschließender Reparatur konnte die Ölprobenentnahme 2013 nicht mehr realisiert werden.

Björn Johnsen

26.8 Salzablagerungen automatisch messen

Im zweiten Teilprojekt versuchte man, den entstehenden Salzablagerungen mit einem speziellen, extra entworfenem Kameramodell mit Weißlicht auf die Spur zu kommen – quasi als „Vor-Ort-Messsystem". Diese Kamera gibt's in keinem Fotogeschäft, und schon gar nicht „von der Stange":

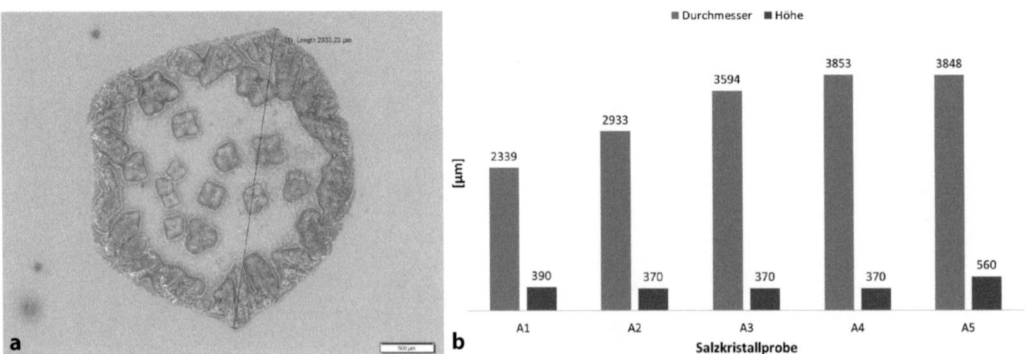

Abb. 26.7 Messreihe Offshore-Lack: Kontrastiertes Salzkristall (**a**) und Messergebnisse als Balkendiagramm (**b**). © Fraunhofer IWES (Foto: Monika Mazur)

Dieses automatische Kameraerfassungssystem für die Salz- und andere Ablagerungen in der Offshore-Mühle, noch dazu mit einem optimierten Objektiv mit Tag- und Nachtaufnahmen, musste erst noch erfunden werden.

Dafür verwendeten die Ingenieure ein Modell, das das Motiv/Material in einem Abstand von 13 Zentimetern aufnehmen kann, bei einer Objektiv-Brennweite von 16 mm. Mit einer Maximal-Brennweite von 50 mm ist das Objektiv relativ kurz – was bewusst eine große Flexibilität für verschiedene Aufstellungsorte innerhalb einer Offshore-Windenergieanlage ermöglicht. Das zu konstruierende Kameragehäuse sollte genügend Platz für Komponenten bieten, kompakt und geschützt vor Umwelteinflüssen sein, Entspiegelungs- und Filtermöglichkeiten, einen Anschluss an die Stromversorgung und noch dazu eine Heizung im Gehäuse besitzen! Damit war klar: Eine Schönheit wird das Kameramodell nicht, aber ausgesprochen individuell.

Für eine gute Beleuchtung der Aufnahmen hat man einen Lichtring mit weißen LEDs um das Objektiv herum konstruiert (Abb. 26.6). Die Parallelschaltung aller LEDs soll eine gute Lichtquelle für die Fotos garantieren, wenn mal einzelne LED-Lampen ausfallen.

Als Hardware-Anbindung gibt es für die Kamera einen Anschluss an einen Multifunktionsdatenlogger, der vier digitale Temperatursensoren und einen Feuchte-Temperatur-Sensor besitzt, für die Messung und Überwachung von Temperatur und Luftfeuchte am Aufnahmeort in der Offshore-Windenergieanlage.

26.9 Labor-Aufzucht von Salzkristallen

In weiteren Laborversuchen hat man versucht, Salzablagerungen künstlich zu erzeugen: Mit einem Luft-Kompressor und in Salzwasser getauchten, durchlässigen Belüftungssteinen. Mit der hineingepressten Luft und den zerplatzenden Luftblasen an der Wasseroberfläche wurde der gewünschte Salz-Sprühnebel erzeugt und auf das Probenmaterial gesprüht. Unter dem Mikroskop hat man dann Höhe und Durchmesser der entstandenen Kristalle genau erfasst. Durch anschließendes, weiteres Besprühen im Salznebel sollten sich die Salzablagerungen, so der Plan, kontinuierlich ausdehnen und vergrößern. Doch trotz erhöhter Salz-Besprühungen erfolgte kein stetiges Wachstum der Salzkristalle (Abb. 26.7, im Balkendiagramm als „A1–A5" gekennzeichnet). Was zunächst einmal für den verwendeten Offshore-Schutzlack spricht. Auch in anderen Versuchsreihen wuchsen die Salzkristalle „nur" willkürlich und sporadisch, nicht kontinuierlich.

26.10 Treffpunkt alte Ölbrücke

Ergänzend zur Labor-Salzaufzucht gab es hier ebenfalls den „Feldtest" mit Materialproben vor Ort. In diesem Fall im salzhaltigen Hafenwasser an einer Verladebrücke bei Wilhelmshaven. Dieses Seebrücken-Fundament eignete sich sehr gut für die Anbringung von Materialproben und für alternative, ergänzende Versuche zur Forschungs-

■ **Abb. 26.8** Ansicht des Auslagerungsstandorts (**a**) und Probenplatte (**b**). © Fraunhofer IWES (Fotos: Peter Rohde)

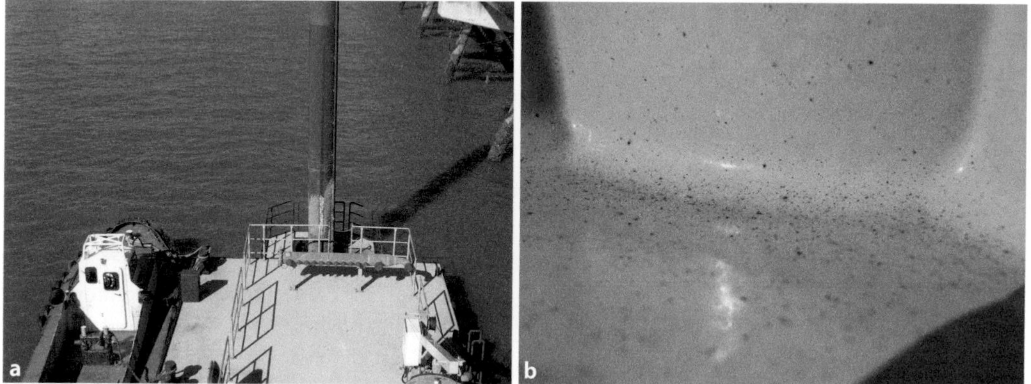

■ **Abb. 26.9** Plattform am Auslagerungsstandort (**a**), Nahaufnahme von Flugrost auf Kranausleger (**b**). © Fraunhofer IWES (Fotos: Peter Rohde)

plattform Fino 1, da an Land einfach und kostengünstig erreichbar und trotzdem in Meeresnähe: Das Seebrücken-Fundament dieser Verladebrücke ist mit marinem Bewuchs und im Spritzwasserbereich mit Salzablagerungen überzogen. Ferner gibt es reichlich Fremdeinwirkungen durch den Schiffsverkehr sowie weitere Umwelteinflüsse wie die Verwitterung und Abnutzung des vorhandenen Arbeitsmaterials durch Bauwerke, Rettungsbote und Kräne.

Auf der Verladebrücke wurden wie auf Fino 1 Materialproben quasi an der Reling aufgehängt (■ Abb. 26.8) und in regelmäßigen Abständen mit einem digitalen USB-Mikroskop auf Salzablagerungen untersucht. Unter dem Mikroskop waren Veränderungen zwar sichtbar, aber nur unstetig und oberflächlich. Auf einigen Oberflächen entwickelten sich Salzkristallfelder, die man aber später nicht mehr vorfand. Der Grund: Die Stürme im November/Dezember 2013. Faktisch wurden die Salzablagerungen auf dem Probenmaterial durch den starken Regen ausgewaschen.

Die nur schwere Zugänglichkeit von Offshore-Plattformen auf hoher See hat sich für so manche Arbeiten als Hindernis und als Risiko bei der Umsetzung der Projektarbeiten herauskristallisiert. Deshalb haben die Forscher vorgeschlagen, diesen mehr als 25 Jahre im Betrieb befindlichen Industriestandort direkt an der Küste mit in das Messprogramm der Feldversuche aufzunehmen (■ Abb. 26.9). Dies könnte „seenah" einen Vergleich zwischen „jungen" und „gereiften" Materialproben ermöglichen.

» Wir suchen die Schwachpunkte
Die Auswertung der Salzablagerungen an Gondel, Nabe, Rotorblatt ist noch nicht abgeschlossen. Sie wird wichtige Aussagen machen, wo sich hier mögliche Schwachpunkte einer Offshore-Windenergieanlage befinden. Ebenso wichtig wird es, unter Berücksichtigung von Temperatur- und Feuchte-Messungen, insbesondere in Gondel und Rotorblatt ein Monitoringsystem zu entwickeln, das diese Umgebungseinflüsse und ihre Folgen beherrschbar macht
Uta Kühne, fk-wind: Hochschule Bremerhaven
© fk-wind

26.11 Ausblick

Die Auswertung von Salzablagerungen an den wichtigen Verbindungsstellen Turm-Gondel, Rotorblatt-Nabe und Nabe-Gondel ist noch nicht vollständig erfolgt – ebenso wie die komplette Auswertung weiterer Materialproben aus wichtigem Komponentenmaterial wie glasfaserverstärktem Kunststoff, Edelstahl und verzinktem Stahl.

Mit Ausnahme einer Messung bei 30 m auf der Fino 1-Plattform steigt der gemessene Salzgehalt. Es ist zu vermuten, dass diese kristallinen Salzablagerungen auf den Oberflächen mit der „Übersättigung" feuchter Luft zusammenhängen und als wachsende, kompakte Schicht dann nicht so leicht durch Regen abgewaschen werden können. Mit zunehmender Windgeschwindigkeit und dem Wind als „Träger" der feuchten, salzhaltigen Luft wächst das Salz an den Anlagen schneller und wird kompakter und festhaftender. Wobei deren Oberflächenstruktur dazu beiträgt – auf Eisen und Stahl ist beispielsweise mehr Salz festzustellen als auf glattem Aluminium. Zudem darf nicht der Trugschluss entstehen, dass durch starken Regen das Salz leicht abgewaschen wird – im Gegenteil: Das regelrechte „Regen-Bombardement" mit festen, in der feuchten Luft enthaltenen Salzkristallen kann zu verheerenden Korrosionsschäden führen, selbst an korrosionsbeständigem Stahl/Nichteisenmetallen.

Fakt ist auch: Das Salz wächst schneller als man denkt, selbst im „geschützten" Inneren einer Offshore-Anlage. Auch wenn man es mit bloßem Auge noch nicht sehen kann, bewirkt es schon Rost und Korrosion an den exponierten Materialien. Ebenso könnten für Nearshore-Anlagen in Küstennähe entstehende Salzablagerungen wichtig werden. Die Entwicklung von zwei verschiedenen Salzablagerungs-Detektor-Systemen – laserbasiert und weißlichtbasiert – wurde erfolgreich getestet. Es besteht weiterhin ein grundlegender Bedarf, die Dynamik der Salzbildung aus „Sea spray" besser zu verstehen und zu charakterisieren. Die Bildanalyse kann dabei einen Beitrag zur Erfassung des Salzniederschlags und des Verhaltens von Werkstoffen und Bauteilproben unter dem Einfluss von klimatischen Offshore-Bedingungen leisten. Ebenso könnten die Daten aus den Temperatur-Feuchte-Verläufen im Rotorblatt und die mit dem Salz-Detektionssystem ermittelt wurden an die Steuerungs- und Monitoringeinrichtungen der Windenergieanlagen weitergegeben werden. Dort könnten sie mit zur Offshore-Anlagenüberwachung beitragen. Auch Faserverbundwerkstoffe werden durch Erosion geschädigt, indem die Aufnahme von Feuchtigkeit die Ermüdungsfestigkeit des Materials herabsetzt. Kurzum: „Das Salz des Meeres" und der mikrobielle Befall zeigen, dass hier ein großes Potenzial für Forschungsaufgaben liegt – und für Lösungsmöglichkeiten.

26.12 Quellen

- Umgebungseinflüsse auf Offshore-Windenergieanlagen, 3. Zwischenbericht, Hochschule Bremerhaven, fk-wind: Institut für Windenergie, 27 S., Berichtszeitraum 1.1.2013–31.12.2013, Fkz 0325255A, Juni 2014, Uta Kühne, Prof. Henry Seifert
- imare Institut für marine Ressourcen GmbH, 35 S., 3. Zwischenbericht 1.1.2013–31.12.201, vom 30.04.2014, Förderkennzeichen 0325255B, Dr. Hanno Schnars, Dr. Christof Baum

SOS auf Offshore-Plattform Sieben

Wie ein telemedizinisches Notfallkonzept aussehen könnte – und vielleicht auch in dünnbesiedelten Landstrichen weiterhilft

Christine Carius, Christoph Jacob, Martin Schultz,
Text bearbeitet von Björn Johnsen

M. Durstewitz, B. Lange (Hrsg.), *Meer Wind Strom,*
DOI 10.1007/978-3-658-09783-7_27, © Springer Fachmedien Wiesbaden 2016

Projektinfo: SOS – Sea and Offshore Safety: Telemedizinisches Notfallversorgungskonzept für das Personal auf Offshore-Windkraftanlagen
Projektleitung:
Charité – Universitätsmedizin Berlin, Telemedizincentrum Charité TMCC
Dr. med. Martin Schultz
Projektpartner:
- Charité – Universitätsmedizin Berlin, Klinik für Anästhesiologie mit Schwerpunkt operative Intensivmedizin
- EWE Vertrieb GmbH

Im Notfall sind sie auf sich alleingestellt, die Montage- und Wartungsteams der Offshore-Windparks. Wer hilft auf hoher See, wenn bei Stürmen kein Schiff anlegen, kein Helikopter landen kann? Und selbst, wenn die See flach und ruhig ist: Wie lange wird es dauern, bis ein Notarzt vom nächstgelegenen Hafen aus viele Kilometer per Schiff zurückgelegt hat?

Was hier schnell helfen kann, ist die „telemedizinische Notversorgung“: Eine erste Diagnose und Hilfeanleitung des Fach- oder Notarztes vom Festland, ausgegeben per Funk oder Audio- oder Videoleitung an die Windparkmitarbeiter vor Ort. Was natürlich voraussetzt, dass die Mitarbeiter als „geschulte Laien“ genügend befähigt und fortgebildet worden sind, unter ärztlicher Anleitung erweiterte Hilfemaßnahmen durchzuführen. Wie diese erste telemedizinische Notversorgung aussehen könnte, bis die Rettungskräfte und der Arzt eintreffen, war ebenfalls Thema eines Forschungsprojektes: Sea and Offshore Safety – SOS.

27.1 Was bisher geschah

Natürlich gab es schon Notarztkoffer vor der Errichtung von Offshore-Windparks. Auch solche mit Audio- oder Videoübertragung, technisch zuverlässig und ausgestattet mit einem Defibrillator, einem Schockgeber für die Herz-Lungen-Wiederbelebung. Nur: Notarztkoffer mit Audio-Video-Gerät und einem solchen „Defi“, wie man im Krankenhaus sagt, wiegen über 12 Kilogramm. Sie sind damit viel zu schwer und sehr komplex in der Handhabung. Nicht unbedingt das Gerät, was ein geschulter Laie schnell bedienen kann, wenn sein Servicekollege mit Atemnot oder plötzlich erkrankt oder schwer verletzt in der Anlage dringend medizinische Hilfe benötigt.

27.2 Im Notfall: Ohne Kommunikation geht nichts ...

Neben der Ersten Hilfe muss vor allem eines geleistet werden: Kommunikation und das auf vielfältigen Kanälen. Der Betriebssanitäter oder der „geschulte Laie mit Notfallausbildung“, der auf der Offshore-Windenergieanlage den Verletzten betreut, spricht mit dem Telearzt. Der wiederum beurteilt den medizinischen Zustand, spricht eine Verfahrensempfehlung aus und leitet und überwacht die Erste-Hilfe-Leistung und Notfallversorgung aus der Ferne (◘ Abb. 27.1). Vielleicht muss der Telearzt bei einer besonders schwerwiegenden Verletzung auch den Vorfall an einen Präsenznotarzt in einer Klinik übergeben. Ebenso muss der Mitarbeiter auf der Anlage den „Vorfall“ natürlich auch der Offshore-Windpark-Zentrale melden und einen Transport anfordern. Also reichlich Kommunikation der Akteure untereinander.

In der Konzeptionsphase wurden nicht nur bestehende Audio-Video-Systeme für den ärztlichen Notfall getestet. Das Telemedizincentrum des Berliner Charité-Krankenhauses (TMCC) hat mit dem Energieversorger EWE, einem der Betreiber von alpha ventus, das Konzept einer telemedizinischen Notfallversorgung speziell für Offshore-Windkraftanlagen weiter entwickelt. Die Klinik für Anästhesiologie der Charité brachte dazu die notfallmedizinische Expertise in das Projekt ein und hat die dazugehörigen medizinischen Parameter in einer Studie erhoben. Zum SOS-Forschungsprojekt gehörte auch die Einrichtung eines SOS-Demonstrationsraums für die einzusetzende Technik, der recht nah den Realbedingungen in einer Windenergieanlage (◘ Abb. 27.2) entsprechen sollte.

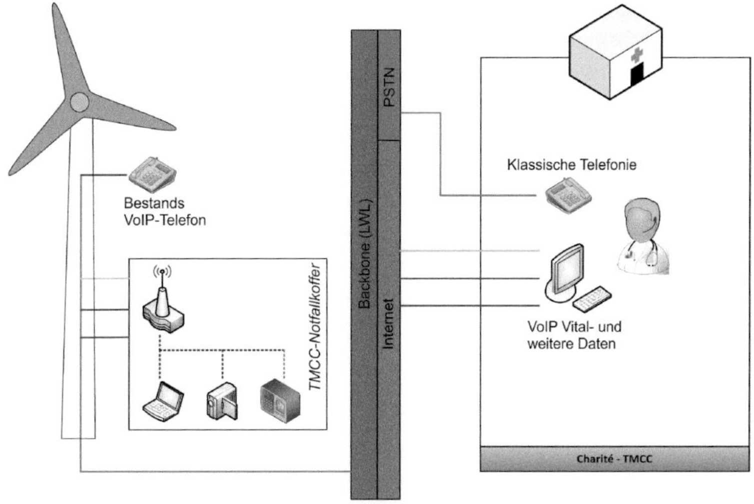

Abb. 27.1 Ablauf der telemedizinischen Kommunikation. © Telemedizincentrum Charité

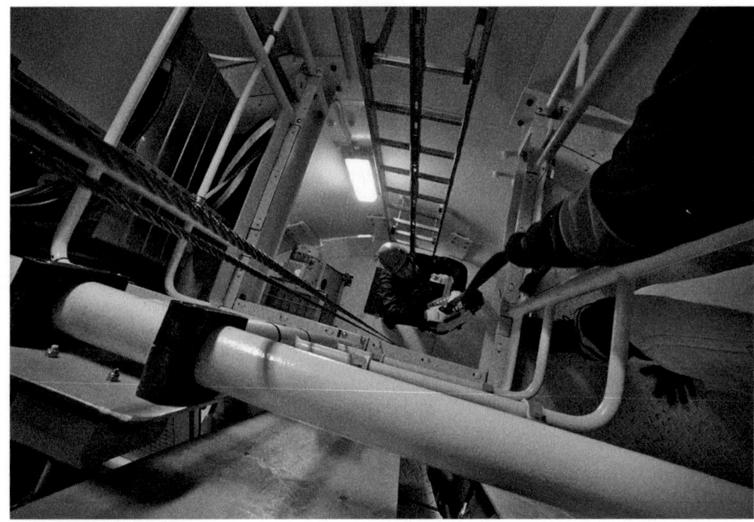

Abb. 27.2 Praxistest unter Realbedingungen. © Telemedizincentrum Charité

27.3 … und ohne WLAN geht auch nichts!

Die gute Nachricht: Eine gute Patientenbehandlung ist auf fast allen Ebenen einer Offshore-Windenergieanlage möglich. Die schlechte Nachricht: Ohne WLAN-Anschluss geht nichts! WLAN ist zwingend vorausgesetzt und muss mit mehreren Zugangspunkten in der Anlage realisiert werden. Ebenso muss dort eine bessere Ausleuchtung für Kameraaufnahmen garantiert sein. Denn die Lichtbedingungen im Inneren eines Turmes sind dafür nicht immer gut genug und der Autofocus herkömmlicher Telemedizingeräte arbeitet für die Übertragung von Bildaufnahmen aus einem dunkleren Windenergieanlagen-Turm noch langsam.

Die Übertragungen von Live-Daten, natürlich insbesondere medizinischer Daten wie EKG, Puls und Sauerstoffsättigung des Blutes, sind aus dem Turm möglich. Die bestehenden Netzwerke eignen sich gut für die Telemedizin-Einsätze. Sowohl Richtfunk- als auch Lichtwellen/Glasfaser-Strecken in einer Windenergieanlage sind für die Übertragung von Video-Telefonaten geeignet. Als suboptimal haben sich bei den Projektrecherchen dagegen herkömmliche Vitaldatenmonitore erwiesen: Sie sind zu sperrig für die Handhabung in der Offshore-Anlage, zu groß und nicht einfach-intuitiv bedienbar. Es gibt keine gute Ergonomie, stattdessen reichlich nicht zwingend benötigte Datenfelder. Zu viele Töne, zu viele Felder – alles zu kompliziert, wenn man in Zeitnot ist oder unter Schock steht. Zumal für diese herkömmlichen Geräte eine regelmäßige, intensive Schulung notwendig wäre, von wegen „Plug and play"!

27.4 Audio/Video-System: Der Verletzte fühlt sich sicherer

Audio-Video-Systeme (■ Abb. 27.3) für den Notfalleinsatz haben Vor- und Nachteile. Vorteilhaft ist sicher, dass das Headset bequem sein kann, die Bild- und Sprachqualität hoch sind und der Verletzte ein besseres Gefühl bekommt, dass ein Arzt verfügbar ist. Auch der Arzt behält die Situation vergleichsweise stressfrei besser im Überblick. Zudem ist die Kommunikation effektiver, da nicht alles erklärt werden muss, sondern vieles schneller per Live-Stream gezeigt wird. Aber diese Systeme haben Nachteile: Der Aufnahmewinkel ist zu klein. Und vor allem bedeutet eine Hand an der Kamera, dass eine Hand für die Patientenversorgung fehlt! Und die dürfte wichtiger sein als die Kameraführung. Letztlich kann so etwas bei der Unfallsituation auch dazu führen, dass man sich zu sehr auf den Monitor konzentriert, und weniger auf die Behandlung der verletzten Körperteile. Vor allem aber erwies sich bei den „Feldtests" ein solches System als zu unhandlich, nicht ergonomisch und deutlich zu groß.

Die Anforderungen für den Tele-Support waren also: Equipment verkleinern, Gewicht verringern, Tragekomfort erhöhen. Die Bedienung sollte einfacher-intuitiver gestaltet werden durch Funktionsreduzierung. Hören und sprechen mit dem Telenotarzt (TNA) muss natürlich möglich sein, auch für zwei Rettungsassistenten.

An die „Bedienung", wenn man den Telenotarzt so salopp nennen darf, gibt's natürlich Anforderungen – bzw. an den telemedizinischen Arbeitsplatz auf dem Festland (■ Abb. 27.4):

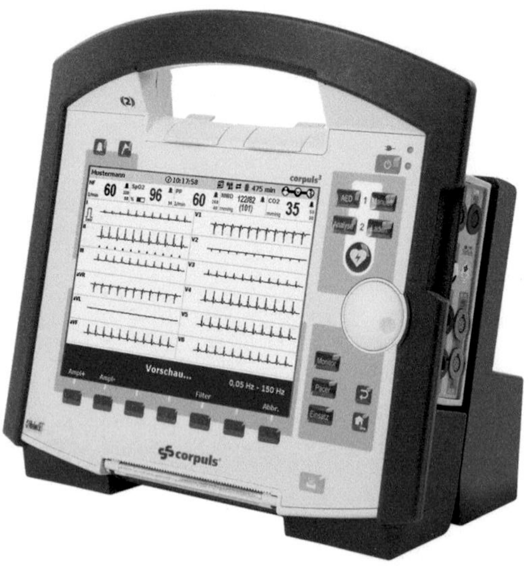

■ **Abb. 27.3** Patientenmonitoringsystem mit integriertem Defibrillator zur Vitaldatenerhebung (corpuls[3]). © GS Elektromedizinische Geräte G. Stemple GmbH

Eine angepasste Fallakte für den Einsatz in der Telemedizin-Zentrale muss möglich sein, ebenso eine Live-Vitaldatenansicht inklusive Verlaufsdiagramm über die Zeit des Einsatzes und eine Ruhe-EKG-Anzeige der Herzfunktionen einschließlich Druckfunktion.

Story am Rande: Projekt verspätet, Fachpersonal weg

Im Mittelpunkt des SOS-Projektes stand die Erarbeitung eines telemedizinischen Notfallversorgungskonzeptes für Offshore-Windkraftanlagen sowie die Entwicklung und technische Überprüfung des Demonstrators, also des entworfenen „telemedizinischen Notfallkoffers". Dazu bedurfte es eines errichteten Offshore-Windparks und wissenschaftlichen Personals mit entsprechender Qualifikation für den Offshore-Einsatz. Weil sich der Aufbau des Windparks jedoch verzögerte und wetterbedingt im Herbst und Winter keine Offshore-Tests durchgeführt werden konnten, wurde das SOS-Forschungsprojekt bis August 2014 verlängert. Die Folge der zeitlichen Verschiebung: Im Berliner Charité-Krankenhaus

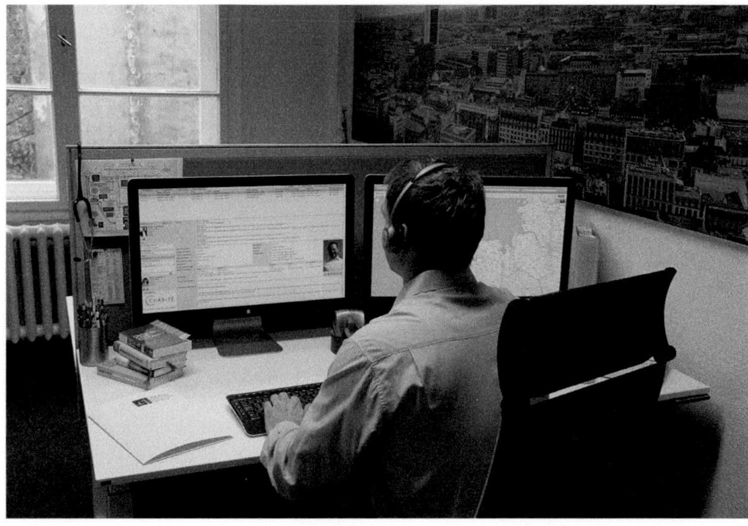

Abb. 27.4 Telemedizinischer Arbeitsplatz. © Telemedizincentrum Charité

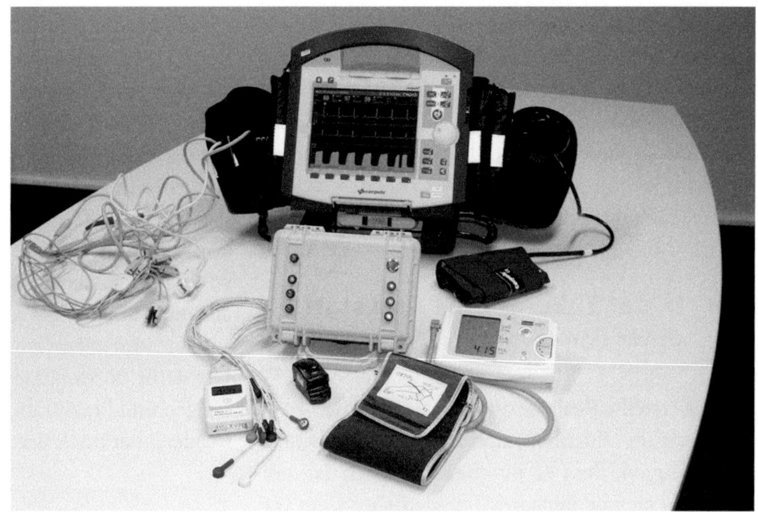

Abb. 27.5 TMBox-Prototyp (*gelber Koffer in der Mitte*) und alternatives sowie ergänzendes Equipment. © Telemedizincentrum Charité

hatte das wissenschaftliche Personal mit den Offshore-Qualifikationen das SOS-Projekt bereits vor Durchführung der letzten Tests verlassen. Ein weiteres Problem war, dass das Projekt anstatt für die geplanten drei Jahre nur für zwei Jahre bewilligt werden konnte. Die Laufzeitverkürzung und die Verzögerung führten dazu, dass Inhalt und Konzept des SOS-Projekts an neue Umstände angepasst werden mussten.
Björn Johnsen

27.5 Prototyp zum Mitnehmen: Die TMBox

Als Prototypen für den Notfalleinsatz an Offshore-Windenergieanlagen hat man im SOS-Projekt die sogenannte TMBox entwickelt, die eine einfache Handhabung im Notfall erlaubt und die relevante Vitaldaten des Verletzten direkt von der Windkraftanlage mittels Standard IP in ein telemedizinisches Zentrum schicken soll. Sie umfasst zunächst nur relevante Status-Informationen und noch kein Vitaldaten-Monitoring über den Bildschirm. Ganz wichtig dabei: Die Ein-Knopf-Bedienung – neun

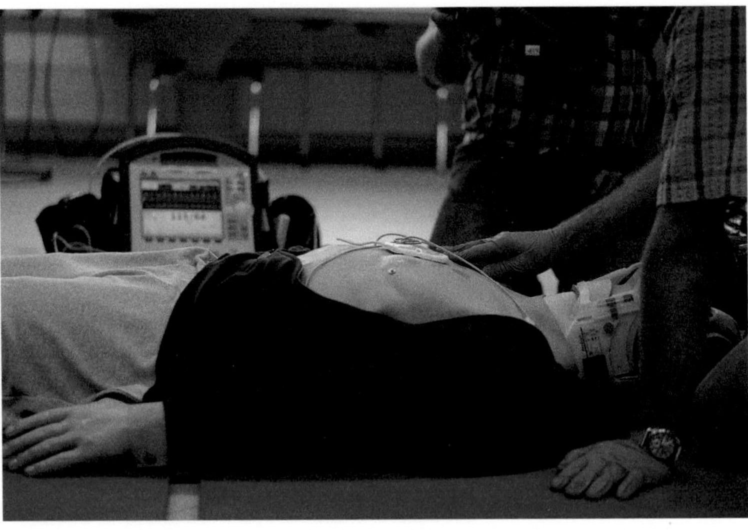

■ **Abb. 27.6** Notfall: Durchführung einer Simulatorstudie. © Telemedizincentrum Charité

Finger bleiben für den Verletzten. Eine Integration von Audio-Video-Systemen in diese TMBox ist möglich (■ Abb. 27.5). Der einfache Gebrauch der TMBox übersteigt nach Einschätzung der Charité die aktuell verfügbaren Notfallsysteme in Bezug auf die Handhabung durch Laien. Das System wurde in der Abschlussveranstaltung demonstriert.

27.6 In der Zukunft eine App statt eines Applikator?

Für das erstellte Realisierungskonzept wurden zwei „Feldtests" in Oldenburg und Berlin durchgeführt. Diese zeigten, dass es durchaus möglich ist, ein auch für Laien bedienbares Telemedizinsystem für den Offshore-Gebrauch zu benutzen (■ Abb. 27.6). Dies könnte in der langen Zeit, bis ein Not- oder Facharzt vom Festland aus angereist oder ein Krankentransport per Schiff oder Helikopter möglich ist, wertvolle Dienste für den Verletzten oder akut Erkrankten auf See leisten. Die beiden Feldtests wurden bezüglich der medizinischen Fragestellungen von der Klinik für Anästhesiologie mit Schwerpunkt Intensivmedizin der Charité konzipiert und ausgewertet.

Möglicherweise ergeben sich in Zukunft sogar weitere Anwendungen eines solchen Systems und/oder einer solchen TMBox an Land: Beispielsweise in schwer erreichbaren Gebieten in den Bergen. Oder aber in dünnbesiedelten Landstrichen, wo der nächste ausgebildete Arzt erst mehrere Fahrtstunden entfernt ist.

Zudem entwickelt sich die Sensorik für Telemedizin ständig weiter. Zunehmend werden Kommunikationseinheiten wie zum Beispiel Smartphones entstehen. Und wer weiß: Vielleicht sind eines Tages Funktionsumsetzungen der Prototyp-TMBox gegebenenfalls in Form einer Smartphone-App durchaus vorstellbar, bessere Kamera-Ausleuchtung und -winkel und entsprechende Software vorausgesetzt. Die dafür notwendigen Entwicklungen, Zertifizierungen und Prozessänderungen bei allen Beteiligten werden aber noch brauchen.

27.7 Quellen

- SOS-Abschlussbericht. Telemedizinisches Notfallversorgungskonzept für das Personal auf Offshore-Windenergieanlagen, Teil A Telemedizincentrum Charité Berlin, Projekt-Nr. 0325532 1.9.2012–31.0.8.2014, unveröffentlicht, 19 S., 20.01.2015
- Lawatschek R (2012) SOS - Sea and Offshore Safety. Telemed Offshore: Telemedical Emergency Care for Workers in Offshore Wind Farms. Presented at RAVE International Conference 2012, Bremerhaven, May 8-10, 2012